LEHRGANG DER SCHALTUNGSSCHEMATA ELEKTRISCHER STARKSTROM-ANLAGEN

HERAUSGEGEBEN VON

DR. J. TEICHMÜLLER

DIPL. INGENIEUR
O. PROFESSOR DER ELEKTROTECHNIK UND DER LICHTTECHNIK
AN DER TECHNISCHEN HOCHSCHULE KARLSRUHE

II. BAND

SCHALTUNGSSCHEMATA FÜR WECHSELSTROM-ANLAGEN

Mit 29 lithographischen Tafeln, 4 lithographischen Deckblättern
und 13 Textabbildungen

2. umgearbeitete und ergänzte Auflage

MÜNCHEN UND BERLIN 1926
DRUCK UND VERLAG VON R. OLDENBOURG

Aus dem Vorwort zur ersten Auflage.

Soweit dieser zweite Band in der Anordnung des Stoffes vom ersten Bande abweicht oder abzuweichen scheint, nötigte die Verschiedenheit des Stoffes dazu; die Grundsätze für die Auswahl, Anordnung und Behandlung sind dieselben geblieben. Ich kann mich deshalb jetzt darauf beschränken, auf das Vorwort im ersten Band hinzuweisen: dort habe ich gesagt, was über jene Grundsätze zu sagen war.

Karlsruhe, den 19. Oktober 1910.

Vorwort zur zweiten Auflage.

Unter dem Druck äußerer Verhältnisse kann ich dem längst vorliegenden Bedürfnis nach einer Neuauflage dieses zweiten Bandes meines Lehrganges der Schaltungsschemata erst jetzt entsprechen. Ich bedauere das sehr. Aber vielleicht ist die lange Verzögerung dem Buche in gewissem Sinne doch auch zum Vorteil gewesen, in sofern nämlich, als gewisse Gebiete vor einigen Jahren noch in so lebhafter Entwicklung waren, daß sie sich der Behandlung in einem Lehrbuche kaum fügten; das habe ich bei der wiederholten Umarbeitung der solche Gebiete behandelnden Kapitel deutlich empfunden. Und ich hoffe, daß die in der Technik eingetretene Abklärung auch in der Darstellung zum Ausdruck gekommen ist. — Daß der zweite Band in der 2. Auflage so viel später erscheint als der erste, dürfte bei der sehr geringen Weiterentwicklung des im ersten behandelten Gebietes nicht von Belang sein.

Die ersten Abschnitte des Buches brauchten nur wenig geändert zu werden. Umfangreicher wurden schon die Änderungen in den Abschnitten über Spannungsregelung und über Pufferung in Wechselstromanlagen. Stark geändert ist der Abschnitt über Umformerschaltungen, insbesondere durch Hinzufügung eines Abschnittes über Gleichrichter. Ganz neu bearbeitet sind die Abschnitte über Überspannungsschutz und Überstromschutz; darüber konnte in der ersten Auflage, dem damaligen Stande der Technik entsprechend, nur wenig gesagt werden. Neu hinzugefügt sind die Normalschemata der Siemens-Schuckert-Werke und dadurch der zweite Band dem ersten im Aufbau noch ähnlicher geworden. Stark gekürzt und geändert sind die Abschnitte über Meßinstrumente und über Fernmessungen. Den Abschnitt über Schienenanordnungen habe ich weglassen zu dürfen geglaubt und mich mit einem Hinweis auf die periodische Literatur, wo dieser Abschnitt der ersten Auflage wörtlich abgedruckt war, begnügt. — Was den praktischen Teil betrifft, in dem die Schaltungsschemata ausgeführter (nicht mehr auch projektierter) Anlagen gebracht sind, so hat mich hier, wie in der zweiten Auflage des ersten Bandes, der Grundsatz geleitet, die geschichtliche Entwicklung mit ihren bedeutenden lehrhaften Werten zum Ausdruck kommen zu lassen. Ich habe also bei wichtigeren Änderungen die neuen Schemata wieder auf Pauspapier drucken und den älteren beilegen lassen.

Großen Dank schulde ich den Elektrizitätswerken, die mir ihre Schemata zur Verfügung gestellt und Auskünfte über ihre Anlagen gegeben haben, ferner zahlreichen Direktoren und Ingenieuren unserer deutschen elektrotechnischen Firmen, der Allgemeinen Elektrizitäts-Gesellschaft, der Brown, Boveri & Co. A.-G. und den Siemens-Schuckert-Werken. Die Karlsruher Hochschulvereinigung hat auch die Herstellung dieses Bandes in sehr dankenswerter Weise finanziell unterstützt. Besonderen Dank habe ich meinen Assistenten zu sagen, die an diesem Buche mit großem Eifer mitgearbeitet haben, in erster Linie Herrn Ing. Rabinowitsch, Herrn Dr.-Ing. Rebhan und Herrn Dipl.-Ing. Volk.

Karlsruhe, im Februar 1926.   **J. Teichmüller.**

Inhaltsverzeichnis

ERSTER TEIL

Die Schaltungsschemata in systematischer Entwicklung

Seite

Abschnitt I. Die Erregung der Wechselstrommaschinen 1
    Die Erregerschaltung 1
    Der Antrieb der Erregermaschinen 3

Abschnitt II. Die Synchronisierschaltungen 4
    A. Der Parallelbetrieb von Wechselstrommaschinen 4
    B. Das Synchronisieren und Parallelschalten 6
    C. Systematik der Synchronisierschaltungen 1
        Synchronisierschaltungen für Einphasenmaschinen, ohne Transformierung der Synchronisier-
        spannung, ein Schienensystem 10
        Synchronisierschaltungen für Einphasenmaschinen, mit Transformierung der Synchronisier-
        spannung, ein Schienensystem 15
        Anwendung der Synchronisierschaltungen für Einphasenmaschinen auf Drehstrommaschinen . . 19
    D. Die Empfindlichkeit der Synchronisierschaltungen 20
    E. Synchronisierschaltungen zur gleichzeitigen Anzeige der relativen Geschwindig-
    keit 22
        Geschwindigkeitsvergleichung durch drehenden Lichtschein in Drehstromanlagen 22
        Geschwindigkeitsvergleichung durch elektromechanische Vorrichtungen 27
    F. Einrichtungen zum selbsttätigen Parallelschalten 28
    G. Hilfsstromkreise mit Hilfssicherungen zum Parallelschalten 30
    H. Synchronisierschaltungen für Anlagen mit zwei Sammelschienensystemen 31
        Systematische Entwicklung der Synchronisierschaltungen für zwei Schienensysteme aus denen
        für ein Schienensystem, ohne Transformierung der Synchronisierspannung 31
        Auswahl aus den nach dem System weiter zu entwickelnden Schaltungen 34
        Systematische Entwicklung der Synchronisierschaltungen für zwei Schienensysteme aus denen
        für ein Schienensystem, mit Transformierung der Synchronisierspannung 35
        Auswahl aus den nach dem System weiter zu entwickelnden Schaltungen 36

Abschnitt III. Transformatorschaltungen 37
    A. Drehstromtransformierung 37
        Transformierung von Drehstrom in Drehstrom bei normaler Schaltung der Transformatoren . . 39
        Transformierung von Drehstrom in Drehstrom bei gemischter Schaltung der Transformatoren . 40
        Allgemeines über die Parallelschaltbarkeit der Transformatoren als Teile einer Anlage 40
        Transformierung von Drehstrom in Sechsphasen- und Zwölfphasenstrom 42
    B. Transformierung in Mehrleitersysteme 44
        Transformierung vom Zweileiter- in das Dreileitersystem bei Einphasenstrom 44
        Transformierung vom Dreileiter- in das Vierleitersystem bei Drehstrom 44
        Anwendung von Spannungsteilern 45
    C. Spartransformatoren 46

Seite

D. Zweiphasentransformierung 47
Gewöhnliche Transformierung im Zweiphasensystem 47
Transformierung zwischen dem Zweiphasen- und dem Drehstromsystem 48
Das sogenannte monozyklische System 49
E. Anhang: Umformer für Änderung der Frequenz und der Phasenzahl 49

Abschnitt IV.   Spannungsregelung 50
A. Regelung der Sammelschienenspannung 51
Regelung von Hand und durch Kompoundierung 51
Regelung durch gewöhnliche selbsttätige Regler 51
Regelung durch Schnellregler 51
B. Regelung der Verbraucherspannung 58
Regelung durch Zusatztransformatoren 60
Regelung durch Zusatzmaschinen und Ausgleichmaschinen 63

Abschnitt V.   Pufferung in Wechselstromanlagen 65
A. Batteriepufferung 66
Pufferung der Generatoren 67
Pufferung der Kraftmaschinen 74
Gemeinsame Pufferbatterie in Anlagen für Wechselstrom- und Gleichstromerzeugung 74
B. Schwungradpufferung 75

Abschnitt VI.   Umformerschaltungen 77
A. Allgemeines 77
Motor-Generatoren 77
Einankerumformer 78
Der Kaskadenumformer 81
B. Anlaßschaltungen 81
Anlaßschaltungen für Einankerumformer 81
Anlaßschaltungen für Motor-Generatoren 87
C. Sicherungen und Sicherungsschalter in Umformeranlagen 87
D. Der umgekehrte Umformer 88
E. Quecksilberdampf-Gleichrichter 90
Parallelbetrieb und Parallelschaltung von Gleichrichtern 92
Spannungsregelung 94
Saugdrosselspulen 94

Abschnitt VII.   Schaltung der Meßinstrumente in Einphasen- und Drehstromanlagen 95
A. Die Meßinstrumente in Einphasenanlagen 95
B. Die Meßinstrumente in Drehstromanlagen 97

Abschnitt VIII.   Fernmessungen und Überwachungsvorrichtungen 99
A. Fernspannungsmessungen 99
B. Überwachungsvorrichtungen 100
Isolationsüberwachung im Einphasensystem 100
Isolationsüberwachung im Drehstromsystem 101
Isolationsüberwachung bei Kabeln 102

Abschnitt IX.   Überspannungen und Überströme 104
A. Schutz gegen die Gefahren des Übertritts von Hochspannung in Niederspannungskreise 104
B. Überspannungen und Überspannungsschutz 106
C. Der Erdschluß 111
D. Überströme und Überstromschutz 113
Schutz paralleler Leitungen 120

Abschnitt X.   Schienenanordnungen 122

Abschnitt XI.   Normalschemata der Siemens-Schuckert-Werke 124

ZWEITER TEIL

Schaltungsschemata ausgeführter Anlagen

Seite

Abschnitt I. Einfache Anlagen allgemeineren Charakters. 128

    A. Energieverteilungsanlagen mit mäßiger Spannung 128

        Schaltstation der Röchlingschen Eisen- und Stahlwerke in Völklingen. 128

        Wasserkraftwerk Ohrnberg 131

        Drehstromanlage der Firma Heinrich Lanz in Mannheim. 134

    B. Anlagen für Energieübertragung auf weite Entfernung mit hoher Spannung. 136

        Anlage der Chile Exploration Co. in Tocopilla und Chuquicamata. 136

        Energieübertragung von Moosburg nach München; Uppenborn-Kraftwerk, Transformatorstation Hirschau 141

        Das Murg- und Schwarzenbachwerk der Badischen Landes-Elektrizitätsversorgung A.-G. (Badenwerk) 145

        Das Unterwerk Scheibenhardt bei Karlsruhe 149

Abschnitt II. Anlagen besonderen Charakters (Umformerwerke) 150

    Elektrizitätswerk Gothenburg 150

    Umformerwerk für den Straßenbahnbetrieb der Stadt Frankfurt a. M. 154

Abschnitt III. Das Elektrizitätswerk der Stadt Frankfurt am Main in geschichtlicher Entwicklung 155

    Ältestes Schaltungsschema des Elektrizitätswerks Frankfurt a. M. vom Jahre 1894 155

    Schaltungsschema des Elektrizitätswerks Frankfurt a. M. vom Jahre 1898 156

    Schaltungsschema des Elektrizitätswerks Frankfurt a. M. vom Jahre 1902 157

    Schaltungsschema des Elektrizitätswerks Frankfurt a. M. vom Jahre 1908 158

    Elektrizitätswerk Frankfurt a. M. Übersicht über die Schaltanlagen nach dem gegenwärtigen Stande 161

    Umformeranlage des Schauspielhauses Frankfurt a. M. 161

Abschnitt IV. Einige Anlagen besonderer Art. 162

    Kraftwerk für Hüttenbetrieb: Elektrizitätswerk der Zeche Shamrock III/IV der Bergwerks-Gesellschaft Hibernia in Herne i. W. 162

    Bahnkraftwerk Mittelsteine 165

    Elektrizitätswerk (Spitzenwerk) Coschütz und Elektrizitätswerk Glückaufschacht 166

    Gleichrichteranlage des Elektrizitätwerkes Heidelberg 170

TAFELN

Erster Teil: Die Schaltungsschemata in systematischer Entwicklung . . . . . Tafel 1 bis 15

Zweiter Teil: Schaltungsschemata ausgeführter Anlagen . . . . Tafel 16 bis 28

    Verzeichnis der in den Figuren angewendeten Symbole und ihre Erklärung . . . . Tafel 29

Erster Teil

Die Schaltungsschemata in systematischer Entwicklung

Die Schaltungsschemata der Wechselstromanlagen weichen von denen der Gleichstromanlagen in mannigfaltiger Weise erheblich ab. Der Grund hierfür liegt in den Eigenarten des Wechselstroms und den aus ihnen entspringenden Forderungen. Die wichtigsten Umstände, die den Unterschied zwischen den Schaltungsschemata der Wechselstrom- und denen der Gleichstromanlagen bestimmen, sind

die Notwendigkeit, zur E r r e g u n g der Generatoren eine besondere Stromart (Gleichstrom) zu verwenden,

die Schwierigkeit der P a r a l l e l schaltung, die besondere Schalteinrichtungen erforderlich macht,

die Möglichkeit, h o h e S p a n n u n g e n zu erzeugen,

die T r a n s f o r m i e r b a r k e i t des Wechselstromes,

die Unmöglichkeit, Wechselstrom als solchen a u f z u s p e i c h e r n.

Diese Besonderheiten müssen unsere systematische Behandlung der Schaltungsschemata beeinflussen: während bei der Behandlung der Gleichstromschaltungen schon in der ersten Figur ein, wenn auch einfaches, so doch vollständiges Schaltungsschema gegeben werden konnte, empfiehlt es sich jetzt, erst die Grundbestandteile zu betrachten, aus denen ein vollständiges Schema zusammenzusetzen ist. Die obige Aufzählung der Eigenarten kann dabei als rohe Unterlage für die Behandlung benutzt werden. An passender Stelle soll dann ein Abschnitt über die Schaltung der Meßinstrumente eingefügt werden; erst nach Behandlung der ersten drei Abschnitte — Erregerschaltungen, Synchronisierschaltungen, Meßschaltungen — kann das vollständige Schaltungsschema einer einfachen Wechselstromanlage zusammengesetzt werden.

Tafel 1

Abschnitt I

Die Erregung der Wechselstrommaschinen

Die Erregerschaltung

Der zur Erregung der Wechselstrommaschinen erforderliche Gleichstrom kann aus diesen Maschinen selbst durch Kommutierung gewonnen oder einer besonderen Gleichstromquelle entnommen werden. Mit der Behandlung des ersten, verhältnismäßig sehr seltenen Falles würden wir aus dem Gebiete der Schaltungsschemata hinaustreten; wir wenden uns deshalb zur Behandlung des zweiten.

In diesem zweiten Falle kann natürlich jede beliebige Gleichstromquelle benutzt werden; in der Regel wird diese in einer Gleichstrommaschine, Erregermaschine, vielleicht in Verbindung mit einer Akkumulatorenbatterie, bestehen.

Als Erregermaschinen sind alle drei Arten von Gleichstrommaschinen verwendet worden, die Hauptschluß-, die Nebenschluß- und die Doppelschlußmaschine. Die erstgenannte, früher — wohl wegen ihrer empfindlichen Stromänderung bei Änderung des äußeren Widerstandes — viel benutzte Maschine kommt heute, wo in den Wechselstromzentralen Gleichstrom konstanter Spannung in der Regel noch für vielerlei Zwecke verwendet wird, nicht mehr in Frage. — In den ersten Figuren von Tafel I werden die übrigbleibenden beiden Arten von Maschinen in ihrer Anwendung als Erregermaschinen und die verschiedenen Arten der Spannungsregelung gezeigt. In der zeichnerischen Darstellung sind Einphasenmaschinen angenommen, doch gilt alles, was über Erregung gesagt und gezeigt werden wird, ebenso für Drehstrommaschinen.

Fig. 1] Fig. Ia zeigt das Schaltungsschema einer Wechselstrommaschine mit feststehendem Magnetgestell, dessen Erregerwicklung von einer Nebenschlußmaschine gespeist wird; die Spannung der Wechselstrommaschine wird lediglich durch Änderung der Erregerspannung vermittelst des Nebenschlußregulators geregelt.

Es ist also zunächst der magnetische Kraftfluß der Erregermaschine zu ändern, wodurch erst mittelbar der Kraftfluß der Wechselstrommaschine geändert wird. Dieser Umstand, daß nämlich zwei magnetische Kreise hintereinander geschaltet sind, wirkt verzögernd auf die Regelung ein.

In Fig. Ib ist, wie es bei größeren Wechselstrommaschinen immer der Fall ist, der Anker als feststehend und die Feldmagnete als umlaufend angenommen. Dieser Unterschied berührt das Schema so wenig, daß künftighin keine Rücksicht darauf genommen und das Symbol für den feststehenden Anker in Fig. Ib und für die feststehende Erregerwicklung in Fig. Ia allgemein für die Zeichnungen verwendet werden wird. Nur bei den rotierenden Einankerumformern muß hiervon abgegangen werden.

Die Darstellung der Schaltungen ist rein schematisch gehalten, um das Wesentliche um so schärfer hervortreten zu lassen. Allerdings bedürfen die Erregerschaltungen auch in der Ausführung kaum einer Ergänzung: auch Sicherungen und Schalter im Erregerstromkreise des Generators werden in der Regel nicht angewendet, denn eine zufällige oder plötzliche Unterbrechung des Erregerkreises soll vermieden werden. Auch auf Meßinstrumente kann man verzichten, denn die Wirkung des Erregerstromes und seiner Änderung ist an dem Spannungsmesser des Wechselstromgenerators doch erkennbar. Immerhin ist es wünschenswert, über die Vorgänge im Gleichstromkreise unmittelbar Aufschluß zu haben, und es ist deshalb auch allgemein üblich, wenigstens einen Strommesser in den Erregerkreis einzuschalten. Außerdem pflegt man, um die Gefahren bei etwaigem Übertritt der Hochspannung in den Erregerstromkreis zu vermindern, diesen zu erden.

Fig. 2] Der geschilderte Nachteil der in Fig. I gezeichneten Anordnung hat dahin geführt, daß man von dieser Art der Spannungsregelung abgekommen und zur Regelung durch unmittelbare Änderung des von einer mit starker Sättigung[1]) arbeitenden Erregermaschine gelieferten Erregerstromes der Wechselstrommaschine übergegangen ist. Das Schema hierfür ist in Fig. 2 gezeichnet. Ein Nachteil dieser Anordnung ist der größere Regelwiderstand und der Umstand, daß der Erregerverlust auch bei geringer Belastung nur wenig vermindert ist. Der Ausschaltkontakt ist, um eine unbeabsichtigte Unterbrechung zu verhüten, in der Regel gesperrt.

Fig. 3] Einige Firmen bevorzugen als Erregermaschine die Doppelschlußmaschine und verhindern dadurch den mit zunehmendem Erregerstrom auftretenden Spannungsabfall in der Erregermaschine; der Regelwiderstand wird also dann auch etwas kleiner und die Regelung bequemer, besonders dann, wenn der Doppelschluß für Spannungserhöhung bemessen ist.

Fig. 4] Man kann natürlich auch außer dem Regelwiderstand im Erregerkreise der Wechselstrommaschine noch einen Nebenschlußregler für die Gleichstrommaschine anbringen. Das ist in Fig. 4 gezeigt. Das, was im vorigen Falle durch die Hauptschlußwicklung bewirkt wurde, wird hier durch Regelung von Hand erreicht.

In diesem Schaltungsschema sind in der Figur mehrere Maschinen angenommen. Es soll dadurch gezeigt werden, daß bei Anlagen mit mehreren Generatoren jeder Generator seine besondere Erregermaschine haben kann, als ob er allein vorhanden wäre; die Erregermaschine und die Regelung kann dabei natürlich auch nach Fig. 2 oder 3 gewählt sein. Es hat einen gewissen Vorteil, die Generatoren in dieser Weise selbständig und unabhängig voneinander zu machen.

Fig. 5] Im Gegensatze hierzu ist in Fig. 5 ein Schema gezeichnet, bei dem die Erregerkreise aller Generatoren von gemeinsamen Schienen aus gespeist werden. Es genügt hierbei also eine Erregermaschine, der man allerdings eine zweite Maschine als Reserve beigesellen wird. Die Maschine kann natürlich eine Nebenschlußmaschine oder eine Doppelschlußmaschine sein, sie kann auch durch eine Akkumulatorenbatterie unterstützt werden. Das geschieht in neueren Wechselstromanlagen viel,

---

[1]) Vgl. aber die automatischen Regelungen auf Tafel 7.

in denen der Gleichstrom noch zu vielerlei Zwecken, insbesondere zur Auslösung von Schaltapparaten verwendet wird, sodaß neben dem Schaltungsschema für den Wechselstrom ein solches für Gleichstrom, und zwar oft ein ziemlich verwickeltes entsteht.

Eine punktiert eingezeichnete Kupplungsstange soll eine zeitweilige Kupplung der Regelhebel ermöglichen, damit die Netzspannung unter Aufrechterhaltung der Belastungsverteilung auf die einzelnen Generatoren geregelt werden kann. Eine solche Kupplung kann man auch in der Schaltung von Fig. 4 annehmen; notwendig ist sie in beiden Fällen nicht. Die vorige Schaltung könnte man durch eine Schaltung nach Fig. 5 in dem Sinne ergänzen, daß man eine gemeinsame Reserve einrichtet und durch Umschalter die Möglichkeit schafft, die Erregerwicklungen entweder an die Reserve oder an die besonderen Erregermaschinen anzuschließen.

Die Ausschaltung der Erregerwicklungen geschieht nach der Zeichnung in anderer Weise als bisher, nämlich mit dem in Bd. I dieses Buches in Tafel 1, Fig. 8, gezeigten und ebenda auf S. 107 zu Tafel 17, Fig. 1 zum erstenmal praktisch verwendeten Ausschalter für induktive Stromkreise. Dieser Schalter hätte auch in den früheren Schaltungen verwendet werden können, doch ist er in der jetzigen besonders wertvoll, weil bei ihr die Erregerkreise immer, also auch wenn sie abgeschaltet werden, unter der vollen Erregerspannung stehen, so daß die Selbstinduktion besonders groß ist. — Die oben zu Fig. 1 gemachte Bemerkung über Meßinstrumente bei Vorhandensein einer einzelnen Maschine kann hier durch den Zusatz ergänzt werden, daß man bei mehreren Maschinen auf die Messung der einzelnen Erregerströme schwerlich verzichten wird, um so weniger, als die richtige Einstellung der Erregung beim Parallelbetrieb der Wechselstrommaschinen (vgl. S. 6,o) von großer Bedeutung ist.

Der Antrieb der Erregermaschinen

Der Antrieb der Erregermaschine kann einesteils dadurch erfolgen, daß die Maschine selbständig durch eine besondere Kraftmaschine angetrieben, andererseits dadurch, daß die Erregermaschine unmittelbar (mechanisch) oder mittelbar (elektrisch) mit dem Wechselstromgenerator gekuppelt wird. Bei unmittelbarer Kupplung der beiden Maschinen wird im allgemeinen die Geschwindigkeit der Erregermaschine im Verhältnis zu ihrer Leistung sehr klein sein, sodaß die Maschine groß und teuer wird. Der Antrieb durch Riemen oder Zahnradübertragung, durch den dieser Nachteil vermieden wird, hat andere, im Betriebe schwerer empfundene Mängel, sodaß die unmittelbare Kupplung doch in der Regel vorgezogen wird. Die elektrische Kupplung, nämlich der Antrieb der Maschine durch einen Synchronmotor, hat manche offen daliegenden Vorzüge, aber den schwerwiegenden Nachteil, daß die Erregermaschine erst laufen kann, wenn bereits Wechselstromenergie zur Verfügung steht. Deshalb kann diese Art des Antriebs nur gewählt werden, wenn mehrere Wechselstrommaschinen aufgestellt sind und ein ununterbrochener Betrieb besteht. Aber auch dann noch ist die Anlage unvollkommen, denn wenn durch eine große Betriebsstörung alle Maschinen außer Betrieb gesetzt sind, ist keine Erregerenergie zur Verfügung, um sie wieder in Betrieb zu setzen; wir erkennen, daß auch zur ersten Inbetriebsetzung unmittelbar nach der Fertigstellung der Anlage schon eine besondere Gleichstromquelle zur Verfügung stehen muß. Eine solche müssen wir also auch bereit halten, um im Falle der gedachten großen Betriebsstörung den Betrieb wieder aufnehmen zu können. Diese besondere Gleichstromquelle kann in einer Akkumulatorenbatterie oder in einem kleinen aus Gleichstrommaschine und Kraftmaschine gebildeten Maschinensatze bestehen; es genügt aber auch ein besonderer Kraftantrieb für den Umformer. Sind mehrere Maschinen aufgestellt, so hat entweder jede einzelne ihre besondere, in der Regel dann unmittelbar gekuppelte Erregermaschine, oder es ist eine oder einige Erregermaschinen, von denen eine in Reserve gehalten wird, für alle Wechselstrommaschinen vorhanden; in diesem Falle erfolgt der Antrieb durch einen synchronen oder asynchronen Motor oder durch eine besondere Antriebsmaschine, was hauptsächlich in Wasserkraftanlagen das Übliche ist.

Die Verschiedenheit des Antriebs der Erregermaschine, nämlich ob sie mit der Wechselstrommaschine unmittelbar oder mittelbar gekuppelt ist, oder ob sie selbständig angetrieben wird — was für diesen Fall der Erregung der Wechselstrommaschine durch eine Akkumulatorenbatterie oder durch ein fremdes Gleichstromnetz glcichzusetzen ist — ist von Bedeutung in bezug auf die Spannungsänderung des Wechselstromgenerators bei Geschwindigkeitsschwankungen. Im letzteren Falle, wo der Erregerstrom völlig unbeeinflußt von der Geschwindigkeit der Wechselstrommaschine ist, ändert sich die Generatorspannung nur proportional mit der Geschwindigkeit. Im ersteren Falle dagegen nimmt bei Geschwindigkeitsänderung der Maschine, wir wollen Geschwindigkeitsverminderung annehmen, auch die Spannung der Erregermaschine ab, und hierdurch vermindert sich der Erreger-strom der Wechselstrommaschine, und zwar um so mehr, als die Verminderung der Gleichstromspannung wegen der gleichzeitig stattgefundenen Abnahme des Erregerstromes der Gleichstrommaschine sich erheblich stärker als nur im linearen Verhältnis vermindert hat. Das Ende wird also eine viel stärkere Spannungsverminderung des Wechselstromgenerators sein. Eine Geschwindigkeitsverminderung wird nun in der Regel ihre Ursache in einer Belastungsvermehrung haben, welche an sich schon durch den wachsenden Spannungsverlust im Anker eine Spannungsverminderung der Wechselstrommaschine zur Folge hat. In einem solchen Falle wirken also folgende Umstände spannungsvermindernd: Ver-minderung der Wechselspannung durch Verminderung der Geschwindigkeit der Wechselstrommaschine, Verminderung des Erregerstromes durch Verminderung der Geschwindigkeit der Gleichstrommaschine, Verminderung des Kraftflusses der Gleichstrommaschine infolge Verminderung der Gleichstrom-spannung und der von ihr abhängigen Erregung, Vergrößerung des Spannungsabfalls im Anker der Wechselstrommaschine. Wegen dieser Vervielfachung der Wirkung der einen Ursache, nämlich der Belastungsänderung, hat man die Wechselspannung bei Erregung mit unmittelbar oder mittelbar gekuppelten Erregermaschinen labil genannt.

Diese bei mittelbarer oder unmittelbarer Kupplung von Erreger- und Wechselstrommaschine in Erscheinung tretende »Labilität« der Wechselspannung ist besonders groß bei der auf Tafel I in Fig. 1 dargestellten Schaltung. Um die Regelung nämlich möglichst empfindlich zu machen, muß die Erregermaschine mit geringer Sättigung arbeiten. — Die Maschine muß also auch aus diesem Grunde verhältnismäßig groß sein. — Damit ist aber auch eine große Empfindlichkeit in bezug auf Geschwin-digkeitsschwankungen verbunden und eine durch eine Belastungsänderung hervorgerufene Geschwin-digkeitsänderung wird eine besonders große Änderung der Wechselspannung nach sich ziehen. Fremderregung der Erregermaschine könnte über diesen Mangel hinweghelfen; sie wird z. B. für Doppelschlußgeneratoren angewendet.

Durch Verwendung von stark gesättigten Maschinen, wie sie in den Fig. 2 bis 5 angenommen sind, ist es möglich, die eben geschilderten Nachteile zu vermindern.

Abschnitt II

Die Synchronisierschaltungen

A. Der Parallelbetrieb von Wechselstrommaschinen

Um das Verhalten zweier Wechselstrommaschinen beim Parallelbetrieb zu erörtern, stellen wir uns zunächst zwei Maschinen vor, die jede für sich auf ein besonderes Netz arbeiten. Wenn an den Schienen dieser getrennten Anlagen in jedem Augenblicke dieselben Spannungen herrschen, können entsprechende Schienen miteinander verbunden werden, ohne daß in den elektrischen oder mecha-nischen Verhältnissen irgend etwas geändert wird; die Maschinen arbeiten dann mit ihrer ursprüng-lichen Belastung auf die vereinigten Netze parallel. Die vorausgesetzte Gleichheit der momentanen Klemmenspannungen besteht, wenn gleiche Frequenz, gleiche Phase, gleiche Kurvenform und gleiche Effektivwerte der Klemmenspannungen vorhanden sind. Wären alle diese Bedingungen bis auf die eine erfüllt, daß die elektromotorischen Kräfte nicht gleichphasig, sondern um 180° gegeneinander ver-schoben sind, so würden die Maschinen kurzgeschlossen aufeinander arbeiten.

Man kann nicht erwarten, daß der Antrieb der Maschinen so gleichmäßig ist, daß die Gleich-phasigkeit d u r c h i h n jederzeit gewahrt ist; danach müßte die Gefahr vorliegen, daß die Maschinen außer Tritt fallen, d. h. in den oben angenommenen Betriebszustand übergehen, bei dem eine Maschine auf die andere kurzgeschlossen ist. Parallelbetrieb der Maschinen ist also nur denkbar, wenn — bei zwar möglichst gleichmäßigem Antrieb durch die Antriebsmaschinen — noch eine andere Ursache vorhanden ist, die die Gleichphasigkeit, also vollkommenen, momentanen Synchronismus, aufrechtzu-erhalten sucht. Eine solche Ursache besteht tatsächlich, und zwar in der sog. synchronisierenden K r a f t der parallel geschalteten Maschinen. Wird durch Ungleichmäßigkeit des Antriebs eine Maschine augenblicklich beschleunigt, so wird damit auch der Vektor ihrer elektromotorischen Kraft U_2 im Diagramm verschoben, und die elektromotorischen Kräfte der beiden Maschinen, die vorher — wir setzen der einfacheren Darstellung wegen gleiche Belastungen voraus — in gleicher Phase waren, zeigen jetzt eine Phasenabweichung, und es wirkt auf den durch die beiden Anker gebildeten Stromkreis die Vektordifferenz der beiden elektromotorischen Kräfte, die offenbar um annähernd 90° gegen diese elektromotorischen Kräfte verschoben ist. Der Strom, den diese Spannungsdifferenz nach sich zieht, der sog. Ausgleichstrom, ist nun gegen die Spannungsdifferenz (wegen der großen Induktivität des Stromkreises) noch weiter um einen Winkel von annähernd 90° verschoben, so daß seine Phasenverschiebung gegen die beiden elektromotorischen Kräfte der Maschinen, gegen die eine annähernd 0°, gegen die andere annähernd 180° beträgt[1]). Er tritt also in diesen Maschinen der Hauptsache nach als Wirkstrom auf, und zwar um so mehr, je größer die Selbstinduktion des Stromkreises, also der beiden Anker, ist und belastet somit die voreilende Maschine mehr, die nacheilende ebensoviel weniger, d. h. er überträgt Leistung von der ersten auf die zweite Maschine. Die erste, stärker belastete Maschine ist durch die stärkere Kraft ihrer Antriebsmaschine gegenüber der andern Maschine etwas vorgeschoben und dadurch auch imstande, eine etwas größere Leistung abzugeben; beide Maschinen arbeiten nun dauernd mit derselben Geschwindigkeit weiter. Es ist hieraus zu erkennen, daß bei unveränderter Erregung einer bestimmten Belastung der Maschinen eine bestimmte Stellung des rotierenden Magnetkranzes relativ zur Ankerwicklung zukommt: bei der mehr belasteten Maschine ist der Magnetkranz (wie der Vektor der elektromotorischen Kraft im Diagramm) nach vorn, bei der weniger belasteten nach rückwärts verschoben.

Der Ausgleichstrom, der durch die Beschleunigung der einen Maschine entstanden war, bremste deren Lauf. Die hierdurch hervorgerufene Verzögerung kann leicht über das gewünschte Maß hinausgehen, so daß die Maschine in die Lage kommt, Ausgleichenergie aufzunehmen, und dieser Wechsel von Abgabe und Aufnahme von Energie kann sich mehrmals wiederholen; es entstehen »freie« oder »Eigenschwingungen« um die Lage, die die Maschine jeweils haben sollte. War die Ursache des Ausgleichstromes eine momentane, vorübergehende Ungleichmäßigkeit im Antrieb, so wird die auf diese Weise hin und her schwingende Ausgleichenergie bald verzehrt sein.

Bei vielen Antriebsarten ist der Antrieb nun seiner Natur nach ungleichförmig, nämlich dann, wenn die Maschinen Kolbenmaschinen sind und die Energieübertragung auf die elektrischen Maschinen durch unmittelbare Kupplung erfolgt. In solchen Fällen wiederholen sich die Ungleichmäßigkeiten des Antriebs in periodischer Folge, und zu den dadurch hervorgerufenen periodischen Schwingungen der Ausgleichenergie treten die mechanischen Schwingungen des unregelmäßigen Antriebs selbst. Das hat zur Folge, daß der Magnetkranz um die seiner mittleren Leistung entsprechende mittlere Stellung (relativ zum Anker) hin und her pendelt, d. h. »erzwungene Schwingungen« ausführt. In welchem Grade ein solches Pendeln eintritt, hängt von den elektrischen und mechanischen Größen der Maschinen ab, bei Maschinen gleicher Geschwindigkeit (Umdrehungen in der Minute) auch von den Kurbelstellungen, die nötigenfalls, bei schlecht arbeitenden Antriebsmaschinen, in Übereinstimmung gebracht werden müssen[2]). Die Pendelschwingungen werden um so größer, je mehr die Frequenz der Eigenschwingungen mit der Frequenz der erzwungenen Schwingungen übereinstimmt, und können unter Umständen so groß werden, daß die Maschinen außer Tritt halten. Theorie und praktische Erfahrung haben Mittel an die Hand gegeben, dieses Pendeln in engen Grenzen zu halten oder ganz auszuschließen.

Bei den bisherigen Betrachtungen waren gleiche und gleichbelastete Maschinen angenommen. Soll die Belastungsverteilung geändert werden, so wird man mit dem bei Gleichstrommaschinen angewandten Verfahren, nämlich mit der Änderung der elektromotorischen Kraft der einen Maschine durch Änderung ihrer Erregung bei den Wechselstrommaschinen nicht zum Ziel kommen. Denn bei der unveränderten synchronen Maschinen- also auch Reglergeschwindigkeit und damit unveränderter Füllung kann die der Wechselstrommaschine zugeführte Leistung nicht geändert werden. Die Leistung kann vielmehr nur durch Änderung der zugeführten Leistung bei gleichbleibender Geschwindigkeit, also durch Änderung der Dampf- oder Wasserzufuhr auf einen anderen Wert eingestellt werden. (Dazu werden die Regler meistens so eingerichtet, daß sie während des Ganges verstellt werden können.)

---

[1]) Siehe H. Görges, Über das Verhalten parallel geschalteter Wechselstrommaschinen, E. T. Z. 1900, S. 188.

[2]) Welcher Art die hierfür maßgebenden Beziehungen sind, kann hier nicht weiter erörtert werden. In der Literatur sind ausführliche Arbeiten über diesen Gegenstand zu finden, insbesondere sind die Arbeiten von Kapp, Görges, Benischke, Rosenberg und Emde zu nennen, die in der Elektrotechnischen Zeitschrift (von 1899 an), in der Wiener Zeitschrift für Elektrotechnik und Maschinenbau und auch in besonderen Büchern veröffentlicht sind.

Die Möglichkeit der auf den ersten Blick wohl auffälligen Tatsache, daß eine Änderung der elektromotorischen Kraft bei Leerlauf U_λ keine Änderung der Leistung zur Folge hat, erklärt sich sehr einfach dadurch, daß mit der Veränderung der elektromotorischen Kraft U_λ eine Veränderung des Winkels der Phasenverschiebung zwischen ihr und der Klemmenspannung und damit auch zwischen Klemmenspannung und Strom verbunden ist. Die Änderung des Stromes in Abhängigkeit von der Erregung ist dabei derart, daß der Strom mit zunehmender Erregung bis zu einem gewissen Werte abnimmt, um von da aus wieder anzuwachsen; das drückt sich in der bekannten V-Kurve aus. Der Minimalwert des Stromes entspricht der Phasenverschiebung $\varphi = 0$ und der sog. Normalerregung; bei kleinerer Erregung eilt der Strom der Klemmenspannung vor, bei größerer nach. Hiernach kann man auch sagen: durch Veränderung der Erregung erzeugt man einen leistungslosen Blindstrom. Wenn man also mehrere Maschinen im Parallelbetrieb hat und an einer dieser Maschinen die Erregung ändert, so muß man gleichzeitig die Erregung der anderen Maschinen oder wenigstens einer von ihnen im anderen Sinne ändern, so also, daß der durch die erste Änderung hervorgerufene Blindstrom wieder aufgehoben wird.

Dieser Zustand ist natürlich im allgemeinen nicht erwünscht, vielmehr wird man die Verhältnisse so zu gestalten haben, daß nur der Blindstrom erzeugt wird, der ins Netz geht, und daß jede Maschine im selben Verhältnis zum gesamten Blindstrome beiträgt, wie zum gesamten Leistungsstrome. Dann sind sämtliche Maschinenströme unter sich und mit dem Gesamtstrome in Phase, und ihre arithmetische Summe ist gleich dem Netzstrome. In dieser letzten Tatsache ist uns ein Merkmal für diese günstigste Verteilung der Ströme an die Hand gegeben: die Beobachtung der Strommesser genügt; erleichtert wird die Beurteilung durch Beobachtung von Phasenmessern, durch die die Blindströme unmittelbar angezeigt werden. Bei induktionsfreier Netzbelastung braucht man nur jede Maschine auf Normalerregung, also auf den geringsten Strom einzustellen.

Wenden wir uns nun zur Betrachtung der Vorgänge, die bei der Änderung der Belastungsverteilung auf die Maschinen zu beobachten, und der Maßnahmen, die dabei zu treffen sind, so nehmen wir am besten zunächst induktions- und kapazitätsfreie Belastung in Netz und Maschinen unter Normalerregung an. Die Belastungsverteilung soll jetzt geändert, also etwa eine Maschine stärker belastet werden; dann ist — unter Beobachtung der Leistungsmesser — deren Regler zu verstellen. Natürlich müßte, wenn sich die Geschwindigkeit der Maschinen, also die Frequenz des von der Anlage gelieferten Wechselstromes, gar nicht ändern sollte, gleichzeitig der Regler einer oder mehrerer anderer Maschinen im entgegengesetzten Sinne verstellt werden, da die Netzbelastung unverändert bleibt. Doch kann man hiervon absehen, wenn kleine Geschwindigkeitsänderungen gestattet sind. Die Erregungen der Maschinen mit geänderter Belastung sind nun nicht mehr deren Normalerregungen; diese Maschinen liefern jetzt also Blindströme, die zum Teil als Ausgleichstrom auftreten. Um diese Ausgleichsströme wieder zu beseitigen, müssen die Erregungen dieser Maschinen geändert, nämlich auf die Normalerregungen der neuen Belastungen eingestellt werden. Genau so liegen die Verhältnisse, wenn der Netzstrom n i c h t in Phase mit der Spannung ist, nur daß man dann nicht auf die Normalerregungen, sondern so einzuregulieren hat, daß alle Maschinenströme unter sich und mit dem Netzstrome in gleicher Phase sind.

Es ergibt sich also allgemein, daß zur Änderung der Belastungsverteilung die Änderung der Reglerstellung (an zwei oder mehreren Maschinen) nicht genügt, wenn der Betrieb ordentlich geführt werden soll. Vielmehr muß gleichzeitig eine Änderung der Erregungen vorgenommen werden. Auf diese Weise ist auch die Entlastung einer Maschine vor dem A u s s c h a l t e n durch gleichzeitige Änderung der Reglerstellung und der Erregung vorzunehmen: durch Änderung der Reglerstellung allein wird die Maschine zwar entlastet, sie führt dann aber noch einen Blindstrom; und dieser ist dann durch Änderung der Erregung zu beseitigen. Ist auch dies geschehen, so ist die elektromotorische Kraft gleich der Klemmenspannung, und die Maschine kann völlig stoßfrei abgeschaltet werden.

B. Das Synchronisieren und Parallelschalten

Umgekehrt ist vor dem Einschalten die elektromotorische Kraft der zuzuschaltenden Maschine gleich der Klemmenspannung der im Betrieb befindlichen oder gleich der Schienenspannung der Anlage zu machen. Hier ist aber die Aufgabe erheblich schwieriger, denn es müssen vor dem Parallelschalten noch die anderen, auf S. 4, u genannten Bedingungen erfüllt, nämlich außer gleicher Effektivspannung gleiche Frequenz, gleiche Phase und gleiche Kurvenform vorhanden sein. Über die letztere kann natürlich bei einer einmal vorhandenen Maschine nicht mehr verfügt werden; es bleibt aber noch die Aufgabe, gleiche Frequenz und gleiche Phase herzustellen. Dabei muß auch ein Mittel gegeben sein, durch das festgestellt werden kann, ob und wie weit das Ziel erreicht ist. Die Aufgabe wird natürlich durch Regelung der Geschwindigkeit der zuzuschaltenden Maschine gelöst.

Fig. 6] Man könnte sich hierbei mit einer ziemlich rohen Annäherung und dementsprechend roher Beobachtung begnügen, wenn man gewiß wäre, daß die Ausgleichströme, die dann unmittelbar nach dem Parallelschalten entstehen, imstande wären, die zuzuschaltende Maschine ohne Nachteil für den Betrieb und die Maschinen in völligen Synchronismus zu ziehen. Die Ausgleichströme müßten dabei, ohne gefährlich groß werden zu können, eine beträchtliche Energie übertragen, also ihrer Hauptsache nach Wirkströme sein. Beide Forderungen werden erfüllt durch die Einschaltung von Selbstinduktion, denn diese unterstützt, wie wir oben S. 5,0 gesehen haben, die Selbstinduktion der Maschinen in dem Sinne, daß der Ausgleichstrom gegen die eine elektromotorische Kraft um annähernd 0^0, gegen die andere um annähernd 180^0 verschoben wird. Hierauf beruht ein älteres von Kapp angegebenes Verfahren zur Parallelschaltung[1]). Die Schaltung hierzu ist in Fig. 6 für Einphasenmaschinen dargestellt. Es sind zwei hintereinander geschaltete und durch Kurzschließen ausschaltbare Drosselspulen vorhanden, die durch einen doppelpoligen Schalter[2]) zwischen die Schienen und zwei Hilfsschienen geschaltet werden können. Nach Einschaltung dieses Schalters legt man an diese Hilfsschienen den parallel zu schaltenden, mit einer gewissen Annäherung schon synchron laufenden Generator, dessen Effektivspannung vorher auf den richtigen Wert gebracht war. Die nunmehr auftretenden Ausgleichströme ziehen die zuzuschaltende Maschine mehr und mehr in Synchronismus, wobei die beiden Drosselspulen stufenweise durch Kurzschluß ausgeschaltet werden, bis schließlich der Hauptschalter geschlossen werden kann.

Das Verfahren ist nicht mehr gebräuchlich; man verzichtet auf die Einschaltung fremder Selbstinduktion, muß aber dann auf Mittel bedacht sein, durch die man den Synchronismus viel feiner beobachten kann.

Fig. 7 und 8] Die jetzt gebräuchlichen Einrichtungen zum Parallelschalten von Wechselstromgeneratoren sind derart, daß man die oben geschilderten Bedingungen durch mechanische und elektrische Regelung genau herstellt, ihre Erfüllung an sichtbaren Zeichen, gelegentlich in Verbindung mit hörbaren, beobachtet und dann von Hand parallel schaltet, wenn die Parallelschaltungsbedingungen hinreichend lange bestehen.

Wir nehmen für die folgenden Betrachtungen zunächst Einphasengeneratoren an.

Arbeiten zwei Generatoren wie im ordnungsgemäßen Betriebe eines Elektrizitätswerkes parallel, so sind ihre Spannungen in jedem Augenblick selbstverständlich gleich groß und gleich gerichtet. In nebenstehender Textabb. 1a ist ein solcher Stromkreis mit zwei parallel arbeitenden Maschinen mit den Spannungen U_1 und U_2, den Leitungen und dem Verbraucher R gezeichnet; man möge das Bild perspektivisch sehen, als ob die Leitungen von vorn nach hinten gingen. Der »äußere« Stromkreis ist in allen Teilen, aus denen er sich zusammensetzt, ausgezogen gezeichnet; wir betrachten ihn in dem Sinne, der gestrichelt gezeichnet ist, und dieser Sinn der Betrachtung soll für alle in bezug auf den äußeren Stromkreis angestellten Überlegungen unverändert bestehen bleiben. Die auf den Stromkreis wirkenden beiden Spannungen U_1 und U_2 sind in der Textabb. 1b als rotierende Vektoren dargestellt; sie müßten eigentlich aufeinander liegen, sind aber mit einer kleinen Phasenverschiebung gezeichnet, um sie überhaupt als zwei Vektoren erkennen zu lassen. Die beiden Generatoren haben gleich große und gleich gerichtete Spannungen; die Differenz der Spannungen ist also $U_1 - U_2 = 0$. Außer diesem Stromkreis kann man auch einen Stromkreis ins Auge fassen, einen »inneren«, der aus den beiden Generatoren, so wie sie an die Schienen angeschlossen sind, besteht. Auch für diesen Stromkreis wählen wir einen Betrachtungssinn, nämlich den in der selben Weise wie in 1a in Textabb. 2a eingezeichneten. Das für diesen Stromkreis gültige Vektordiagramm der Spannungen ist in Textabb. 2b gezeichnet. Der Vektor von U_1 hat seine Lage wie in 1b beibehalten, weil wir in dem neuen Stromkreis

---

[1]) G. Kapp, Zur Parallelschaltung von Wechselstrommaschinen, E. T. Z. 1894, S. 488.
[2]) Die Kupplungsstangen der doppelpoligen Umschalter mußten, da die Schienen getrennt gezeichnet sind, unterbrochen werden; die sie darstellenden Strichelchen sind jedesmal so eingezeichnet, daß beim Schließen oder Öffnen des Schalters mit dem einen Hebel (am einen Pole) der durch die Kupplungsstange auf den anderen ausgeübte Zug oder Druck diesen anderen Hebel ebenfalls schließt oder öffnet. Zusammengehörige Kupplungsstangen sind an ihrer Bruchstelle mit gleichen Zeichen, Sternen oder Punkten versehen. Dies gilt auch für alle folgenden Schemata mit getrennt gezeichneten Schienen.

den Generator gerade so betrachten, wie in dem alten. Der Vektor U_2 dagegen mußte um 180^0 verschoben werden, weil wir in dem neuen Stromkreise den Generator im entgegengesetzten Sinne betrachten. Die beiden Generatoren haben gleich große und entgegengesetzt gerichtete Spannungen, und ihre Summe ist $U_1 + U_2 = 0$.

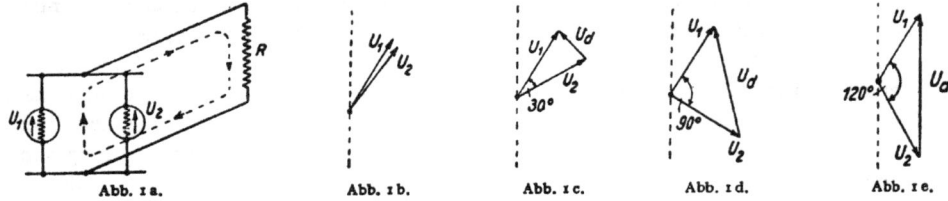

Abb. 1a.   Abb. 1b.   Abb. 1c.   Abb. 1d.   Abb. 1e.

Schalten wir in den zweiten Stromkreis zwei Glühlampen ein, die für die Schienenspannung gebaut sind, etwa je eine Lampe in eine Zuführungsleitung, zwischen Generator und Schiene, so wirkt auf diese beiden Lampen die Gesamtspannung $U_1 + U_2 = 0$; die Lampen leuchten also nicht. Statt die Lampen in dieser Weise einzuschalten, können wir auch einen besonderen Stromkreis für sie bilden, wie es auf Tafel I in Fig. 7 gezeichnet ist. Dauerndes Nichtleuchten der Lampen ist also ein Zeichen dafür, daß die Spannungen der beiden Generatoren in bezug auf ihren eigenen Stromkreis um 180^0 gegeneinander verschoben, in bezug auf den äußeren Stromkreis dagegen gleichphasig sind.

Sehen wir von der Forderung ab, daß die Generatoren wie in einem Elektrizitätswerk parallel arbeiten, so können sie mit gleicher Frequenz und dann, wie bisher, gleicher Phase aber auch einer anderen Phasenverschiebung, z. B. der Phasenverschiebung von 30^0, 90^0 oder 120^0, bezogen auf den äußeren Stromkreis, oder, was dasselbe ist, $180^0 + 30^0$, $180^0 + 90^0$, $180^0 + 120^0$, bezogen auf den inneren Stromkreis laufen; beide Fälle sind in den Textabbildungen 1c bis 1e und 2c bis 2e dargestellt. Selbstverständlich liefern die Textabbildungen 1 in ihren Vektordifferenzen dieselben Werte wie die Textabbildungen 2 in ihren Vektorsummen und in diesen Werten die resultierenden Spannungen, die auf die beiden Glühlampen wirken.

Im allgemeinen werden die unabhängig voneinander arbeitenden Generatoren aber nicht gleiche Frequenz haben. Die beiden Vektoren, wie wir sie in 1b gezeichnet haben, werden also mit verschiedener Kreisfrequenz, z. B. $\omega_1 > \omega_2$, umlaufen, der Vektor U_2 somit langsamer als der Vektor U_1. Dann wird die Vektordifferenz $U_1 - U_2$ wachsen, und zwar stetig, wenn die beiden verschiedenen Frequenzen, jede für sich konstant sind. Wir können uns das am besten dadurch klar machen, daß wir den einen Vektor, z. B. U_1, festhalten und den Vektor U_2 mit der Kreisfrequenz $\omega_1 - \omega_2$ umlaufen lassen. Die Vektordifferenz U_d wird also in dieser Stetigkeit von dem sehr kleinen Werte in 1b zu dem Werte von 1c, dann nach 1d, 1e wachsen usf bis zum Maximalwerte, der doppelten Generatorspannung. Von da aus wird sie mit derselben Stetigkeit abnehmen, bis sie wieder gleich Null geworden ist und das Spiel sich wiederholt. Dieselbe Erklärung hätte auch an Textabb. 2b bis 2e angeknüpft werden können, natürlich unter Ersetzung des Wortes Differenz durch das Wort Summe. In den Abbildungen ist dementsprechend U_d durch U_s ersetzt. Die Vektoren U_1 und U_2 stellen nun zwar als rotierende Vektoren die Amplituden der Spannungswerte dar, können aber gleichzeitig als Maß für die Effektivwerte gelten, weil Amplituden und Effektivwerte in einen zahlenmäßig bestimmten Ver-

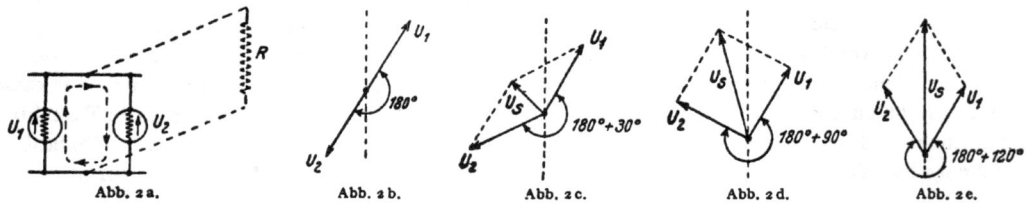

Abb. 2a.   Abb. 2b.   Abb. 2c.   Abb. 2d.   Abb. 2e.

hältnis stehen. Gerade so sind die Differenzen in den Textabb. 1 oder die Summen in den Textabb. 2 ein Maß für die Effektivwerte der Spannungen, die auf den inneren Stromkreis wirken; nur haben die Effektivwerte ungewöhnlicherweise keinen konstanten, sondern einen mit der Zeit dauernd veränderlichen Wert, und zwar ändern sie sich offenbar mit der Kreisfrequenz $\omega_1 - \omega_2$. Dieser sich so ändernde Effektivwert bestimmt also auch die Wirkung, die die beiden Spannungen auf den inneren Stromkreis ausüben, so vor allen Dingen das Leuchten der Glühlampen. Diese werden nämlich bei annähernd gleichen ω periodisch langsam aufleuchten und wieder erlöschen; bei wachsender Differenz $\omega_1 - \omega_2$ wird diese periodische Veränderung mehr und mehr in ein Flimmern übergehen bis schließlich die Glühlampen mit konstantem Lichtstrom leuchten.

Das Verhalten der Glühlampen gibt uns also genauen Aufschluß sowohl über die Gleichheit oder Ungleichheit der Frequenzen der beiden Maschinen als auch über die Größe der augenblicklichen oder (bei gleicher Frequenz) dauernden Phasenverschiebung ihrer Spannungen.

Physikalisch werden die Zusammenhänge klarer, wenn wir auf die Augenblickswerte der Spannungen $U = f(t)$, wie sie durch Kurven dargestellt werden, zurückgehen. Textabb. 3 zeigt dieseKurven für die beiden in der Frequenz etwas voneinander abweichenden Spannungen U_1 und U_2. Die Ordinatendifferenzen sind durch senkrechte Striche hervorgehoben. In Textabb. 4 sind diese Differenzen für sich in ein Koordinatensystem eingetragen. Um zu den Effektivwerten dieser Kurven zu kommen, muß man bekanntlich ihre Augenblickswerte quadrieren — das ist in der gestrichelten Kurve geschehen — und dann über jede Welle zwischen den Nullwerten oder, wenn man die doppelte Anzahl von Punkten haben will, zwischen jedem Null- und Maximalwerte den zeitlichen Mittelwert bilden. Trägt man die auf diese Weise errechneten Werte in das Diagramm ein und verbindet sie durch einen Kurvenzug, so entsteht die in Textabb. 4 strichpunktiert gezeichnete Kurve. Ungefähr nach dieser Kurve geht also die zeitliche Änderung der Leuchtkraft der Lampen vor sich.

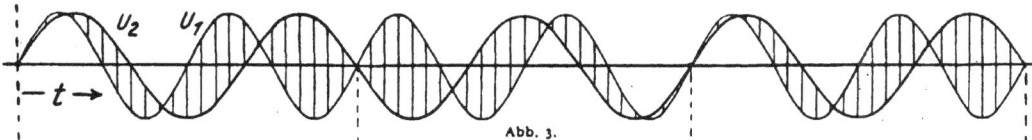

Abb. 3.

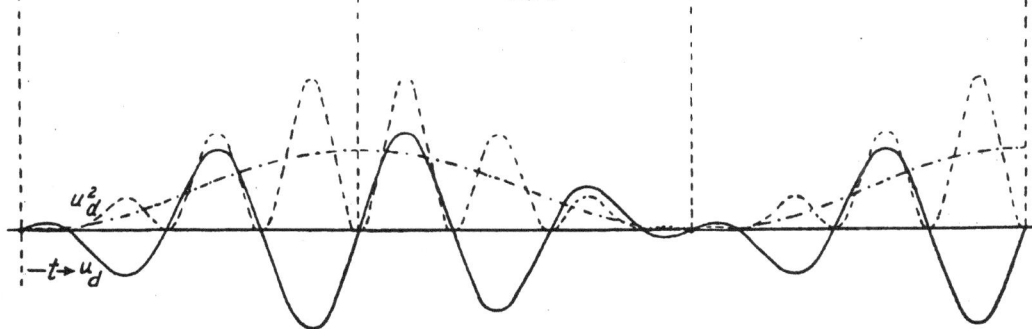

Abb. 4.

In der in Tafel I, Fig. 7 aufgezeichneten Schaltung ist also das Nichtbrennen der Lampen unter Voraussetzung gleicher Spannungen ein Zeichen dafür, daß die beiden Maschinen mit gleicher Frequenz laufen und ihre Spannungen in bezug auf den äußeren Stromkreis in Phase sind, daß also das Parallelschalten der Maschinen erfolgen kann.

Statt der Glühlampen kann man auch einen Spannungsmesser einschalten, oder man schaltet Glühlampen und Spannungsmesser parallel, wie es in Fig. 7 gezeichnet ist. Den Spannungsmesser nur neben e i n e der beiden Glühlampen zu schalten, empfiehlt sich nicht, weil das Instrument gefährdet ist, wenn die neben ihm liegende Glühlampe durchbrennt; es wird dann von einem starken Strom durchflossen. Statt der zwei Glühlampen nur eine von doppelter Spannung zu verwenden, ist nicht üblich, und zwar aus dem einfachen Grunde, weil eine solche Lampe für den Zweck besonders beschafft werden müßte; denn die in der Anlage sonst verwendeten Lampen sind natürlich für die Generatorspannung gebaut[1]. Die zur Beobachtung des Synchronismus verwendeten Lampen nennt man Synchronisierlampen, ebenso spricht man von einem Synchronisierspannungsmesser, und schließlich mag der hier nicht gezeichnete Synchronisierschalter, mit dem der Synchronisierstromkreis geschlossen wird, erwähnt werden. Die unklaren aber viel gebrauchten Namen Phasenlampen und Phasenvoltmeter sollen hier nicht benutzt werden.

Die beschriebene Synchronisierschaltung nennt man, weil bei dunkeln Lampen eingeschaltet wird, »D u n k e l s c h a l t u n g«, und zwar behält man diesen Namen bei, auch wenn nur Synchronisierspannungsmesser verwendet werden.

---

[1] Man kann auch die Resonanz schwingender Zungen zur Synchronismusanzeige benutzen. So geschieht es in dem bekannten »Synchronisator« der Firma Hartmann & Braun, A.-G. in Frankfurt a. M. (D.R.P. 114565).

Kreuzt man die den Synchronisierstromkreis bildenden Leitungen zwischen den beiden Maschinen, wie es in Fig. 8 geschehen ist, so herrscht bei Phasengleichheit der Maschinen in bezug auf den äußeren Stromkreis auch Phasengleichheit in bezug auf den Synchronisierstromkreis. Wählt man diese Verbindung, so sind also die Maschinen parallel zu schalten, wenn die Lampen mit der größten Helligkeit brennen. Man nennt die Schaltung im Gegensatz zur vorigen »Hellschaltung«. Bei dieser Schaltung ist zu beachten, daß beide Lampen nicht in e i n e r der beiden Verbindungsleitungen liegen dürfen, sondern in j e d e Verbindungsleitung eine Lampe einzuschalten ist. Andernfalls nämlich sind nach vollzogener Parallelschaltung durch die lampenlose Leitung zwei Kurzschlußkreise gebildet, in deren jedem ein Generator liegt[1].

Das beim Parallelschalten zu beobachtende Verfahren ist folgendes: Die in Betrieb zu setzende Maschine ist auf dieselbe Geschwindigkeit zu bringen wie die schon im Betrieb befindliche; sie ist zu erregen, und ihre effektive Spannung ist gleich der Spannung an den Sammelschienen zu machen. Danach ist der Synchronisierstromkreis einzuschalten. Die Lampen werden im allgemeinen zuerst flimmern; die Frequenz ihrer Helligkeitsschwankungen ist also groß. Man hat nun diese Frequenz durch Regelung der Maschinengeschwindigkeit möglichst zu vermindern, so daß der für das Parallelschalten geeignete Zustand — der nach Fig. 8 durch helleuchtende Lampen, nach Fig. 7 durch nichtleuchtende angezeigt wird — möglichst lange andauert. Die Einschaltung kann dann mit Sicherheit erfolgen, ohne daß übermäßige Ausgleichströme und Stöße zwischen beiden Maschinen auftreten. Dabei soll man niemals n a c h Erreichung des vollkommenen Synchronismus einschalten, sondern etwas vorher. Die mechanische Trägheit hilft dann die Maschine in Synchronismus bringen, während sie andernfalls im entgegengesetzten Sinne wirken würde.

Anmerkung: Bei Maschinen von gleicher Größe, gleicher Bauart, besonders auch gleicher Polzahl läßt sich Gleichheit der Geschwindigkeit leicht erkennen, wenn man durch den rotierenden Magnetkranz der einen Maschine hindurch auf den der anderen sieht. Sind die Geschwindigkeiten verschieden, so erscheint dem Auge das Bild eines mit geringer Geschwindigkeit rotierenden Magnetkranzes. Die Richtung dieser Rotation hängt davon ab, ob die vordere oder die hintere Maschine schneller läuft, und ihre Geschwindigkeit von der Geschwindigkeitsdifferenz im Laufe der Maschinen; ist diese gleich Null, so verschwindet auch das rotierende Bild.

Bei Kolbenmaschinen mit großem Ungleichförmigkeitsgrad darf man unter Umständen, wie wir es schon auf S. 5,m gesehen haben, die Parallelschaltung nur bei gleicher Kurbelstellung der Antriebsmaschinen vornehmen. Die Beobachtung der Gleichheit kann durch ein hörbares Zeichen unterstützt werden, etwa in der Weise, daß man die Kurbel bei jeder Umdrehung einmal an einer bestimmten Stelle einen elektrischen Kontakt herstellen läßt, der eine elektrische Glocke zum Anschlagen bringt. Um die Ungleichförmigkeit zu vermindern, hat man Wirbelstrombremsen empfohlen, die sich aber nicht bewährt haben.

Nach dem Parallelschalten ist die Belastung in der oben beschriebenen Weise auf die Maschinen zu verteilen.

C. Systematik der Synchronisierschaltungen

Synchronisierschaltungen für Einphasenmaschinen, ohne Transformierung der Synchronisierspannung, e i n Schienensystem

Sind mehrere Generatoren in einer Zentrale aufgestellt, so bieten sich zur Ausbildung der in Fig. 7 und 8 für je zwei Generatoren gegebenen Grundschemata der Synchronisierschaltungen zahlreiche Möglichkeiten. Wir stellen uns im folgenden die Aufgabe, alle Schaltungsmöglichkeiten in systematischer Behandlung durchzusprechen[2]. Die große Zahl der Synchronisierschaltungen kommt durch folgende Verschiedenheiten zustande:

1. Man kann — wie es durch Fig. 7 und 8 schon ausgedrückt ist — auf dunkle oder helle Lampen synchronisieren (Dunkelschaltung **D**, Hellschaltung **H**).
2. Man kann die im Synchronisierstromkreis nötigen Lampen jeder einzelnen Maschine besonders zuordnen (besondere Lampen **Lb**), oder man bringt nur e i n e Lampe — oder e i n Lampenpaar — an, das allen Maschinen gemeinsam dient (gemeinsame Lampen **Lg**).

---

[1] Auch bei der Schaltung nach Fig. 7 kann diese Trennung der Lampen von Vorteil sein; denn wenn man bei nicht vollkommenem Synchronismus die Maschinen parallel schaltet und der eine, in der Figur der obere, Schalthebel früher schließt als der andere, so kann der eine Zeitlang durch die lampenlose Synchronisierleitung fließende Strom übermäßig groß werden.

[2] Siehe auch Teichmüller, Systematik der Synchronisierschaltungen. E. T. Z. 1909, S. 1039.

3. Man wählt und schließt die Synchronisierstromkreise durch Schalter, von denen je einer einer Maschine zugehört (besondere Schalter **Sb**), oder man benutzt hierzu Schalter, die der ganzen Synchronisiereinrichtung gemeinsam sind, also Umschalter (**Sg**)[1].

4. Man synchronisiert eine Maschine, nämlich die in Betrieb zu setzende, auf eine andere, im Betrieb befindliche (**MaM**) oder eine Maschine auf die Schienen (**MaS**).

Hiernach kann man die Synchronisierschaltungen zu folgendem Systeme ordnen:

Synchronisierschaltungen für Einphasenmaschinen, ohne Transformierung der Synchronisierspannung, ein Schienensystem

Synchronisieren einer Maschine auf eine andere, **MaM** — Dunkelschaltung **D** — mit besonderen Schaltern **Sb** — mit besonderen Lampen **Lb** 9 — mit gemeinsamen Lampen **Lg** 10; mit gemeinsamen Schalter **Sg** Lb 11 Lg (11). Hellschaltung **H**: Sb Lb Lg 12u.13 — ; Sg Lb Lg — —.

Synchronisieren auf die Schienen **MaS** — **D**: Sb Lb Lg 14 15; Sg Lb Lg 16 17 18. **H**: Sb Lb Lg 19 20 21; Sg Lb Lg — 22.

In der letzten Zeile sind die Nummern angegeben, unter denen die Schemata auf Tafel I abgebildet sind. Ein Strich (—) bedeutet, daß die Schaltung nicht gezeichnet ist.

Die Reihenfolge der Gabelungen in dem Systeme ist ziemlich willkürlich, da diese ihrem Wesen nach nicht einander untergeordnet sind. Man könnte z. B. mit der Gabelung in »besondere Lampen« und »gemeinsame Lampen« beginnen und würde in der letzten Zeile doch zu denselben Schaltungen, freilich in anderer Folge, kommen. Für die zeichnerische Behandlung der Schemata empfiehlt sich die gewählte Reihenfolge der Gabelungen. In einfacherer Weise läßt sich das System folgendermaßen darstellen:

Synchronisierschaltungen für Einphasenmaschinen, ohne Transformierung der Synchronisierspannung, ein Schienensystem

Synchronisieren einer Maschine auf eine andere, **MaM**	Synchronisieren auf die Schienen, **MaS**
Dunkelschaltung, **D**	Hellschaltung, **H**
mit besonderen Schaltern, **Sb**	mit gemeinsamem Schalter, **Sg**
mit besonderen Lampen, **Lb**	mit gemeinsamen Lampen, **Lg**

Durch beliebige Zusammenstellung von vier Symbolen dieser Tabelle, wobei aus jeder Zeile eins zu nehmen ist, erhält man, wie oben, alle theoretisch möglichen Synchronisierschaltungen. Wir folgen der durch das System vorgezeichneten Reihenfolge.

Anmerkung: In der Darstellung sind alle nicht zum Synchronisieren selbst nötigen Apparate weggelassen. Im zweiten Teile dieses Bandes, in dem Schemata ausgeführter Anlagen gezeigt werden, sind die Schaltungen mit allen praktischen Ergänzungen gezeichnet.

Die erste Gruppe umschließt die Schaltungen **MaM, D**; sie enthält vier Schemata.

Fig. 9] In Fig. 9 ist das in Fig. 7 dargestellte Grundschema für Synchronisieren bei Dunkelschaltung für mehrere Generatoren nach dem Symbol **MaM, D, Sb, Lb** ausgebildet. Die einfachen Verbindungsleitungen gehen zunächst in Leitungen über, die den Charakter von Hilfsschienen, Synchronisierschienen, tragen; an diese sind die Generatoren durch besondere Schalter zum Synchronisieren anzuschließen. Die beiden Synchronisierlampen müssen getrennt je in einer Verbindungsleitung

---

[1] In der Ausführung verwendet man meist Stöpselschalter. Für die zeichnerische Darstellung waren Drehschalter vorzuziehen, die in der praktischen Ausführung allerdings den Nachteil haben, daß man beim Übergang von einem zu einem anderen Kontakte die zwischenliegenden berührt, was unter Umständen Störungen nach sich ziehen kann.

zwischen Maschine und Hilfsschiene liegen. Sind von den drei gezeichneten Maschinen etwa zwei in Betrieb und soll die dritte dazu geschaltet werden, so ist eine von den beiden ersten an die Hilfsschienen zu schließen, auf die auch die dritte geschaltet wird. Dann ist der Hilfsstromkreis, dem Grundschema Fig. 7 entsprechend, hergestellt. Eine Ergänzung der Schaltung durch Synchronisier-Spannungs-messer würde etwa durch Anbringung je eines Spannungsmessers für jede Glühlampe, wie es punktiert gezeichnet ist, zu erfolgen haben, oder durch Anbringung eines einzigen Spannungsmessers, der durch einen doppelpoligen Umschalter an jede einzelne Glühlampe gelegt werden kann. Mit Rücksicht darauf, daß die Parallelschaltung des Spannungsmessers neben e i n e Glühlampe, wie wir auf S. 9, u gesehen haben, dieses Instrument gefährden kann, wäre es wohl vorzuziehen, den Spannungsmesser nach der Weise des Grundschemas (Fig. 7) parallel zu den b e i d e n hintereinander geschalteten Glühlampen einzu-schalten; das hätte durch zwei einpolige Umschalter zu geschehen, an deren Drehpunkten der Span-nungsmesser liegt.

Anmerkung: Die doppelpoligen Synchronisierschalter können durch einpolige ersetzt werden, wenn die unteren Hebel weggelassen, diese Pole der Generatoren also unmittelbar mit einander verbunden werden. Dies ge-schieht praktisch wohl, ist aber nicht zu empfehlen.

In Fig. 9b ist die untere Hilfsschiene vermieden, was offenbar ohne weiteres möglich ist.

Fig. 10] Das Symbol **MaM, D, Sb, Lg** ist in Fig. 10 verwirklicht, und zwar in der in Fig. 9b zum ersten Male gebrachten Vereinfachung, bei der die untere Hilfsschiene vermieden ist. Um die gemeinsamen Lampen von allen Maschinen bequem erreichen zu können, sind sie zwischen zwei Hilfs-schienen gelegt, auf die jede Maschine geschaltet werden kann. Zwei Generatoren, die aufeinander synchronisiert werden sollen, müssen natürlich auf verschiedene Hilfsschienen geschaltet sein. Schließt man beide Generatoren versehentlich an die nämliche Hilfsschiene, so sind sie bei Phasengleichheit aufeinander kurzgeschlossen, und die Lampen sind nicht eingeschaltet. Die Schaltung ist aus diesem Grunde zu verwerfen.

Fig. 11] In Fig. 11 ist die Darstellung von **MaM, D, Sg, Lb** mit der von **MaM, D, Sg, Lg** ver-einigt, und zwar erhält man die letztere Schaltung, wenn man die einzelnen Lampen entfernt und statt dessen bei *a a* die gemeinsamen Lampen anbringt. Vergleicht man Fig. 11 mit Fig. 9, so sind die Verbindungsleitungen zwischen den Drehpunkten der Umschalter in Fig. 11 mit den Stücken der Hilfsschienen von Fig. 9 zu vergleichen, die zwischen den zwei zu synchronisierenden Generatoren liegen. Durch diesen Vergleich erkennt man wohl deutlich, wie das neue Schema aus dem ersten dadurch entstanden ist, daß lediglich die besonderen Schalter zu einem gemeinsamen Umschalter umgebildet sind.

Fig. 11 als Schaltung mit gemeinsamen Lampen bei *a a* aufgefaßt, gibt zu der Bemerkung Anlaß, daß die Umschalter mit Unterbrechung »m. U.« gebaut sein müssen, weil sonst beim Umschalten Kurzschlüsse entstehen können. Die Kurzschlußgefahr, die wir als bedenklichen Nachteil der Schaltung von Fig. 10 kennen gelernt haben, ist dann also durch Anwendung des gemeinsamen Schalters beseitigt.

Fig. 12 und 13] Wir kommen zu der z w e i t e n G r u p p e von Schaltungen, die durch das Symbol **MaM, H** gekennzeichnet ist. Auch diese Gruppe enthält vier Schaltungsmöglichkeiten.

Fig. 12] Die erste Schaltung **MaM, H, Sb, Lb** ist in Fig. 12 dargestellt. Wie die Schaltung aus Fig. 9 entstanden ist, läßt sich ohne weiteres erkennen: es sind zu jener Schaltung noch gekreuzte Leitungen hinzugefügt, durch die es ermöglicht wird, zwei Generatoren mit vertauschten Polen auf die Hilfsschienen zu schalten. Es muß also jede Maschine sowohl im einen als auch im anderen Sinne an die gemeinsamen Synchronisierschienen angeschlossen werden können. Hiermit ist aber ein sehr bedenklicher Nachteil verbunden; denn es ist dadurch möglich, sowohl Dunkel- als auch Hellschaltung herzustellen, und es können deshalb die Maschinen leicht irrtümlich auf Kurzschluß geschaltet werden.

Fig. 13] Um diese Gefahr, Kurzschlüsse herzustellen, zu verringern, ordnet man j e d e r Maschine ein Paar Synchronisierschienen in fester Verbindung zu und ermöglicht es, die entgegen-gesetzten Pole jeder Maschine durch einen Umschalter mit jeder Synchronisierschiene der anderen zu verbinden. Dies ist in Fig. 13, die ebenfalls durch das Symbol **MaM, H, Sb, Lb** ausgedrückt wird, geschehen. Die Umschalter sind nicht mehr mit denen in der vorigen Figur vergleichbar, sondern sie haben bei *n* Maschinen *n*—1 Kontakte.

Will man Maschine III auf Maschine I synchronisieren, so kann dies geschehen, indem man den Umschalter von Maschine III auf den Kontakt für I, oder von Maschine I auf den Kontakt für III stellt. Natürlich wird man im praktischen Betrieb eine von diesen beiden Schaltungen zur Regel machen. Freilich dürften auch unbedenklich beide Schalter gleichzeitig in dieser Weise geschlossen werden. Dabei ist aber zur Bedingung zu machen, daß die Synchronisierlampen, wie in der Zeichnung, zwischen der Maschine und dem Punkte liegen, von dem aus Leitungen zur Synchronisierschiene einerseits und zum Umschalter anderseits abzweigen. Lägen die Lampen in einer dieser Abzweigungen, also entweder bei *a* oder bei *b* und so fort, so würde bei gleichzeitigem Einlegen der beiden Schalter Kurzschluß eintreten.

Diese Gefahr ist wiederum beseitigt, wenn an jeder Maschine zwei Lampen an passenden Stellen angebracht werden. Als solche sind die durch die Buchstaben *a* und *d*, *b* und *c*, *a* und *c*, *b* und *d* gekennzeichneten Stellen zu bezeichnen; andere Zusammenstellungen sind nicht zulässig, da dann ein Kurzschluß entstehen kann. — Es ist von Interesse, zu verfolgen — und es soll hiermit die Anregung dazu gegeben werden — welche Lampen beim Synchronisieren zweier Maschinen aufleuchten, wenn sie an den verschiedenen Stellen, an der gezeichneten oder an den durch Buchstaben *a d*, *b c*, *a c*, (*b d*) angedeuteten, angebracht sind. Die hierbei zu beobachtenden Verschiedenheiten können unter Umständen für die Wahl der einen oder der anderen Anordnung bestimmend sein.

Auch in dieser Figur ist die in Fig. 12 vorhandene Möglichkeit, sowohl Hell- als Dunkelschaltung herzustellen, nicht ganz beseitigt. Es ist möglich Maschine, I und III dadurch miteinander in Verbindung zu bringen, daß man beide auf die mittlere Synchronisierschiene schaltet; dann hätte man fälschlicherweise Dunkelschaltung.

In Fig. 13b ist dieselbe Schaltung wie in Fig. 13a mit einer Vereinfachung dargestellt, wie wir sie schon in Fig. 9b und Fig. 10 kennen gelernt hatten. Ein gleichzeitiges Schließen der Synchronisierschalter beider parallel zu schaltender Maschinen (das wir in der vorigen Schaltung als zulässig erkannt hatten), kann hier nicht in Betracht kommen. Das zeigt sich von selbst, sobald man den Synchronisierschalter der in Betrieb befindlichen Maschine schließt; es wird dadurch die Synchronisierlampe einfach zwischen die Klemmen der eigenen Maschine geschaltet.

Auch für Dunkelschaltung läßt sich leicht die der Schaltung Fig. 13 entsprechende Einrichtung treffen, nämlich die, daß nur e i n Schalter zur Herstellung des Synchronisierstromkreises geschlossen werden muß. Das zeigt am besten ein Vergleich von Fig. 9a mit Fig. 13a.

Nach unserem System müßte jetzt die Schaltung von Fig. 12 für gemeinsame Lampen abgeändert werden, so daß ein Schema vom Symbol **MaM, H, Sb, Lg** entsteht. Das hätte dadurch zu geschehen, daß man die gekreuzten Leitungen nicht zu demselben, sondern zu einem zweiten Paar Synchronisierschienen führte und zwischen die benachbarten Synchronisierschienen auf jeder Seite eine Lampe schaltete. Das Schema ist nicht gezeichnet; es ist wegen Kurzschlußgefahr praktisch gerade so untauglich wie das von Fig. 10.

Eine Abänderung des Schemas von Fig. 13 auf gemeinsame Lampen ist nicht möglich.

Den Schritt zum Schema **MaM, H, Sg, Lb** macht man am einfachsten im Anschluß an Fig. 11, und zwar dadurch, daß man die Drehpunkte der gemeinsamen Umschalter übers Kreuz verbindet. Würde man im systematischen Voranschreiten das Schema **MaM, H, Sg, Lb** aus Fig. 12 oder Fig. 13 entwickeln, so würde man zu derselben Schaltung kommen. Die Schaltung ist nicht gezeichnet[1]).

Entfernt man nun die Lampen von den Maschinen und bringt statt dessen, wie in Fig. 11 bei *a a*, e i n Paar in den Verbindungsleitungen an, so ist die Schaltung auf gemeinsame Lampen nach dem Symbol **MaM, H, Sg, Lg** abgeändert. Die Lampen müssen jetzt aber, wie es in Fig. 8 als notwendig erkannt war, je eine in einer der beiden Verbindungsleitungen liegen. Auch diese Schaltung ist nicht gezeichnet. Praktisch brauchbar sind beide Schaltungen ebenso wie die in Fig. 11 gezeichneten; was bei jenen Schaltungen über die Bedingungen »m. U.« gesagt worden ist, gilt auch für diese.

Fig. 14 bis 22] Die bisher behandelten Schaltungen werden umständlicher als nötig dadurch, daß j e d e Maschine mit j e d e r beliebigen anderen synchronisiert wird. Man könnte auf den Gedanken kommen, die Schemata dadurch zu vereinfachen, daß man eine von den Maschinen auswählt, auf die man stets synchronisieren will. Das ist aber praktisch unmöglich, denn es müßte dann diese Maschine immer in Betrieb sein oder jedenfalls vor dem Parallelschalten einer anderen immer erst in Betrieb gesetzt werden. Das ist aber auch gar nicht nötig, denn das, was wir von dieser Maschine verlangen, nämlich zwei Klemmen, zwischen denen die richtige Wechselspannung herrscht, wird uns ja viel einfacher durch die Hauptschienen der Schaltanlage geliefert. Benutzt man diese, so treten die Schienen gleichsam an Stelle der einen Maschine; man synchronisiert nicht mehr eine Maschine auf eine andere,

---

[1]) Die beiden nicht gezeichneten Schaltungen finden sich in dem oben angeführten Aufsatze, E. T. Z. 1909, S. 1039, Fig. 11 und 12.

sondern eine Maschine auf die Schienen. Wir kommen hiermit zu der Doppelgruppe **MaS**. Für diese ist es charakteristisch, daß zum Synchronisieren eine ganze, den betreffenden Maschinen zugehörige Synchronisiereinrichtung auf die Schienen geschaltet wird, während bei den vorigen beiden Gruppen zwei halbe Synchronisiereinrichtungen gegeneinander geschaltet wurden.

Fig. 14 und 15] Die Schaltungen in Fig. 14 und 15 können in diesem Sinne als einfache Abänderungen der Schaltungen in Fig. 9 und 10 aufgefaßt werden: an Stelle der Klemmen der einen Maschine sind die Sammelschienen getreten.

Die beiden Synchronisierlampen kann man räumlich voneinander trennen; und das kann einen praktischen Wert dann haben, wenn etwa die eine Lampe unmittelbar an der Maschine, die andere an der Schaltwand angebracht wird. Maschinenwärter und Schaltwärter werden dann in gleicher Weise von dem Verhalten der parallel zu schaltenden Maschinen unterrichtet.

Auch die folgenden Schaltungen lassen sich in derselben Weise mit früheren Schaltungen in Beziehung bringen und aus ihnen entwickeln. Es genügt zu ihrem Verständnis, auf das oben, S. 11, dargestellte System hinzuweisen. Fassen wir wieder zu gleichwertigen Gruppen zusammen, so gehören zur dritten Gruppe, die durch das Symbol **MaS, D** bezeichnet ist, folgende Schaltungen:

Fig. 14] MaS, D, Sb, Lb.
Fig. 15] MaS, D, Sb, Lg.
Fig. 16] MaS, D, Sg, Lb.
Fig. 17] MaS, D, Sg, Lg.

Fig. 18] Die Schaltung von Fig. 18 stellt eine Vereinigung der beiden letzten Schaltungen, also ein Mittelding zwischen **MaS, D, Sg, Lb** und **MaS, D, Sg, Lg** dar, was am besten wohl durch das Symbol **Lbg** ausgedrückt wird. Der Vorteil, den wir mit dieser Schaltung für räumliche Trennung der Lampen erreichen, ist schon oben (Fig. 14 und 15) auseinandergesetzt.

Fig. 19 bis 22 bringen die analogen Anordnungen für Hellschaltung, also die vierte Gruppe, **MaS, H**, nämlich:

Fig. 19] MaS, H, Sb, Lb.
Fig. 20] MaS, H, Sb, Lg.

Fig. 21] In Fig. 21 ist wiederum eine Vereinigung der beiden vorigen Schaltungen nach dem Schema **MaS, H, Sb, Lbg** dargestellt, um, wie bei Fig. 18, den Vorteil der räumlichen Trennung der beiden Synchronisierlampen erreichen zu können.

Fig. 22] In Fig. 22 endlich ist die Schaltung **MaS, H, Sg, Lg** wiedergegeben.

Der Fall **MaS, H, Sg, Lb** ist nicht gezeichnet; er würde sich von dem in Fig. 22 dargestellten nur durch die Lage der Lampen unterscheiden.

Anmerkung: Die Dunkelschaltungen kann man noch in bemerkenswerter Weise vereinfachen, wenn man die Hauptschalter der Maschinen nicht kuppelt und den unteren Hauptschalter an Stelle des unteren Synchronisierschalters treten läßt. Der untere Teil der Synchronisierschaltungen, also alles das, was dünn gezeichnet ist, fällt dann in diesen Schaltungen (Fig. 9 bis 11 und Fig. 14 bis 18) einfach weg. Im allgemeinen ist diese Schaltung nicht üblich, es steht aber, wenigstens in kleinen Anlagen, nichts im Wege, sie anzuwenden.

Allgemeines: Bei einer Auswahl unter den behandelten Schaltungen für die praktische Ausführung sind natürlich die Schaltungen auszuscheiden, die greifbare Mängel haben. Hierzu gehören vor allen Dingen die, bei denen die Gefahr des Kurzschlusses vorliegt, also Fig. 10, 15 und 20, kurz alle Schaltungen, bei denen besondere Schalter und gemeinsame Lampen verwendet werden; in dem Symbol sollen also die Zeichen Sb, Lg niemals gleichzeitig vorkommen. Die Gefahr ist da besonders groß, wo zwei Schalter geschaltet werden müssen, also beim Synchronisieren auf eine andere Maschine, wie in Fig. 10; vor der Zusammenstellung **MaM, Sb, Lg** ist also besonders zu warnen. Die Gefahr kann aber durch besondere Maßnahmen beseitigt werden, z. B. durch Verwendung von Steckern, die so gebaut sind, daß ein Bügel oder ein Paar Bügel Kontakte in demselben Sinne miteinander verbinden, wie es die gezeichneten Drehschalter tun. Ist dann nur ein einziger Strecker vorhanden, so kann auch jeweils nur eine einzige Verbindung geschaffen werden, und es sind die Gefahren ausgeschlossen, die, wie wir gesehen haben, entstehen können, wenn zwei Schalter geschaltet werden müssen, oder überhaupt die Gefahren, die durch Bewegung mehrerer Schalter entstehen können. Daß die Synchronisierumschalter mit Unterbrechung gebaut sein müssen, ist bei den Schemata mit gemeinsamen Schaltern und gemeinsamen Lampen zu beachten; man merke also, daß zu jedem Symbol mit **Sg, Lg** das Zeichen »m. U.« gehört. (Die meist verwendeten Stöpselschalter sind sowieso »mit

Unterbrechung«.) Eine besondere Gefahr ergab sich bei der Schaltung von Fig. 12 und 13 aus der Tatsache, daß hier sowohl Dunkelschaltung als Hellschaltung hergestellt werden konnte. Also auch dieses Schema hat auszuscheiden.

Allgemeine Erwägungen lassen sich darüber anstellen, ob man Hellschaltung oder Dunkelschaltung wählen, und ob man auf eine andere Maschine oder auf die Sammelschienen synchronisieren soll. Gegen die Dunkelschaltung spricht der Umstand, daß die Glühlampen bekanntlich erst zu leuchten beginnen, wenn die Spannung an ihren Klemmen eine beträchtliche Höhe — bei Metallfadenlampen etwa ein Viertel ihrer Betriebsspannung, bei Kohlenfadenlampen sogar mehr als die Hälfte — erreicht hat. Die Abweichung von der Phasengleichheit der Maschinen kann also bei der Dunkelschaltung schon recht groß sein, ohne von den Lampen angezeigt zu werden. Außerdem ist die Dunkelschaltung insofern im Nachteil, als der Beobachter im Augenblicke des Parallelschaltens nie ganz sicher ist, ob der Grund des Nichtleuchtens nicht vielleicht eine plötzlich eingetretene Unterbrechung des Synchronisierstromkreises, etwa durch Bruch eines Glühlampenfadens oder schlechten Kontakt an einem Schalter, ist. Bei der Anwendung von Spannungsmessern im Synchronisierstromkreise kann nur eine genauere Untersuchung die Frage entscheiden, ob Dunkel- oder Hellschaltung vorzuziehen ist; es kommt hierbei nicht nur auf die Eigenart der Schaltung sondern auch auf die Empfindlichkeit des Instrumentes an. Die Frage soll später untersucht werden (siehe S. 20).

Ob man auf eine andere Maschine oder auf die Schienen synchronisieren soll, scheint ziemlich gleichgültig zu sein. Und doch hat sich im Betriebe größerer Zentralen herausgestellt, daß ein Umstand geeignet ist, zugunsten der Synchronisierung auf die Schienen den Ausschlag zu geben: In der Tageszeit der starken Belastungszunahme, also gegen Abend, läßt man gern mehrere Maschinen gleichzeitig an, um die zum Parallelschalten sofort bereit zu haben, wenn die Belastungszunahme es erheischt. Laufen dann zu diesem Zwecke mehr als eine Maschine leer, so ist es natürlich nicht ausgeschlossen, daß irrtümlicherweise auf eine solche synchronisiert wird, während man doch auf eine im Betriebe befindliche zu synchronisieren beabsichtigte; die Gefahr eines Kurzschlusses ist also dann sehr nahe gerückt. Etwas Derartiges kann beim Synchronisieren auf die Schienen nicht vorkommen[1]. — Muß man hiernach den Schaltungen mit **MaS** den Vorzug geben, so darf anderseits doch nicht geleugnet werden, daß in besonderen Fällen die Schaltung **MaM** vorzuziehen sein kann.

Überhaupt wird man die Auswahl unter den Schaltungen von den besonderen Umständen und Ansprüchen abhängig machen müssen, wie sie eben durch die Besonderheiten der Schalteinrichtung gestellt werden. Besteht diese z. B. in einer Schaltwand, die außer den Feldern für die einzelnen Maschinen ein besonderes Synchronisierfeld enthält, so wird man die Schaltungen mit gemeinsamem Schalter und gemeinsamen Lampen vorziehen. Bringt man dagegen auf jedem Maschinenfelde die zur Maschine gehörige Synchronisiereinrichtung an, so ergibt sich die Anwendung von Sychronisierschaltungen mit besonderen Schaltern und besonderen Lampen von selbst. Schaltungen dieser Art sind denn auch für große Anlagen mit vielen Generatoren im allgemeinen vorzuziehen. In allen Fällen hat natürlich der für den Entwurf von Schaltanlagen allgemein gültige Grundsatz, die Zahl der Apparate weise einzuschränken, auch für die Synchronisierschaltungen seine Gültigkeit.

Es läßt sich übrigens beim Studium der Schaltungsschemata ausgeführter Anlagen erkennen, daß auch ein nach Zeit und Ort wechselnder Geschmack bei der Wahl der Synchronisierschaltungen wesentlich mitwirkt. Die Systemlosigkeit, nach der die Schemata lange Zeit in der Regel entworfen worden sind, hat wohl das Ihrige dazu beigetragen, gewissen einmal üblichen Schaltungen Verbreitung zu verschaffen, selbst wenn sie an sich mangelhaft waren oder wenigstens gerade an jener Stelle besser durch eine andere ersetzt worden wären.

Tafel 2]
Synchronisierschaltungen für Einphasenmaschinen, mit Transformierung der Synchronisierspannung, e i n Schienensystem

Man kann mit der Synchronisierspannung ziemlich hoch gehen, indem man mehrere Glühlampen hintereinander schaltet, oder indem man vor die Lampen (oder Spannungsmesser) Widerstände oder Drosselspulen schaltet. Einige Firmen gehen auf diese Weise bis 1000 Volt, andere nur

---

[1] Die Siemens-Schuckert-Werke haben diesen Nachteil der Schaltung **MaM** in von ihnen benutzten Schaltanordnungen durch Hinzufügung eines besonderen Schalters beseitigt. In Fig. 13a ist z. B. dieser (doppelpolige) Schalter an die durch *a* und *d* bezeichneten Stellen zu setzen, und er ist — das ist wesentlich (D.R.P.) — mit dem Hauptschalter gekuppelt, so daß die einer Maschine zugehörigen Synchronisierschienen immer nur dann angeschlossen sind, wenn die Maschine wirklich auf die Hauptschienen arbeitet.

bis 220 Volt. Ist die Schienenspannung höher als diese Spannungen, so muß sie durch Transformatoren nach der Art der Meßtransformatoren (Spannungswandler) herabgesetzt werden. Die folgenden Schaltungen bringen die Synchronisierschaltungen mit Spannungswandlern.

Fig. 1] Die grundlegenden Schemata von Tafel 1, Fig. 7 und 8 gehen jetzt in die in Tafel 2, Fig. 1a und 1b dargestellten Schemata über. Die einzige Änderung, die hierbei in Betracht kommt, ist die, daß wir, da wir ja bei der Transformierung jede beliebige Spannung erreichen können, zweckmäßigerweise gleich ein Übersetzungsverhältnis wählen, bei dem nur e i n e Lampe von normaler Gebrauchsspannung nötig ist. Das ist ohne weiteres zunächst in dem ersten Schema (Fig. 1a) zulässig; aber auch im zweiten Falle (Fig. 1b) ist nur eine Lampe nötig, denn die Gefahr eines Kurzschlusses, wie sie früher durch Anwendung der zwei an bestimmten Stellen anzubringenden Lampen ausgeschlossen werden mußte, besteht jetzt nicht mehr (vgl. S. 9,u).

Anmerkung: Auch bei diesen und allen folgenden Darstellungen sind lediglich die zum Synchronisieren notwendigen Apparate gezeichnet worden. Außer durch Schmelzsicherungen soll man bei primärer Hochspannung die Niederspannungskreise noch gegen die mit dem Übertreten der Hochspannung in den Synchronisierkreis verbundenen Gefahren sichern, und zwar einfach dadurch, daß man irgendeinen Punkt dieses Stromkreises an Erde legt. (Vgl. S. 2,m.)

Man muß sich bei der Anwendung von Spannungswandlern vor dem ersten Parallelschalten vergewissern, daß die Spannungswandler gleichsinnig gewickelt sind, sonst kann man Dunkelschaltung haben, während man Hellschaltung zu haben glaubt, und umgekehrt, steht also in Gefahr, die Maschinen kurzzuschließen.

Bei der Darstellung der Schaltungen halten wir uns auf dem früher eingeschlagenen Wege, der am Anfang der vorigen Betrachtungen durch das System deutlich gewiesen war. Wir bemerken aber sofort, daß die Zahl der Möglichkeiten jetzt noch erheblich größer wird. Eine genaue Überlegung führt uns zur Aufstellung eines Systems, das nach der zweiten auf S. 11,u gegebenen Darstellungsweise folgende Form annimmt:

Synchronisierschaltungen für Einphasenmaschinen, mit Transformierung der Synchronisierspannung, ein Schienensystem

Synchronisieren einer Maschine auf eine andere, **MaM**	Synchronisieren auf die Schienen, **MaS**
Dunkelschaltung, **D**	Hellschaltung, **H**
Besondere Schienentransformatoren, **STb**	Gemeinsame Schienentransformatoren, **STg**
Besondere Maschinentransformatoren, **MTb**	Gemeinsame Maschinentransformatoren, **MTg**
Besondere Schalter, **Sb**	Gemeinsame Schalter, **Sg**
Besondere Lampen, **Lb**	Gemeinsame Lampen, **Lg**

Unter Schienentransformatoren und Maschinentransformatoren sind hierin die Transformatoren zu verstehen, die die Schienenspannung bzw. Maschinenspannung auf die Synchronisierspannung herabsetzen.

Ohne auf das System jetzt näher eingehen zu wollen — denn es wird durch die folgenden Betrachtungen am besten klar werden — mag hier doch voraus bemerkt werden, daß einige Zusammenstellungen auszuscheiden haben, weil sie unpraktisch oder teilweise sogar in sich widerspruchsvoll sind; das letztere gilt für eine Zusammenstellung von **MaM, STb**, da ja beim Synchronisieren einer Maschine auf eine andere überhaupt keine Schienentransformatoren vorhanden sind.

Fig. 2] Wir betrachten zunächst das Synchronisieren einer Maschine auf eine andere, **MaM**, bei Dunkelschaltung, **D**, und zwar unter Anwendung besonderer Maschinentransformatoren, **MTb**, also die Gruppe **MaM, D, MTb**.

Das einfachste Schema mit besonderen Schaltern, **Sb**, und besonderen Lampen, **Lb**, ist in Fig. 2 dargestellt. Es entspricht genau dem Schema von Tafel 1, Fig. 9, und unterscheidet sich von diesem nur dadurch, daß an Stelle der dortigen Maschinenklemmen die Sekundärklemmen der Maschinentransformatoren treten. Statt der doppelpoligen Ausschalter für die Synchronisierkreise sind nur noch einpolige nötig.

In genau derselben Weise lassen sich die übrigen Schemata für die Dunkelschaltung, nämlich die von Tafel 1, Fig. 10 und 11, und das nur angedeutete mit gemeinsamen Lampen für transformierte

Synchronisierspannung abändern, indem man an Stelle der Maschinenklemmen die Sekundärklemmen der Maschinentransformatoren setzt. Es schien nicht nötig, diese Schemata zu zeichnen. In allen Fällen wird die Schaltung insofern einfacher, als statt der doppelpoligen Sychronisierschalter einpolige genommen werden können, wie es schon in der gezeichneten Schaltung Fig. 2 geschehen war.

Es werden damit alle durch das Symbol **MaM, D, MTb** zusammengefaßten Schaltungen erledigt, also sowohl die hierzu gehörigen **Sb, Lb** und **Sb, Lg** als auch **Sg, Lb** und **Sg, Lg**.

Fig. 3] Auch die entsprechenden Hellschaltungen lassen sich in Anlehnung an die Fig. 12 und 13 von Tafel 1 ohne weiteres zeichnen. Es sind damit die Schemata **MaM, H, MTb, Sb, Lb** erledigt. In Fig. 3 ist das einfachste brauchbare Schema gegeben, das der Schaltung von Tafel 1, Fig. 13 entspricht. Die einfache Umbildung von Tafel 1, Fig. 13a auf eine Schaltung mit besonderen Maschinentransformatoren **MTb** ist nicht gezeichnet; die dort im Gegensatz zu Fig. 13b vorhandene Unabhängigkeit aller Stromkreise voneinander läßt sich bei Anwendung von Meßtransformatoren auf einfache Weise durch die gezeichnete Schaltung erreichen, die an Fig. 13b auf Tafel 1 erinnert. Die Synchronisierschalter der im Betriebe befindlichen Maschinen, z. B. in Fig 3 die der ersten Maschine links, stehen — nach Betriebsvorschrift — ganz rechts, hierdurch wird der untere Pol des Transformators zum Synchronisieren einer Maschine auf eine der in Betrieb befindlichen gerade so bereit gestellt, wie in Tafel 1, Fig. 13b der untere Pol des Generators durch den (geschlossenen) unteren Hauptschalter. Abgesehen von dieser Änderung entspricht die Schaltung von Fig. 3 genau der von Tafel 1, Fig. 13b.

Anmerkung: Die Siemens-Schuckert-Werke führen eine analoge Schaltung in etwas anderer Weise aus: Die Punkte 1 und 2 werden mit den zugehörigen Synchronisierschienen durch besondere Schalter verbunden, die mit dem Hauptschalter der Maschine mechanisch gekuppelt sind. Wir haben es also mit Schaltern zu tun, wie sie oben in der Fußnote auf S. 15 erwähnt sind.

Gehen wir zu den Schaltungen mit gemeinsamen Maschinentransformatoren über, die unter dem Symbol **MaM, D, MTg** und **MaM, H, MTg** zusammenzufassen sind, und sehen wir in gleicher Weise wie eben die in Fig. 9 bis 13 von Tafel 1 dargestellten Fälle durch, so kommen wir zu einigen Schaltungen, die nur unter besonderen Umständen zweckmäßig sein können.

Fig. 4] Wir betrachten zunächst die in Fig. 4 dargestellte Schaltung; sie entspricht dem Symbol **MaM, D, MTg, Sb, Lg** und der Schaltung Tafel 1, Fig. 10. Um die Gemeinsamkeit der Maschinentransformatoren zu erreichen, sind natürlich Schalter im primären Synchronisierstromkreise nötig, was bei hoher primärer Spannung ein Nachteil ist; vor allen Dingen aber ist es bedenklich, daß bei dieser Schaltung — worauf die Zusammenstellung von Sb und Lg, vgl. S. 14,u, hinweist — gefährliche Kurzschlüsse vorkommen können, dann nämlich, wenn die primären Umschalter auf dieselben Hilfsschienen geschlossen werden. Die Schaltung **MaM, H, MTg, Sb, Lg** ist durch dieselbe Figur dargestellt, wenn man statt der direkten Verbindung der Transformatorenden die strichpunktiert übers Kreuz gezeichneten Verbindungen annimmt.

Statt zweier Meßtransformatoren kann man auch einen mit drei Wicklungen, nämlich zwei Hochspannungs- und einer Niederspannungswicklung, verwenden. Dies gilt sowohl für die beiden in Fig. 4 dargestellten als auch für die meisten folgenden Schaltungen, nämlich für alle, bei denen keine Verzweigungen im Niederspannungskreise der Synchronisierschaltung vorkommen.

Fig. 5] Die Gefahr des Kurzschlusses ist in der in Fig. 5 dargestellten Schaltung **MaM, D, MTg, Sg, Lg** vermieden, indem nach dem Schema von Tafel 1, Fig. 11 mit der durch die Buchstaben a angedeuteten Variante gemeinsame Schalter angewendet sind. Auch in dieser Figur ist das gleiche Schema für Hellschaltung nach dem Symbol **MaM, H, MTg, Sg, Lg** durch strichpunktierte Linien angedeutet.

Zu nur bedingt zweckmäßigen Schaltungen im oben (S. 16,u) gedachten Sinne würde man kommen, wenn man die Schemata **MTg, Sb, Lb** und **MTg, Sg, Lb** zeichnen wollte, sei es für Dunkel- oder Hellschaltung; denn man müßte, nachdem man schon zu gemeinsamen Apparaten, den Transformatoren, gelangt ist, von diesen aus wiederum einzelne Stromkreise zu den besonderen Lampen abzweigen. Das würde aber nur auf eine Parallelschaltung der Synchronisierlampen hinauslaufen, und nur dann Sinn haben und einen Zweck erfüllen können, wenn man das Aufleuchten der Lampe — oder den Ausschlag des Synchronisierspannungsmessers — an mehreren Stellen beobachten wollte.

Bei der Behandlung der für das Synchronisieren auf die Schienen, **MaS,** bestimmten Schemata brauchen wir, wie die letzten Betrachtungen gelehrt haben, das Synchronisieren mit Dunkelschaltung, **D,** und Hellschaltung, **H,** nicht mehr zu unterscheiden; in den Figuren sollen wie bisher die strichpunktierten Leitungen jedesmal für den zweiten Fall gelten. Hierbei ist zu beachten, daß man statt die Zuführungsleitungen zu den primären Wicklungen zu kreuzen auch die Leitungen zu den sekundären Stromkreisen kreuzen könnte. Ja, man muß sagen, daß beide Schaltungen vollkommen identisch sind; denn würde man den Schienentransformator mit den in Fig. 6 gezeichneten gekreuzten Verbindungen so umkehren, daß die Kreuzung wegfiele, so würden sich dabei gleichzeitig die sekundären Leitungen kreuzen.

Fig. 6] Für den Fall besonderer Schienentransformatoren, **STb,** hat eigentlich nur das dem Schema Tafel 1, Fig. 14 entsprechende Schema **MTb, Sb, Lb,** wie es in Fig. 6 gezeichnet ist, ohne weiteres praktische Bedeutung. Denn es hat offenbar keinen Sinn neben besonderen Schienentransformatoren einen gemeinsamen Maschinentransformator anzuwenden. Die Zusammenstellung **MTg** und **STb** soll also nicht vorkommen. Für die übrig bleibende Gruppe der besonderen Maschinentransformatoren wird man im allgemeinen keinen Vorteil in der Anwendung gemeinsamer Schalter und gemeinsamer Lampen erblicken, so daß eine Zusammenstellung von **MTb** mit **Sg** oder **Lg** ebenfalls für ausgeschlossen zu erachten ist. Die gemeinsamen Lampen wären jedenfalls nur unter gleichzeitiger Anwendung eines unbequemen Umschalters anzubringen.

Zahlreicher werden die brauchbaren Schaltungen bei Verwendung eines gemeinsamen Schienentransformators, **STg.**

Fig. 7] Die einfachste Schaltung, die durch das Symbol **MTb, Sb, Lb** auszudrücken und, wie die vorige, mit Tafel 1, Fig. 14 vergleichbar ist, ist in Fig. 7 dargestellt. Eine Abänderung auf gemeinsame Lampen **MTb, Sb, Lg** ergibt sich sofort, wenn man die gemeinsame Lampe an der Stelle *a* anbringt. Diese letztere Schaltung, die der in Tafel 1, Fig. 15 gezeichneten entspricht, ist wegen der Kurzschlußgefahr (man beachte: **Sb, Lg**) nicht anzuwenden (s. S. 17,o).

Fig. 8] In ebenso einfacher Weise lassen sich die Schemata **MTb, Sg, Lb** und **MTb, Sg, Lg** zeichnen, vgl. Fig. 8, die beide den in Tafel 1, Fig. 16 und 17 dargestellten zwei Schaltungen analog sind. Das Zeichen *a* soll in derselben Weise wie in Fig. 7 die Stelle andeuten, wo die gemeinsame Lampe **Lg** anstatt der besonderen Lampen **Lb** in der Figur angebracht werden müßte.

Fig. 9 und 10] Von der Reihe **STg, MTg,** also den Schematen mit gemeinsamen Schienen- und gemeinsamen Maschinentransformatoren, sind in Fig. 9 und 10 die Schemata **Sb, Lg** und **Sg, Lg,** also beide mit gemeinsamen Lampen, das erste mit besonderen, das zweite mit gemeinsamen Schaltern, gezeichnet worden. Diese Schemata erfordern natürlich wieder Schalter im primären Synchronisierstromkreise. Man beachte bei Fig. 9 wieder: **Sb, Lg.**

Besondere Lampen nach dem Schema **Sb, Lb** anzubringen, würde, wie es oben schon einmal erwähnt ist, auf eine Parallelschaltung mehrerer Lampen (mit Schaltern) neben die gezeichnete hinauslaufen.

Allgemeines: Für die Auswahl unter den Schaltungen gilt zunächst das zu den Synchronisierschaltungen ohne Spannungswandler auf S. 14,u Gesagte. Die Frage, ob die Schaltung **MaM** oder **MaS** vorzuziehen sei, ist bei modernen Hochspannungsanlagen zugunsten von **MaM** zu entscheiden: bei Anlagen für hohe Spannungen ist der Preis der Transformatoren in erster Linie durch die Spannung und nicht mehr durch die Leistung bestimmt; die zum Synchronisieren nötigen Schienentransformatoren müßten also trotz ihrer geringen Leistung groß und teuer werden. — Aus ähnlichen Gründen ist bei der Untersuchung der Frage, ob man gemeinsame Maschinentransformatoren (**MTg**) oder besondere Maschinentransformatoren (**MTb**) wählen soll der letzteren Schaltung der Vorzug zu geben. Bei gemeinsamen Maschinentransformatoren müssen nämlich die Schalter im Hochspannungskreise liegen, also groß und teuer werden; dieser Nachteil, den wir schon in Fig. 4 festgestellt hatten, kann so ins Gewicht fallen, daß er die Anwendung mit **MTg** vollständig ausschließt. Einige Firmen wenden gemeinsame Maschinentransformatoren bis zu Spannungen von 500 Volt an, darüber hinaus nur besondere Maschinentransformatoren; die Innehaltung dieser Grenze ist zu empfehlen.

Was die Auswahl zwischen Hell- und Dunkelschaltung betrifft, so zwingt die praktische Ausführung von Schaltanlagen zu einer besonderen Vorsicht. Man pflegt nämlich keine besonderen Synchronisiertransformatoren zu verwenden, sondern als solche, die für die Meßinstrumente und ähnliche Zwecke aufgestellten Meßwandler zu benutzen. Für diese Meßwandler ist es Vorschrift, daß sie einpolig geerdet werden. Sind aber in einer Synchronisierschaltung, z. B. in der Schaltung Tafel 2, Fig. 1b, die beiden Synchronisiertransformatoren an ihren unteren Polen geerdet, so ist der eine, nämlich der rechte Transformator, sekundär kurzgeschlossen.

Anwendung der Synchronisierschaltungen für Einphasenmaschinen auf Drehstrommaschinen

Es versteht sich von selbst, daß die für Einphasenmaschinen geeigneten Synchronisierschaltungen auch bei Drehstrommaschinen anwendbar sind. Man braucht ja nur jedesmal mit einer der drei in Stern geschalteten Stränge eines Dreiphasengenerators so zu verfahren, wie mit dem einen Strange des Einphasengenerators oder zwei von den drei Klemmen des Dreiphasengenerators gerade so zu behandeln, wie die zwei Klemmen des Einphasengenerators. Im ersteren Falle synchronisiert man also mit der Strangspannung, im letzteren mit der Leitungsspannung. — Bei Dreieckschaltung lassen sich diese beiden Fälle natürlich nicht unterscheiden.

Fig. 11] Der erste Fall ist in Fig. 11 auf das Schema von Tafel 1, Fig. 9 angewendet. Selbstverständlich muß eine Verbindungsleitung vom Sternpunkt zur Schaltwand gezogen werden, wo sie durch Ausschalter mit den Synchronisierschienen in Verbindung gebracht werden kann, wenn man nicht eine dauernde Verbindung der Sternpunkte anbringt. Häufig ist eine solche Verbindung schon aus anderen Gründen vorhanden, z. B. um die Sternpunkte zu erden[1]).

Fig. 12] In Fig. 12 ist dasselbe Vorbild (Tafel 1, Fig. 9) für Drehstrom zum Synchronisieren mit der Leitungsspannung umgeändert. In diesem Falle kann, wie damals, die untere Synchronisierschiene vermieden werden; so ist es in Fig. 12 geschehen, und das Schema entspricht somit dem von Tafel 1, Fig. 9b.

Beiden Figuren kommt das Symbol **MaM, D, Sb, Lb** zu. Die Ausbildung der Schemata **D, Sb, Lg; D, Sg, Lb** und **D, Sg, Lg** und ebenso der analogen Schemata für Hellschaltung **H** hat genau so zu erfolgen, wie es auf Tafel 1, Fig. 10 bis 13, geschehen und auf S. 12 beschrieben ist.

Fig. 13] Wenn wir beim Synchronisieren auf die Schienen die Strangspannung benutzen wollen, so muß auch eine Schiene für den Sternpunkt zur Verfügung stehen. Diese Schiene kann entweder durch einen mit dem dreipoligen Hauptschalter zu kuppelnden Schalter mit den im Betriebe befindlichen Generatoren in Verbindung stehen (Fig. 13a) oder dauernd an alle Generatoren, also auch an die nicht in Betrieb befindlichen, angeschlossen sein (Fig. 13b). Im letzteren Falle ist dann natürlich nur ein einpoliger Synchronisierschalter nötig.

Fig. 14] Das in Fig. 14 gezeichnete Schema zeigt dieselbe Schaltung, aber für Synchronisieren mit der Leitungsspannung; es stimmt auch äußerlich noch genauer mit dem Vorbilde von Tafel 1, Fig. 14 überein.

Die beiden in Fig. 13 und 14 gezeichneten Schemata sind durch das Symbol **MaS, D, Sb, Lb** gekennzeichnet. Es gilt für sie dasselbe, was von den beiden vorangegangenen Figuren gesagt ist, nämlich, daß ihre Ausbildung zu **D, Sb, Lg; D, Sg, Lb** und **D, Sg, Lg** und ferner zu denselben Schematen bei Hellschaltung nach den für Einphasengeneratoren gegebenen Vorbildern in Tafel 1, Fig. 15 bis 22 zu erfolgen hat.

Die Unterscheidung: Synchronisieren mit der Strangspannung und mit der Leitungsspannung könnte natürlich auch durch einen passenden Zusatz im Symbol ausgedrückt werden.

Allgemeines: Durch die in Fig. 11 bis 14 dargestellten Schemata soll gezeigt werden, wie die für Einphasenstrom entworfenen Schaltungen für Drehstrommaschinen anzuwenden sind. Es ist selbstverständlich, daß die gezeichneten Schaltungen in derselben Weise weiter entwickelt werden können, wie es bei Einphasenmaschinen mit den Schaltungen von Tafel 1, Fig. 9, und Tafel 1, Fig. 14 geschehen war. Diese Entwickelung läßt sich so einfach vornehmen, daß auf die Wiedergabe weiterer Schemata, die denen der Zeichnungen Tafel 1, Fig. 10 bis 13 und Tafel 1, Fig. 15 bis 23 zu entsprechen hätten, hier verzichtet werden kann.

Fig. 15 bis 18] Die folgenden Zeichnungen, Fig. 15 bis 18, sollen in ähnlicher Weise wie die vorangegangenen erkennen lassen, daß das Synchronisieren von Drehstromgeneratoren auch bei Anwendung von Spannungswandlern gegenüber dem Synchronisieren der Einphasengeneratoren nichts wesentlich Neues bietet. Auch hier ist natürlich der Unterschied des Synchronisierens mit der Strangspannung und mit der Leistungsspannung zu machen. Die als Beispiel gezeichneten Schemata

---

[1]) Es erschien zweckmäßig, die bisher angewandte Darstellung mit auseinandergezogenen Sammelschienen auch für die Drehstromschaltungen beizubehalten, in der Weise, daß man die eine Schiene von den beiden anderen trennte. Die hiermit verbundene Unsymmetrie der Zeichnung steht mit der Unsymmetrie im Wesen der meisten folgenden systematischen Schemata durchaus im Einklang, und es hebt sich das Übereinstimmende der Synchronisierschaltungen für Drehstrom und der für Einphasenstrom besser heraus.

schließen sich wiederum an die ersten unter **MaM** und **MaS** in der Systematik behandelten Schemata an. So zeigt

Fig. 15] das Synchronisieren nach dem Symbol **MaM, D, MTb, Sb, Lb,** und zwar bei Benutzung der Strangspannung,

Fig. 16] dieselbe Schaltung bei Benutzung der Leitungsspannung,

Fig. 17] das Synchronisieren nach dem Symbol **MaS, D, STb, MTb, Sb, Lb** bei Benutzung der Strangspannung,

Fig. 18] dieselbe Schaltung bei Benutzung der Leitungsspannung. Die strichpunktierte Verbindung wird weiter unten erläutert werden.

Über die weitere Entwickelung der letzten vier Schaltungen gilt das von Fig. 2 bis 10 Gesagte.

Beim Synchronisieren auf die Schienen wird die Benutzung der Strangspannung nur da in Frage kommen, wo der Nullpunkt ohne weiteres zugänglich ist und nicht erst durch einen Drehstromtransformator zugänglich gemacht werden muß.

In Fig. 18 ist von dem unteren Kontakte des Schienentransformators noch eine strichpunktierte Linie gezogen, die an Stelle der ausgezogenen treten soll; sie führt zu der anderen unteren Schiene. Es leuchtet ein, daß bei Phasengleichheit dann im Synchronisierstromkreise nicht mehr die Spannung Null, wie bei Dunkelschaltung, aber auch nicht die doppelte Leitungsspannung, wie bei Hellschaltung, wirkt, sondern die einfache Leitungsspannung, die hier als die graphische Summe der beiden Leitungsspannungen (der zuzuschaltenden Maschine und der Sammelschienen) entsteht. Eine solche Schaltung kann natürlich bei Anwendung von Glühlampen keinen Wert haben, wohl aber kann sie bei Verwendung von Synchronisierspannungsmessern (bei denen die einfache Leitungsspannung ebenso gut beobachtet werden kann, wie die doppelte oder die Spannung Null) angewendet werden; man braucht nur die der Leitungsspannung entsprechende Zeigerstellung durch eine Marke auffällig hervorzuheben[1]). Die Schaltung könnte dann vielleicht sogar einen Vorteil haben, nämlich dann, wenn bei ihr die Empfindlichkeit der Phasengleichheitsanzeige größer ist als bei den beiden bisher bekannten Schaltungen. Wir stoßen hier wieder auf die auf S. 15,0 unerledigt verlassene Frage der Empfindlichkeit der Synchronisierschaltungen.

D. Die Empfindlichkeit der Synchronisierschaltungen[2])

Bei Benutzung der Leitungsspannung zum Synchronisieren haben wir bisher drei Schaltungen kennen gelernt, nämlich außer der Dunkelschaltung und der Hellschaltung die in Fig. 18 unter Gültigkeit der strichpunktierten Verbindung dargestellte Schaltung. Man kann sagen, daß sich diese Schaltungen durch den Synchronisierwinkel unterscheiden, worunter der Winkel verstanden werden soll, unter dem die Spannungsvektoren in dem Synchronisierkreise zueinander stehen. In den nebenstehenden Textabb. 5 und 6 sind Dunkelschaltung und Hellschaltung dargestellt. Zu diesen tritt in

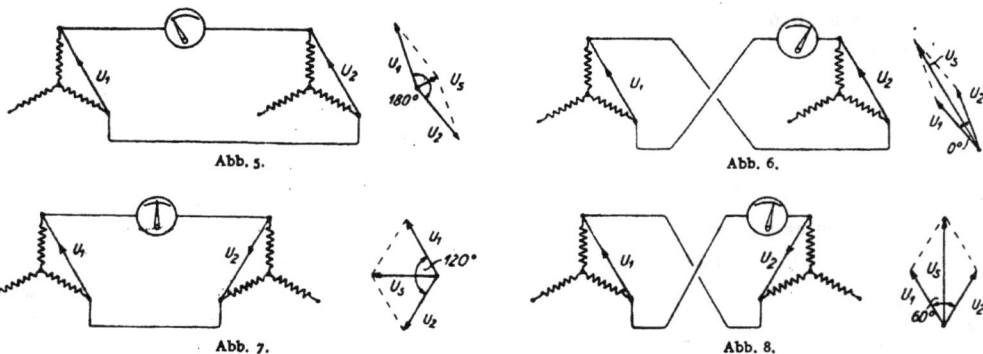

Abb. 5.

Abb. 6.

Abb. 7.

Abb. 8.

Textabb. 7 die oben gemeinte, in Fig. 18 dargestellte hinzu und schließlich in Textabb. 8 eine Schaltung, die aus der letzten durch Vertauschen der Anschlüsse gewonnen wird. Die in den Synchronisierstrom-

---

[1]) Ein Meßinstrument, bei dem die der Phasengleichheit der Maschinen entsprechende Zeigerstellung auch bei veränderlicher Betriebsspannung stets richtig markiert ist, ist dem Verfasser unter DRP Nr. 227 825 patentiert worden.

[2]) Ausführlicheres findet man in dem Aufsatz des Verfassers über das gleiche Thema, E. T. Z. 1910, S. 265.

kreisen wirksamen Spannungen sind in dem jedesmal daneben gezeichneten Vektordiagramm dargestellt und ihre Summe gebildet; die Vektordiagramme lassen natürlich auch die Synchronisierwinkel erkennen. Um die vektorielle Addition deutlicher werden zu lassen, sind etwas von 0^0 und 180^0 abweichende Winkel angenommen. Die Summen sollen Synchronisierspannungen (U_s) genannt werden. Die Synchronisierwinkel und die Synchronisierspannungen in den vier Fällen sind folgende:

$$a = 180^0; \qquad U_s = 0 \qquad \text{(Dunkelschaltung)},$$
$$a = 0^0; \qquad U_s = 2\,U \qquad \text{(Hellschaltung)},$$
$$a = 120^0; \qquad U_s = U \qquad \text{(s. Tfl. 2, Fig. 18 strichpunktiert)}.$$
$$a = 60^0; \qquad U_s = \sqrt{3} \cdot U.$$

Die in den Textabbildungen eingezeichneten Synchronisierspannungsmesser geben durch die Stellung der Zeiger die Größe der Synchronisierspannung jeweils ungefähr an.

Bei nichtsynchronem Laufe der parallel zu schaltenden Maschine ändert sich bekanntlich der Winkel der Phasenverschiebung zwischen den Spannungen und damit auch die Spannungssumme; von Zeit zu Zeit werden dabei die Synchronisierwinkel a und die Synchronisierspannungen U_s erreicht. Erblicken wir vorübergehend in den Zeichen a und U_s die zeitlich veränderlichen Größen, so stellt der Differenzialquotient dU_s/da in jedem Augenblick den Grad der Spannungsänderung für beliebige a dar, und in der Gegend der Synchronisierwinkel gibt uns derselbe Quotient das Maß für die »Empfindlickeit der Synchronisierschaltung«. Wäre der Ausschlag a des Spannungsmessers proportional der Spannung, so wäre der genannte Differentialquotient ein Maß für die Empfindlichkeit der Synchronismusanzeige. Um die Frage nach dieser Größe allgemeiner beantworten zu können, müssen wir einen mathematischen Ausdruck für die Abhängigkeit des Ausschlags von der Spannung annehmen; diese sei:

$$a = c\,U_s^n,$$

wobei n für jedes der in Betrachtung gezogenen Instrumente einen andern Wert habe. Der Ausschlag für die maximal vorkommende Spannung, $2\,U_s$, sei A und in allen Instrumenten derselbe, nämlich:

$$A = c \cdot 2^n\,U_s^n.$$

Als Ausdruck für die (veränderliche) Synchronisierspannung entnehmen wir aus den Textabbildungen die Gleichung:

$$U_s = 2\,U \cdot \cos\frac{a}{2}.$$

Für den Ausschlag ergibt sich also die Formel

$$a = c \cdot 2^n\,U_s^n \cos^n\frac{a}{2} = A \cdot \cos^n\frac{a}{2}.$$

Für die Empfindlichkeit der Synchronismusanzeige ergibt sich daraus, abgesehen vom Vorzeichen, die Gleichung

$$\frac{da}{da} = \frac{n}{2} \cdot A \cdot \sin\frac{a}{2}\left(\cos\frac{a}{2}\right)^{n-1}.$$

Untersucht man diese Funktion, etwa unter Zuhilfenahme graphischer Darstellungen, so kommt man zu folgenden hauptsächlichen Ergebnissen: Die Empfindlichkeit der Anzeige ist für alle Instrumente, bei denen $n > 1$, sowohl für $a = 0^0$ als für $a = 180^0$ gleich Null. Da Instrumente mit $n \lessgtr 1$ praktisch kaum in Frage kommen, so ist diese Folgerung sowohl für die Dunkelschaltung als für die Hellschaltung als sehr ungünstig anzusehen. Wir beurteilen aber die Phasengleichheit nicht nur im Momente der tatsächlich erreichten Phasengleichheit, sondern auch bei Abweichungen von dem diesem Zustande entsprechenden Werte des Winkels a. Fassen wir hiernach die Winkel a in der Nähe von 0^0 und 180^0 ins Auge, so ergibt sich, daß es für ein Instrument mit dem Exponenten $n = 2$ gleichgültig ist, ob Dunkelschaltung oder Hellschaltung angewendet wird. Ist n aber größer als 2, so ist Hellschaltung vorzuziehen, für $n < 2$ ergibt sich der Vorteil für die Dunkelschaltung. Ziehen wir nun noch die Schaltungen auf $a = 60^0$ und $a = 120^0$ mit in Betracht, so ergibt sich zunächst, daß die Empfindlichkeiten bei allen Exponenten größer sind als Null. Die Schaltungen wären hiernach der Dunkel- oder Hellschaltung immer vorzuziehen; für $n < 2$ ist die Schaltung auf $a = 120^0$ besser, für $n = 2$ die auf $a = 60^0$, während für $n = 2$ beide Schaltungen wieder gleichwertig sind.

Praktische Folgerung: Aus diesen Betrachtungen ergibt sich die Folgerung, daß da, wo auf große Empfindlichkeit der Synchronismusanzeige Wert gelegt wird, die Regel zu befolgen ist:

Bei Anwendung von Spannungsmessern verwende man die Schaltung auf 120⁰ oder auf 60⁰, bei Anwendung von Glühlampen Hellschaltung.

Zur Erläuterung des letzten Satzes diene folgendes: Die Glühlampen ändern ihre Lichtstärke in der Gegend ihrer normalen Spannung in Abhängigkeit von dieser mit einer höheren Potenz als 2; für Wolframlampen ist ungefähr $n = 3,6$, für Kohlenfadenlampen $n = 6$. Am meisten würde sich also etwa die Schaltung auf 60⁰ eignen; das kann ausgesagt werden, wenn auch die Potenzen bei der diesem Winkel entsprechenden Spannung nicht mehr dieselben sind, wie bei der normalen Spannung. Die Schaltung auf 60⁰ läßt sich nun aber bei Glühlampen nicht anwenden, weil wir einen bestimmten zwischen Null und dem Maximum liegenden Wert der Lichtstärke nicht beurteilen können; wir sind also genötigt, Hell- oder Dunkelschaltung anzunehmen, und wählen die erstere, weil die Empfindlichkeit der Anzeige in der Nähe von $a = 0^0$ schnell wächst, während die Lampe bei Dunkelschaltung in einem großen Bereich um den Punkt der Phasengleichheit herum überhaupt nicht leuchtet.

Die oben empfohlene Regel findet man in der Praxis wenig befolgt; das hat seinen Grund zum Teil wohl darin, daß man früher allgemein nur Glühlampen zum Synchronisieren verwendete und auch heute noch neben die Spannungsmesser meistens Glühlampen geschaltet hat. Zum Teil ist das damit begründet, daß in der Regel die Empfindlichkeit der Hell- oder sogar der Dunkelschaltung als genügend erachtet wird.

Anwendbar sind die Schaltungen auf 60⁰ und 120⁰ bei allen Schaltungen der Gruppe **MaS**, wenn auf Leitungsspannung synchronisiert wird und Spannungswandler verwendet werden, also bei den aus Fig. 18 in der bekannten Weise zu entwickelnden Schaltungen. Werden keine Spannungswandler verwendet, so sind die Schaltungen nicht ohne weiteres anwendbar, denn man würde beim Einschalten der angelassenen Maschine Kurzschluß herstellen. Der Kurzschluß ist derselben Art, wie wir ihn bei der ersten Hellschaltung (S. 10,0) kennen gelernt und durch Verteilung der beiden Synchronisierlampen in die beiden Verbindungsleitungen vermieden hatten. Auf ähnliche Weise würde man sich auch hier, natürlich unter Anwendung von Spannungsmessern an Stelle der Glühlampen, helfen können, doch soll hier auf die Behandlung dieser Schaltungen verzichtet werden.

E. Synchronisierschaltungen zur gleichzeitigen Anzeige der relativen Geschwindigkeit

Tafel 3]

Geschwindigkeitsvergleichung durch drehenden Lichtschein in Drehstromanlagen

Fig. 1 bis 5] Die bisher behandelten Synchronisiereinrichtungen lassen uns erkennen, ob Synchronismus vorhanden ist oder nicht; sie ermöglichen aber kein Urteil darüber, ob die zuzuschaltende Maschine zu schnell oder zu langsam läuft. Das zu wissen ist natürlich sehr wünschenswert, denn die Synchronisierung wird dadurch zweifellos erleichtert und beschleunigt.

Die hiermit gestellte Aufgabe wurde zuerst in Drehstromanlagen gelöst, was auf die Eigenart des Drehstroms zurückzuführen ist. Das Ziel wird hier durch eine verhältnismäßig sehr kleine und einfache Änderung der Schaltung erreicht. Die neuen Schaltungen sind auf Tafel 3 in Fig. 1 bis 5 in rein schematischer Darstellung entwickelt.

Fig. 1] Fig. 1 zeigt zunächst eine Schaltung, die der Dunkelschaltung für Einphasenmaschinen entspricht, mit dem einzigen Unterschiede, daß d r e i Synchronisierstromkreise gebildet sind; Fig. 1a entspricht Tafel 2, Fig. 12, und Fig. 1b zeigt dieselbe Schaltung bei Anwendung von Transformatoren. Bei dieser Anordnung ändern alle drei Lampen ihre Helligkeit gleichzeitig und sind bei Phasengleichheit der Maschinen erloschen. Diese Tatsache kann vor dem ersten Einschalten einer neu aufgestellten Drehstrommaschine als Kennzeichen dafür benutzt werden, ob die Klemmen der Maschine zu den richtigen Sammelschinen geführt sind: Es ist der Fall, wenn die drei in der gezeichneten Weise eingeschalteten Lampen gleichzeitig aufleuchten und erlöschen.

Anmerkung: Außer auf die eben beschriebene Weise kann die Prüfung auf richtige Klemmenfolge auch mit einem Drehstrommotor erfolgen. Ist die Drehrichtung des Motors, wenn er erst an die eine, dann an die andere Maschine angeschlossen wird, dieselbe, so ist auch die Reihenfolge der Pole dieselbe, und die Maschinenklemmen sind ein dieser Reihnfolge mit den Schienen zu verbinden. Läuft der Motor dagegen beim Anschluß an die neue Maschine mit umgekehrter Drehrichtung, so ist die Reihenfolge der Pole falsch, und es müssen zwei Klemmen miteinander vertauscht werden.

Diese Prüfungen liefern ein zweifelloses Ergebnis nur dann ohne weiteres, wenn die Synchronisierlampen oder der Motor unmittelbar an die Maschinenklemmen gelegt sind. Wird die Prüfschaltung dagegen durch Einschaltung von Spannungswandlern hergestellt, so ist, sowohl wenn es sich um die Prüfschaltung vor dem ersten Anschluß einer Maschine, als auch wenn es sich um eine Synchronisierschaltung handelt, Vorsicht geboten, was aus den späteren Betrachtungen zu Tafel 6, Fig. 1 bis 14 klar werden wird. Im ersteren Falle kann man die durch die Anwendung von Transformatoren möglichen Irrtümer vermeiden, indem man die Hochspannungsmaschinen sehr gering erregt, vielleicht sich sogar mit dem remanenten Magnetismus begnügt; die Spannung ist dann so klein, daß die zuerst erwähnte Prüfung mit den Lampen, oder die zweite mit dem Drehstrommotor, unter unmittelbarem Anschluß der Lampen oder des Motors vorgenommen werden kann.

Fig. 2] In Fig. 2 sind nicht mehr gleichsinnige Klemmen durch die Synchronisierlampen miteinander verbunden. Nur eine der Lampen, die Lampe a, ist zwischen gleichnamige Klemmen geschaltet, bei den anderen sind die Anschlüsse wechselseitig vertauscht[1]). Dies ist sowohl bei direkter Einschaltung (Fig. 2a) als bei Verwendung von Transformatoren (Fig. 2b) geschehen. Auf die einzelnen Lampen wirken jetzt nur je zwei Strangspannungen, nämlich die Spannungen der Wicklungen, zwischen deren Enden die betreffende Lampe geschaltet ist; das ergibt sich bekanntlich aus der Tatsache, daß man die Sternpunkte durch eine Leitung verbinden kann, die bei gleichen Widerständen in den Zweigen $a\,b\,c$ stets stromlos ist. Von diesen Strangspannungen gilt nun dasselbe, was früher (S. 21,m) von den Leitungsspannungen gesagt ist: die maximale während des Synchronisiervorganges auftretende Spannung ist $2\,U$ und Phasengleichheit der Maschinen ist vorhanden, wenn die auf die Lampen wirkenden Strangspannungen um den Winkel a gegeneinander verschoben sind, wobei bezogen auf den »inneren« Stromkreis (s. S. 7,u)

$$a = 180^0 \text{ bei Lampe } a$$
$$a = 60^0 \text{ » } \text{ » } b$$
$$a = 60^0 \text{ » } \text{ » } c$$

Bei Gleichphasigkeit der Maschinen ist also die oberste Lampe, a, erloschen, während die beiden anderen mit dem $\sqrt{3}/2$-fachen ihrer normalen Spannung leuchten. Ist dagegen der Synchronismus noch nicht erreicht, so leuchten die Lampen nacheinander auf, mit einer Geschwindigkeit, die der Relativgeschwindigkeit der beiden Maschinen entspricht, während die Drehrichtung des Aufleuchtens davon abhängt, ob die zuzuschaltende Maschine zu schnell oder zu langsam läuft. Dies wird aus den beigezeichneten Textabbildungen klar werden. Der ausgezogene und der gestrichelte Vektorstern stellen die Spannungsvektoren der beiden Maschinen dar. Beide rotieren aber, solange die Maschinen noch nicht synchron laufen, mit verschiedener Geschwindigkeit. Wir können deshalb den einen, den ausgezogenen, als feststehend ansehen, so daß nur der gestrichelte, der der zuzuschaltenden Maschine angehören möge, umläuft, und zwar mit der Relativgeschwindigkeit beider Maschinen gegeneinander.

Die Textabb. 9 und 10 gehören zu den Fig. 1a und 1b. Die auf die Synchronisierlampen wirkende (graphische) Summe bzw. Differenz (s. S. 7/8) U_s der Spannungen ist gegeben durch die Verbindungslinie der Endpunkte je zweier zugehöriger Vektorenden, also durch die dünn gezeichneten Linien. Textabb. 9 entspricht dem Zustande annähernder Gleichphasigkeit, Textabb. 10 dem Augenblick, in dem die Maschinen um etwas mehr als 90^0 in der Phase voneinder abweichen.

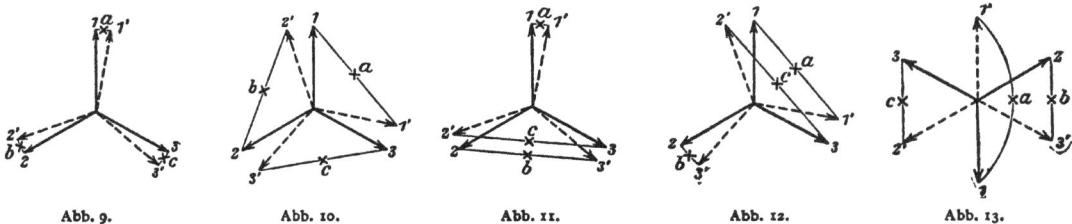

Abb. 9.   Abb. 10.   Abb. 11.   Abb. 12.   Abb. 13.

Die Textabb. 11 und 12 beziehen sich auf Fig. 2 und gelten für dieselben Zeitmomente wie die Textabb. 9 und 10. Die Höhe der Synchronisierspannungen ist im Augenblicke der Phasengleichheit (Textabb. 11) die oben angegebene. Wir wollen uns von diesem Zustande dadurch entfernen, daß der rotierende, also gestrichelte Stern rechtsdrehend umläuft. Das ist bei linksdrehenden Diagrammen der Fall, wenn die zuzuschaltende Maschine zu langsam läuft. Die Lampe a beginnt dann zu leuchten, die Lichtstärke der Lampe b nimmt ab, die der Lampe c nimmt zu. Läuft die zuzuschaltende Maschine

[1]) D. R P. 91550 (Siemens & Halske); siehe Michalke, E. T. Z. 1896, S. 573.

dagegen zu schnell, so bedeutet das eine Drehung des gestrichelten Sternes entgegen dem Sinne des Uhrzeigers; in bezug auf die Änderung der Lichtstärke der Lampe *a* macht das nichts aus, aber die der Lampe *b* nimmt jetzt zu, die der Lampe *c* ab.

Wenn man die drei Lampen im Kreise anordnet, so erweckt das Nacheinander-Aufleuchten und -Erlöschen der Lampen den Eindruck einer Drehung, und zwar bedeutet, wenn die Lampen so: angeordnet sind, Rechtsdrehung, daß die zuzuschaltende Maschine zu langsam, Linksdrehung, daß sie zu schnell läuft. Ein stehendes Lichtbild deutet auf gleiche Frequenz, Erlöschen der Lampe *a* auf Gleichphasigkeit, beides zusammen gibt an, daß der Augenblick für das Parallelschalten gekommen ist.

Die Schaltung ist also mit Rücksicht auf Lampe *a* eine Dunkelschaltung und hat somit auch den Nachteil geringer Empfindlichkeit der Phasengleichheitsanzeige. Die beiden anderen Lampen aber, von denen wir früher (S. 21/22) festgestellt hatten, daß sie zur Anzeige der Phasengleichheit nicht tauglich sind, verleihen jetzt der Schaltung als Ganzem eine große Empfindlichkeit; denn sie sind auf den Winkel $a = 60^0$ geschaltet, bei dem die Änderung der Lichtstärke mit der Spannung sehr groß ist. Da diese Änderung außerdem bei den beiden Lampen im entgegengesetzten Sinne erfolgt, so wird die Empfindlichkeit der Anzeige weiter verbessert. Diese Tatsache und der Umstand, daß die beiden Lampen bei Phasengleichheit gleich hell leuchten, würde es auch gestatten, die Lampen *b* und *c* allein zur Beobachtung des Synchronismus zu benutzen.

Um den Eindruck der Drehung deutlicher zu machen, beobachtet man oft nicht das direkte, sondern das von einem in der Mitte des Kreises angebrachten Kegel reflektierte Licht; die Lampen selbst sind dabei also gegen den Beschauer hin verdeckt[1]. Statt drei Lampen bringt man wohl auch sechs im Kreise an, und schaltet je zwei gegenüberliegende parallel; man hat dann zwei Lichtscheine, die mit halber Geschwindigkeit umlaufen. Die Einrichtung ist auch unter dem Namen des optischen Drehfeldanzeigers bekannt.

Wir können die oben (S. 22/23) gemachten Bemerkungen über den ersten Anschluß neuaufgestellter Drehstrommaschinen jetzt durch die Angabe ergänzen, daß bei falschem Anschluß die Glühlampen, statt gleichzeitig aufzuleuchten und zu erlöschen, einen rotierenden Lichtschein geben.

Fig. 3] Wollte man Fig. 2a auf Hellschaltung umändern, so würde man erkennen, daß sich das nicht durchführen läßt. Wohl aber ist es zu erreichen, wenn man wenigstens bei der einen Maschine (oder bei den Sammelschienen) einen Transformator anwendet. Dies ist in Fig. 3 gezeigt, und zwar in Fig. 3a für Niederspannung, in Fig. 3b für Hochspannung. In den rechts gezeichneten Transformatoren sind die parallelen Wicklungen immer auf e i n e m Kerne anzunehmen, die sekundären Wicklungen sind also so geschaltet, daß ihre elektromotorischen Kräfte bei Gleichphasigkeit der Maschinen denen der linken Maschine entgegengesetzt gerichtet sind. Von den Glühlampen befinden sich

Lampe *a* in der Schaltung auf $a = 0^0$
» *b* » » » » $a = 120^0$
» *c* » » » » $a = 120^0$.

Es leuchten also im Augenblicke der Phasengleichheit Lampe *a* mit voller Spannung, Lampe *b* und *c* dagegen je mit halber, nämlich mit der Strangspannung. Textabb. 13 auf S. 23 zeigt die für diesen Augenblick gültige Stellung der beiden Vektorsterne. Die Empfindlichkeit der Anzeige durch die Lampe *a* ist — wenigstens in der Nähe der Phasengleichheit — ziemlich groß, durch die beiden anderen Lampen wird sie kaum vergrößert.

Fig. 4] Statt des Drehstromtransformators oder dreier Einphasentransformatoren wie in Fig. 3a und in den Fig. 1b, 2b und 3b kann man auch zwei Einphasentransformatoren in offener Dreieckschaltung anwenden und dadurch die Anordnung etwas vereinfachen. Diese zwei Einphasentransformatoren sind nach der in Fig. 4a oder Fig. 4b gezeichneten Weise zu verbinden. Die beiden Figuren schließen sich unmittelbar an Fig. 2a und 2b an; eine dritte, Fig. 4c, zeigt die Anwendung von Transformatoren in offener Dreieckschaltung für beide zu synchronisierenden Anlagenteile.

Fig. 5] In Fig. 5 sind dieselben Schaltungen als Hellschaltungen ausgeführt. Die beiden ersten, Fig. 5a und 5b, sind mit Fig. 3a und 3b zu vergleichen, in Fig. 5c sind wiederum ausschließlich Transformatoren in offener Dreieckschaltung verwendet.

---

[1] D. R. P. Nr. 141113 (Siemens & Halske).

Von allen diesen Figuren gilt das schon oben Gesagte, daß parallel gezeichnete Wicklungen auf demselben Kern angebracht sind.

Fig. 6 bis 12] In den folgenden Figuren ist eine Auswahl von Synchronisierschaltungen mit drehendem Lichtschein gezeichnet; es ist dabei auf dem durch die Systematik vorgezeichneten Wege vorangeschritten und der Grundsatz befolgt, einerseits zwar möglichst immer die erste und die letzte Schaltung einer Gruppe zu bringen, aber doch solche Schaltungen auszulassen, die praktisch zu umständlich wären. Nach Dunkelschaltung **D** und Hellschaltung **H** kann auch weiterhin unterschieden werden, da die eine Lampe, die Lampe *a*, nach einer dieser beiden Arten geschaltet sein muß. Neben diese Lampe pflegt man praktisch einen Spannungsmesser zu schalten; wir haben gesehen, daß die durch dieses Instrument gelieferte Anzeige viel empfindlicher wäre, wenn man den Spannungsmesser neben die Lampen *b* oder *c* schaltete, wobei am besten das in Fußnote 1 auf S. 20 angegebene Instrument verwendet wird.

Wir beginnen mit den Synchronisierschaltungen ohne Transformatoren und der Gruppe **MaM, D.** Bei dem Versuche, hierfür das Schema **Sb, Lb** zu entwickeln, erinnern wir uns der Schwierigkeiten, die wir auf Tafel 1 hatten, um eine brauchbare Schaltung dieses Symbols für Hellschaltung abzuleiten, und daß die gewonnene Schaltung (Tafel 1, Fig. 13) recht viele Hilfsschienen erforderte. Dieselben Schwierigkeiten liegen hier im verstärkten Grade vor, natürlich nicht durch die auf Dunkelschaltung geschaltete Lampe *a*, sondern durch die beiden anderen, auf 60⁰ geschalteten Lampen. Wir verzichten deshalb darauf, die umständliche Schaltung darzustellen und zu empfehlen.

Das Symbol **Sb, Lg** wird schon wegen der Kurzschlußgefahr unberücksichtigt gelassen. Die Schaltung **Sg, Lb** endlich kann auch nicht empfohlen werden, weil bei ihr, wie bei allen Schaltungen mit **Lb**, sehr viele Lampen verwendet werden müßten, und beim Synchronisieren jedesmal zwei Gruppen von Synchronisierlampen in Tätigkeit sein würden. Und hierbei muß es noch störend empfunden werden, daß die Lichtscheine der beiden Synchronisiereinrichtungen sich im entgegengesetzten Sinne drehen.

Fig. 6] Es bleibt also das in Fig. 6 gezeichnete Schema **MaM, D, Sg, Lg.** Auch dieses ist nicht ganz einwandfrei, denn der für die Schaltungen **MaM** charakteristische, soeben erwähnte Nachteil, daß der Lichtschein an der zuzuschaltenden Maschine sich entgegen dem der in Betrieb befindlichen dreht, macht sich hier in besonders störender Weise bemerkbar. Synchronisiert man nämlich die Maschine II auf die in Betrieb befindliche Maschine I, so kann man entweder den linken Schalter auf die Maschine I, den rechten auf die Maschine II stellen, oder umgekehrt, und die Drehung des Lichtscheines bei gleichem Sinne des Geschwindigkeitsunterschiedes ist dementsprechend verschieden. Will man die Schaltung also praktisch verwenden, so muß man schon durch sorgfältige Bezeichnungen und Betriebsvorschriften den Fehler zu vermeiden suchen. Da es Schaltungen gibt, die solche Vorschriften nicht nötig haben, so empfiehlt es sich, auch auf diese letzte Schaltung der Gruppe **MaM** zu verzichten.

In Fig. 6b sind die Schalter in anderer Form ausgeführt.

Die Ausführung der Schemata nach dem Symbol **MaM, H** ist ohne Transformatoren, wie wir oben bei der Erklärung zu Fig. 3 gesehen haben, nicht möglich.

Fig. 7] Von der Gruppe **MaS, D** ist zunächst die erste Schaltung, vgl. Tafel 1, Fig. 14, nämlich **Sb, Lb** gezeichnet worden. Die Schaltung hat den Nachteil, daß viele Lampen eingebaut werden müssen, ist aber im übrigen ganz gut brauchbar.

Fig. 8] Das Schema des Symbols **Sb, Lg** wird wegen Kurzschlußgefahr verworfen, und wir kommen über **Sg, Lb**, das zwar anwendbar ist, aber keinen besonderen Vorteil bietet, zu dem in Fig. 8 gezeichneten Schema **Sg, Lg (Sg, Lb** kann aus diesem ohne weiteres entnommen werden). Das in Fig. 8 gezeichnete Schema ist dasjenige, das sich in Schaltungen ohne Synchronisiertransformatoren am meisten empfiehlt.

Die Schaltungen nach dem Symbol **MaS, H** lassen sich ohne Transformatoren — vgl. den Hinweis am Ende der Erklärung zu Fig. 6 — wiederum nicht ausführen. Man könnte hier allerdings, wo es sich nicht um Herabsetzung der Spannung, sondern um Umkehr der Phasen handelt, noch den Fall unterscheiden, daß nur der für diesen Zweck nötige e i n e Transformator für die Sammelschienenspannung aufgestellt würde. Doch wird dieser Fall durch die folgenden Figuren (Fig. 10 bis 12) gleichzeitig mit erledigt.

Fig. 9] Bei Anwendung von Synchronisiertransformatoren ist zunächst der Fall **MaM, D, MTb** zu betrachten. Die Schaltungen mit **Sb** oder **Lb** haben nach den zu Fig. 6 gegebenen Erläuterungen auszuscheiden, und es erscheint als erstes Schema das in Fig. 9 gezeichnete, nach dem Symbol **MaM, D, MTb, Sg, Lg,** das unter denselben Bedingungen einwandfrei ist wie das in Fig. 6 gezeichnete Schema.

Die Schemata derselben Gruppe, aber für **H,** sind praktisch unmöglich, denn von den Transformatoren der beiden zu synchronisierenden Maschinen müßte jedesmal der eine in gewöhnlicher Weise (Fig. 3b links), der andere mit vertauschten Verbindungen der Sekundärwicklungen (Fig. 3b rechts) geschaltet sein.

Fig. 10] Wir kommen also zur Gruppe **MaS, D,** von der die erste Schaltung **STb, MTb, Sb, Lb** in Fig. 10 gezeichnet ist. Aus den Erklärungen zu Tafel 2, Fig. 6 ergibt sich, daß mit dieser Schaltung alle unter dem Symbol **D, STb** möglichen Synchronisierschaltungen erledigt sind. Die Schaltung hat den auf S. 25,m erwähnten Nachteil, daß sehr viele Synchronisierlampen erforderlich sind. Hier kommt die große Zahl von Spannungswandlern hinzu; sie kann deshalb kaum empfohlen werden.

Die Schaltung **MaS, H, STb, MTb, Sb, Lb** erhält man aus der gezeichneten, wenn man die Teile der Zeichnung, die in Fig. 2b ihr Vorbild haben, nach Fig. 3b abändert.

Fig. 11] Bei den Schaltungen mit **STg, MTb** sehen wir wiederum von der Anwendung besonderer Lampen, **Lb,** ab, und da **Lg** neben **Sb** in demselben Symbol im allgemeinen vermieden werden soll (s. S. 14,u), so bleibt schließlich als brauchbares Schema nur das in Fig. 11 gezeichnete **MaS,D, STg, MTb, Sg, Lg** übrig.

Die Umänderung auf Hellschaltung **H** ist gerade so einfach wie bei der vorigen Schaltung.

Fig. 12] Bei Anwendung eines gemeinsamen Maschinentransformators **MTg** kommt nur noch die Schaltung mit **Sg, Lg** in Frage. In Fig. 12 ist das Symbol **MaS, H, STg, MTg, Sg, Lg** verwirklicht; das ebensogut brauchbare Schema mit Dunkelschaltung, **D,** ergibt sich wiederum, wenn man den der Fig. 3b entsprechenden Teil der Zeichnung nach Fig. 2b abändert.

Fig. 13] Statt drei Lampen oder (nach S. 24,m) drei Lampenpaare anzubringen, deren Aufleuchten nacheinander mit einer Phasenverschiebung von $2/3\,\pi$ erfolgt, kann man auch n Lampen oder Lampenpaare mit einer Phasenverschiebung von $2/n\,\pi$ verwenden und dadurch den drehenden Lichtschein gleichmäßiger machen. Die Einrichtung hierzu war der E.-A.-G. vorm. Schuckert & Co. patentiert[1]). Eine praktisch verwendete Ausführungsform[2]) ist in Fig. 13 dargestellt.

An Stelle der in Fig. 2a gezeichneten Lampen a, b und c schalte man die primären Wicklungen eines Transformators, wie es in Fig. 13a geschehen ist; die drei Wicklungen sind ebenfalls mit a, b und c bezeichnet. Die mit a', b', c' bezeichneten sekundären Wicklungen sind in Stern geschaltet und liefern, wie es in Fig. 13b dargestellt ist, zunächst die Spannungen für die Synchronisierlampen 1, 3, 5, die sich genau so verhalten, wie die Lampen a, b, c in Fig. 2. Ist die Relativgeschwindigkeit der beiden Generatoren so, daß bei feststehend angenommenem rechten der linke Generator linksdrehend umläuft, so herrscht an den Klemmen der Lampen nacheinander die Spannung Null, wenn die Phasenverschiebung zwischen den Generatorspannungen gleich φ ist, nämlich an den Klemmen der

Lampe 1, wenn $\varphi = 0^0$ | Lampe 3, wenn $\varphi = 240^0$ | Lampe 5, wenn $\varphi = 120^0$.

Der Lichtschein dreht sich also dann von 1 über 5 nach 3. Von den sekundären Klemmen des Transformators lassen sich nun noch Spannungen anderer Phase abnehmen; schließen wir drei Lampen 2, 4 und 6 an die Endklemmen des Transformators, oder — was in bezug auf die Phase der Spannung keinen Unterschied macht — zwischen je zwei vom Sternpunkte gleichweit abstehende mittlere Punkte der sekundären Wicklungen, so werden die Spannungen nacheinander Null an der

Lampe 2, wenn $\varphi = 300^0$ | Lampe 4, wenn $\varphi = 180^0$ | Lampe 6, wenn $\varphi = 60^0$.

Ordnet man die Lampen, wie es in Fig. 13c geschehen ist, im Kreise so an, daß ihre Winkelabstände diesen Zeitwinkeln gleich sind, so ergibt sich ein Lichtschein, der sich mit gleichmäßiger Geschwindigkeit dreht. Man kann auch, wie wir es oben (siehe Beschreibung zu Fig. 2) schon getan hatten, die doppelte Zahl von Lampen anbringen und hat dann einen doppelten (quer durch die Rosette gehenden) Lichtschein, der mit halber Geschwindigkeit umläuft. Schaltung und Lampenrosette für diesen Fall sind in Fig. 13d und 13e gezeichnet. Verglichen mit der Anordnung in Fig. 2 ist die Geschwindigkeit der Drehung bei sechs Lampen gerade so groß, wie bei dreien in jenem Falle, also bei zwölf gerade so groß, wie bei sechs im ersten Falle.

---

[1]) D. R. P. Nr. 106682.
[2]) Siehe Tafel 19.

Damit nun die maximale Spannung für alle Lampen dieselbe sei, sind die Anschlußpunkte der Lampen 2, 4 und 6 an den Sekundärwicklungen des Transformators so gewählt, daß nur der $\sqrt{3}^{\text{te}}$ Teil jeder Strangspannung auf sie wirkt.

Bei Phasengleichheit wirken auf die einzelnen Lampen folgende Gesamtspannungen:

$$\text{Lampe 1:} \quad U_s = 0$$
$$\text{» 2 u. 6:} \quad U_s = U$$
$$\text{» 3 u. 5:} \quad U_s = \sqrt{3} \cdot U$$
$$\text{» 4:} \quad U_s = 2\,U,$$

wobei U die Strangspannung des Generators und das Übersetzungsverhältnis des Transformators zu 1 angenommen ist. Der dem Synchronismus entsprechende Lichtschein ist demnach gekennzeichnet durch starkes Leuchten der Lampen 4 und schnelle Abnahme der Lichtstärke symmetrisch zu den Lampen 4.

Fig. 14] In Fig. 14 ist die soeben besprochene Synchronisiereinrichtung in eine vollständige Synchronisierschaltung eingefügt, und zwar in die in Fig. 11 dargestellte.

Tafel 4]

Geschwindigkeitsvergleichung durch elektromechanische Vorrichtungen

Fig. 1] Schaltet man nach Fig. 1 ein System von Elektromagneten so zwischen zwei Drehstrommaschinen, wie es in Tafel 3, Fig. 2 mit den Glühlampen geschehen war, so entsteht bei verschiedenen Geschwindigkeiten der Maschinen zwischen den Magnetkernen ein Drehfeld. Ein darüber drehbar angebrachter, passend geformter Anker — er ist in der Figur der deutlicheren Darstellung wegen gestrichelt gezeichnet — muß also mit der Geschwindigkeit des Drehfeldes umlaufen. Der Anker zeigt somit geradeso wie das nacheinander erfolgende Aufleuchten der Glühlampen in den Schaltungen der vorigen Tafel an, welche Maschine schneller und welche langsamer läuft; ein Stillstand des Ankers bedeutet gleiche Geschwindigkeit. Ist die eine Maschine um eine volle Periode nachgeblieben, so hat der Anker eine halbe Umdrehung vollendet. Der Anker oder der mit ihm verbundene Zeiger kann also nicht den Zustand der Phasengleichheit anzeigen; dieser wird aus dem Nichtleuchten der Lampe a erkannt. Der Apparat ist von Benischke angegeben und wird von der Allgemeinen Elektrizitäts-Gesellschaft gebaut[1]).

Fig. 2] Der folgende Geschwindigkeitsvergleicher ist sowohl für Einphasenmaschinen als für Drehstrommaschinen anwendbar. Zwei senkrecht zueinander stehende Spulen I und II werden von Wechselströmen durchflossen, die annähernd um 90° in der Phase gegeneinander verschoben sind, also ein Drehfeld liefern. Diese Phasenverschiebung wird durch Einschaltung eines großen Widerstandes r in die eine, und einer großen Induktivität s in die andere Spule hergestellt. Gespeist wird das System von den Klemmen der einen Maschine (oder von den Sammelschienen).

Innerhalb des Spulensystems befindet sich ein Eisenanker, der von einer feststehenden Spule so umgeben ist, daß er um eine zur magnetischen Achse senkrecht stehende Achse frei drehbar bleibt. Würde dieser Anker mit Gleichstrom erregt, so würde der ganze Apparat einen Synchronmotor darstellen, der Anker würde also mit der Geschwindigkeit des Drehfeldes umlaufen. Ist der Erregerstrom dagegen ein Wechselstrom von derselben Frequenz wie die das Drehfeld hervorrufenden Wechselströme, so bleibt der Anker stehen. Dieser Zustand kommt vor, denn die Erregerwicklung ist an die parallel zu schaltende Wechselstrommaschine angeschlossen; Nichtdrehen des Ankers bedeutet also gleiche Geschwindigkeit.

Ist außerdem Gleichphasigkeit, also Synchronismus vorhanden, so sind die Ströme in der Spule I und der Erregerspule gleichphasig, und der Anker bleibt in einer ganz bestimmten Lage stehen. Der mit dem Anker verbundene Zeiger zeigt dann also auf eine bestimmte Marke; die Anbringung einer Synchronisierlampe ist nicht erforderlich[2]).

Fig. 3] Der in Fig. 3 gezeichnete Apparat wirkt genau in derselben Weise wie der soeben beschriebene; er stellt in gewissem Sinne eine Umkehrung des ersteren dar: Die beiden Spulen I und II, die das Drehfeld liefern, sind auf dem Anker aufgebracht, und der Anker ist in einem von den Klemmen der zu synchronisierenden Maschine erregten Magnetfelde drehbar. Der Apparat ist von Lincoln angegeben[3]).

---

[1]) Benischke, Elektrische Geschwindigkeits-Meßapparate. E. T. Z. 1903, S. 401.
[2]) Siehe L'Industrie Électrique 1908, S. 42. Annalen der Elektrotechnik 1908, S. 146.
[3]) Siehe E. T. Z. 1902, S. 667.

(Tafel 10, Fig. 20. Ergänzung zu Tafel 4).

Fig. 20] Eine eigenartige Synchronisierschaltung, zu der ein besonderes Instrument, ein sogenanntes Synchronoskop, gehört, ist von der Weston Instrument Company angegeben. Das Instrument besteht in einem Dynamometer, dessen beide Spulen wie bei einem Leistungsmesser in zwei besonderen Stromkreisen liegen, und zwar wird der eine an die Klemmen der schon in Betrieb befindlichen Maschine (oder Sammelschienen), der andere an die Klemmen der zuzuschaltenden Maschine angeschlossen. Im Gegensatz zum Leistungsmesser unterscheidet man natürlich keine Spannungs- und Stromspule, sondern beide Spulen sind gleichartig aus dünnem Drahte gewickelt. In den Stromkreis der festen Spule ist ein größerer Wirkwiderstand R geschaltet, in den anderen ein Kondensator C. Hierdurch sind die Konstanten der beiden Stromkreise so abgeglichen, daß die Phasenverschiebung der in ihnen fließenden Ströme 90^0 beträgt, wenn die Phasenverschiebung der die beiden Stromkreise speisenden Spannungen gleich Null oder gleich 180^0 ist. In diesem Falle entsteht zwischen den beiden Spulen des Synchronoskops kein Drehmoment, ebensowenig, wie ein solches in einem Leistungsmesser entstehen würde, der bei einer Phasenverschiebung von 90^0 zwischen Strom und Spannung die Leistung messen sollte. Der Zeiger des Synchronoskops, der mit der beweglichen Spule verbunden ist, bleibt also in seiner Ruhelage, und seine Spitze steht dabei gerade unter einer kleinen quadratischen Scheibe von durchsichtigem, schwarzem Glase. Er ist von außen unsichtbar, solange er nicht durch eine Lampe von hinten beleuchtet wird. Dieses Sichtbarmachen des Zeigers erfolgt nun durch eine Synchronisierlampe, die, wie aus Tafel 10, Fig. 20 erkennbar, mit Hilfe eines kleinen dreischenkligen Transformators in Hellschaltung zwischen die beiden parallel zu schaltenden Maschinen geschaltet ist. Der Zeiger wird also in dem oben angenommenen Falle einer Phasenverschiebung von 0^0 oder 180^0 der Maschinen (gleiche Frequenz vorausgesetzt) nur dann vollbeleuchtet sichtbar werden und dadurch das Zeichen zum Parallelschalten geben, wenn die Phasenverschiebung 0^0 beträgt, also Synchronismus herrscht. Zur weiteren Erklärung nehmen wir nun an, daß die zu synchronisierenden Teile zwar mit gleicher Frequenz arbeiten, aber eine konstante Phasenverschiebung gegeneinander haben; diese sei zuerst 90^0, und zwar eile die Spannung der zuzuschaltenden Maschine der im Betrieb befindlichen um 90^0 nach. Dann wirkt, weil ja zwischen den beiden Stromkreisen der beiden Spulen durch den Kondensator eine zusätzliche Phasenverschiebung von 90^0 hervorgerufen ist; also zwischen ihnen die Phasenverschiebung Null herrscht, ein kräftiges Drehmoment auf die bewegliche Spule in einer bestimmten Richtung, sagen wir, rechtsdrehend. Eilt die zuzuschaltende Maschine um 90^0 vor, so ist das Drehmoment gerade so groß, aber entgegengesetzt gerichtet. Im ersteren Falle hat der Zeiger, den man sich mit einer Feder, vielleicht Spiralfeder, verbunden denken muß, seinen größten Ausschlag nach rechts, im letzteren ebenso nach links. Die Lampe brennt dabei mit dem 0,707fachen ihrer normalen Spannung, beleuchtet also die schwarze Glasscheibe nur schwach. Sind nun die Frequenzen verschieden, so bedeutet das, daß der Zustand dauernd von dem der Phasengleichheit in den der Phasenvoreilung oder -nacheilung übergeht. Dementsprechend schwingt der Zeiger hin und her. Gleichzeitig leuchtet die Synchronisierlampe periodisch auf. Die Phasenverschiebung zwischen Zeigerbewegung und Aufleuchten ist nun derart, daß der Zeiger bei Nacheilen der zuzuschaltenden Maschine immer nur beleuchtet ist, wenn er sich in der einen Richtung, bei Voreilen immer nur, wenn er sich in der anderen Richtung bewegt. Es sieht also so aus, als ob der Zeiger dauernd umliefe. Wir haben somit in dem Synchronoskop ein Mittel, zu erkennen, nicht nur ob Synchronismus vorhanden ist (dann bleibt der Zeiger in der Mittellage stehen), sondern auch ob die zuzuschaltende Maschine beschleunigt oder verlangsamt werden muß. — Zwei entgegengesetzt gerichtete Pfeile, von denen der eine mit »schneller«, der andere mit »langsamer« bezeichnet ist, zeigen dem Maschinenwärter an, was er zu tun hat.

F. Einrichtungen zum selbsttätigen Parallelschalten

Um von der Aufmerksamkeit des Maschinenwärters unabhängig zu sein, hat man Einrichtungen ersonnen, durch die das Parallelschalten selbsttätig vollzogen wird, wenn die Bedingungen dazu erfüllt sind. Die Bedingungen sind bekanntlich: gleiche effektive Spannung, gleiche Frequenz und gleiche Phase. Wir werden in den Einrichtungen Einzelheiten vorfinden müssen, die auf diese drei Bedingungen ansprechen.

Die im folgenden beschriebenen Einrichtungen sind, obwohl sie offenbar auch für Einphasenanlagen anwendbar sind, der praktischen Bedeutung des Drehstromsystems entsprechend, nur für Drehstromanlagen gezeichnet[1]).

[1]) Außer den beschriebenen sind noch einige andere Einrichtungen bekannt geworden. Siehe D.R.P. Nr. 137793 (Pearson und Williamson), D. R. P. Nr. 180105 (Mc Mahan).

Fig. 4] Einrichtung von Benischke. Der Eisenkern eines Relais (Synchronisierrelais SR) ist mit zwei Spulen bewickelt, die in den Synchronisierstromkreis so geschaltet sind, daß ihre Wirkungen sich unterstützen. Der Synchronisierstromkreis ist auf Hellschaltung geschaltet. Zwei Spulen sind verwendet, weil das Relais auch in Stromkreisen ohne Synchronisiertransformatoren benutzt werden soll und dann in jeder Leitung ein Widerstand liegen muß, wie wir es in Tafel 1, Fig. 8 kennen gelernt haben. Das Relais zieht seinen Anker jedesmal bei Phasengleichheit an. Bei Phasengleichheit braucht aber noch nicht Synchronismus zu herrschen, das Synchronisierrelais darf also nicht unmittelbar den Stromkreis des selbsttätigen Schalters SS schließen, sondern das darf erst dann geschehen, wenn die Phasengleichheit genügend lange anhält. Durch den Relaisanker wird deshalb erst ein Zeitrelais ZR eingeschaltet, das sich auf verschieden lange Zeitdauer, etwa zwischen 2 bis 20 Sekunden, einstellen läßt. Sobald durch das Synchronisierrelais der Stromkreis des Zeitrelais eingeschaltet ist, beginnt dieses seinen Anker in die Höhe zu ziehen, läßt ihn aber bei einer Unterbrechung des Stromkreises sofort wieder fallen. Erreicht die Einschaltdauer die oben gegebene Einstellzeit (2 bis 20 Sekunden), so schließt das Zeitrelais den Stromkreis des selbsttätigen Schalters, und die Parallelschaltung erfolgt.

Die Erfüllung der oben erwähnten drei Bedingungen zum Parallelschalten wird also durch folgende Einzelheiten gewährleistet: Phasengleichheit durch das Synchronisierrelais; Synchronismus durch das Zeitrelais; Gleichheit der Spannung ebenfalls durch das Synchronisierrelais, aber nur unvollkommen, denn das Relais zieht seinen Anker an, wenn die Spannung der maximalen Synchronisierspannung, also dem Doppelten der einfachen Spannung, genügend nahe ist)[1].

Fig. 5] Einrichtung von Vogelsang (Voigt & Haeffner). In dem in Fig. 5 gezeichneten Schema betrachten wir zunächst den bekannten Synchronisierstromkreis mit den beiden in Hellschaltung angeordneten Synchronisierlampen L. Neben diese Lampen ist die Spule des Synchronisierrelais SR geschaltet, das (durch Heben des Eisenkerns) einen Kontakt schließen wird, wenn Phasengleichheit vorhanden ist, die Lampen also hell brennen. Mit dem Synchronisierstromkreise unmittelbar verbunden sind außerdem die beiden Wicklungen des Spannungsrelais SpR; die linke Wicklung liegt an der Maschine, die rechte an den Schienen. Alle anderen Leitungen liegen an einer Gleichstromquelle, deren Pole zu den beiden Hilfsschienen geführt sind.

Diese Leitungen können folgende wichtige Stromkreise bilden: Erstens, von 1 über den geschlossenen Schalter A, die Spannungsspule p dieses Schalters, über S, SS zu 2. Zweitens, von 1 über A durch eine der Lampen r (rot) oder g (grün), die Zunge des Relais SpR, die Spule des Schalters R zu 3. Wenn durch Anschlagen der Zunge des Spannungsrelais SpR an den linken oder rechten Kontakt dieser Stromkreis geschlossen ist, wird der Schalter R geöffnet. Ist der Stromkreis nicht geschlossen, so ist R geschlossen und dadurch an Stelle von r oder g die Lampe w (weiß) eingeschaltet. Der dritte Stromkreis kann gebildet werden von 1 über A durch die Spule des Zeitrelais ZR, die Schaltstücke von SR und R, von wo aus er zu 3 führt. Als vierter und letzter Stromkreis möge ins Auge gefaßt werden: von 1 über A, Schaltstück von ZR, und weiter, wie im ersten Falle, über S, SS zu 2. Sind die letzten beiden Stromkreise vom Strom durchflossen, so ist an dem Schalter A eine Stromspule s in den Stromkreis geschaltet.

Wir sehen, daß in allen Fällen der Schalter A geschlossen sein muß. Das Schließen dieses Schalters ist also das erste, und zwar das einzige, was durch die Hand des Schaltwärters zu geschehen hat; alles weitere vollzieht sich von selbst, abgesehen natürlich von der Spannungs- und Geschwindigkeitsregelung und dem Einschalten des Synchronisierstromkreises. Ist A geschlossen, so wird der Stromkreis 1, A, p, S, SS, 2 von einem schwachen Strome durchflossen, und der Schalter wird durch die Spannungsspule p geschlossen gehalten. Die beiden Spannungen sind nun im allgemeinen nicht gleich; die Zunge des Spannungsrelais liegt also links (bei zu hoher) oder rechts (bei zu niedriger Maschinenspannung) an und schließt den als zweiten aufgeführten Stromkreis (1, A, r oder g, Spule von R, 3); die rote Lampe r zeigt also, daß die Maschinenspannung zu hoch, die grüne g, daß sie zu niedrig ist. Das Schaltstück von R ist hierbei geöffnet. — Bei Spannungsgleichheit ist dieser Stromkreis unterbrochen, weil die Relaiszunge zwischen den beiden Kontakten schwebt, der Eisenkern von R fällt und schließt den Schalter R, wodurch zunächst die weiße Lampe w eingeschaltet und somit die Spannungsgleichheit dem Maschinenwärter deutlich angezeigt wird.

So oft bei diesem Zustande Phasengleichheit eintritt, wird der dritte Stromkreis (1, A, s, ZR, SR, R, 3) bei SR geschlossen, und das Zeitrelais beginnt seinen Anker zu heben, wie in der vorigen

---

[1] Benischke, Vorrichtung zum selbsttätigen Parallelschalten von Drehstrommaschinen; E. T. Z. 1906, S. 642, D. R. P. Nr. 179426. Zeitschr. f. Elektr. u. Maschinenbau (Wien) 1906, S. 597.

Einrichtung, Fig. 4. Ist der Hub vollendet, so ist der vierte Stromkreis (1, A, s, Schaltstück von ZR, S, SS, 2) geschlossen, der selbsttätige Schalter SS wird also eingeschaltet. Da durch das Schließen von ZR die Spule p kurzgeschlossen wird, muß der Schalter A durch eine andere Kraft geschlossen gehalten werden. Das ist die Aufgabe der Stromspule s. — Der Schalter S hat sich als wünschenswert erwiesen, um das Schließen des vierten Stromkreises zu sichern; es ist nämlich vorgekommen, daß das Schaltstück des Zeitrelais nicht lange genug eingeschaltet blieb, um die Einschaltbewegung des Hauptschalters SS vollständig zu Ende zu führen. Der Schalter S sichert nun die Zuendeführung der Einschaltbewegung dadurch, daß er augenblicklich schließt, sobald der Einschaltstrom von SS durch seine Spule fließt, und daß er dann den Einschaltstrom geschlossen hält, unabhängig davon, ob der parallel zu ihm liegende Schalter des Zeitrelais wieder ausschaltet.

Nach vollzogener Parallelschaltung wird der Schalter A selbsttätig ausgeschaltet; die (aus der Figur nicht zu erkennende) Vorrichtung hierzu enthält der selbsttätige Schalter SS, von dem nur das für unsere Erklärung Notwendigste gezeichnet ist.

Die beschriebene Einrichtung ist in zahlreichen Beispielen von der Firma Voigt & Haeffner ausgeführt und hat sich, durch einige Änderungen und Ergänzungen vervollkommnet, gut bewährt[1]).

Fig. 6] Einrichtung von Lux. Die Synchronisiertransformatoren tragen je zwei sekundäre Wicklungen. Von diesen ist ein Paar — in der Zeichnung sind es die den primären zunächst liegenden Wicklungen — auf Hellschaltung, das andere auf Dunkelschaltung verbunden. An Stelle der Synchronisierlampen ist in den ersteren Stromkreis ein Klinkenmotor KM, in den letzteren ein Elektromagnet S eingeschaltet[2]). Bei Phasengleichheit steht also nur der Klinkenmotor unter Strom und ist deshalb in Tätigkeit, d. h. er wirft seinen Anker (von sehr kleiner Masse) mit großer Geschwindigkeit hin und her; der Elektromagnet S kommt als stromlos vorläufig nicht in Betracht. Der Anker des Klinkenmotors dreht ein Sperrad und das auf gleicher Achse befestigte Zahnrad R_1. R_1 ist mit dem Zahnrad R_2 in Eingriff, so daß auch dieses gedreht und dabei ein Stift k gehoben wird. Bei genügend langer Tätigkeit des Klinkenmotors stößt der Stift gegen einen Schalthebel und bewegt diesen mit, bis durch ihn der Stromkreis für den selbsttätigen Schalter geschlossen, also die Parallelschaltung vollzogen wird.

Dauert die Phasengleichheit nicht so lange, so nimmt einerseits der Strom im Hellschaltungskreise ab, bis der Klinkenmotor außer Betrieb kommt, anderseits nimmt der Strom im Dunkelschaltungskreise zu, so daß der Elektromagnet S seinen Anker anzieht. An dem unteren Hebelarm des den Anker darstellenden Hebels ist aber das Lager für das Zahnrad R_2 befestigt; dieses wird also von R_1 entfernt und beide Zahnräder dadurch außer Eingriff gebracht. Das hat zur Folge, daß das Rad R_2 unter der Wirkung des schweren Stiftes k in seine Anfangsstellung, die gezeichnete, zurückgeht.

Die Bedingung der Spannungsgleichheit wird bei dem Apparat nicht mehr berücksichtigt als bei der in Fig. 4 beschriebenen Einrichtung[3]).

G. Hilfsstromkreise mit Hilfssicherungen zum Parallelschalten

In den ersten Zeiten der Wechselstromtechnik bot das Parallelschalten der Maschinen teils durch die Neuheit der Sache, teils durch Mängel der elektrischen und der Antriebsmaschinen, erhebliche Schwierigkeiten. Es kam dabei nicht selten vor, daß soeben parallel geschaltete Maschinen den Synchronismus wieder verloren, so daß sie mit starken Strömen aufeinander arbeiteten; es gingen dann die Maschinensicherungen durch. Um in solchen Fällen eine möglichst schnelle Abschaltung der Maschinen herbeizuführen, und auch um die Hauptsicherungen zu schonen, half man sich bisweilen durch die Anordnung von Hilfsstromzweigen mit schwachen Hilfssicherungen. Diese Hilfsstromzweige wurden parallel zu der Hauptsicherung und dem Hauptschalter gelegt und vor Einlegung dieses Schalters geschlossen, so daß durch sie die Maschinen vorläufig parallel geschaltet waren. Erst wenn die Hilfssicherungen intakt blieben, und es sich dadurch zeigte, daß die vorläufige Parallelschaltung

---

[1]) In einer älteren Form ist die Einrichtung in der E. T. Z. 1905, S. 442 von Max Vogelsang beschrieben. Das Schema in Fig. 5 ist so dargestellt, daß das Grundsätzliche möglichst gut zu erkennen ist; es entspricht im wesentlichen der älteren Ausführung; einiges ist jedoch von der neueren übernommen, die auf Tafel 26, Fig. 1 in einem praktisch ausgeführten Schaltungsschema gebracht wird.

[2]) Über Klinkenmotoren siehe auch Electrical World 1909, Bd. 54, S. 993.

[3]) Fritz Lux, Vorrichtung zum automatischen Parallelschalten von Wechselstromgeneratoren E. T. Z. 1909, S. 130.

im richtigen Augenblicke stattgefunden hatte und die Ausgleichströme ungefährlich klein waren, wurden die Hauptschalter geschlossen.

Fig. 7 bis 10] In den Fig. 7 bis 10 sind, wie es in diesem Falle nötig ist, sämtliche Sicherungen gezeichnet.

Die Hilfssicherungen lassen sich natürlich in allen Synchronisierschaltungen verwenden. Die vier gezeichneten Schemata sollen die Anwendung in typisch verschiedenen Fällen erläutern: Die ersteren beiden sind Schaltungen ohne, die beiden letzteren Schaltungen mit Spannungswandlern. Die erste Schaltung, Fig. 7, bringt das Schema mit **Sb** und **Lb** von Tafel 1, Fig. 9b, und sie läßt erkennen, daß ein besonderer Hilfsstromzweig für jede Maschine verlegt werden muß. Bei der zweiten Schaltung, Fig. 8, für **Sg** und **Lg**, die dem Schema von Tafel 1, Fig. 17 entspricht, zeigt sich, daß auch ein gemeinsamer Hilfsstromzweig genügt. Dasselbe ergibt sich in den beiden folgenden Schemata, von denen in Fig. 9 lauter besondere Apparate, **MTb, Sb, Lb**, nach Tafel 2, Fig. 2 verwendet sind; es sind hier auch besondere Hilfszweige erforderlich. In Fig. 10 dagegen, die das Schema von Tafel 2, Fig. 9 mit **STg, MTg, Sb, Lg** bringt, ist wiederum nur e i n Hilfsstromzweig erforderlich.

In neuerer Zeit, wo das Parallelschalten von Wechselstrommaschinen keine Schwierigkeiten mehr bereitet, haben diese Hilfsvorrichtungen ihre Bedeutung eigentlich vollständig verloren. Auch der Umstand, daß Schmelzsicherungen oft nicht mehr verwendet werden und die üblich gewordenen selbsttätigen Ausschalter auch unmittelbar nach dem Funktionieren wieder bereit stehen, läßt die Hilfssicherungen als überflüssig erscheinen. Sie in dieser Darstellung zu erwähnen, war teils aus geschichtlichen Rücksichten geboten, teils weil sie in manchen Fällen auch heute noch gute Dienste leisten können.

H. Synchronisierschaltungen für Anlagen mit zwei Sammelschienensystemen

In Wechselstromanlagen kommt es häufig vor, daß nicht nur e i n System von Sammelschienen vorhanden ist, auf das alle Maschinen parallel arbeiten, sondern mehrere, auf die al le Maschinen in gleicher Weise sollen parallel arbeiten können. Hieraus erwachsen für die Synchronisierschaltungen neue Schwierigkeiten und Aufgaben. Wir zeigen die Lösung an Anlagen mit zwei Schienensystemen, und zwar nur für Einphasenstrom. Diese schon im Interesse des Umfanges der Darstellung dringend erwünschte Beschränkung war zulässig, weil sich weder bei der Behandlung der Synchronisierschaltungen für mehr als zwei Schienensysteme noch auch der für Drehstrom etwas grundsätzlich Neues bieten würde. Der Leser wird gut tun, sich bei der Betrachtung der folgenden Schaltungen an die besonderen Eigentümlichkeiten der Drehstromschaltungen zu erinnern, wie sie auf Tafel 2, Fig. 11 bis Tafel 3, Fig. 14 gezeigt und im Texte hervorgehoben sind.

Systematische Entwicklung der Synchronisierschaltungen für z w e i Schienensysteme aus denen für e i n Schienensystem, ohne Transformierung der Synchronisierspannung

Fig. 11] In Fig. 11 ist die erste in Tafel 1, Fig. 9 dargestellte Synchronisierschaltung für eine Anlage mit z w e i Schienensystemen gezeichnet, wobei, wie auch in allen folgenden Figuren, die äußeren Striche das eine, die inneren das andere Schienensystem darstellen sollen. Auf etwaige Schwierigkeiten beim Parallelschalten ist bei der Aufzeichnung dieses Schaltungsschemas noch nicht Rücksicht genommen. Wir sehen aber sofort, daß solche auftreten müssen und worin sie bestehen: es kann leicht vorkommen, daß die zuzuschaltende Maschine auf eine an dem einen, etwa dem inneren Schienensystem liegende Maschine synchronisiert, nachher aber auf das andere, das äußere Schienensystem geschaltet wird.

Diese Gefahr muß unbedingt vermieden werden. Das Mittel dazu gibt uns folgende Überlegung: Durch die Verbindung der zuzuschaltenden Maschine mit einer in Betrieb befindlichen durch die Synchronisierschaltung hindurch werden diese Teile der Anlage, also die Maschinen und die Synchronisierschaltung, einander wesentlich und innerlich zugeordnet und damit auch d e m Schienensystem zugeordnet, an dem die in Betrieb befindliche Maschine liegt. Wir erkennen daraus erstens, daß für jedes Schienensystem eine besondere Synchronisiervorrichtung vorhanden sein muß, zweitens, daß bei der Verbindung einer Maschine mit einer dieser Synchronisiervorrichtungen gleichzeitig gesichert sein muß, daß die Maschine nach vollzogener Synchronisierung nur noch auf d a s Schienensystem geschaltet werden k a n n, zu dem die benutzte Synchronisiervorrichtung gehört. Es ergibt sich daraus einerseits, daß die Einschaltung der Maschinen von der die Auswahl des Schienensystems vornehmenden Umschaltung unabhängig gemacht werden muß, daß aber andererseits die für diese Umschaltung bestimmten Umschalter mit denjenigen gekuppelt sein müssen, durch die die beiden Synchronisiervorrichtungen ausgewählt werden. Die hiernach zu fordernde Verdopplung der Synchronisiervorrichtung braucht natürlich nur so weit vorgenommen zu werden, als es unbedingt erforderlich ist.

Fig. 12] In Fig. 12a ist das unvollkommene Schema der vorangegangenen Figur den gestellten Bedingungen entsprechend abgeändert: Die Verdopplung der Synchronisiervorrichtung finden wir nur in den unteren Hilfsschienen, und die geforderte Ergänzung durch gekuppelte Umschalter in den mit Kreuzchen gekennzeichneten Schaltern.

Man könnte statt der einen Synchronisierlampe auch je zwei in den Abzweigungen von den Hilfsschienen zu den Kontakten der Umschalter anbringen; nimmt man dann gefärbte, etwa rote und grüne, Lampen, so ist die Stellung der gekuppelten dreipoligen Umschalter auf das »rote« oder »grüne« Schienensystem jedesmal durch die Lampe signalisiert. Diese Signalisierung ist allerdings praktisch insofern nicht von Bedeutung, als ein Irrtum schon durch die Schaltung ausgeschlossen ist.

In Fig. 12b ist eine Abänderung der Schaltung dargestellt, die der in Tafel 1, Fig. 9b gezeichneten Abänderung entspricht. Hat man aber erst diesen Schritt gemacht, so kommt man leicht zu der weiteren in Fig. 12c dargestellten Vereinfachung, die durch eine Vereinigung der beiden unteren Hebel des dreipoligen Umschalters zu einem einzigen entstanden ist.

Auch dieses Schema läßt sich noch etwas vereinfachen, wenn man auf die Kupplung der beiden Maschinenschalthebel verzichten will. Man kann dann auch auf den neben dem unteren Hebel des Hauptschalters liegenden Zweig des Synchronisierstromkreises verzichten und erhält das in Fig. 12d gezeichnete Schema. Der Synchronisierstromkreis wird in diesem Falle durch den unteren Hauptschalthebel der Maschine, den unteren Hauptumschalter und den oberen, unveränderten Teil der Synchronisierschaltung gebildet.

Anmerkung: Derartige durch Nichtkupplung der Hauptausschalter ermöglichte Vereinfachungen wären auch schon bei den früheren Synchronisierschaltungen mit Dunkelschaltung ohne Transformierung möglich gewesen; es wurde jedoch von einer Erwähnung dieser Tatsache dort abgesehen, weil die Kupplung der Hauptausschalter aus praktischen Gründen allgemein üblich geworden ist und es dem technischen Gefühl, wenigstens bei großen Maschinen, widerstrebt, zur Schließung des Synchronisierstromkreises den schweren Maschinenschalter mit heranzuziehen. In dem vorliegenden Falle drängte sich die Vereinfachung so sehr auf, daß ihre Darstellung wünschenswert schien, ohne daß die Schaltung damit besonders empfohlen werden soll.

Nach dem hierdurch gekennzeichneten Vorgange lassen sich die anderen Schaltungen der Gruppe **MaM, D** für zwei Schienensysteme abändern. Da uns das Schema von Tafel 1, Fig. 10 als unzulässig erschienen war, kommen nur die beiden in Tafel 1, Fig. 11 dargestellten Schemata **Sg, Lg** und **Sg, Lb** in Betracht. Die Abänderung hat so zu geschehen, daß die Synchronisiervorrichtung an der einen Seite der Maschinen verdoppelt wird und die hiernach an dieser Seite zu jeder Maschine geführten zwei Synchronisierleitungen durch einen Umschalter hindurch mit dem Maschinenpol zu verbinden sind. Der Umschalter ist, wie in Fig. 12a, mit dem Hauptumschalter der Maschine zu kuppeln. Die beiden gemeinsamen Synchronisierumschalter werden jetzt natürlich dreipolig. Eine Entwicklung der hiermit beschriebenen Schaltung gemäß den Fig. 12b bis 12d ist ebenfalls möglich; es würden dadurch Schaltungen entstehen, denen freilich das Symbol **Sbg** zukommt. Die Schaltungen ergeben sich durch Vereinigung der oberen Hälfte von Tafel 1, Fig. 11 mit der unteren von Tafel 4, Fig. 12b bis 12d.

Fig. 13] Von den Synchronisiervorrichtungen nach dem Symbol **MaM, H** ist in Fig. 13 die in Tafel 1, Fig. 13 dargestellte Hellschaltung für zwei Schienensysteme entwickelt, und zwar in der durch Tafel 1, Fig. 13b gezeigten vereinfachten Form; die vorangegange Schaltung würde so viele Leitungen, Hilfsschienen und Schalter erfordern, daß man schwerlich an eine praktische Ausführung eines solchen Schemas herangehen würde. Die gezeichnete Schaltung benutzt außerdem die in Fig. 12c gezeigte Vereinfachung.

Anmerkung: Die Synchronisiervorrichtung Fig. 13 ist für vier Maschinen, die in Tafel 1, Fig. 13 gezeichnete war für drei Maschinen angenommen.

Der Entwurf der Schaltung nach den Symbolen **MaM, H, Sg, Lg** oder **Sg, Lb** würde zu einer vollständigen Verdopplung der Synchronisiervorrichtung auf beiden Seiten der Maschinen führen, und eine Vereinfachung im Sinne der Fig. 12a bis 12c oder 12d, wie sie bei dem vorbeschriebenen Schema **MaM, D, Sg, Lg** und **Sg, Lb** möglich war, ist hier ausgeschlossen. Das Schema ist deshalb nicht gezeichnet.

Fig. 14 bis 16] War bei den Schaltungen **MaM** die Anwendung einer einfachen Synchronisierschaltung — wie wir es in Fig. 11 gesehen haben — immerhin möglich, so ist bei den nach **MaS** zu bildenden Schaltungen eine Verdoppelung unbedingt erforderlich; das liegt in der Natur der Sache. Es fragt sich nur, wie weit man die Verdopplung durchführen soll. Die natürlichste Unterscheidung ist die, daß man die Synchronisiervorrichtung entweder, indem man sie als zu den Schienen gehörig ansieht, vollständig verdoppelt, oder daß man die, als zu den Maschinen gehörig aufgefaßte, Synchronisiervorrichtung einfach läßt, aber auf die beiden Schienensysteme umschaltbar macht.

Für den ersten Fall, nämlich das in Tafel 1, Fig. 14 verwirklichte Symbol **MaS, D, Sb, Lb,** sind diese beiden Möglichkeiten in Fig. 14 und 15 gezeichnet; die beiden Figuren können als Überschrift aller Schaltungen **MaS** für zwei Schienensysteme angesehen werden. Beide Schemata haben den Nachteil des in Fig. 11 gezeichneten, daß man versehentlich auf das Schienenpaar schalten kann, auf das man nicht synchronisiert hat; es ist also die Auswahl der Schienen nicht gesichert. In Fig. 14 ist der Irrtum weniger leicht möglich, wenn die Synchronisierlampen der beiden Schienensysteme verschieden gefärbt sind, denn dann ist wenigstens die Auswahl signalisiert.

Fig. 16 zeigt eine Variante der vorangegangenen Schaltung: die Umschaltung der »zu den Maschinen gehörigen« Synchronisiervorrichtung ist einem gemeinsnsamen Umschalter überwiesen.

Fig. 17] Sucht man nun diese Schaltungen zur praktischen Anwendbarkeit zu entwickeln, also ihre Nachteile zu vermeiden, so liegt der Schritt, der uns im vorigen Falle über Fig. 12b zu Fig. 12c gebracht hat, am nächsten. Das Ergebnis ist in Fig. 17 dargestellt. Das Schema ist gut brauchbar, denn die Auswahl der Schienen ist gesichert und — freilich überflüssigerweise — auch signalisiert. Einen Nachteil hat die Schaltung insofern, als ein falsches Lampenpaar eingeschaltet werden kann. Der Nachteil ist nicht groß, denn er zieht weiter nichts nach sich, als daß die Lampen dann nicht aufleuchten, so daß man den Fehler schnell bemerken und wieder gut machen wird. Statt der unteren beiden Synchronisierschalthebel kann man mit einem auskommen, wenn man die durch Punkte angedeuteten Kupplungen wegläßt; man hat dann aber in jedem Falle zwei Synchronisierschalter zu schließen.

Fig. 18] Ein falsches Einschalten der Synchronisiervorrichtung, wie wir es soeben als möglich erkannt haben, ist in dem folgenden Schema, Fig. 18, nicht möglich. Auch hier ist die Auswahl gesichert und überdies signalisiert.

Fig. 19 und 20] Auf die Signalisierung kann man verzichten und kommt dann zu den Schaltungen von Fig. 19 und 20, wobei Fig. 19 der Schaltung von Fig. 15 und Fig. 20 der von Fig. 16 entspricht.

Fig. 21] Eine letzte Vereinfachung besteht in der Übereinanderlagerung des Umschalters der Synchronisiervorrichtung Fig. 19 über den Hauptumschalter und führt zum Schema von Fig. 21.

Alle diese Schemata sind praktisch brauchbar; am meisten dürfte sich das letzte empfehlen.

An die Möglichkeit, die unteren Synchronisierzweige zu vermeiden, indem man die Hauptausschalter der Maschinen nicht kuppelt, soll hier nur durch einen Hinweis auf Fig. 12d erinnert werden.

Allgemeines: Aus diesen Umbildungen des ersten Schemas **MaS** für zwei Schienensysteme können wir entnehmen, in welcher Weise die auf S. 11 aufgestellte Systematik der Synchronisierschaltungen zu erweitern wäre. Bei der späteren Umbildung solcher zur Gruppe **MaS** gehörigen Schemata, bei denen gemeinsame Teile der Synchronisiervorrichtungen vorkommen, tritt noch eine neue Möglichkeit auf, nämlich die, das Gemeinsame, als zu den Schienen gehörig, zu verdoppeln, und das Besondere, als zu den Maschinen gehörig, einfach zu lassen. Das auf S. 16 gegebene System erweitert sich also durch folgenden Zusatz:

Synchronisiervorrichtungen verdoppelt **SV dopp.**	Synchronisiervorrichtungen einfach und umschaltbar **SV einf.**	Das Gemeinsame verdoppelt, das Besondere einfach **SVg dopp., b einf.**
Auswahl gesichert	Auswahl nicht gesichert	
Auswahl signalisiert	Auswahl nicht signalisiert	

Es kann erwünscht sein, in einer Zentrale gleichzeitig zwei Maschinen, die eine auf das eine Schienensystem, die zweite auf das andere zu synchronisieren und parallel zu schalten. Das kann immer bei vollständig verdoppelter Synchronisiervorrichtung geschehen; ist nicht die ganze Vorrichtung verdoppelt, so müssen doch mindestens gemeinsame Teile verdoppelt sein. Im allgemeinen wird im praktischen Betriebe ein derartiges gleichzeitiges Parallelschalten nicht gefordert werden. Auf die Art der Schalter ist bei den Figuren kein Gewicht gelegt; die Drehschalter können auch durch andere Arten von Schaltern ersetzt sein. Sehr häufig werden sog. Trennstücke gewählt, d. h. Schalter besonders einfacher Konstruktion, die nur für Ein- und Ausschalten im stromlosen Zustande bestimmt sind.

Tafel 5]

Auswahl aus den nach dem System weiter zu entwickelnden Schaltungen

Der durch die Schemata Fig. 14 bis 21 der vorigen Tafel gezeigten Entwicklung folgend, kann man jetzt die auf Tafel 1, Fig. 15 bis 22 gezeichneten Schaltungen für zwei Schienensysteme umbilden. Wir betrachten zunächst nur die zur Gruppe der Dunkelschaltungen gehörigen Schemata Tafel 1, Fig. 15 bis 18. Bei der großen Zahl von Möglichkeiten ist eine Beschränkung erwünscht; es soll deshalb eine Auswahl getroffen werden, und zwar mit Rücksicht auf die praktische Brauchbarkeit der Schaltungen. Auf die Systematik soll nur insoweit eingegangen werden, als zur Erklärung des Zusammenhanges der einzelnen gezeichneten Schemata mit den früheren notwendig wird. Es muß dem Leser überlassen bleiben, auch die weggelassenen Schaltungen zu entwickeln, wozu die Systematik Anleitung gibt.

Fig. 1] In Fig. 1 ist das Schema **MaS, D, Sg, Lb, SV dopp.** gezeichnet; die Auswahl ist nicht gesichert, aber signalisiert. Es ist also Tafel 1, Fig. 16 entsprechend Tafel 4, Fig. 14 ausgebildet.

Fig. 2] Das folgende Schema zeigt die Ausbildung von Tafel 1, Fig. 16 und 17 nach Tafel 4, Fig. 15. Die Auswahl ist weder gesichert noch signalisiert. Das Schema empfiehlt sich also nicht. Allenfalls müßte die praktische Anwendung davon abhängig gemacht werden, daß die Umschaltung der Synchronisiervorrichtung auf die beiden Schienensysteme so deutlich gekennzeichnet ist, daß ein Irrtum nicht vorkommen kann.

Fig. 3 bis 6] Es folgt eine Reihe von Schaltungen, bei denen auf die in Tafel 4, Fig. 17ff. angewendete Weise, durch Verkupplung von Synchronisier- und Hauptumschalter auf einer Seite die »Auswahl gesichert« ist.

Fig. 3 stellt die Umbildung von Tafel 1, Fig. 15 nach Tafel 4, Fig. 18, also nach dem Symbol **SVg dopp., b einf.** dar.

Fig. 4 ist eine Vervollkommnung von Fig. 1 durch die erwähnte Verkupplung; sie findet wie jene Figur in Tafel 1, Fig. 16 ihr Vorbild.

Fig. 5 zeigt das Schema vom Symbol **MaS, D, Sg, Lg**, also die Schaltung von Tafel 1, Fig. 17, in der Umbildung für zwei Schienensysteme.

Die beiden letzten Figuren tragen den Charakter **SV dopp.**, die Verkupplung an dem unteren Pol hat es aber ermöglicht, die Schalter schon bis zu einem gewissen Grade zu vereinigen.

Fig. 6 zeigt wiederum eine Ausbildung von Tafel 1, Fig. 16, also **MaS, D, Sg, Lb,** und zwar nach dem Charakter **SV einf.**; vgl. hierzu Tafel 4, Fig. 19 und 20.

Fig. 7 und 8] Das Vorbild von Tafel 4, Fig. 21 ist in den Fig. 7 und 8 zur Umbildung verwendet worden, und zwar stellt Fig. 7 das Schema von Tafel 1, Fig. 15 und Fig. 8 das von Tafel 1, Fig. 17 dar.

A l l g e m e i n e s : Es war soeben die Anregung gegeben worden, weitere Schaltungen zu entwickeln, und es möge hier darauf aufmerksam gemacht werden, daß diese Entwicklung durch die gezeichneten Schaltungen in vielen Fällen sehr erleichtert wird; so kann man ein Schema für **Lb** im allgemeinen leicht auf **Lg** und umgekehrt umändern. Auch Umänderungen im Sinne von Tafel 4, Fig. 12d, also durch Anwendung nicht gekuppelter Hauptausschalter, lassen sich ohne weiteres durchführen; sie ermöglichen große Vereinfachungen, haben aber natürlich den in der Erklärung zu Tafel 4, Fig. 12d geschilderten Nachteil.

Wichtig ist die Umänderung auf Hellschaltung; sie ist in den meisten Fällen so einfach vorzunehmen, daß auf eine zeichnerische Darstellung verzichtet werden konnte.

Systematische Entwicklung der Synchronisierschaltungen für z w e i Schienensysteme aus denen für e i n Schienensystem, mit Transformierung der Synchronisierspannung

Fig. 9 und 10] Um die Synchronisierschaltungen mit Spannungswandlern für zwei Schienensysteme zu entwickeln, gehen wir wiederum auf dem durch die Systematik und durch die Reihenfolge der in Tafel 4, Fig. 11ff. gezeichneten Schemata vorgeschriebenen Wege vor, wobei uns ferner natürlich auch Tafel 2, Fig. 1 bis 10 als Richtschnur zu dienen hat. Wir haben dann zunächst die Gruppe **MaM, D** zu behandeln.

Fig. 9] Innerhalb dieser Gruppe würden wir als erste Synchronisierschaltung ein Schema erhalten, das sich in bezug auf die Synchronisierschaltung selbst von dem in Tafel 2, Fig. 2 gezeichneten in keiner Weise unterscheidet; sein vollständiges Symbol ist **MaM, D, MTb, Sb, Lb.** Dieses Schema wäre mit Tafel 4, Fig. 11 zu vergleichen und hätte auch dessen Mängel, die es zur praktischen Anwendung untauglich machen.

Wir verdoppeln deshalb von der Synchronisiervorrichtung wieder so viel, daß eine einfache Kupplung von Umschaltern genügt, um die Auswahl der Schienensysteme zu sichern. Auf diese Weise erhalten wir Fig. 9. Das Schema entspricht genau dem von Tafel 4, Fig. 12a; daß es noch etwas einfacher geworden ist, liegt daran, daß wir durch die Transformierung ganz getrennte Synchronisierstromkreise erhalten haben. Aus demselben Grunde ist auch eine weitere Entwicklung im Sinne von Tafel 4, Fig. 12b bis 12d nicht möglich.

Fig. 10] Das erste brauchbare Schema für **MaM, H** ist in Fig. 10 dargestellt, es ist aus Tafel 2, Fig. 3 genau so entstanden, wie das vorige Schema aus Tafel 2, Fig. 2.

Die beiden zuletzt behandelten Schemata stellen jedes den Anfang einer Gruppe dar, nämlich die Schemata **Sb, Lb** der Gruppen **MaM, D** und **MaM, H.** Die Entwicklung dieser Schemata zu **Sb, Lg,** zu **Sg, Lb** und zu **Sg, Lg** läßt sich ohne Schwierigkeit in bekannter Weise vornehmen (s. S. 17,0). Nur die Schaltungen mit **Sg** können davon praktisch in Frage kommen; die Zeichnung einer solchen Schaltung bleibt vorbehalten (s. Fig. 19).

Fig. 11 bis 18] Bei den Synchronisierschaltungen mit **MaS** ist, wie wir auf S. 33,u gesehen haben, eine, wenn auch nur teilweise Verdopplung der Einrichtungen Bedingung, und es fragt sich nur, wie weit man damit geht. Die Mannigfaltigkeit der möglichen Schaltungen wird jetzt noch größer als früher; denn es sind neue Organe, die Transformatoren, hinzugekommen, die ebenfalls entweder verdoppelt oder einfach gelassen und umgeschaltet werden können, und es kann außerdem die Umschaltung, durch die die Auswahl des Schienensystems gesichert werden soll, an mehr Stellen als früher vorgenommen werden.

Fig. 11] Mit der Verdopplung der Organe wird man natürlich nicht so weit gehen, daß man auch die Maschinentransformatoren verdoppelt, es kann sich also nur um eine Verdopplung der Schienentransformatoren handeln. In einfachster Weise ist eine solche in Fig. 11 vollständig durchgeführt; das Schema entspricht dem auf Tafel 2, Fig. 6 gezeichneten. Die Auswahl des Schienensystems ist nicht gesichert, sondern nur signalisiert; das Schema kann also nicht empfohlen werden.

Fig. 12] Die Verbesserung durch Sicherung der Auswahl des Schienensystems zeigt das folgende Schema, Fig. 12.

Fig. 13] Statt nun die Schienentransformatoren zu verdoppeln, kann man einen einfachen, umschaltbaren Transformator anbringen, wie es in Fig. 13 geschehen ist.

Fig. 14] Um im Schema von Fig. 13 die Auswahl des Schienensystems zu sichern, kann man wieder nach Tafel 4, Fig. 12 und Fig. 17f. verfahren und kommt damit zu dem Schema von Fig. 14. Dieses Schema des Symboles **MaS, D, STb, MTb, Sb, Lb** wäre also zur Ausführung zu wählen. Das Schema läßt sich für Hellschaltung ohne weiteres abändern.[1]

Schemata mit **STb, MTb** und gemeinsamen Schaltern, **Sg,** oder gemeinsamen Lampen, **Lg,** kommen bekanntlich (vgl. S. 18,0 zu Fig. 6) nicht in Frage. Wir gehen also sofort zu gemeinsamen Schienentransformatoren, **STg,** über.

---

[1] Diesem Schema entspricht die von Th. F. Leibius in der E.T.Z. Bd. XXXI, S. 279, 1910 mitgeteilte Schaltung, mit dem Unterschiede, daß dort die beiden primären Transformatorwicklungen auf eine gemeinsame Sekundärwicklung arbeiten.

Fig. 15 bis 18] Fig. 15 zeigt das dem Schema von Tafel 2, Fig. 7 entsprechende einfachste Schema; die Schienentransformatoren sind verdoppelt und die Auswahl des Schienensystems gesichert, und zwar genau in der Weise, wie es in Fig. 9 geschehen war.

Durch Anwendung eines einfachen, umschaltbaren Schienentransformators vereinfacht sich, wie es in Fig. 16 gezeigt ist, die Schaltung erheblich; die Auswahl ist in diesem Schema aber nicht gesichert, und die Sicherung läßt sich auch nicht so einfach erreichen, wie in dem in Fig. 13 und 14 gezeigten Falle mit **STb.** Allenfalls käme eine zeitweise Kupplung des Transformatorumschalters mit dem Hauptumschalter der jeweils zu synchronisierenden Maschine in Frage; die dürfte sich aber im allgemeinen nicht empfehlen, meist auch nicht ausführbar sein.

Fig. 17 zeigt eine andere Lösung: Zur Sicherung der Auswahl dienen Umschalter im sekundären Synchronisierstromkreise, wie in Fig. 15, und der gemeinsame Schienentransformator wird primär und sekundär gleichzeitig umgeschaltet.

Die Lösung ist nicht ganz vollkommen, insofern es bei der Schaltung vorkommen kann, daß der Schienentransformator an ein anderes Schienensystem geschaltet ist als der Maschinentransformator und die Maschine. Dann ist aber kein Synchronisierstromkreis geschaffen; das Nichtleuchten der Lampe fordert zum Umschalten des Schienentransformators auf, und eine Gefahr kann nicht entstehen.

Der geschilderte Mangel wird in dem folgenden Schema Fig. 18 vermieden, bei dem die Sicherung der Auswahl durch eine Schaltung vorgenommen wird, die wir schon in Fig. 7 kennen gelernt haben.

Die hiermit behandelten vier Schemata gehören zum Symbol **MaS, D, STg, MTb, Sb, Lb**; die Umänderung auf Hellschaltung läßt sich durch einfache Vertauschung der primären oder der sekundären Anschlüsse an dem Schienentransformator vornehmen.

Auswahl aus den nach dem System weiter zu entwickelnden Schaltungen

Die Zahl der jetzt bei weiterer Entwicklung zu erhaltenden Synchronisierschaltungen, wie sie bei der nach dem Systeme vorzunehmenden Variierung zwischen **MTb** und **MTg, STb** und **STg, Sb** und **Sg,** und schließlich **Lb** und **Lg** entstehen, ist, wie schon oben hervorgehoben wurde, sehr groß. Es genügt, eine Auswahl aus den praktisch brauchbaren Schaltungen zu bringen.

Fig. 19] Mit Fig. 19 greifen wir auf die Gruppe **MaM, D, MTb** zurück, von der bisher nur das in Fig. 9 gezeichnete Schema mit **Sb, Lb** gebracht ist; in Fig. 19 ist es auf **Sg, Lb** abgeändert. Zur Sicherung der Auswahl des Schienensystems sind die über den Glühlampen gezeichneten Umschalter bestimmt; zur Schaltung der Maschinen aufeinander dienen die rechts gezeichneten Umschalter, und zwar gehören die oberen beiden Schalthebel zu dem einen, dem inneren Schienensystem, die unteren zum anderen, dem äußeren. Wir denken uns die Kupplungsstangen am besten zunächst weg, dann können wir mit den oberen beiden Schalthebeln irgendeine Maschine auf jede Maschine synchronisieren, die an den inneren Sammelschienen liegt, und mit den unteren auf jede Maschine, die an den äußeren Sammelschienen angeschlossen ist; das kann auch, da die Kupplungsstangen nicht vorhanden sind, sogar gleichzeitig geschehen. Es ist aber möglich, daß man eine vergebliche Schaltung macht; das geschieht dann, wenn man z. B. mit den beiden oberen Hebeln zwei Maschinen aufeinander synchronisieren will, deren Umschalter an den äußeren Schienen liegen; es ist dann kein Synchronisierstromkreis gebildet, was uns zum ersten Male bei dem Schema von Tafel 4, Fig. 17 (s. S. 33, m) begegnet war. Um diesen immerhin störenden, wenn auch nicht gefährlichen Fehler unter allen Umständen zu vermeiden, sind jedesmal die übereinander gezeichneten Schalthebel miteinander gekuppelt. Durch die Kupplung wird allerdings die Schaltung insofern geändert, als man nun nicht mehr zwei Maschinen gleichzeitig zur Schaltung auf verschiedene Sammelschienensysteme synchronisieren kann, was praktisch im allgemeinen aber auch nicht verlangt wird.

Eine Umänderung des gezeichneten Schemas auf **Sg, Lg** ist sofort geschehen, wenn man die Lampen zwischen die Drehpunkte der Synchronisierumschalter bringt; die Auswahl ist dann auch noch signalisiert.

Eine Umänderung auf Hellschaltung würde mehr Umstände verursachen, da dann die gemeinsamen Umschalter doppelpolig genommen und dementsprechend die doppelte Zahl von Leitungen gezogen werden muß; auch die zur Auswahl des Schienensystems dienenden Synchronisierumschalter müssen dann doppelpolig werden.

Ähnliches gilt, wie aus Tafel 2, Fig. 5 geschlossen werden kann, wenn gemeinsame Maschinentransformatoren verwendet werden sollen.

Fig. 20 bis 22] Die nächsten drei Figuren beziehen sich auf die Gruppe **MaS**.

Fig. 20 stellt das Schema **MaS, D, STg, MTb, Sg, Lb** mit doppelten Schienentransformatoren dar, das in Tafel 2, Fig. 8 für das einfache Schienensystem gezeichnet war. Die Auswahl des Schienensystems wird durch Verdopplung der unteren Hilfsschiene mit entsprechenden Umschaltern, die mit den Hauptumschaltern natürlich zu kuppeln sind, gesichert. Eine Umänderung des Schemas auf **Lg** (Lampe bei *a*) ist wiederum ohne weiteres möglich, eben so leicht, im Gegensatz zum vorigen Falle, die Umänderung auf Hellschaltung, **H.**[1])

Dasselbe Symbol ist in Fig. 21 verwirklicht, mit dem Unterschiede jedoch, daß ein einfacher, umschaltbarer Schienentransformator aufgestellt ist. Fig. 21 unterscheidet sich also von Fig. 20 geradeso wie Fig. 17 von Fig. 15, und die Vereinfachung wird mit dem kleinen dort geschilderten Nachteil erkauft. Auch hier ist die Umänderung auf **Lg** und auf Hellschaltung, **H**, ohne weiteres leicht durchführbar.

Fig. 22 verwirklicht wiederum dasselbe Symbol; sie kann als eine weitere Ausbildung der vorangegangenen beiden Schaltungen in demselben Sinne aufgefaßt werden, wie Fig. 18 als eine Verbesserung von Fig. 15 und 17 (auch 16) angesehen werden konnte. Es ist nämlich auch die richtige Einschaltung des Schienentransformators gesichert.

Tafel 6]

Abschnitt III

Transformatorschaltungen

Transformatorschaltungen erfordern, obwohl sie zum großen Teil nur innere Schaltungen sind, doch eine Behandlung in diesem Buche, weil sie als Teile einer Anlage zwischen Generator und Verbrauchstelle den Charakter der Anlage wesentlich zu beeinflussen vermögen.

Die Schaltungen der Einphasentransformatoren sind so einfach, daß sie nicht besonders besprochen zu werden brauchen. Beim Parallelschalten von primär an dieselbe Wechselstromquelle angeschlossenen Transformatoren ist daran zu denken, daß auch die Phasenverschiebung von 180° möglich ist. Man hat sich also vor endgültiger Herstellung der Verbindungen zu vergewissern, daß die richtigen Klemmen miteinander verbunden werden.

A. Drehstromtransformierung

Fig. 1 bis 14] Bei Drehstromtransformatoren dagegen stehen wir vor einer großen Mannigfaltigkeit der Schaltungen, und wenn wir diese durchsprechen, haben wir uns immer die Frage vorzuhalten, welchen Bedingungen die Schaltung unterworfen werden muß, damit die verschiedenen Transformatoren sich primär und sekundär parallel schalten lassen. Als selbstverständlich ist dabei vorausgesetzt, daß die übrigen hierzu notwendigen Bedingungen erfüllt sind, wie gleiches Übersetzungsverhältnis, gleiche Kurzschlußspannung und gleicher Wirkspannungsverlust. Die allgemeine Antwort auf die Frage nach der Parallelschaltbarkeit ist die, daß die sekundären Klemmen, die miteinander verbunden werden sollen, in jedem Zeitpunkte gleiche Potentiale haben müssen, wenn bestimmte Primärklemmen paarweise gleiche Potentiale haben, d. h. wenn die Transformatoren primär an dieselbe Wechselstromquelle angeschlossen sind.

In ähnlicher Weise hatten wir bei den Generatoren dafür zu sorgen, daß parallel zu schaltende Klemmen gleiches Potential hatten. Während wir aber damals zu diesem Zwecke auch die Geschwindigkeit, also die Frequenz, ändern mußten, ist jetzt die Frequenz des zuzuschaltenden Teils immer die richtige, und es kann sich nur darum handeln, ob auch die Bedingung der Gleichphasigkeit erfüllt ist; hierfür ist die Anordnung der Wicklungen maßgebend. Praktisch wird man die Transformatoren auf Gleichphasigkeit gerade so untersuchen wie die Generatoren, nämlich durch Synchronisierlampen. Bei den Generatoren leuchteten diese Lampen periodisch auf, da der Phasenunterschied sich änderte; bei den Transformatoren dagegen ist der Phasenunterschied unveränderlich, und die zwischen die drei

---

[1]) Siehe auch DRP Nr. 223 373 der Siemens-Schuckert-Werke.

Klemmenpaare geschalteten Synchronisierlampen werden mit einer unveränderlichen Lichtstärke — die natürlich nicht bei allen drei Lampen gleich zu sein braucht — leuchten. Man hat nun die Verbindungen so lange zu ändern, bis alle drei Lampen nicht leuchten, oder alle drei Synchronisierspannungsmesser auf Null zeigen. Damit hat man die Klemmen gleichen Potentials herausgefunden. Bei diesem Ausprobieren kann es nun vorkommen, daß die Synchronisierlampen nie zum Verlöschen zu bringen sind, wie man auch die Klemmen miteinander verbinden mag; die Transformatoren sind dann überhaupt nicht parallelschaltbar. Wie dies möglich ist, wird uns eine Betrachtung der Transformatorschaltungen und der Vektordiagramme lehren.

Wir fassen für diese Betrachtung die folgenden Figuren gleichzeitig als Vektordiagramme auf, indem wir uns die Achsen der Wicklungen als Spannungsvektoren vorstellen. (Nach der üblichen Darstellungsweise der Transformatordiagramme stehen die Vektoren der primären und sekundären Spannungen gleichsinniger Wicklungen um 180^0 in der Phase voneinander ab; wir sehen dagegen bei den folgenden Betrachtungen solche Spannungen als gleichphasig an.) Denken wir uns im Mittelpunkte jeder Schaltung, sei es eine Stern- oder eine Dreieckschaltung, das Potential Null, so ist die Lage der Anschlußpunkte maßgebend für deren Potential; wir wollen die Punkte, als Punkte des Diagramms aufgefaßt, Potentialpunkte nennen. Um nun zwei Transformatoren auf ihre Parallelschaltbarkeit zu untersuchen, nehmen wir an, daß die in den Schaltungsskizzen, wie z. B. in Fig. 1 und Fig. 2, homolog liegenden Endpunkte der primären Wicklungen an dieselben Klemmen des Generators angeschlossen seien, d. h. stets dasselbe Potential haben. Es lassen sich dann immer solche Transformatoren auch sekundär parallel schalten, bei denen auch die sekundären Endpunkte der Wicklungen, also die sekundären Potentialpunkte, in den Figuren homolog liegen. Denkt man sich die Strahlen zwischen den Potentialpunkten und dem Nullpunkte des Diagramms gezogen, so stellen die Strahlen rotierende Sterne dar, die in einem durch den Drehsinn des Feldes festgelegten Sinne umlaufen, und der sekundäre Stern steht von dem primären um einen bestimmten, von der Wicklung des Transformators abhängigen Winkel (der auch Null sein kann), ab. Man kann nun die soeben festgestellte Bedingung auch so formulieren: Der Winkel, um den der sekundäre Stern gegen den primären im Sinne der Voreilung verschoben ist, muß bei zwei parallel zu schaltenden Transformatoren gleich sein. Dieser Winkel soll »Netzewinkel« heißen und genauer definiert sein als: der kleinste Winkel, um den der sekundäre Stern dem primären voreilt. Allgemein können wir sagen, daß diese Winkel zwischen 0^0 und 120^0 liegen müssen; der Winkel von 120^0 ist als identisch mit dem von 0^0 anzusehen, denn der um 120^0 gedrehte Strahl tritt an Stelle des vor der Drehung bei 0^0 dort gelegenen, diesen in jeder Hinsicht gleichwertig ersetzend, und der Zustand ist jetzt der, als ob gar keine Drehung stattgefunden hätte. Es ist hiermit eine hinreichende aber nicht notwendige Bedingung ausgesprochen. Denn beträgt der Winkel im einen Transformator a^0, im anderen 120^0-a^0, so kann man diese beiden Transformatoren doch parallel schalten, wenn man nämlich den Drehsinn des Drehfeldes im einen Transformator durch Vertauschung der Anschlüsse zweier primärer Klemmen ändert; der Netzewinkel von 120^0-a^0 wird dadurch zu einem solchen a^0 oder umgekehrt[1]).

Die folgenden Figuren sind so zu verstehen, daß der untere Teil jedesmal die primären, der obere die sekundären Wicklungen eines Drehstromtransformators darstellt; Zickzacklinien paralleler Lage bedeuten Wicklungen, die auf demselben Kern liegen. Statt eines Drehstromtransformators werden für große Einheiten bisweilen wohl auch drei Einphasentransformatoren verwendet, was den Vorteil bietet, daß man nur e i n e n Einphasentransformator in Reserve zu halten braucht, eine Ersparnis, die allerdings zum Teil dadurch aufgewogen wird, daß drei Einphasentransformatoren teurer sind als ein Drehstromtransformator. Wenn der Drehsinn des Feldes beachtet werden muß, möge ein für allemal der dem Uhrzeigersinn entgegengesetzte als der ursprüngliche Drehsinn angenommen werden. In den kleinen Nebenfiguren bedeuten die dicken Striche die sekundären Wicklungen in der Lage der primären, die dünnen die Verbindungen, durch die die sekundäre Schaltung der Hauptfigur hergestellt wird

[1]) Den Namen Netzewinkel führt G. Stern in seiner Studie über das »Parallelschalten von Transformatoren« (E. T. Z. 1907, S. 981) ein und stellt fest, daß sich nur Transformatoren mit gleichem Netzewinkel parallel schalten lassen. Er übersieht dabei, daß sich u. U. ungleiche Netzewinkel durch Umkehrung des Drehsinns des Drehfeldes gleich machen lassen. Berücksichtigt man diese Umkehrbarkeit, so behält der von Stern aufgestellte Satz seine Richtigkeit und der Netzewinkel seine Bedeutung, und man darf ihn nicht, wie K. Faye-Hansen es tut (E. T. Z. 1908, S. 1081), verwerfen.

Transformierung von Drehstrom in Drehstrom bei normaler Schaltung der Transformatoren

Fig. 1 und 2] Fig. 1 und 2 zeigen die einfachsten Transformatorschaltungen, nämlich Fig. 1 Sternschaltung und Fig. 2 Dreieckschaltung in normaler Schaltung, d. h. mit gleicher Schaltungsart primär und sekundär. Die theoretischen und praktischen Unterschiede der beiden Schaltungsarten sind bekannt: die Sternschaltung hat den Vorteil, ohne weiteres einen Nullpunkt darzubieten und, eine bestimmte Spannung vorausgesetzt, nur den $1/\sqrt{3}$-fachen Teil der bei Dreieckschaltung erforderlichen Windungen nötig zu haben; in demselben Verhältnis wird die auf die einzelnen Wicklungen fallende Spannung vermindert. Die Sternschaltung eignet sich also bei sehr hohen Spannungen besser als die Dreieckschaltung. Die letztere dagegen hat gegenüber der Sternschaltung den Vorteil, daß die Anlage auch beim Versagen einer Wicklung noch betriebsfähig bleibt, und daß, wenn statt eines Drehstromtransformators drei Einphasentransformatoren in entsprechender Verbindung genommen werden, einer der drei Transformatoren sogar während des Betriebes repariert werden kann.

Nach den oben gegebenen Erklärungen lassen sich Transformatoren nach Fig. 1 und Fig. 2 selbstverständlich untereinander parallel schalten; denn die Potentialpunkte, nämlich die Anschlußpunkte der Leitungen, liegen homolog; die Netzewinkel sind in beiden Transformatoren Null.

Fig. 3] Stellt man sich die Aufgabe, bei einem Transformator, der primär im Dreieck geschaltet ist, eine sekundäre Schaltung zu finden, die einen Nullpunkt hat und doch Parallelschaltung mit einem der beiden ersten Transformatoren gestattet, so kommt man zu einer Lösung, wie sie in Fig. 3 gezeichnet ist. Die sekundären Wicklungen sind, wie die Nebenfigur zeigt, in zwei Hälften geteilt, und je zwei von diesen Hälften, die auf verschiedenen Eisenkernen liegen, derart zu einer Wicklung verbunden, daß im Vektordiagramm der Spannungen jeder Strahl sich aus zwei um 60° voneinander abstehenden Komponenten zusammensetzt; dieses Diagramm wird, wie immer, durch die Achsen der Zickzacklinien der Hauptfigur dargestellt. Die Zahl der Windungen für einen Strang beträgt, wie sich leicht nachweisen läßt, $2/3$ von dem eines Stranges in Dreieckschaltung, so daß der der Sternschaltung nachgerühmte Vorteil auch hier, wenn auch in geringerem Grade, vorhanden ist. Man nennt diese Transformatorbewicklung »Zickzack-Wicklung« und den zustande gekommenen Stern »scheinbaren Stern«, insofern er ja dem Dreieck näher als einem Sterne verwandt ist.

Daß ein so geschalteter Transformator mit den beiden vorangegangenen parallel geschaltet werden kann, ist ohne weiteres daraus zu erkennen, daß die Potentialpunkte, die Endpunkte der sekundären Wicklungen, in allen drei Fällen homolog sind.

Anmerkung: Die gezeichnete Sekundärschaltung ist nicht die einzige, durch die sich die gewünschten Potentialpunkte erreichen lassen; es gibt vielmehr noch eine zweite, die sich von der gezeichneten dadurch unterscheidet, daß die zwei zu einem gebrochenen Strahl gehörigen halben Wicklungen miteinander vertauscht sind. Das gilt auch von den später, in Fig. 7, 10 und 13, behandelten ähnlichen sekundären Schaltungen.

Fig. 4] Bei Dreieckschaltung kann man unter Umständen auf einen der drei Kerne verzichten und kommt dann zu der bisweilen angewendeten »offenen Dreieckschaltung«, wie sie in Fig. 4 dargestellt ist, und zu der zwei Einphasentransformatoren verwendet werden. Auch dieser Transformator ist mit den vorigen offenbar parallel schaltbar.

Bei allen vier Transformatoren, Fig. 1 bis 4, ist der Netzewinkel 0°.

Fig. 5 bis 8] In den folgenden vier Figuren sind die Schaltungen der ersten vier wiederholt, mit dem Unterschiede jedoch, daß die drei sekundären Wicklungen im entgegengesetzten Sinne miteinander verbunden sind.

Offenbar lassen sich innerhalb dieser zweiten Gruppe, die sich als Gruppe mit normaler oder gleicher Schaltungsart, aber zu den Transformatoren der ersten Gruppe gegensinnigen Verbindungen charakterisieren läßt, die einzelnen Transformatoren untereinander parallel schalten, denn die Potentialpunkte liegen homolog; der Netzewinkel beträgt bei allen Transformatoren dieser Gruppe 60°[1]). Mit den Transformatoren der ersten Gruppe dagegen ist eine Parallelschaltung nicht möglich. Die nicht homologe Lage der Potentialpunkte oder die Ungleichheit der Netzewinkel ist an sich hierfür

---

[1]) Der Netzewinkel scheint bei allen Transformatoren dieser Gruppe 180° zu betragen, aber doch nur, weil die Klemmenbezeichnungen U, V, W und u, v, w so gewählt sind, daß auf denselben Schenkeln des Transformators liegende Wicklungen zu einer mit demselben Buchstaben bezeichneten Klemme führen. Bei der Festsetzung des Netzewinkels ist aber von der Klemmenbezeichnung vollständig abzusehen; wir erkennen dann, daß der irgendeinem Strahl des primären Sternes voreilend benachbarte Strahl des sekundären von diesem um 60° absteht.

noch nicht ausschlaggebend, denn wie wir oben gesehen haben, lassen sich ungleiche Netzewinkel unter Umständen gleich machen, nämlich dann, wenn sie sich zu 120⁰ ergänzen. Das ist aber hier, wo die Winkel 0⁰ und 60⁰ sind, nicht der Fall.

Transformierung von Drehstrom in Drehstrom bei gemischter Schaltung der Transformatoren

Fig. 9 bis 11] Im Gegensatze zu den bisher behandelten Transformatoren mit normaler Schaltung stehen die Transformatoren mit gemischter Schaltung oder verschiedener Schaltungsart, nämlich solche, bei denen primär in Stern, sekundär in Dreieck, oder umgekehrt primär in Dreieck, sekundär in Stern geschaltet ist. In Fig. 9 ist vom Stern auf das Dreieck, in Fig. 10 von Stern auf scheinbaren Stern, und in Fig. 11 von Dreieck auf Stern übersetzt. Wie dies geschehen ist, ist wiederum aus den Nebenfiguren zu ersehen. Der scheinbare Stern entspricht der Schaltung, die wir in dem sekundären Teile der Schaltung des Transformators von Fig. 3 kennen gelernt haben.

Auch die Transformatoren dieser Gruppe lassen sich miteinander parallel schalten, da die Potentialpunkte homolog liegen. Zieht man, wie es die Feststellung des Netzewinkels fordert, primär und sekundär vom vorhandenen oder gedachten Nullpunkte aus Strahlen zu den Potentialpunkten, so erkennt man, daß der Netzewinkel hier 30⁰ beträgt, denn es sollte Linksdrehung des Sternes angenommen und als Netzewinkel der Winkel bezeichnet werden, um den der sekundäre Stern dem primären voreilt. — Da der Netzewinkel dieser Gruppe weder gleich dem Netzewinkel einer der beiden vorangegangenen Gruppen ist, noch sich mit einem dieser Winkel zu 120⁰ ergänzt, so sind die Transformatoren dieser Gruppe mit denen der vorangegangenen nicht parallelschaltbar.

Fig. 12 bis 14] Die folgenden drei Transformatorschaltungen sind aus den vorangegangenen wiederum durch Vertauschung der Verbindungen entstanden; sie sind also ebenfalls von gemischter Schaltung, aber gegensinnig zu den Transformatoren der vorigen Gruppe. Daß die drei Transformatoren untereinander parallelschaltbar sind, geht aus der Lage der Potentialpunkte hervor. Der Netzewinkel beträgt 90⁰, eine Parallelschaltung mit den Transformatoren der beiden ersten Gruppen ist also nicht möglich, wohl aber mit den Transformatoren der dritten Gruppe, denn die Netzewinkel dieser beiden Gruppen ergänzen sich zu 120⁰. Es ist dann, wie oben auseinandergesetzt, nötig, daß bei dem einen Transformator zwei primäre Anschlüsse vertauscht werden, so daß der Drehsinn des Drehfeldes umgekehrt wird.

Vertauschen wir z. B. die zu den Punkten U und W führenden Leitungen des Transformators von Fig. 12 miteinander, so haben wir dadurch gleichsam das ganze Diagramm um die senkrechte Mittelachse gedreht, und wir haben sein Spiegelbild zu betrachten, wenn wir den Transformator auf seine Parallelschaltbarkeit mit einem der drei vorhergezeichneten (Fig. 9 bis 11) untersuchen wollen. Die Parallelschaltung ist jetzt offenbar möglich, denn die sekundären Potentialpunkte decken sich. Allerdings ist zu beachten, daß die homolog liegenden Potentialpunkte nicht mehr die gleichen Benennungen tragen; eine Verbindung gleichbenannter Sekundärklemmen ist also nicht zulässig, es sind vielmehr die Anschlüsse zu den Klemmen u und w beim zuzuschaltenden Transformator miteinander zu vertauschen. Würde man primär die Anschlüsse zu den Klemmen U und V miteinander vertauscht haben, so würden sekundär die Anschlüsse zu den Klemmen u und v vertauscht werden müssen. ·

Es ergibt sich also als offenbar allgemein gültige Regel: Soll ein Transformator der letzten Gruppe (Fig. 12 bis 14) mit einem der vorletzten (Fig. 9 bis 11) parallel geschaltet werden, so sind bei einem der beiden Transformatoren sowohl primär als sekundär zwei Anschlüsse zu den Klemmen miteinander zu vertauschen. Hierbei ist es nicht gleichgültig, welche Anschlüsse sekundär vertauscht werden, wenn eine bestimmte Vertauschung primär vorgenommen ist, vielmehr sind den primären Klemmen bestimmte sekundäre zugeordnet. In den Figuren ist die Bezeichnung so gewählt, daß die Zuordnung durch gleiche Buchstaben aus dem großen und kleinen Alphabet ausgedrückt ist.

Allgemeines über die Parallelschaltbarkeit der Transformatoren und über die Transformatoren als Teile einer Anlage

Die Betrachtungen haben ergeben, daß die Drehstromtransformatoren nach ihren Schaltungen in vier Gruppen zu ordnen sind. Die vier Transformatoren der ersten Gruppe, Fig. 1 bis 4, zeigen die einfachste Schaltungsart, die als »normale Schaltung« charakterisiert ist durch den Netzewinkel 0⁰ und die völlig gleichartige Zeichnung der sekundären und primären Wicklungen; nur der Transformator von Fig. 3 macht insofern eine Ausnahme, als die sekundäre Wicklung von der primären abweicht, der Transformator ist aber doch in die Gruppe einzubeziehen, da der Netzewinkel derselbe ist. Die zweite Gruppe, Fig. 5 bis 8, zeigt ebenfalls normale Schaltung, aber die sekundären Wicklungen sind, verglichen mit denen der Gruppe 1, im entgegengesetzten Sinne, »gegensinnig«, miteinander verbunden, wie es die Nebenfiguren zeigen. Der Netzewinkel ist 60°. Die dritte Gruppe, Fig. 9 bis 11, hat gemischte Schaltung; der Netzewinkel ist 30°. Die vierte Gruppe endlich, Fig. 12 bis 14, ist aus der dritten gerade so entstanden, wie die zweite aus der ersten, nämlich durch Vertauschung der sekundären Wicklungsverbindungen; wir haben es also auch mit gemischter Schaltung zu tun. Der Netzewinkel beträgt 90°.

Transformatoren, die zu einer Gruppe gehören, lassen sich ohne weiteres parallel schalten; die der dritten Gruppe lassen sich auch mit denen der vierten parallel schalten, wenn bei einem der beiden Transformatoren primär und sekundär die Anschlüsse zu zwei gleichbenannten Klemmen miteinander vertauscht werden, wie es oben genauer beschrieben ist.

Der Verband Deutscher Elektrotechniker[1]) unterschied früher nur drei Gruppen, nämlich Fig. 1 bis 3 als Gruppe a, Fig. 5 bis 7 als Gruppe b und Fig. 12 bis 14 als Gruppe c. In den neuesten, im Jahre 1922 beschlossenen »Regeln für die Bewertung und Prüfung von Transformatoren«[2]) sind unserer, schon in der ersten Auflage vom Jahre 1911 getroffenen Einteilung gemäß 4 Gruppen unterschieden, und zwar Fig. 1 bis 3 als Gruppe A, Fig. 5 bis 7 als Gruppe B, Fig. 9 bis 11 als Gruppe C und Fig. 12 bis 14 als Gruppe D[3]). Die Transformatoranordnungen von Fig. 4 und 8 sind in den Regeln, als von nebensächlicher Bedeutung nicht aufgeführt.

Beim ersten Anschließen eines Transformators darf man sich im Hinblick auf die schweren Folgen eines falschen Anschlusses nicht auf die Gruppen- und Klemmenbezeichnung verlassen, sondern muß — durch Einschaltung von Synchronisierlampen, wie es oben, S. 37/38 beschrieben ist — ausprobieren, welche Klemmen dabei primär und sekundär verbunden werden müssen.

Die Frage, welche Gruppe etwa den Vorzug verdient, läßt sich nicht allgemein beantworten; immerhin kann man der Gruppe A einen Vorzug zuerkennen, der darin liegt, daß der Netzewinkel 0° ist, und der praktisch darin zum Ausdruck kommt, daß auch bei mehrmaliger Transformierung der Netzewinkel sich nicht ändert, so daß z. B. zwei Sekundärnetze zusammengeschlossen werden können, von denen das eine durch einmalige, das andere durch zweimalige Transformierung mit der Zentrale zusammenhängt. Werden Transformatoren mit einem von Null verschiedenen Netzewinkel verwendet, so werden zwei solche Netze niemals gleiche Phase haben. In der Gruppe A wird im allgemeinen die Stern-Stern-Schaltung nach Fig. 1 bevorzugt. Alle anderen Gruppen zugunsten der Gruppe A etwa verwerfen zu wollen, geht nicht an; denn es kann durch die Anlage geboten sein, aus der Sternschaltung in die Dreieckschaltung überzugehen, und umgekehrt. Man ist also dann auf Transformatoren mit gemischter Schaltung angewiesen, obwohl sie den anderen in mancher Beziehung nicht gleichwertig sind[4]). (Siehe hierzu S. 45,m).

Anmerkung 1: Nachdem sich herausgestellt hat, daß man durch Vertauschung zweier primärer Anschlüsse an einem Transformator einer der beiden letzten Gruppen die sekundären Potentialpunkte dieses Transformators mit denen der andern Gruppe zur Deckung bringen kann, scheint es überflüssig zu sein, beide Gruppen zu zeichnen und als verschieden anzusehen. Aber doch besteht ein wesentlicher Unterschied zwischen beiden Gruppen: als theoretischer Unterschied hat er sich schon oben zu erkennen gegeben (die vierte Gruppe ist aus der dritten entstanden wie die zweite aus der ersten). Praktisch wird er deutlich, wenn man die Transformatoren mehr der Ausführung entsprechend etwa mit drei nebeneinander gestellten Eisenkernen zeichnet — auch die kleinen Nebenfiguren lassen den Unterschied schon erkennen —, wie es in den Normalien des Verbandes Deutscher Elektrotechniker geschehen ist, noch deutlicher vielleicht, wenn man sich die ausgeführten Transformatoren vorstellt: diese Vorstellung ergibt, daß ein Transformator einer der beiden letzten Gruppen in einen Transformator der andern Gruppe dadurch verwandelt wird, daß man die Klemmenbezeichnung verändert, und zwar so, daß der zyklische Sinn der Klemmenfolge entgegengesetzt wird.

Betrachten wir nunmehr die Transformatoren als Teile einer Anlage, so finden wir sie entweder am Orte der Erzeugung oder am Orte des Verbrauchs oder in der Leitung.

Am Orte der Erzeugung können sie dazu dienen, um Spannungen zu liefern, für welche Generatoren nicht mehr gebaut werden, also Spannungen über etwa 10000 Volt, oder dazu, die Spannung

---

[1]) Siehe E. T. Z. 1909, S. 506.

[2]) Siehe E. T. Z. 1922, S. 666 und 1443.

[3]) Der Netzewinkel scheint bei der Gruppe C des V. D. E. 90°, bei der Gruppe D 30° zu sein. Man muß aber beachten, daß die Buchstabenfolge vom V. D. E. rechtsdrehend gewählt ist, sodaß man auch das Drehfeld rechtsdrehend, also entgegengesetzt unserem Drehfeld annehmen muß.

[4]) Vgl. hierzu auch W. T. Ryan, Star and delta transformer interconnections. El. World 1908, Bd. 52, S. 1225.

von älteren Generatoren auf die höhere der neueren zu erhöhen. In bezug auf die Schaltung lassen sich allgemein folgende Fälle unterscheiden: 1. Jeder Generator arbeitet mit einem Transformator auf eine besondere Fernleitung oder ein besonderes Leitungsnetz; die selbständigen Anlagen sind also nur durch die gemeinsame Zentrale miteinander vereinigt. Über die Transformatoren ist in diesem Falle nichts Besonderes zu bemerken. 2. An einen Generator oder an die Sammelschienen mehrerer parallel geschalteter Generatoren sind mehrere Transformatoren angeschlossen, die sekundär auf getrennte Leitungsnetze arbeiten. Die Transformatoren haben hier die Wirkung, als ob sie ein Teil der Leitung wären und deren Wirk- und Blindspannungsabfall und Leistungsverlust erhöhten. 3. An jeden Generator ist ein Transformator angeschlossen, und eine Parallelschaltung findet erst an den sekundären Klemmen der Transformatoren statt. Hierbei erscheint der Transformator als ein Teil des Generators. Durch diese, der Firma Siemens & Halske patentierte Schaltung[1]) läßt sich die Schaltanlage etwas vereinfachen. 4. Es sind sowohl primäre als sekundäre Schienen vorhanden, und zwischen ihnen liegen die Transformatoren. Diese viel angewendete Schaltung war gemeint, wenn bei der Betrachtung der Figuren von Parallelschaltung der Transformatoren gesprochen war. Die Parallelschaltung darf, wie schon oben, S. 37,u, erwähnt, nur vorgenommen werden, wenn die Transformatoren gleiches Übersetzungsverhältnis, gleiche Kurzschlußspannung und gleichen Wirkspannungsabfall haben. Die Kurzschlußspannung ist gleichbedeutend mit dem Gesamtspannungsabfall bei normaler Belastung. Transformatoren werden durch die Parallelschaltung offenbar gezwungen, gleichen Gesamtspannungsabfall zu haben; der Strom wird also in einem Transformator um so größer sein, je kleiner der gesamte Scheinwiderstand ist. Es ist somit klar, daß diese Scheinwiderstände in einem bestimmten Verhältnis zur Leistung der Transformatoren stehen müssen, d. h. zu der Leistung, für die die Transformatoren gebaut sind. Dieses Verhältnis ist durch die Forderung bestimmt, daß der Gesamtspannungsabfall in allen Transformatoren bei normaler Belastung gleich ist. Damit diese Gleichheit auch bei beliebigen Belastungen vorhanden sei, und die Leistungsverluste gleich seien, müssen sowohl die Blindkomponenten als auch die Wirkkomponenten des Gesamtspannungsverlustes für sich bei allen Transformatoren einander gleich sein; und diese Bedingung ist durch die Forderung gleichen Wirkspannungsabfalles bei gleicher Kurzschlußspannung ausgedrückt. Sind die Bedingungen nicht erfüllt, so kann man eine der Größe der Transformatoren entsprechende Belastungsverteilung im allgemeinen nur durch gleichzeitiges Vorschalten von reinem Widerstand und Selbstinduktion erreichen. Praktisch sucht man natürlich, um den Leistungsverlust nicht zu vergrößern, so gut wie möglich mit der Vorschaltung von Selbstinduktion auszukommen.

Am Orte des Verbrauchs können die Transformatoren geradeso geschaltet sein wie am Orte der Erzeugung, mit dem Unterschiede, daß der dort gedachte erste Fall elektrisch vollständig getrennter Anlagen jetzt nicht wohl gut angenommen werden kann.

Im Leitungsnetze selbst kommen Transformatoren erstens vor, wenn die Anlage ein primäres und ein sekundäres Netz hat; die Transformatoren sind dann primär und sekundär parallel geschaltet. Zweitens sind Transformatoren innerhalb des Netzes anzuwenden, wenn zwei Netze zur gegenseitigen Unterstützung einander gekuppelt werden sollen und eine Verschiedenheit der Spannung oder des Stromsystems, Drehstrom und Zweiphasenstrom, eine unmittelbare Verbindung verbietet.

Die grundsätzlichen Verschiedenheiten der hiermit aufgezählten Schaltungsarten sind so klar zu übersehen, daß sie einer Erläuterung durch Figuren nicht bedurften. In der praktischen Ausführung werden alle Einzelheiten, Anordnung der Schalter, der Meßinstrumente usw., von Bedeutung; das wird im zweiten Teil dieses Bandes an einigen Beispielen gezeigt werden.

Transformierung von Drehstrom in Sechsphasen- und Zwölfphasenstrom

Fig. 15 bis 20] Zum Betriebe von Umformern ist wegen des größeren Wirkungsgrades Strom von höherer Phasenzahl dem Dreiphasenstrom vorzuziehen. Der Umstand, daß der Sechsphasenstrom aus dem Drehstrom durch einen ruhenden Transformator gewonnen werden kann, erleichtert die Anwendung des Sechsphasenstromes hierzu sehr. Die Transformierung kann auf verschiedene Weise vorgenommen werden; die Schaltungen hierfür sind in Fig. 15 bis 20 dargestellt.

Fig. 15] Die Wicklungen sind in der Schaltung von Fig. 15 primär im Stern geschaltet, ebenso sekundär; sekundär sind jedoch auf jedem Kern zwei Wicklungen vorhanden, von denen drei nach Fig. 1,

---

[1]) D. R. P. 151650.

die drei anderen nach Fig. 5 miteinander verbunden sind. Beide Sterne zusammen liefern also Sechsphasenstrom.

Fig. 16] In der Schaltung von Fig. 16 sind die Windungen auf jedem Kern zu e i n e r Wicklung zusammengefaßt; diese Wicklungen sind vollständig selbständig, und ihre beiden Enden sind zu Klemmen geführt, von denen der Sechsphasenstrom abgenommen wird.

In Fig. 15 werden die Sternpunkte der beiden sekundären Wicklungen, in Fig. 16 die Mittelpunkte der drei Wicklungen im allgemeinen gleiches Potential haben; eine Ungleichheit der Potentiale ließe auf Störungen in der Anlage schließen. Man kann diese Punkte daher auch miteinander verbinden, wie es in der Nebenfigur von Fig. 16 durch gestrichelte Linien angedeutet ist, und erhält so eine praktisch häufig verwendete Schaltung.

Fig. 17] Die folgende Schaltung zeigt primär ein Dreieck, sekundär ein doppeltes Dreieck, das aus Vereinigung der beiden Schaltungen von Fig. 2 und Fig. 6 entstanden ist, wie aus der Nebenfigur hervorgeht.

Fig. 18 bis 20] Die drei nächsten Abbildungen zeigen gemischte Schaltungen; die sekundären Schaltungen sind in Fig. 18 durch Vereinigung von Fig. 9 und Fig. 12, in Fig. 19 in gleicher Weise aus Fig. 11 und 14 entstanden. In Fig. 20 endlich sind die sekundären Wicklungen wieder selbständig behandelt, wie es schon in Fig. 16 geschehen war.

Von Fig. 19 und 20 gilt dasselbe, was von Fig. 15 und 16 ausgesagt war, daß nämlich die Sternpunkte, oder auch die Mittelpunkte der Wicklungen als Punkte gleichen Potentials verbunden werden können (was in der Nebenfigur von Fig. 20 angedeutet ist), wodurch sich eine weitere, auch oft benutzte Schaltung ergibt.

Allgemeines: Beim Vergleich der Schaltungen von Fig. 15 bis 20 untereinander erkennt man zunächst für Fig. 17 den für Transformatoren mit Dreieckschaltung auf der primären und sekundären Seite schon oben (siehe S. 39,0, Text zu Fig. 1 und 2) festgestellten Vorteil der größeren Betriebssicherheit. Die vier Schaltungen von Fig. 15 und 16 und die von Fig. 19 und 20 tragen sekundär den Charakter der Sternschaltung; die Zahl der Windungen ist also geringer, außerdem läßt sich ein Mittelpunkt der Schaltung erden. Die Schaltungen von Fig. 16 und 20, ohne die Verbindung der Mittelpunkte der Sekundärwicklungen, haben den Nachteil, daß man keinen einfachen Drehstrom entnehmen kann, was doch für kleinere Motoren, z. B. den Anwurfmotor eines Umformers, Ventilations- oder Pumpenmotoren u. dgl., oft wünschenswert ist. Bei der Spannungsmessung ist man auf zwei diametral gegenüberliegende Punkte des Systems angewiesen; eine andere Leitungsspannung läßt sich nicht messen, weder die des einfachen Drehstroms noch die des Sechsphasenstroms.

Über die Anwendung der Sechsphasentransformatoren für Umformer wird weiter unten, im Texte zu Tafel 9, noch einiges zu sagen sein.

Fig. 21] Es kommt gelegentlich vor, daß man, um den Vorteil des Mehrphasenstroms in noch höherem Grade auszunutzen, Zwölfphasenstrom verwendet, der die nächste Stufe nach dem Sechsphasenstrom darstellt, wenn man die Umformung aus Drehstrom in ruhenden Transformatoren vornehmen will. Die Transformatorschaltungen für diese Umformung sind immerhin recht umständlich, und der Zwölfphasenstrom wird deshalb selten angewendet. Der Vollständigkeit wegen schien es aber wünschenswert, die möglichen Schaltungen wenigstens in einer gedrängten Zusammenstellung anzudeuten. Das ist in Fig. 21 geschehen.

In der ersten Spalte der tabellarisch zusamengestellten Skizzen ist ein Transformator angenommen, dessen primäre Wicklungen im Dreieck verbunden sind; sekundär trägt er auf jedem Kern drei Wicklungen, die in der Weise zusammengeschaltet sind, daß einerseits, nach Fig. 2 und 6 oder Fig. 17, zwei gegensinnige Dreiecke, und nach Fig. 11 und 14 oder Fig. 19 (und 20) zwei gegensinnige Sterne entstanden sind. Die sekundären Schaltungen liefern also gegen die primäre alle Netzewinkel, die überhaupt vorkommen können, nämlich 0^0, 30^0, 60^0 und 90^0.

In der zweiten Spalte ist primär Sternschaltung angenommen, während die neun sekundären Wicklungen zu zwei gegensinnigen Dreiecken nach Fig. 9 und 12 oder Fig. 18 und zu zwei gegensinnigen Sternen nach Fig. 1 und 5 oder Fig. 15 (und 16) zusammengeschlossen sind.

Eine weitere Möglichkeit der Transformierung von Dreiphasenstrom in Zwölfphasenstrom gewährt die Aufstellung von z w e i Drehstromtransformatoren. Die beiden in der zweiten Hälfte der untersten Zeile der Tabelle skizzierten primären Wicklungen der beiden Transformatoren gelten sowohl für die in der dritten als auch für die in der vierten Spalte skizzierten sekundären Wicklungen. Die dritte Spalte zeigt oben das doppelte Dreieck, das aus dem Transformator mit primärer Dreieckschaltung (vgl. Fig. 2 und 6) gewonnen ist, unten ein zweites Doppeldreieck, das von dem zweiten, primär in Stern geschalteten Transformator in gemischter Schaltung (vgl. Fig. 9 und 12) gewonnen ist. Es sind also durch sekundär reine Dreieckschaltung der beiden Transformatoren wieder alle Netzewinkel gewonnen.

Die vierte Spalte der Tabelle zeigt dagegen die sekundären Wicklungen der beiden Transformatoren im reinen Charakter der Sternschaltung. Der obere Doppelstern stammt von dem Transformator mit primärer Dreieckschaltung, nach Fig. 11 und 14, der untere Doppelstern von dem Transformator mit primärer Sternschaltung, nach Fig. 1 und 5.

In allen Fällen kann man natürlich immer einen Drehstromtransformator durch drei Einphasentransformatoren ersetzen.

B. Transformierung in Mehrleitersysteme

Transformierung vom Zweileiter- in das Dreileitersystem bei Einphasenstrom

Fig. 22] Der Transformator bietet die Möglichkeit, im Zweileitersystem übertragene Energie im Dreileitersystem zu verteilen, um die Vorteile dieses Systems, nämlich den Vorteil der Spannungsverdopplung für die Übertragung und den, daß man ohne weiteres zwei Spannungen (für Lampen und Motoren) zur Verfügung hat, zu erreichen. Die einfachste Schaltung hierzu, die in Fig. 22, ohne die gestrichelte Linie angesehen, dargestellt ist, ist sehr unzulänglich, weil die richtige Spannungsteilung nicht von selbst aufrechterhalten wird, und praktisch deshalb nicht anwendbar. Wird nämlich die Belastung in der einen Hälfte vergrößert, wobei bekanntlich der Strom in der zugehörigen primären Wicklung im gleichen Verhältnis wachsen muß, so muß der Strom natürlich auch in der primären Wicklung der anderen Hälfte zunehmen; dieser Zunahme entspricht aber keine sekundäre Stromzunahme, und die zweite primäre Spule wirkt deshalb als eine vor die erste vorgeschaltete Drosselspule. Die Folge ist, daß die Gesamtspannung sich primär, also auch sekundär ungleichmäßig teilt: die Spannung in der mehr belasteten Hälfte wird kleiner, die in der weniger belasteten größer.

Wäre auch primär ein Mittelleiter gezogen, wie es in der Figur gestrichelt angegeben ist, so wäre dem Nachteil natürlich begegnet, aber es wäre auch der erstrebte Vorteil der Leitungsersparnis verloren gegangen, abgesehen davon, daß der Mittelpunkt der Generatorwicklung nicht immer zugänglich ist.

Fig. 23] Ein einfaches Mittel, die Spannungsteilung zu verbessern, stellen die in Fig. 23 hinzugefügten, zu einem Stromkreise verbundenen Bewicklungen der Eisenkerne dar. In diesen werden von beiden Seiten elektromotorische Kräfte induziert, die größere natürlich von der minderbelasteten Seite, denn an deren Primärspule herrscht, wie wir vorhin gesehen haben, die größere Spannung. In dem Hilfsstromkreise wird also ein Ausgleichstrom entstehen, der dieselbe Richtung hat wie der Sekundärstrom der geringer belasteten Netzhälfte; er wird somit für deren Transformator den Charakter einer zusätzlichen Belastung haben. In der mehr belasteten Hälfte dagegen fließt der Strom in umgekehrter Richtung, stellt also eine Entlastung dar. Vollkommen kann die ausgleichende Wirkung natürlich nicht sein, denn es ist, wie die Beschreibung zeigt, für das Zustandekommen der Ausgleichwirkung das Vorhandensein eines Spannungsunterschiedes immer noch Voraussetzung.

Fig. 24] Einen besseren Spannungsausgleich ermöglicht die Schaltung von Fig. 24; nach dieser wird jede Hälfte des Dreileitersystems von zwei sekundären Wicklungen gespeist, von denen die eine auf dem einen, die andere auf dem anderen Transformatorkern liegt. Bei einer Belastungsverschiedenheit werden also auch beide primären Bewicklungen in völlig gleicher Weise in Anspruch genommen, und die Spannung wird immer genau halbiert.

Fig. 25] In noch einfacherer Weise geschieht dies in der Schaltung von Fig. 25, in der die primären Spulen parallel geschaltet sind. Hierbei bleiben sich die primären Spannungen stets genau gleich, also werden auch die sekundären — Spannungsverluste abgerechnet — unter allen Umständen einander gleich sein. Die Schaltung wurde von M. v. Dolivo-Dobrowolsky zuerst angegeben[1]).

Transformierung vom Dreileiter- in das Vierleitersystem bei Drehstrom

Fig. 26 bis 29] Die folgenden vier Figuren geben Schaltungen für Drehstrom, die den vorangegangenen vier für Einphasenstrom genau entsprechen. Das System der Sternschaltung mit Mittel-

---

[1]) Siehe E. T. Z. 1901, S. 265.

leiter ist dem Dreileitersystem insofern vergleichbar, als man durch die Spannungserhöhung zwei Spannungen, für Lampen und Motoren, für diese dann dreiphasig, zur Verfügung hat. Gegenüber der Dreieckschaltung wird die Leitungsspannung auf das $\sqrt{3}$-fache erhöht; da allgemein der Querschnitt der Leitungen bei Übertragung einer bestimmten Leistung auf eine bestimmte Entfernung unter demselben Leistungsverlust mit dem Quadrate der Spannung abnimmt, wird also der Querschnitt der Drehstromleitung bei Sternschaltung der Verbraucher den dritten Teil so stark als bei Dreieckschaltung[1]).

Fig. 26] Den Mittelleiter nur auf der sekundären Seite der Transformatoren zu verlegen, wie es in Fig. 26 zunächst (ohne den gestrichelten Mittelleiter auf der Primärseite) angenommen ist, geht aus denselben Gründen wie in Fig. 22 nicht an: dem mehr belasteten Zweige sind auf der primären Seite die beiden anderen Zweige gleichsam als Drosselspulen vorgeschaltet, so daß in diesen die Spannung erhöht, in dem ersteren die Spannung vermindert wird.

Fig. 27] Eine Verbesserung der Spannungsteilung wird wiederum, wie es in Fig. 23 schon geschehen war, durch eine Ausgleichwicklung erreicht. In allen drei Teilen dieser Wicklung werden elektromotorische Kräfte induziert; in den mit den schwachbelasteten Zweigen auf demselben Kern sitzenden natürlich größere, so daß von diesen Energie auf den stärker belasteten Zweig übertragen wird.

Fig. 28] Die folgende Schaltung entspricht der in Fig. 24 gezeichneten; sie kommt dieser aber an Wirkung nicht vollständig gleich, weil zur Speisung jedes Drittels nicht alle drei primären Wicklungen herangezogen werden, weil also die sekundären Wicklungen nicht aus drei Dritteln (auf jedem Kerne einem) zusammengesetzt sind, — das ist nicht üblich —. Bei der gezeichneten Transformatorschaltung, bei der jedes Drittel des Systems von zwei primären Wicklungen gespeist wird, und die wir schon in Fig. 10 und 13 kennen gelernt haben, ist die Spannungsteilung immerhin schon so weit verbessert, daß derartige Transformatoren praktisch gut verwendbar sind, wenn die Belastungsunterschiede sich in mäßigen Grenzen halten.

Fig. 29] Eine vollkommen gute Spannungsteilung erhält man, wenn man nach Dobrowolskys Vorschlage primär im Dreieck schaltet, also eine Transformatorschaltung anwendet, wie wir sie in Fig. 11 und 14 schon kennen gelernt haben. Die Schaltung entspricht dann der in Fig. 25 für das Einphasensystem gezeichneten.[2])

Anwendung von Spannungsteilern

Fig. 30] Gegenüber den vorigen Schaltungen wird eine weitere Ersparnis an Kupfer durch Schaltungen ermöglicht, von denen die für Einphasenstrom bestimmte in Fig. 30 dargestellt ist. Der Mittelleiter wird hierbei nicht zum Transformator zurückgeführt, sondern nur bis zu einer Drosselspule; es kann also auch das Niederspannungsnetz noch ohne Mittelleiter ausgeführt werden. Bestünde nun aber die Spule aus zwei elektrisch und magnetisch selbständigen Hälften, so würde die Spannungsteilung allerdings sehr unvollkommen sein; denn es würde z. B. bei starker Belastung der einen Hälfte und vielleicht gar keiner Belastung der anderen die in diese letztere geschaltete Hälfte der Drosselspule den starken Belastungsstrom der ersteren aufzunehmen haben, an ihren Klemmen würde ein sehr hoher Teil der Gesamtspannung vorhanden sein, während die belastete Hälfte eine sehr geringe Spannung aufweisen würde. Wickelt man dagegen die Drosselspule so, daß die beiden Hälften möglichst eng beisammen auf demselben Kern liegen und dieselbe Wicklungsrichtung haben, so sind beide Spulen stets von demselben Kraftfluß durchsetzt, ihre elektromotorischen Kräfte sind also völlig, ihre Klemmenspannungen jedenfalls annähernd gleich. Beide Hälften der Spulen liefern zusammen den Mittelleiterstrom, indem die eine, die der minder belasteten Systemhälfte, als primäre, die andere als sekundäre Spule eines Transformators wirkt. In ähnlicher Weise haben wir bei den Ausgleichmaschinen, in Band I, Tafel 8 und S. 62ff., gesehen, daß der an der mehr belasteten Hälfte des Systems liegende Anker als Generator, der andere als Motor wirkte.

Fig. 31] Beim Drehstrom läßt sich der Spannungsausgleich nicht in derselben einfachen Weise erreichen. Fig. 31a stellt deshalb keine befriedigende Lösung dar; erst die in Fig. 31b gezeichnete

---

[1]) Sollen in den beiderlei Anlagen die Spannungsschwankungen dieselben sein, so darf der Querschnitt nicht auf den dritten Teil vermindert werden. Genaueres hierüber siehe die Aufsätze des Verfassers: »Elastische Drehstromleitungen«, E. T. Z. 1902, S. 1, »Vier Grundgrößen der Leitungsberechnung«, E. T. Z. 1916, S. 397 ff., und »Die Berechnung der Leitungen auf der Grundlage der vier Grundgrößen«, E. T. Z. 1921, S. 780 ff.

[2]) Über die Verwendung der Drehstromtransformatoren in ihren verschiedenen Schaltungen siehe auch E. T. Z. 1922, S. 667 (§ 8) und »Vorschriftbuch des V. D. E«, 12. Aufl, (1925), S. 182.

Drosselspule besonderer Schaltung sichert die richtige Spannungsteilung. Die Schaltung ist uns nicht neu, wir haben sie vielmehr als sekundäre Schaltung eines Drehstromtransformators schon in Fig. 3, 7, 10, 13 und 28 kennen gelernt, und als Drosselspule zur Spannungsteilung war sie in Band I auf Tafel 11 in Fig. 2b schon gezeichnet worden. Wie man aus der Figur und aus der zu Fig. 30 gegebenen Erklärung ersieht, müssen die bei Belastungsverschiedenheiten ungleichen Ströme in den auf den einzelnen Kernen angebrachten Wicklungshälften stets so aufeinander einwirken, daß die Spannungen in allen drei Systemdritteln gleich bleiben. Natürlich ist wiederum vorausgesetzt, daß die auf demselben Kern sitzenden Wicklungshälften eng aufeinander liegen.

C. Spartransformatoren

Fig. 32] Bei Betrachtung des in Fig. 30 gezeichneten Spannungsteilers hatten wir gesehen, daß in den beiden eng übereinander gelagerten Wicklungshälften stets dieselben elektromotorischen Kräfte vorhanden, die Spannung also, abgesehen von den Spannungsverlusten, stets genau halbiert war. Ist die Spule durch den dritten Anschluß so geteilt, daß auf den einen Teil z_1, auf den anderen Teil z_2 Windungen fallen, so richtet sich die Teilung der Spannung natürlich nach diesem Windungsverhältnis und bleibt ebenfalls, wiederum abgesehen von den Spannungsverlusten, stets dieselbe, wie auch die Belastungen der beiden durch die drei Anschlüsse hergestellten Teile sein mögen. Wird an den einen Teil keine Belastung angeschlossen, wobei dann die Außenleitung dieses Teils überflüssig wird, so kann die Induktionsspule nur noch den Zweck haben, die Spannung von einem höheren auf einen niederen Wert herabzusetzen oder umgekehrt, also die Aufgabe eines Transformators zu erfüllen. Das Übersetzungsverhältnis ist bei einem solchen Transformator

$$n = \frac{z_1 + z_2}{z_2},$$

wenn die Niederspannungsleitungen an die Klemmen der Spule z_2 angeschlossen sind. Dieser Transformator setzt die Spannung tatsächlich ebenso gut um wie ein Transformator gewöhnlicher Art, der auf der Hochspannungsseite $z_1 + z_2$, auf der Niederspannungsseite z_2 Windungen trägt, ja er erfüllt die Aufgabe sogar insofern besser, als er bei gleichem Gewicht mehr leistet. Das liegt daran, daß — wir wollen den an z_2 angeschlossenen Stromkreis als den sekundären ansehen — der Strom, der durch z_1 fließt, nicht nur auf z_2 induzierend einwirkt und hierdurch diese Spule nötigt, Leistung abzugeben, sondern auch selbst noch zur Verbrauchsstelle fließt und in seiner ganzen Größe zur Deckung des Konsums beiträgt. Ist die sekundäre Leistung N_2, so braucht der Transformator nur für eine Leistung $N_2' < N_2$ bemessen zu sein, wobei, wie sich leicht nachweisen läßt,

$$\frac{N_2'}{N_2} = \frac{z_1}{z_1 + z_2} = \frac{n - 1}{n}.$$

Ein gewöhnlicher Transformator müßte für die Leistung N_2 bemessen, also größer sein; man nennt deshalb die Transformatoren im Gegensatz zu den gewöhnlichen Transformatoren mit getrennten primären und sekundären Wicklungen Spartransformatoren. Aus der Formel ergibt sich, daß umgekehrt von zwei Transformatoren gleichen Gewichtes der Spartransformator eine im Verhältnis $n : (n - 1)$ größere Leistung hat als der gewöhnliche. Die Formel lehrt aber außerdem, daß der Vorteil des Spartransformators mehr und mehr verschwindet, je größer das Übersetzungsverhältnis wird; und weil eine Transformierung mit kleinem Übersetzungsverhältnis nicht oft verlangt wird, weil außerdem die Unabhängigkeit des Hochspannungs- und Niederspannungsstromkreises, wie sie bei den gewöhnlichen Transformatoren besteht, meist gefordert werden muß, so sind Spartransformatoren doch verhältnismäßig selten.[1])

In der Hauptfigur 32 ist ein Übersetzungsverhältnis $n > 2$, in der oberen Nebenfigur $n < 2$ angenommen. Im ersteren Falle ist der Strom in der Wicklung z_1 kleiner als in z_2 ($i_1 < i_2$), im letzteren Falle ist $i_1 > i_2$; beim Übersetzungsverhältnis $n = 2$ wird $i_1 = i_2$, wenn man vom Magnetisierstrom absieht. Die Dicke der Leitungen und Windungen mußte also so, wie es in den Figuren geschehen ist, gezeichnet werden, wenn man die Wicklungen charakteristisch unterscheiden wollte; in den bisherigen

---

[1]) Eine systematische Zusammenstellung der zahlreichen möglichen Sparschaltungen von Transformatoren, auch bei der Umwandlung des Drehstroms in Sechsphasenstrom und des Zweiphasenstroms in Dreiphasenstrom, bringt R. Kornfeld in einem Aufsatze »Transformatoren in Sparschaltung« in Elektrot. und Maschinenbau Bd. XXXIX, S. 113, 1921.

Figuren konnten die primären und sekundären Wicklungen durch die verschiedene Weite der Windungszacken unterschieden werden.

Eine zweite Nebenfigur, die untere, zeigt die Schaltung, die für einen Spartransformator anzuwenden ist, wenn man darauf Wert legt, daß im primären und sekundären Kreise die Spannungen in demselben Punkte halbiert werden. Das kann von Bedeutung sein, wenn Apparate zum Schutze gegen Überspannung eingeschaltet werden.

Spartransformatoren wurden unter dem Namen »Reduktoren« eine Zeitlang viel verwendet, um die Spannung der Hausinstallation von etwa 110 Volt auf eine Spannung von rd. 30 Volt und noch weiter herabzusetzen. Die mit dieser Spannung gespeisten Glühlampen, insbesondere in ihren kleinen Typen, brannten mit einer erheblich größeren Lichtausbeute und längerer praktischer Brenndauer als Lampen für 110 Volt. Der Transformator verminderte mit seinem Leistungsverlust natürlich die praktische Lichtausbeute, aber nicht so sehr, daß der Vorteil ganz aufgehoben worden wäre. Die Reduktoren wurden für die einzelnen Glühlampen oder für Gruppen von solchen gebaut. Im letzteren Falle war der Leistungsverlust in dem größeren Reduktor verhältnismäßig klein. Weil aber der Reduktor dann immer primär eingeschaltet bleiben mußte, war der Arbeitsverlust bei den Gruppenreduktoren doch verhältnismäßig groß. Diesem Nachteil begegnete Kesselring in einer Schaltung, die aus der in Fig. 32 gezeichneten auf folgende Weise entsteht: Man führt die primäre Leistung rechts nicht zum Transformator, sondern neben der sekundären Leitung entlang. Der Schalter, mit dem jede Glühlampe eingeschaltet wird, schließt, indem er dies tut, diese beiden Leitungen kurz, und hierdurch erst wird der Reduktor primär eingeschaltet. Beim Ausschalten wird der primäre Anschluß erst beim Ausschalten der letzten Lampe unterbrochen. Es ist möglich, daß die Reduktoren noch einmal eine Rolle spielen werden.

Fig. 33] Bei Drehstromspartransformatoren mit Sternschaltung wird man, wie es in Fig. 33 geschehen ist, die Niederspannungswicklungen um den Nullpunkt gruppieren; denn täte man das nicht, so wären sechs sekundäre Leitungen nötig, und man würde im Niederspannungsnetz keinen Nullpunkt zur Verfügung haben.

Fig. 34 und 35] Gerade die Einfachheit der Anordnung bei Sternschaltung hat es bewirkt, daß Drehstromspartransformatoren bisher fast nur in Sternschaltung gebaut wurden. Bei Dreieckschaltung, für die Spartransformatoren nach Fig. 34 und 35 gebaut werden[1]), sind entweder, vgl. Fig. 34, sechs Leitungen erforderlich, oder man muß die in Fig. 35 gezeichnete Schaltung anwenden, bei der sich die Niederspannung aus zwei um 120^0 in der Phase verschobenen Spannungen zusammensetzt. Faßt man, wie wir es oben schon getan haben, die Achsen der gezeichneten Wicklungen als Spannungsvektoren auf, so stellen in Fig. 35 die Verbindungslinien der Anschlußpunkte der Niederspannungsleitungen die auf diese wirkenden Spannungen nach Größe und Phase dar. Man erkennt hieraus, daß bei einer Schaltung nach Fig. 35 für das Übersetzungsverhältnis die Bedingung $n \leq 2$ besteht.

Ein Spartransformator nach Fig. 33 kann mit Transformatoren der Gruppe A parallel geschaltet werden. Bei den beiden anderen Spartransformatoren für Drehstrom kann natürlich nur bei dem in Fig. 35 gezeichneten an eine Parallelschaltung mit anderen Transformatoren gedacht werden; mit einem Transformator der Gruppe B (Fig. 5 bis 8) ist eine Parallelschaltung möglich, wenn das Übersetzungsverhältnis des Spartransformators 2 beträgt, weil dann der Netzewinkel 60^0 ist. Der Netzewinkel kann natürlich durch ein bestimmtes Übersetzungsverhältnis auch zu 30^0 und 90^0 gemacht werden, so daß dann eine Parallelschaltung mit Gruppe C (Fig. 9 bis 11) und dann unter der früher festgestellten Bedingung natürlich auch mit Gruppe D (Fig. 12 bis 14) möglich wird (s. S. 41, III. Abschnitt).[2])

D. Zweiphasentransformierung

Gewöhnliche Transformierung im Zweiphasensystem

Fig. 36] Als der Mehrphasenstrom entdeckt und seine, damals noch gewichtigeren Vorzüge gegenüber dem Einphasenstrom erkannt waren, wurde das Dreiphasen- und das Zweiphasensystem ausgebildet und Anlagen nach beiden Systemen gebaut. Das Zweiphasensystem wurde als sogen. unverkettetes mit vier Leitungen, oder als verkettetes, bei dem zwei Leitungen zusammengelegt waren,

---

[1]) Siehe E. T. Z. 1910, S. 178.
[2]) Über die Schaltung von Höchstspannungstransformatoren in Versuchsanlagen berichtet F. Dessauer in E. T. Z. Bd. XLIV, S. 1087 ff, 1923.

ausgeführt. Die hierfür angewendeten Transformatorschaltungen sind in Fig. 36 gezeichnet, und zwar in Fig. 36a für das unverkettete, in Fig. 36b für das verkettete System. Die in den Zeichnungen senkrecht zueinander gestellten Wicklungspaare können dabei auf zwei Einphasen- oder auf einem Zweiphasentransformator liegen.

Bei dem unverketteten System schaltet man die Lampen zwischen je zwei zu einem Strange gehörigen Leitungen, führt aber alle vier Leitungen zu den Zweiphasenmotoren. Das verkettete System gestattet die Lampen außer in der bisher bezeichneten Weise auch zwischen die Außenleiter des Systems zu schalten. Diese zweierlei Schaltungsweise ist aber nicht zu empfehlen und nicht üblich, schon deshalb nicht, weil dabei Lampen mit zwei verschiedenen Spannungen verwendet werden müßten.

Die Zweiphasensysteme haben, wie sich nach wenigen Jahren ihrer Anwendung herausstellte, gegenüber dem Drehstromsystem keine Vorteile, wohl aber einige Nachteile; Nachteile, die in der unsymmetrischen Anordnung des Systems begründet sind. Das Zweiphasensystem hat deshalb als veraltet zu gelten; neue Anlagen werden danach schon seit langem nicht mehr gebaut.

Transformierung zwischen dem Zweiphasen- und dem Drehstromsystem

Fig. 37] Die Umwandlung von Zweiphasen- in Dreiphasenstrom und umgekehrt wurde hauptsächlich dadurch zum Bedürfnis, daß ältere Zweiphasenanlagen mit Drehstromanlagen in Verbindung gebracht werden sollten.[1] Die Umwandlung gelingt durch zwei Einphasentransformatoren, wie es zuerst von Scott angegeben und in Fig. 37 unter der Annahme primärer Zweiphasenstromerzeugung gezeichnet ist[2]. Durch Verbindung des einen Endpunktes der Sekundärwicklung des einen Transformators (II) mit dem Mittelpunkt der Sekundärwicklung des anderen (I), wie es in Fig. 37 geschehen ist, kann man gleichsam den Potentialpunkt von der Mitte der Wicklung I beliebig weit hinausschieben, und zwar, der Phasenverschiebung von 90⁰ entsprechend, in senkrechter Richtung. Wählt man nun die Übersetzungsverhältnisse so, daß die senkrechte Zusatzspannung gleich dem $\sqrt{3}/2 = 0{,}866$fachen der anderen Sekundärspannung ist, daß also bei einem Übersetzungsverhältnis n des Transformators I der Transformator II das Übersetzungsverhältnis $n : 0{,}866 = 1{,}16 \cdot n$ hat, so bilden die sekundären Potentialpunkte ein gleichseitiges Dreieck; an den sekundären Leitungen steht also Drehstromspannung zur Verfügung. Dies ist in der Figur dadurch ausgedrückt, daß die Verbindungsleitungen zu den Glühlampen ein gleichseitiges Dreieck bilden, durch das die Spannungen zwischen diesen Leitungen nach Größe und Phase angedeutet sein sollen.

In der Zeichnung ist primär unverkettetes Zweiphasensystem angenommen; die Scottsche Transformierung läßt sich natürlich auch an eine verkettete Zweiphasenanlage anschließen.

Scott hatte mit seinem System nur die Absicht erreichen wollen, bei unverkettetem Zweiphasenstrom am Orte der Erzeugung und des Verbrauchs, für die Übertragung mit nur drei Leitungen auszukommen.

Fig. 38] Es leuchtet ein, daß die Umwandlung des Zweiphasenstroms in Drehstrom nach dem Scottschen System um so vollkommener, nämlich von Belastungsverschiedenheiten irgendwelcher Art um so unabhängiger ist, je unabhängiger die beiden Stränge des Zweiphasensystems voneinander sind und je weniger deshalb ihre Spannungen im Betriebe voneinander abweichen. In Coschütz in Sachsen besteht eine Anlage nach dem verketteten Zweiphasensystem, bei der, abweichend vom Üblichen, die Lampen zwischen die Außenleiter geschaltet sind und auch nur die Außenleiterspannung geregelt wird. Diese Anordnung hatte zur Folge, daß — hauptsächlich durch die Verschiedenheit der Ankerrückwirkung in den beiden Strängen — Spannungsverschiedenheiten in den Strängen bis zu etwa 30% auftraten. Die soeben gemachte Voraussetzung für zufriedenstellendes Arbeiten der Scottschen Transformierung war also keineswegs erfüllt. Man wendete deshalb, als die Anlage mit einer benachbarten Drehstromanlage in Verbindung gebracht werden sollte, eine andere Schaltung an, nämlich die in Fig. 38 gezeichnete. Bei dieser Schaltung ist der Transformator I zwischen die Außenleiter geschaltet, und seine Mitte durch die Primärwicklung des Transformators II hindurch mit der Mittelleitung verbunden. Herrscht an den primären Klemmen des Transformators I die Spannung U_1, so ist sie an den primären Klemmen des Transformators II gleich $0{,}5 \cdot U_1$. An den sekundären Klemmen

---

[1] Ein neueres Verfahren zur Umwandlung von Zweiphasenstrom in Drehstrom ist in der Schweiz unter Nr. 82 681 patentiert worden. Es wird ihm nachgerühmt, daß die Drehstromseite beliebig in Stern oder in Dreieck geschaltet werden könne, und daß im ersteren Falle der Nulleiter beliebig belastet werden dürfe.

[2] Nach Electrical World 1906, Bd. 47, S. 190, soll das nach Scott benannte System von Steinmetz stammen.

muß die Spannung des letzteren Transformators $0,866 \cdot U_2$ betragen, wenn sie am ersteren gleich U_2 ist. Die Übersetzungsverhältnisse sind deshalb im Transformator I

$$n_\mathrm{I} = \frac{U_1}{U_2},$$

im Transformator II

$$n_\mathrm{II} = \frac{0,5 \cdot U_1}{0,866 \cdot U_2} = 0,578 \cdot n_\mathrm{I}$$

zu wählen. Die Leistung der Transformatoren muß offenbar sein

$$N_\mathrm{I} : N_\mathrm{II} = 2 : 1.$$

Durch Versuche und später im Betriebe hat sich herausgestellt, daß die Schaltung befriedigend arbeitet[1]).

Das sogenannte monozyklische System

Fig. 39] In der Zeit, als die elektrischen Zentralen noch hauptsächlich Licht lieferten, der Bedarf an Motorstrom aber immerhin schon groß genug war, um Einrichtungen erwünscht zu machen, die es ermöglichen sollten, die Vorteile des Mehrphasenstroms auf Einphasenanlagen zu übertragen, ersann Steinmetz das sogen. monozyklische System. Die Schaltung ist in Fig. 39 dargestellt.

Der »monozyklische« Generator ist der Hauptsache nach ein Einphasengenerator; der Anker trägt aber noch eine zweite Wicklung von verhältnismäßig wenigen Windungen, die nach ihrer Schaltung eine gegenüber der Hauptwicklung um 90^0 in der Phase verschobene Spannung liefert. Von den beiden Transformatoren I und II transformiert I den einphasigen Lichtstrom, der Transformator II liefert dagegen, ähnlich wie in Fig. 37 und 38, eine Spannung, die mit den anderen beiden sekundären Spannungshälften zusammen ein Drehstromsystem herstellt. Ein erheblicher Unterschied gegenüber den eben behandelten Systemen besteht darin, daß das System im wesentlichen ein Einphasensystem bleibt; die an den Transformator II angeschlossene dritte Leitung soll nur dazu dienen, Mehrphasenstrom zum Anlassen der Einphasenmotoren zu liefern, also Motoren, die eine nach dem Anlassen abzuschaltende Hilfswicklung tragen.

Anlagen nach diesem System können auch ohne Transformatoren betrieben werden; die Wicklung für den Hilfsstrang im Generator muß dann natürlich so bemessen sein, daß sie direkt die 0,866fache Spannung des Hauptstranges liefert.

Das monozyklische System hat sich nicht bewährt[2]). und bietet heute nur noch geschichtliches Interesse.

E. Anhang: Umformer für Änderung der Frequenz und der Phasenzahl

Der Versuch, Drehstrom oder Zweiphasenstrom in Einphasenstrom oder umgekehrt ebenso in ruhenden Transformatoren umzuformen, wie es in den letzten Schaltungen mit Drehstrom und Zweiphasenstrom geschah, hat zu einem praktisch befriedigenden Ergebnis noch nicht geführt, wenigstens ist von einer Verwendung der bisherigen Lösungen in größerem Maßstabe nichts bekannt geworden. Man verwendet zu diesem Zwecke rotierende Umformer.

Neben diesen Umformern kommen solche vor, die die Aufgabe haben, Wechselstrom, sei es Einphasen- oder Drehstrom, in solchen anderer Frequenz umzuformen. Die ersteren Umformer nennt man Phasenumformer oder Phasenzahlumformer, die letzteren Frequenzumformer. In der Regel haben die Phasenzahlumformer gleichzeitig die Aufgabe, die Frequenz zu verändern; will man dies hervorheben, so kann man die Maschinen wohl auch Frequenz-Phasenzahl-Umformer nennen.

Anzuwenden sind solche Umformer also immer da, wo zwei Anlagen, von denen die eine nach dem Dreiphasensystem, die andere nach dem Einphasensystem arbeitet, miteinander in Verbindung gebracht werden sollen, um sich gegenseitig zu unterstützen; außerdem natürlich da, wo Strom der einen Art erzeugt und fortgeleitet, Strom der anderen Art aber verwendet werden soll. Diese Forderung liegt in zwei wichtigen praktischen Fällen vor, nämlich in dem Falle, daß von einem Drehstromwerk, das

---

[1]) Meyer, »Die Kraftübertragungsanlage Coschütz-Glückaufschacht«, Elektr. Kraftbetriebe u. Bahnen 1909, S. 141.

[2]) Vgl. Niethammer, »Das starre oder monozyklische System«, Zeitschrift für Elektrotechnik u. Maschinenbau (Wien) 1907, S. 952 (auch Schweiz. El. Zeitschr. 1907, S. 1).

vielleicht auch zur Energieversorgung von Städten bestimmt ist, eine Wechselstrombahn betrieben werden soll; für diese wird Einphasenstrom niedriger Frequenz von zumeist $16^2/_3$ Perioden in der Sekunde gewählt. Der umgekehrte Fall liegt vor, wenn eine große Energieerzeugungsanlage, etwa eine Wasserkraftanlage, der Hauptsache nach für den Betrieb einer elektrischen Bahn gebaut wird und deshalb die Frequenz von $16^2/_3$ Perioden in der Sekunde angenommen ist. Für die Versorgung der anzuschließenden Städte sind dann Umformer aufzustellen, die die Frequenz auf die normale Zahl von 50 Perioden in der Sekunde erhöhen.

Die Frequenzumformer oder Phasenzahlumformer können, wie es auch die Regel ist, in Motorgeneratoren bestehen. Die Motoren sowohl als die Generatoren können synchrone oder asynchrone Maschinen sein; asynchrone Generatoren sind natürlich nur möglich, wenn das Netz noch von anderen Generatoren gespeist wird. Die Vorzüge oder Nachteile der sich aus der Zusammenstellung dieser Maschinen ergebenden vier Arten von Umformern lassen sich aus den Eigenarten der synchronen und asynchronen Generatoren und Motoren beurteilen; siehe hierzu S. 77 und 78.

Fig. 40 und 41] Von den hiernach typisch voneinander unterschiedenen Schaltungen sind in Fig. 40 und 41 zwei für Drehstrom dargestellt; die beiden anderen, nämlich die Schaltungen mit asynchronen Generatoren, weichen von diesen so wenig ab, daß sie keiner Darstellung bedurften.

Das zweite Schema ist durch irgendeine Anlaßvorrichtung für den Synchronmotor zu ergänzen. Es ist klar, daß das Synchronisieren des in Fig. 41 angenommenen synchronen Motorgenerators und die Belastungsverteilung auf mehrere parallel geschaltete Maschinen dieser Art beträchtliche Schwierigkeiten bieten kann.

Die beiden Figuren sollen auch die Frequenzumformung im Einphasensystem und die Phasenzahlumformung andeuten.

Es gibt heute noch eine größere Anzahl von Anordnungen zur Umformung von Frequenz und Phasenzahl, deren Behandlung aber hier nicht am Platze ist.[1]

Tafel 7]

Abschnitt IV

Spannungsregelung

Das Bedürfnis, die Spannung zu regeln, etwa die Spannung an einem bestimmten Punkte der Anlage konstant zu halten, besteht in Wechselstromanlagen gerade so wie in den Gleichstromanlagen, und zwar sind auch die Ursachen, die eine Regelung nötig machen, ungefähr dieselben: die Spannung des Generators nimmt mit zunehmender Belastung ab, und der Spannungsverlust in Speise- oder Fernleitungen wächst mit zunehmender Belastung. Als Mittel für diese Regelung wird man zunächst, wie beim Gleichstrom, zur Änderung des Erregerstroms der Generatoren und zur Einschaltung regelbarer Widerstände in die Leitungen greifen; und man würde wohl auch die anderen in Gleichstromanlagen benutzten Regelungsmethoden anzuwenden suchen, wenn nicht von vornherein die Eigenarten des Wechselstromes auf einen anderen Weg drängten. Diese Eigenarten eröffnen einerseits neue Möglichkeiten zur Lösung der Aufgabe, anderseits freilich rauben sie uns das einfachste und wichtigste Mittel zur Konstanthaltung der Spannung, wenigstens in der einfachen Form seiner Anwendung: die Akkumulatoren, so daß viele von den für Gleichstrom anwendbaren Verfahren für Wechselstrom nicht angewendet werden können. Da nun gerade von Wechselstromnetzen außer Licht auch Kraft in vielen und großen Einheiten abgenommen wird, die mit ihrer wechselnden Beanspruchung zu empfindlichen Spannungsschwankungen Anlaß geben, so wird das Regelungsproblem für Wechselstromanlagen um so dringlicher.

---

[1] Aus der reichen Literatur über Frequenz- und Phasenzahlumformer seien hier noch genannt: Behrend, »Frequenzumformer«, E. T. Z. 1909, S. 101; Eichel, »Amerikanische Umformerpraxis«, Elektrische Kraftbetriebe u. Bahnen 1909, S. 208; Pfiffner, »Der Frequenzumformer«, Schweizerische Elektrot. Zeitschr. 1908, S. 405 usw.; Zeitschr. f. Elektr. u. Maschinenbau (Wien) 1908, S. 235; D. R. P. 138602; D. R. P. 199078.

Einen wertvollen Überblick über die Entwicklung der Frequenz- und Phasenzahlumformer (»Phasenspalter«) bis in die neueste Zeit gibt Dr. K. Sachs in einem Aufsatze »Über einige Schaltungsmöglichkeiten rotierender und statischer Phasenspalter« in Elektrot. und Maschinenbau, Bd. XLI, S. 293, 1923.

A. Regelung der Sammelschienenspannung

Regelung von Hand und durch Kompoundierung

Unter den geschilderten Umständen ist es begreiflich, daß man sich mit zunehmender Entwicklung der Wechselstromtechnik bemüht hat die Generatoren mit geringer Spannungsänderung zu bauen. Bei solchen Maschinen haben kleine Belastungsschwankungen keinen erheblichen Einfluß auf die Klemmenspannung, also auch der Sammelschienenspannung, und es genügt, die Spannung von Zeit zu Zeit durch Veränderung der Erregung von Hand einzustellen. Bei starken Belastungsschwankungen aber kommt man mit dieser Regelung nicht aus und wird um so weniger damit auskommen können, je mehr das Bestreben dahin geht, die Generatoren billiger, also mit größerer Spannungsänderung, herzustellen.

Für Betriebe mit derartigen Belastungsschwankungen werden bei Gleichstrom bekanntlich Doppelschlußmaschinen verwendet. Solche Maschinen auch für Wechselstrom zu bauen, ist nach langen Bemühungen auch gelungen, und die Zahl der »Kompoundierungsmethoden« ist sehr groß. Die hierzu verwendeten Schaltungen haben nur auf die Maschinen selbst Bezug und sind insofern als innere Schaltungen anzusehen, so daß ihre Behandlung aus dem Rahmen dieses Buches hinausfallen würde.

Regelung durch gewöhnliche selbsttätige Regler

Man ist somit auf mechanische Vorrichtungen zur selbsttätigen Konstanthaltung der Spannung angewiesen. Solche Regler, bei denen durch Wirkung der Spannung, des Stromes oder der Leistung der Erregerstrom geändert wird, gibt es seit vielen Jahren und gab es für Gleichstrommaschinen längst, ehe der Wechselstrom sich verbreitete. Auch hier aber ist es erst die Wechselstromtechnik gewesen, die zur Verbesserung der früher sehr unvollkommenen, unzuverlässigen und deshalb unbeliebten Apparate drängte; sie werden heute in einer größeren Anzahl von Konstruktionen ausgeführt. Auch die Beschreibung solcher Regler kann, da es sich um die innere Schaltung von Apparaten handelt, nicht Aufgabe dieses Buches sein. Es muß auf die Literatur[1]) verwiesen werden.

Wenn wir in dem folgenden Abschnitte trotzdem die Schnellregler ausführlich behandeln, so geschieht es, weil diese Apparate im Laufe der Zeit eine ungeheure Bedeutung erlangt haben, und die für sie maßgeblichen Schaltungen nur aus ihrer eigenartigen Wirkungsweise erklärt werden können. — Die geschichtliche Entwicklung rechtfertigt ihre Behandlung im Wechselstromteil dieses Buches.

Regelung durch Schnellregler

Ein Nachteil der gewöhnlichen selbsttätigen Regler ist, daß sie, wie fast alle Regelvorrichtungen, erst ansprechen, wenn eine Änderung dessen, was konstant gehalten werden soll, vorausgegangen ist. Die Trägheit der Massen ist dann gewöhnlich schuld daran, daß die Wirkung der Ursache erst langsam nachfolgt, daß sie dann aber über das Maß des Beabsichtigten leicht hinausgeht und der gewünschte Zustand erst nach einigen Pendelungen erreicht wird.

Soll z. B. die Spannung eines Generators dadurch konstant gehalten werden, daß ein von der Spannung beeinflußtes Relais einen Motor einschaltet, der den Hebel des Erregerreglers bewegt, so sind bei veränderter Spannung die Massen des Motors und des Hebels zu beschleunigen, und erst sehr langsam kann der Regelhebel der Stellung zustreben, die er haben soll; die beschleunigten Massen werden aber den Hebel über diese Stellung hinausführen, so daß eine Regelwirkung im entgegengesetzten Sinne stattfinden muß. Soll die Regelung schnell vonstatten gehen, so muß also vor allen Dingen die Beschleunigung großer Massen vermieden werden. Deshalb pflegt man bei einer Einrichtung wie der eben erwähnten die Motoren ständig im Betrieb zu halten.

Aber selbst wenn die Trägheit der Massen verschwindend klein wäre, so würde doch immer noch die magnetische Trägheit einer sehr schnellen Regelung hinderlich sein; es handelt sich ja um Stromänderungen in Stromkreisen mit sehr großen Zeitkonstanten. Würde in dem gedachten Beispiele der Hebel die richtige Stellung augenblicklich erreichen, so würde die Änderung des Erreger-

---

[1]) Siehe besonders Natalis, Die selbsttätige Regulierung der elektrischen Generatoren. Braunschweig 1908. — M. Seidner, Die automatische Regulierung der Wechselstromgeneratoren, deren Wirkungsweise und Kritik. E. T. Z. 1909, S. 1116, 1166 und 1236. (In diesem Aufsatze werden auch die Methoden zur Kompoundierung von Wechselstrommaschinen ausführlich behandelt.) Schwaiger, Das Regulierproblem in der Elektrotechnik, Leipzig 1909.

stromes doch eine längere Zeit, bis zu mehreren Sekunden, erfordern. Solche Stromänderungen sind in Textabb. 14 abgebildet. Die Kurve AA zeigt z. B. den Anstieg von i_0 auf i'', die Kurve BB den Abfall von i'' auf i'; dabei ist angenommen, daß die für die Regelung nötige Änderung des Widerstandes

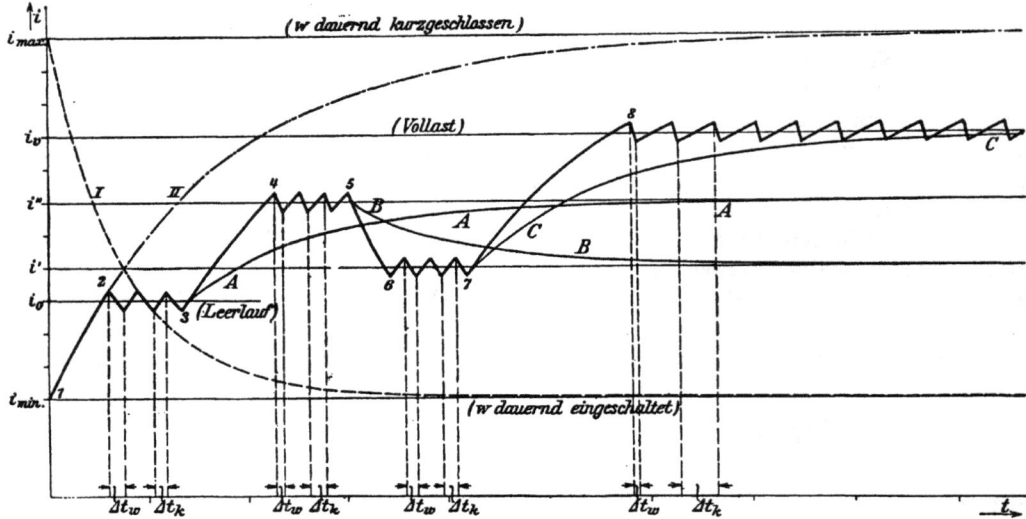

Abb. 14.

im Erregerstromkreise plötzlich vorgenommen, und zwar im ersten Falle der Widerstand kurzgeschlossen, im zweiten vorgeschaltet werde. Die Kurven folgen den bekannten Gesetzen

$$i = J \cdot \left(1 - e^{-\frac{t}{T}} \right) \quad \text{und} \quad i = J \cdot e^{-\frac{t}{T}},$$

worin e die Basis des natürlichen Logarithmensystems,

$$T = \frac{L}{W} \left(= \frac{\text{Induktivität}}{\text{Widerstand}} \right)$$

die Zeitkonstante des Stromkreises und J der Endwert des Stromes ist.

Um die hiermit geschilderten nachteiligen Folgen der Massen und der magnetischen Trägheit zu beseitigen, also die Regelung zu beschleunigen, hat man die sogen. Schnellregler ersonnen, deren erster Erfinder A. A. Tirrill[1]) mit seinem Regler die Aufgabe der Schnellregelung in überraschend vollkommener Weise löste.

Bei der Regelung mit den Schnellreglern werden keine konstanten Erregerströme benutzt, sondern Wellenströme, wie sie in der Textabbildung in den Kurvenabschnitten $\overline{2\,3}$, $\overline{4\,5}$ usw. dargestellt sind. Diese Abschnitte setzen sich zusammen aus Stücken einer abfallenden und einer ansteigenden Stromkurve I und II, die sich ergeben, wenn man den Widerstand des Erregerkreises durch Einschalten und durch Kurzschließen eines sehr großen Widerstandes w plötzlich ändert. Und zwar ist der Widerstand w so groß, daß die dauernde Einschaltung desselben einen Erregerstrom $i_{\min}$ herbeiführen würde, der bedeutend kleiner ist als der bei Leerlauf des Generators notwendige Erregerstrom i_0, während ein dauernder Kurzschluß des Widerstandes einen Strom $i_{\max}$ zur Folge haben würde, der bedeutend größer ist als der bei Vollast notwendige Erregerstrom i_v. Der die Zeitkonstante bestimmende Gesamtwiderstand des Erregerkreises ist bei abfallendem Strome um w größer als bei ansteigendem; die Kurve des letzteren muß also flacher verlaufen als die des ersteren.

---

[1]) In den ersten Veröffentlichungen (El. World 1903, Bd. 41, S. 236; E. T. Z. 1903, S. 795 und 1904, S. 923) wird der Name des Erfinders Tyrrell geschrieben, später nur Tirrill.

Nach mündlichen Mitteilungen an den Verfasser soll die Erfindung einem Zufall zu danken sein: Tirrill beobachtete, an der Schaltwand einer Zentrale stehend, an dem Meßgerät für den Erregerstrom, daß der Strom plötzlich stieg, worauf dann der Zeiger um eine höhere Einstellung periodisch schwankte. Nachforschungen ergaben als Ursache der Erscheinung, daß ein Monteur hinten an der Schaltwand eine Schraube anzog und beim regelmäßigen Bewegen des Schraubenschlüssels den Regelwiderstand für den Erregerstrom der Erregermaschine zufällig periodisch kurzschloß. Die weitere experimentelle Verfolgung der gemachten Beobachtung führte zur Erfindung des Schnellreglers.

Die effektiven Mittelwerte der aus Stücken dieser Kurven zusammengesetzten Wellenströme seien i_0, i', i'', i_v. Es ist leicht einzusehen, wie diese Ströme hergestellt werden: zur Zeit $t = o$ wird der Vorschaltwiderstand w, der vorher eingeschaltet war, plötzlich kurzgeschlossen, der Strom steigt nach der strichpunktierten Kurve an und strebt dem Endwerte i_{max} zu. Nach kurzer Zeit jedoch wird der Kurzschluß aufgehoben, w also eingeschaltet, und der Strom fällt der gestrichelten Kurve entsprechend ab. Es folgt nun Anstieg und Abfall in kurzen Zeitabschnitten, jedesmal durch einen Kurzschluß und eine Einschaltung von w herbeigeführt[1]).

Man erkennt, daß die Änderung von einem Wellenstrome zum anderen deshalb so schnell vor sich geht, weil die Widerstandsänderungen um viel größere Beträge (nämlich stets um den ganzen Betrag w) vorgenommen werden, als sie den Stromänderungen entsprechen würden, wenn man von einem konstanten Strome zu einem anderen konstanten Strome übergehen würde. Ein Vergleich zwischen AA und $\overline{3\,4}$, BB und $\overline{5\,6}$, CC und $\overline{7\,8}$ zeigt, in welchem Grade die Nachteile der magnetischen Trägheit für die Regelung überwunden sind. — Man erkennt ferner, daß die Stromänderung um so kürzere Zeit beansprucht, je größer der Widerstand w ist, denn um so steiler werden bei gleichen Effektivwerten der Ströme Anstieg und Abfall der Wellen.

Fig. 1] stellt eine Schaltung dar, in der an einem Drehstromgenerator mit besonderer Erregermaschine die geschilderten Vorgänge der Stromunterbrechung in sehr einfacher Weise zur Aufrechterhaltung einer konstanten Spannung benutzt werden: der Hebel H, der an seinem rechten Ende den Kontakt C_o trägt, steht unter der Wechselwirkung der Kraft der Feder F und der Spule S, die an die Klemmen des Drehstromgenerators gelegt ist. Wir können uns an dieser Schaltung leicht erklären, wie die in den vorangegangenen Darlegungen angenommenen Wellenströme zustande kommen. Sind die Kontakte C_o und C_u in Berührung, ist der Widerstand w also kurzgeschlossen, so steigt der Erregerstrom und mit ihm die Drehstromspannung schnell an. Die gesteigerte Spannung vergrößert aber die Zugkraft von S, und zwar bis zur Trennung von C_o und C_u. Dieser Trennung entspricht die Einschaltung von w, was der Reihe nach eine Verminderung des Erregerstromes, danach der Drehstromspannung und endlich der Zugkraft der Spule S zur Folge hat. Die Federkraft von F bringt nunmehr die Kontakte C_o und C_u wiederum in Berührung, und das Spiel wiederholt sich. — Wir haben hierbei einen stationären Zustand angenommen, der charakterisiert ist durch einen welligen Erregerstrom bestimmten Effektivwertes, eine bestimmte elektromotorische Kraft und Klemmenspannung des Drehstromgenerators und eine bestimmte Belastung.

Die Belastung möge nun steigen. Der stationäre Zustand ist damit gestört. Die Spannung fällt ab, die Zugkraft von S wird geringer und C_o bleibt länger auf C_u liegen als bisher. Damit, also mit dem länger dauernden Kurzschluß von w steigt der Erregerstrom nach der Art der Kurvenstücke $\overline{3\,4}$ oder $\overline{7\,8}$ an, und zwar so weit, bis die Zugkraft wieder groß genug geworden ist, um die Kontakte zu trennen und damit das Spiel von neuem einzuleiten. Wir erkennen, daß der nunmehr erreichte neue stationäre Zustand gekennzeichnet ist durch dieselbe Zugkraft der Spule S, dieselbe Klemmenspannung des Drehstromgenerators, aber, dem höheren Erregerstrom entsprechend, eine höhere elektromotorische Kraft, wie sie die höhere Belastung fordert. Gleiche Vorgänge im umgekehrten Sinne spielen sich bei Verminderung der Belastung ab.

Die Beschreibung läßt erkennen, daß der Zugkraft der Feder F eine große Bedeutung bei dem Regelungsvorgange zukommt. Wäre nämlich die Feder stärker gespannt gewesen, als wir es bisher angenommen hatten, so hätte es zur Trennung der Kontakte C_o und C_u einer stärkeren Zugkraft der Spule S bedurft; die Erregerspannung, der Erregerstrom und damit die elektromotorische Kraft und schließlich auch die Klemmenspannung des Generators hätte weiter ansteigen müssen. Durch stärkeres oder schwächeres Anspannen der Feder F hat man es also in der Hand, auf höhere oder niederere Spannung regeln zu lassen.

Regler der in Fig. 1 dargestellten Art sind in der Praxis eine Zeitlang gebaut worden. Sie haben sich nur deshalb nicht bewährt, weil das Aus- und Einschalten der bei unmittelbarer Schaltung im Erregerkreise des Wechselstromgenerators beträchtlichen Erregerenergien zu große Schwierigkeiten bereitete. Der naheliegende Gedanke, die zu schaltenden Energien dadurch zu verkleinern, daß man

---

[1]) Jedes Stück der Kurven, und zwar sowohl die Stücke $\overline{1\,2}$, $\overline{3\,4}$, $\overline{7\,8}$ eines Anstieges als die aufsteigenden oder absteigenden Stücke zwischen $\overline{2\,3}$, $\overline{4\,5}$, $\overline{6\,7}$ usf. ist gleich den zwischen denselben Ordinatenabschnitten liegenden Stücken der Kurven I und II, so daß jedes Kurvenstück mit diesen durch Parallelverschiebung in horizontaler Richtung zur Deckung gebracht werden kann. Man erkennt gleichzeitig, daß jedem Wellenstrome bestimmter Höhe ein bestimmtes Verhältnis $\triangle t_k : \triangle t_w$ zugehört. Die Bedeutung dieser Zeichen ist aus der Skizze zu entnehmen.

die Regeleinrichtung in den Kreis der Erregermaschine verlegte, führte nicht zum Ziele, weil im Betriebe infolge der hintereinander geschalteten magnetischen Trägheit der beiden Erregerkreise unzulässig starke Schwankungen der Generatorspannung auftraten.

Eine vollkommene Lösung all dieser Probleme brachte erst der Schnellregler Tirrills. Bei diesem Regler liegt der die Wellenströme erzeugende Unterbrecher nicht mehr an den Klemmen der Maschine, deren Spannung konstant gehalten werden soll, sondern an den Klemmen der Erregermaschine oder der die Erregung speisenden Stromquelle. Da aber die Regeleinrichtung natürlich in Abhängigkeit von der konstant zu haltenden Spannung gebracht werden muß, so ist noch eine zweite Spule nötig, die von dieser Spannung beeinflußt wird.

Fig. 2] Die in Fig. 2 dargestellte Schaltung entspricht dem eben ausgesprochenen Gedanken. Der Regler besteht im wesentlichen aus zwei Hebeln, H_e und H_w (e soll an »Erregerspannung«, w an »Wechselspannung« erinnern), an deren Enden die beiden Kontakte C_o und C_u angebracht sind. Man denke sich nun Hebel H_w in der bezeichneten Lage festgehalten. Dann liegen im wesentlichen die gleichen Verhältnisse vor wie in Fig. 1, nur daß Spule S_e an den Klemmen der Erregerspule und nicht des Generators liegt. Der Hebel H_e wird in schnellem Tempo auf- und abschwingen und dadurch einen bestimmten Wellenstrom in der Erregerwicklung hervorrufen. Soll nun die Spannung des Generators erhöht werden, so muß der Kontakt C_u gehoben werden. Dadurch wird die Feder F gespannt, und die Erregerspannung steigt, bis die Zugkraft der Spule S so groß geworden ist wie die der Feder. Der Hebel H fängt in einer höheren Lage an zu schwingen. Ebenso wie ein Heben von C_u eine Spannungerhöhung, so muß ein Senken eine Spannungsverminderung zur Folge haben. Soll der Regler für den praktischen Betrieb brauchbar werden, so muß also der Hebel H_w in der Weise der Wirkung der Generatorspannung ausgesetzt werden, daß bei einer Belastungssteigerung (die normalerweise Spannungsverminderung zur Folge hat) C_u gehoben, bei einer Belastungsverminderung (Spannungssteigerung) gesenkt wird. Dabei ist noch besonders darauf zu achten, daß C_u nach dem Heben oder Senken auch tatsächlich in der höheren oder tieferen Lage bleibt, denn wir bedürfen ja dauernd eines verstärkten oder verminderten Erregerstromes, um bei vergrößerter oder verringerter Belastung die normale Spannung der Maschine zu erzeugen. Würde C_u nach anfänglichem Heben oder Senken wieder in seine ursprüngliche Lage zurückkehren, so wäre damit für die Regelung überhaupt nichts erreicht.

Beim Tirrillregler trägt nun der Hebel H_w an seinem rechten Ende einen Eisenkern, der in eine Spule eintaucht, die an der Klemmenspannung des Generators liegt, während an seinem linken Ende ein Gegengewicht G angebracht ist. Auf den Hebel H_w wirkt ein Drehmoment, hervorgerufen durch die Zugkraft der Spule und das Gewicht G einerseits und den Eisenkern anderseits, das bei der gewünschten konstanten Spannung den Hebel in einer bestimmten Lage, z. B. der in Fig. 2 gezeichneten, hält. Untersucht man nun das auf H_w wirkende Drehmoment, in Abhängigkeit von der Stellung des Eisenkerns in der Spule, so stellt sich heraus, daß es, sehr kleine Verschiebungen des Kernes vorausgesetzt (1,5 mm etwa), oberhalb und unterhalb der gezeichneten Mittellage konstant ist. Verschiebt man also von Hand den Kern um solch einen geringen Betrag, so bleibt er in der neuen Lage und kehrt nicht in die Mittellage zurück. Im praktischen Betriebe sind die Verhältnisse nun folgende: Die Spannung des Wechselstromgenerators sei zunächst die normale, die konstant gehalten werden soll. Dann wird H_w in der gezeichneten Lage stehen bleiben und der Hebel H_e in der bekannten Weise auf- und abschwingen. Nimmt nun die Belastung des Generators zu, dann sinkt seine Klemmenspannung, die Zugkraft der Spule S_e läßt nach, das Gewicht des Kernes überwiegt, und der Kern sinkt nach unten; die Kontakte C_u und C_o bleiben etwas länger in Berührung, die Spannung der Erregermaschine und damit die des Generators steigt, und bevor noch der Eisenkern über den oben näher bezeichneten Grenzbereich (ungefähr 1,5 mm) hinausgefallen ist, wird der Kern wieder aufgefangen und jetzt in seiner neuen Lage durch die alte, der Normalspannung entsprechende Zugkraft festgehalten. In seine Mittellage zurückzukehren, hat der Kern keine Veranlassung, da ja, wie schon gesagt, im Bereiche des kleinen Ausschlages die Zugkraft überall gleich ist. Es ist also das Gewünschte erreicht, der Kontakt C_u ist gehoben und verbleibt in seiner höheren Lage, bis eine neue Belastung und Spannungsänderung auftritt, die ähnliche Vorgänge im Gefolge hat wie die eben geschilderten.

Bei diesen Vorgängen spielt eine Öldämpfung, die in Fig. 2 am unteren Ende des in die Spule S tauchenden Eisenkerns angedeutet ist, eine wichtige Rolle. Mit ihr kann nämlich die Geschwindigkeit des Hebels H_w geregelt werden. Diese Geschwindigkeit ist so einzustellen, daß die Zeitpunkte, in denen C_o nach der Berührung mit C_u sich von diesem zur Wiederaufnahme der Schwingungen wieder entfernt oder nach der längeren Unterbrechung der Kontakt C_u wieder berührt, richtig gewählt sind, nämlich so, daß die Konstanthaltung der Wechselspannung ohne Überregulieren erfolgt.

Wenn man nun an Hand dieser Beschreibung die Einzelheiten des Tirrillreglers betrachtet und seine Wirkungsweise im ganzen sich veranschaulicht, ist es nötig, sich zu vergegenwärtigen, daß sehr schnelle Vorgänge geschildert worden sind. Die Massen der bewegten Teile und die von den Hebeln zurückgelegten Wege sind so gering, daß sehr große Geschwindigkeiten — der Hebel H_e schwingt 7 bis 15 mal in der Sekunde — und eine außerordentliche Empfindlichkeit erreicht sind. Man muß deshalb auch die etwa durch die Beschreibung geweckte Vorstellung fallen lassen, als ob überhaupt größere Spannungsschwankungen vorkommen könnten und geregelt werden müßten; das ist nicht der Fall, vielmehr setzt die Regelung so schnell ein, daß auch bei plötzlichen und großen Belastungsschwankungen schon die im Entstehen begriffene Spannungsänderung beseitigt wird.

Die Beschreibung sollte nur eine klare Vorstellung von dem Wesen der Schnellregelung mit dem Tirrillregler ermöglichen; es sind in ihr deshalb nur die wesentlichen Vorgänge dargestellt. Bei der exakten Erforschung[1]) würden noch andere möglichen Einflüsse auf die Arbeitsweise des Reglers zu berücksichtigen sein.

Es sind noch die beiden Widerstände w und R genauer zu betrachten; sie sind gerade so geschaltet wie die Widerstände in Tafel 1, Fig. 4. Während des Arbeitens des Tirrillreglers braucht man den Widerstand R nicht, doch ist er zum Inbetriebsetzen des Generators und für den Fall erforderlich, daß der Generator ohne den Tirrillregler laufen soll.

Bei der Inbetriebsetzung ist w kurzgeschlossen, und mit R wird auf die richtige Generatorspannung geregelt. Soll dann der Tirrillregler in Benutzung genommen werden, so wird w unter gleichzeitiger Verminderung von R allmählich eingeschaltet, bis C_o und C_u sich berühren und der Hebel H_e zu spielen beginnt, so daß der Erregerstrom i ein Wellenstrom wird. Bei weiterem Einschalten von w bleibt der Effektivwert von i erhalten, es ändert sich nur die durch den Unterbrecher H_e herbeigeführte Kurzschluß- und Einschaltdauer von w.

Zur Außerbetriebsetzung des Reglers schaltet man umgekehrt w allmählich so weit aus, bis der flacher und flacher werdende Wellenstrom konstant wird, was am Aufhören der Schwingungen von H_e bemerkbar wird. Man schließt dann w weiter kurz, während man gleichzeitig R einschaltet, um den Erregerstrom J_e des Generators konstant zu halten. Zur weiteren Regelung dieses Stromes dient dann der Widerstand R, der somit eine Reserve für den Tirrillregler darstellt.

Fig. 3] In Fig. 3 ist das Schaltungsschema des Tirrillreglers so weit ergänzt, daß es alle für die Ausführung wesentlichen Teile enthält. Die wichtigste Ergänzung besteht darin, daß die Kontakte C_o und C_u nicht mehr unmittelbar den Widerstand w kurzschließen, sondern ein Relais DR einschalten, das den Kurzschluß vermittelst der Kontakte c_o und c_u veranlaßt. Das Relais DR, ein Differentialrelais mit zwei entgegengesetzt wirkenden Bewicklungen, kann an irgendeine Gleichstromquelle, also auch, wie hier, an die Erregermaschine angeschlossen sein. Die eine Bewicklung — hier ist es die untere — wird dauernd vom Strom durchflossen, wodurch der Kontakt c_o nach oben gezogen wird. Eine Berührung der Kontakte C_o und C_u setzt die andere Spule unter Strom, wodurch der Eisenkern entmagnetisiert und der Kontakt c_o bis zur Berührung mit c_u fallen gelassen wird. Schließen und Öffnen dieser Kontakte erfolgt also immer gleichzeitig mit dem Schließen und Öffnen der Kontakte C_o und C_u und ist von gleicher Dauer. Ein parallel geschalteter Kondensator ist mit der Selbstinduktion des kurzgeschlossenen Stromkreises so abgestimmt, daß fast keine Funken an den Kontakten auftreten.

Diese Zwischenschaltung des Relais ist nötig, weil die Entfernungen zwischen C_o und C_u und die Kontaktstellen selbst außerordentlich klein sind. Es ist nicht möglich, an dieser Stelle größere Energiemengen aus- und einzuschalten. Bei den durch das Differentialrelais kurzgeschlossenen Kontakten, die nicht Teile eines so zarten und empfindlichen Hebelmechanismus sind, können die Kontakte erheblich kräftiger und die Wege größer genommen werden.

[1]) Großmann, Über den selbsttätigen Spannungsregler System Tirrill. E. T. Z. 1907, S. 1202, 1224, 1236.
  Schwaiger, Zur Theorie des Tirrill-Regulators. Z. f. El. u. M. 1908, S. 421, 801.
  Seidner, Zur Theorie des Tirrill-Regulators. Z. f. El. u. M. 1908, S. 683, 801.
  Seidner, Die automatische Regulierung der Wechselstromgeneratoren, deren Wirkungsweise und Kritik. E. T. Z. 1909, S. 1116, 1166, 1236.
  Schwaiger, Das Regulierproblem in der Elektrotechnik (Leipzig 1908).
  Natalis, Die selbsttätige Regulierung der elektrischen Generatoren (Braunschweig 1908).
  Thoma, Theorie des Tirrillreglers, Dissertation (Julius Springer, Berlin 1914).

Die beiden Umschalter U_1 und U_2 werden von Zeit zu Zeit umgelegt und dadurch die Stromrichtung an den Kontaktstellen C und c umgekehrt, was zu deren Erhaltung beiträgt.

Der Widerstand r dient dazu, den Regler auf eine andere konstant zu haltende Spannung einzustellen, was bei veränderlichen Betriebsverhältnissen erwünscht sein kann: Der Hebel H_w mit seiner Spule S_w und dem Gegengewicht G regelt, da er den oben (S. 54,m) angegebenen Bedingungen entsprechend eingestellt ist, stets auf eine bestimmte magnetomotorische Kraft (Durchflutung) der Spule, also auf eine bestimmte Spannung an seinen Klemmen. Je größer r ist, um so größer wird somit die Generatorspannung, die der Hebel konstant hält.

Ein anderes Verfahren, die Normalspannung zu ändern, besteht in der Vergrößerung oder Verminderung des Gegengewichtes G; vermindert man es z. B., so ist eine größere magnetomotorische Kraft nötig, um den Hebel im Gleichgewicht zu halten. Der Regler wird dann also eine höhere Spannung konstant halten. Schließlich kann man die konstant zu haltende Spannung auch dadurch ändern, daß man die Windungszahl des Solenoids ändert. Hierzu kann man eine zweite Spule, sie im unterstützenden oder im entgegenwirkenden Sinne in den Spannungskreis einschaltend, benützen; eine solche Spule ist an den Tirrillreglern immer vorhanden.

Außer den hiermit beschriebenen Ergänzungen sind als Abweichungen der Fig. 3 von Fig. 2 noch die Vorschaltwiderstände in den Spannungskreisen zu erwähnen. Der der Wechselspannungsspule vorgeschaltete induktionsfreie Widerstand muß besonders groß sein, damit der Scheinwiderstand von der Frequenz und damit auch der Geschwindigkeit der Antriebsmaschine möglichst unabhängig ist.

Statt die Spannung an den Sammelschienen konstant zu halten, kann man natürlich auch auf konstante Spannung an einem fernen Punkt von der Zentrale aus regeln. Man braucht zu dem Zwecke nur die Spule S_w an dem fernen Punkte anzuschließen. Man kann aber auch so verfahren, daß man eine vom Generatorstrom durchflossene Stromspule über der in Fig. 3 gezeichneten Spannungsspule anbringt. Diese Stromspule bezweckt eine »Überkompoundierung«, also eine Spannungszunahme an den Klemmen des Generators in einem Maße, wie es zur Konstanthaltung der Spannung an dem fernen Punkte notwendig erscheint.

Fig. 4] Sind mehrere Generatoren vorhanden, so darf nur e i n Schnellregler verwendet werden, da auch kleine Ungleichheiten etwa parallel geschalteter Regler große Ausgleichströme zwischen den Maschinen nach sich ziehen würden. Man kann zwar, wenn die Verhältnisse dazu zwingen, unter Anwendung besonderer Hilfsmittel auch Maschinen parallel arbeiten lassen, die jede für sich von einem Schnellregler geregelt werden; wir wollen aber von diesen ungewöhnlichen Fällen hier absehen und nur die Fälle mit e i n e m Schnellregler betrachten. Es liegen dann folgende Möglichkeiten vor:

Ist nur e i n e Erregermaschine für alle Weschselstromgeneratoren vorhanden, so geht die Regelung genau in der bisher beschriebenen Weise vor sich; die Spannungsspule S_w liegt natürlich an den Sammelschienen der Anlage.

Sind mehrere Erregermaschinen in Betrieb, so ist eine Unterscheidung zu machen, je nachdem diese Maschinen parallel geschaltet sind oder nicht.

Im ersteren Falle ist die Schaltung von Fig. 4 anzuwenden: Der eine Kontakt c ist an die Erregersammelschiene angeschlossen, mit der die Widerstände w an ihrem einen Ende verbunden sind; der andere kann durch parallel liegende Schalter s mit den anderen Enden der Widerstände w verbunden werden. In diese Leitungen werden jedoch noch Ausgleichwiderstände v eingeschaltet; diese haben den Zweck, Gleichheit der Erregerspannungen bei Kurzschluß der Widerstände w zu sichern, auch wenn die Charakteristiken der Erregermaschinen nicht ganz übereinstimmen sollten. Gleichheit der Spannungen bei eingeschalteten Widerständen w wird durch passende Einstellung der Regelkurbeln herbeigeführt.

Werden die Ströme für ein Relais zu groß, so wendet man mehrere parallel geschaltete Relais an. Man kann auf diese Weise bis zu vier Relais, entsprechend vier Erregermaschinen, anschließen. Allerdings ist es immer vorteilhafter, nur e i n Relais zu verwenden. Beim Vorhandensein von mehreren könnten irgendwelche Störungen an einem Paar der Relaiskontakte starke Ausgleichströme zwischen den Erregermaschinen veranlassen. Diese müssen unbedingt vermieden werden. Ist man also genötigt, einen Tirrillregler mit mehreren Relais zu verwenden, so tut man gut, von einer Parallelschaltung der Erregermaschinen abzusehen.

Fig. 5] Eine Schaltung zur Anwendung des Tirrillreglers bei nicht parallel geschalteten Erregermaschinen zeigt Fig. 5. Bei dieser Anordnung sind nur die Nebenschlußstromkreise der Erregermaschinen parallel geschaltet, und sie erhalten ihren Strom nur von einer der Erregermaschinen; ein Umschalter U ermöglicht unter diesen die Auswahl. Der durch den Tirrillregler kurzzuschließende Widerstand w ist allen Erregermaschinen gemeinsam, liegt also zwischen U und den parallel geschalteten Erregerstromkreisen. Die Widerstände v dienen zum Ausgleich der parallelen Ströme[1].

In vielen Fällen hat es sich nicht nur als zulässig, sondern sogar als zweckmäßig erwiesen, bei mehreren parallel arbeitenden Generatoren den Schnellregler nur auf einen dieser Generatoren (den größten) einwirken zu lassen. Die anderen Maschinen werden dann von Hand auf eine mittlere Belastung eingestellt und diese Einstellung nötigenfalls von Zeit zu Zeit geändert.

Fig. 7 und 6] Der Schnellregler der Siemens-Schuckert-Werke von Schwaiger hat in seiner Wirkungsweise große Ähnlichkeit mit dem Tirrillregler: Die Erregerströme sind ebenso wie dort Wellenströme, die in gleicher Weise durch periodisches Kurzschließen und Einschalten eines Widerstandes w im Erregerkreise der Erregermaschine erzeugt werden. Es wird dazu ebenfalls ein von der Spannung der Erregermaschine beeinflußtes Solenoid S_e benutzt.

Der wichtigste Teil des Siemens-Schuckertschen Schnellreglers ist das sogen. Zitterrelais; seine Einrichtung ist aus dem Schema von Fig. 6 und aus Fig. 7 zu erkennen. Der Eisenkern einer fest angebrachten Spule S_e ist um seine Achse drehbar. An seinem einen Ende, in Fig. 7 dem linken, ist ein starkes Eisenband befestigt und um die Spule herum an beiden Seiten rechtwinklig abgebogen, so daß ein Joch J entstanden ist. Zwischen den Enden dieses Joches liegt der nach seiner eigentümlichen Form so genannte Z-Anker Z, der ebenfalls um die gemeinsame Achse von Spule und Eisenkern unabhängig drehbar ist. Diese Unabhängigkeit wird beschränkt durch die Feder F, die den Z-Anker mit einem mit dem Joche J befestigten Bügel aus nichtmagnetischem Material verbindet. An diesem Bügel ist ein Hebel H_w angebracht, an dessen Ende ein in das Solenoid S_w eintauchender Eisenkern hängt. An dem Z-Anker ist eine Zunge H_e mit dem Kontakte C_o befestigt, der dem Kontakte C_u gegenüber steht. Die Spule S_e ist an die Klemmen der Erregermaschine gelegt; mit den Kontakten C_u und C_o kann der Widerstand w kurzgeschlossen werden.

Die Bezeichnungen in dieser Beschreibung sind so gewählt, daß sie zu einem Vergleiche mit Fig. 2 herausfordern sollen; in der Tat haben gleichbenannte Organe gleiche Aufgaben. Der einzige Unterschied ist der, daß jetzt C_u fest ist und die Spannung der Feder F unmittelbar unter der Wirkung der Generatorspannung verändert wird, während beim Tirrillregler C_u beweglich ist und die Federspannung durch Veränderung der Lage des Hebels H_w und damit von C_u beeinflußt wird. Auch bei diesem Regler hätte man C_u festhalten und die Federspannung von F verändern können. Läßt man dies unter der Wirkung einer Spule geschehen, die in genau gleicher Weise von der Generatorspannung beeinflußt wird wie die Spule S_w in Fig. 2, so hat man im Prinzip den Siemens-Schuckert-Schnellregler. Es ist dabei selbstverständlich, daß das Joch J und H_w die schnellen Schwingungen von H_e nicht mitmachen dürfen. Das ist durch die großen Massen von J und H_w und die an dem Kern der Spule S_w angebrachte Dämpfung erreicht.[2]

Fig. 7] In der folgenden Figur ist das vollständige Schema des Schwaigerschen Schnellreglers dargestellt. Wir finden dort dieselben Umschalter U_1 und U_2 wie beim Tirrillregler in Fig. 2.

Außerdem aber ist noch ein dritter, vierpoliger Umschalter vorhanden; dieser wird nötig, um von den beiden Relais R das eine oder das andere zur Benutzung einzuschalten, wobei also eines jedesmal in Reserve bleibt. Auch die Relais selbst sind anders ausgebildet; es sind keine Differentialrelais, sondern einfache Spannungsrelais, die ihren Anker mit dem Kontakte c_o bei Berührung von C_o und C_u fallen lassen. Der Kontakt c_u ist doppelt ausgeführt; das entspricht einer Unterteilung des Widerstandes w in zwei gleiche Teile w' und w'', denen auch zwei Kondensatoren zur Funkenunterdrückung zugeordnet sind. Die Unterteilung des Widerstandes hat den Zweck, die Schaltung der Erregerenergie zu erleichtern.

Von der Anwendbarkeit des Reglers zur Konstanthaltung der Spannung an einem fernen Punkte gilt das schon bei der Beschreibung des Tirrillreglers Gesagte.

---

[1] Natalis behandelt an dem oben angeführten Orte den Schnellregler in seiner Anwendung für mehrere parallel geschaltete Wechselstromgeneratoren besonders ausführlich. Für den soeben behandelten Fall nicht parallel geschalteter Erregermaschinen findet sich dort auch noch eine andere Schaltung, eine Schaltung, die der in Fig. 4 für Parallelschaltung der Erregermaschinen gezeichneten ähnlich ist.

[2] Zum näheren Studium des Reglers sei auf die Patente verwiesen, die die Entwicklung des Erfindungsgedankens in interessanter Weise erkennen lassen. D. R. P. 204598, 207161, 207393, 207851, 208197.

Fig. 8] Selbsttätige Spannungsregelung nach M. Seidner. Eine Einrichtung, die zwar nicht zu den Schnellreglern gezählt werden kann, da sie den Einfluß der magnetischen Trägheit nicht beseitigt, aber sich doch insofern vor den gewöhnlichen selbsttätigen Reglern auszeichnet, als bewegte Massen mit ihrer die Regelung verzögernden Wirkung vermieden werden, ist die von Seidner angegebene selbsttätige Regelungseinrichtung. Seidner benützt zur Regelung der Spannung eines Wechselstromgenerators die in Band I, S. 98, beschriebene Eigenschaft der Eisenwiderstände (Variatoren), den durch sie hindurchfließenden Strom trotz veränderter Klemmenspannung innerhalb gewisser Grenzen konstant zu halten. Er schaltet einen solchen Variator in den Erregerkreis der Erregermaschine, schließt ihn aber außerdem in einen Wechselstromkreis ein, der die sekundären Spulen eines Strom- und eines Spannungswandlers enthält. Die Spulen sind so gegeneinander geschaltet, daß sowohl einer steigenden Belastung des Generators als auch einer Vergrößerung der Phasenverschiebung eine Abnahme des Stromes entspricht. Dieser Strom ist nun ein (graphischer) Summand des ganzen Variatorstromes, dessen anderer Summand der Erregergleichstrom ist. Das Bestreben des Variators, den Strom konstant zu halten, hat zur Folge, daß dem abnehmenden Wechselstrom ein anwachsender Erregerstrom entspricht. Die Vergrößerung der Belastung zieht also tatsächlich eine Vergrößerung der Erregung nach sich.

Es wäre wohl denkabr, durch passende Bemessung der einzelnen Teile der Regeleinrichtung die Verhältnisse so zu gestalten, daß bei veränderter Belastung die Spannung des Wechselstromgenerators konstant gehalten würde, doch hat es sich als wünschenswert herausgestellt, den durch die Figur ausgedrückten einfachen Gedanken in einer verwickelteren Anordnung zu verwerten; Wechselstrom und Gleichstrom fließen ja nicht nur durch den Variator gleichzeitig, sondern auch durch die übrigen Zweige der zusammenhängenden Stromkreise. Die hierdurch aufgetretenen Schwierigkeiten sind durch die neue Schaltung[1] überwunden; hier mag jedoch die Wiedergabe des einfachsten Schemas genügen.

**] Der Name Schnellregler ist mit dem Tirrillschen Regler eingeführt und für Regler üblich geworden, die nach demselben Prinzip arbeiten. Später wurde er auch für andere selbsttätige Regler mit schneller Wirkung angewendet, so vor allen Dingen für den im Prinzip außerordentlich einfachen Schnellregler der Firma Brown, Boveri & Co. Wir haben diesen hauptsächlich in Gleichstromanlagen verwendeten Regler schon im Band I, Abschnitt III, E, S. 50, in mehreren Arten seiner Verwendung behandelt. Aus der dort gegebenen Beschreibung wird man ohne weiteres den Schluß ziehen, daß er auch für Wechselstromanlagen anwendbar ist. Es genügt hier, auf jene Beschreibung zu verweisen [2].

B. Regelung der Verbraucherspannung

Die Spannung an den Sammelschienen konstant zu halten, kann nicht das eigentliche, allgemeine Ziel der Regelung sein; denn die Stromempfänger sind es, die die konstante Spannung an ihren Klemmen verlangen. Deren Spannung aber ist bei konstanter Schienenspannung im allgemeinen nicht konstant, sondern ändert sich mit dem Spannungsverluste. Daß gerade bei Wechselstromanlagen der Verlust in den Leitungen und die durch ihn veranlaßten Regelungen eine besonders wichtige Rolle spielen, wird durch eine kurze Betrachtung klar werden:

Bei der Übertragung elektrischer Energie treten bekanntlich bei großen Leitungsquerschnitten kleine Verluste und deshalb ein geringes Regelungsbedürfnis auf, bei kleinen Querschnitten dagegen große Verluste und großes Regelungsbedürfnis. Die Querschnitte sind aber schon mit Rücksicht auf andere Umstände im wesentlichen bestimmt. Denn bei Dampfkraft- und ähnlichen Anlagen entspricht den Verlusten Verbrauch an Brennstoff; bei Wasserkraftanlagen ist dies zwar nicht der Fall, in beiden Fällen aber ist natürlich die Größe der Erzeugerstation von den Verlusten in den Leitungen beeinflußt, denn die Maschinen müssen imstande sein, die Verluste zu decken. Die Größe der Verluste und somit auch der Leitungsquerschnitte, hat demnach erheblichen Einfluß auf die Wirtschaftlichkeit der An-

---

[1] Vgl. M. Seidner, »Ein neues System der Spannungsregelung für Wechselstrom-Generatoren«, E. T. Z. 1908, S. 450; auch 1909, S. 1241.

[2] Neuerdings (1924) ist unter dem gleichen Namen ein Regler bekannt geworden, der, von Hans Thoma erfunden und von der Firma Neufeldt und Kuhnke in Kiel gebaut, in ganz anderer Weise als die bisher beschriebenen arbeitet; es werden im wesentlichen hydraulische Kräfte herangezogen, die durch ein elektrohydraulisches Relais gesteuert werden.

lage, und die Querschnitte sind so zu bestimmen, daß die Wirtschaftlichkeit möglichst groß wird[1]). Dabei aber muß natürlich trotz vielleicht großer Verluste auch die Regelung auf konstante Verbraucherspannung immer noch zuverlässig möglich sein. Diese Umstände sind es bekanntlich, die das Versorgungsgebiet bei Anwendung einer bestimmten Übertragungsspannung beschränken. Bei Gleichstrom ist die Übertragungsspannung an die Verbraucherspannung gebunden; man kommt deshalb bald an eine Grenze des Versorgungsgebietes. Bei Wechselstrom macht man vermittelst der Transformatoren die Übertragungsspannung von der Verbraucherspannung unabhängig und erweitert durch Vergrößerung der ersteren die Größe des Versorgungsgebietes in weiten Grenzen.

Wird nun in einem Falle, in dem man in einem Projekte Gleichstrom zu verwenden gedachte, die Aufgabe, Wirtschaftlichkeit und Regelungsfähigkeit der Anlage miteinander zu verbinden, zu schwer, d. h. werden die Verluste (im Projekte) so groß, daß man mit einfachen Mitteln die Spannung nicht mehr konstant halten kann, so hat man da noch den bequemen Ausweg, zum Wechselstrom zu greifen. Dann kann man die Spannung der Übertragung, unabhängig von der Verbraucherspannung, in weiten Grenzen beliebig steigern. Damit öffnet sich die Möglichkeit, trotz geringer Querschnitte die Anlage so zu gestalten, nämlich so kleine Verluste zu erhalten, daß man die Schwierigkeiten der Regelung auf konstante Spannung an den Verbrauchsstellen nicht nur beseitigt hat, sondern vielleicht sogar von irgendwelchen besonderen Hilfsmitteln hierzu absehen und sich mit Konstanthaltung der Schienenspannung begnügen kann.

Kommt man nun aber bei einem Wechselstromprojekte trotz Annahme der höchsten für den Fall zulässigen Spannung an die Grenze der guten Regelungsfähigkeit, so bleibt nichts übrig, als sein Augenmerk auf die Verbesserung der Regelungsapparate zu lenken. Es kommt hinzu, daß mit dem Wechselstrome sehr häufig gerade Wasserkraftanlagen mit ihren aus wirtschaftlichen Gründen oft wünschenswerten großen Verlusten ausgebeutet werden und damit das Regelungsproblem noch mehr in den Vordergrund tritt. Daraus geht hervor, daß die Aufgabe, die Verluste in den Fernleitungen durch Apparate auszugleichen, gerade in Wechselstromanlagen von besonderer Bedeutung ist; sie ist es außerdem noch, weil die Möglichkeiten der Lösung zahlreicher sind als in Gleichstromanlagen.

Die Aufgabe der Regelung auf konstante Verbraucherspannung ist je nach dem Charakter der Verteilungsanlage verschieden; man kann drei Fälle unterscheiden:

1. Die Energie wird in einzelnen Fernleitungen nach einzelnen Verbrauchsgebieten verteilt, und die Belastungsänderungen in allen diesen Gebieten gehen zeitlich gleichmäßig vor sich.

Die Wahrscheinlichkeit gleichmäßiger Belastungsänderungen ist um so größer, je mehr die Verbrauchsgebiete in ihrem Charakter miteinander übereinstimmen — z. B. groß, wenn es sich in allen nur um Lichtabgabe handelt — und je geringer die Zahl der Fernleitungen ist; die Gleichmäßigkeit ist ideal bei einer einzigen Fernleitung. Es kann in diesem Falle genügen, die Spannung an den Sammelschienen auf konstante Spannung in den Verbrauchsgebieten zu regeln. Als ein Mittel zur selbsttätigen Regelung dieser Art haben wir in dem Schema von Fig. 3 schon den Schnellregler in besonderer Anwendung kennen gelernt.

2. Die Energie wird wie vorher in einzelnen Fernleitungen nach einzelnen Verbrauchsgebieten verteilt; die Belastungsänderungen in diesen Gebieten sind zeitlich ungleichmäßig.

Es können dann in die einzelnen Fernleitungen eingebaute Regelvorrichtungen benützt werden. Solche Vorrichtungen sollen an Hand der Fig. 9 bis 20 besprochen werden. Die Vorrichtungen können in der Zentrale oder an den Verbrauchsstellen aufgestellt werden. Das letztere wird nur in Frage kommen, wenn die Abzweigstelle zu einer Unterstation ausgebildet ist, die ohnedies Bedienung fordert; dann hat es den Vorteil, daß den besonderen Ansprüchen des Verbrauchsgebietes besser entsprochen werden kann. Bei sehr großen Spannungsverlusten ist die Aufstellung am Orte des Verbrauchs deshalb sogar geboten.

3. An eine einzige oder mehrere Fernleitungen oder an ein Hochspannungsnetz sind an verschiedenen Punkten Verbrauchsgebiete angeschlossen; die Verluste bis zu den verschiedenen Anschlußstellen sind also verschieden groß.

In diesem Falle bleibt nur übrig, die Spannung an den Abzweigstellen, Unterstationen, zu regeln. Es sind dann, wie oben erwähnt, die in Fig. 9 bis 20 dargestellten Verfahren anwendbar, außerdem kommen aber hier, als für diesen Fall besonders geeignet, noch einige andere Regelungsmethoden in Betracht, die an Hand der Fig. 21 und 22 besprochen werden sollen.

---

[1]) Siehe den Aufsatz des Verfassers über »Die Berechnung der Leitungen auf Wirtschaftlichkeit der Anlage« E. T. Z. 1902, S. 190.

Zur Regelung der Spannung in einzelnen Fernleitungen kann man Widerstände benutzen, wie wir sie schon für Gleichstromanlagen in Band I auf S. 53 (Tafel 6, Fig. 14) kennen gelernt hatten. Zu diesen treten jetzt Drosselspulen hinzu. Die Widerstände haben den Nachteil eines beträchtlichen Energieverbrauchs, die Drosselspulen den, daß sie eine große Phasenverschiebung nach sich ziehen und die Leitung mit Blindströmen belasten. Mit beiden kann man nur die Spannung vermindern, nicht aber auch erhöhen. Widerstände und Drosselspulen können sowohl in der Zentrale als an der Verbrauchsstelle angebracht sein.

Ein anderes Mittel zur Spannungsregelung steht uns zu Gebote, wenn in jede Fernleitung, allenfalls in kleine Gruppen von Fernleitungen, ein Transformator eingeschaltet ist. Dann kann durch Ab- und Zuschalten von Transformatorwindungen geregelt werden, und zwar kann man damit die Spannung sowohl vermindern als erhöhen, je nachdem man von der sekundären oder der primären Spule Windungen abschaltet[1]). Im allgemeinen freilich wird man auf solche Schaltungen an der Hochspannungsseite verzichten. Dann läßt sich natürlich bei einem Transformator im Kraftwerk nur eine Spannungserhöhung, an der Verbrauchsstelle nur eine Spannungserniedrigung erreichen. Dabei muß die Einrichtung so getroffen sein, daß beim Übergang des Schalthebels vom einen auf den benachbarten Kontakt weder der Strom unterbrochen noch Windungen kurzgeschlossen werden. Die Schalteinrichtung muß also dieselbe Bedingung erfüllen wie ein Akkumulatoren-Zellenschalter und wird auch von ähnlicher Konstruktion sein.

Regelung durch Zusatztransformatoren

Derartige Transformatoren mit abschaltbaren Windungen sind im allgemeinen nicht beliebt. Es wird meist vorgezogen, die Regelung besonderen Apparaten zuzuweisen. Solche Apparate sind die Zusatztransformatoren, die auch Regeltransformatoren genannt werden; sie lassen sich mit den in Band I, Tafel 6, Fig. 15 und 16 gezeichneten Fernleitungsdynamos vergleichen.

Fig. 9] Fig. 9 zeigt das Grundschema solcher Transformatoren, wie sie zuerst von Stillwell und Kapp angegeben worden sind, und zwar in verschiedener Anordnung für Einphasenstrom. Die beiden Wicklungen sind in der Figur als auf denselben Eisenkern gewickelt anzunehmen, so daß die elektromotorischen Kräfte in beiden dieselbe Richtung haben. Es ergibt sich daraus, daß in der Schaltung von Fig. 9a die Spannung — von links nach rechts gesehen — erhöht, in Fig. 9b erniedrigt wird. Ebenso findet in Fig. 9c eine Spannungserhöhung in derselben Richtung, in Fig. 9d eine Erniedrigung statt. Die Figuren 9a und 9d, und ebenso die Fig. 9b und 9c stellen das Spiegelbild voneinander dar und können nur dann als etwas Verschiedenes aufgefaßt werden, wenn man den Generator immer an derselben Seite, sagen wir links, wie es oben schon vorausgesetzt war, annimmt.

Wir erkennen, daß wir das Schema von Fig. 9a und Fig. 9d schon unter anderem Namen und in etwas anderer Darstellung kennen gelernt haben, nämlich auf Tafel 6 in Fig. 32 als das Schema eines Spartransformators.

Fig. 10] Die für Einphasenstrom gezeichneten Schemata lassen sich leicht in solche für Drehstrom umändern; man braucht nur je drei Transformatoren eines Schemas zum Dreieck oder zum Stern miteinander zu verbinden. Von den hierdurch entstehenden Schaltungen ist in Fig. 10 die aus Fig. 9c abgeleitete Sternschaltung gezeichnet.

Bei den Dreieckschaltungen ändert sich durch die Transformierung der Netzewinkel (siehe S. 38 ff.), was im allgemeinen als Nachteil empfunden werden wird. Bei der offenen Dreieckschaltung (mit nur zwei Eisenkernen) läßt sich das vermeiden, wenn man die Zusatzwindungen an die offenen Enden der Wicklungen anschließt, doch ist dann das mittlere Potential auf beiden Seiten des Transformators nicht mehr dasselbe.

Die Grundschemata sollen nunmehr für die praktische Anwendung ergänzt werden:

Fig. 11] Der in Fig. 11 gezeichnete Zusatztransformator zeigt eine Vereinigung von Fig. 9a und 9b, insofern sich nämlich die Spannung erhöhen und erniedrigen läßt, je nachdem der Schalthebel, sei es von Hand oder selbsttätig, auf der oberen oder unteren Kontaktreihe bewegt wird. Der Hebel muß natürlich mit der oben (auf S. 60,0, am Ende der diesen Abschnitt B einleitenden Erklärungen) erwähnten Vorrichtung zur Verhütung von Stromunterbrechung und Kurzschluß versehen sein.

---

[1]) Siehe auch E. T. Z. 1906, S. 676.

Statt wie in Fig. 11 zwei (in der Mitte verbundene) sekundäre Wicklungen anzubringen, kann man auch mit einer auskommen, die man mit einer passenden Schalteinrichtung so anschließt, daß sie sowohl zur Erhöhung als zur Erniedrigung der Spannung dienen kann.

Fig. 12] Eine Vorrichtung, bei der Stromunterbrechung und Kurzschluß vermieden werden, ist in Fig. 12 an einem nur für Spannungserhöhung bestimmten Zusatztransformator gezeichnet[1]). Von den beiden Hilfsschienen *HS* ist die eine unmittelbar, die andere über eine durch *S* kurzschließbare Drosselspule *DS* mit der Leitung verbunden. Die Spannung steigt, wenn der Schalter zwischen den beiden von 1 bis 14 numerierten Kontaktreihen nach oben bewegt wird. Zur Änderung der Spannung müssen zwei nebeneinander liegende Kontaktstücke benutzt werden. Der Vorgang ist etwas verschieden, je nachdem man auf einen geradzahlig oder ungeradzahlig numerierten Kontakt übergeht. Der Kontakt 4 sei geschlossen, dann muß im Betriebe auch *S* geschlossen sein. Soll nun die Spannung gesteigert werden, so wird zuerst *S* geöffnet, danach der Kontakt bei 5 geschlossen und schließlich der bei 4 geöffnet. Für eine weitere Spannungsteigerung wäre zunächst Kontakt 6 zu schließen, danach 5 zu öffnen und schließlich *S* zu schließen. Die Schalter sind auf einer Welle so angeordnet, daß die Reihenfolge der Schaltungen bei Drehung einer Kurbel sich von selbst richtig vollzieht.

Fig. 13] Ein Zusatztransformator mit Regelung an der Hochspannungsseite ist in Fig. 13 dargestellt. Die Schaltung entspricht dem Grundschema von Fig. 9b; bei Abwärtsbewegung des Kontaktstückes nimmt die Spannungsverminderung zu. Diese Anordnung hat den Vorteil, daß sich das regelnde Schaltstück nicht in der die Energie übertragenden Leitung befindet, sondern in einer Abzweigung. Die Anordnung ist infolgedessen betriebssicherer als die vorigen und ist vorzuziehen, wenn nicht eine zu hohe Spannung es verbietet.

Es sind auch Zusatztransformatoren ausgeführt worden, bei denen Windungen sowohl an der Hochspannungs- als an der Niederspannungsseite abschaltbar sind, so daß also in außerordentlich feinen Abstufungen geregelt werden kann.

Fig. 14 und 15] Den Vorzug, daß in der Leitung sich kein Schaltstück befindet, das zu einer Unterbrechung der Energieübertragung Anlaß geben könnte, haben auch die folgenden beiden Anordnungen; es wird bei ihnen überdies der noch im vorigen Falle nötige Schalthebel in der Abzweigung und sogar jeder bewegliche Anschluß vermieden. In Fig. 14 wird durch Bewegung des Eisenkerns die Zahl der magnetisierenden Windungen verändert; die den Eisenkern nicht mehr umschließenden Windungen wirken lediglich als Drosselspule. In Fig. 15 bleibt die Zahl der magnetisierenden Windungen stets unverändert, es wird aber die Drosselwirkung einer in den Primärkreis eingeschalteten Drosselspule durch Veränderung des Luftspaltes im Eisenwege vermehrt oder vermindert. Der Eisenkreis des Zusatztransformators ist bei dieser Anordnung durch einen kleinen Luftspalt unterbrochen, während der Eisenkreis der Drosselspule sehr vollkommen geschlossen werden kann. Hierdurch wird erreicht, daß bei geschlossener Drosselspule nahezu die volle Spannung abgedrosselt, also keine Zusatzspannung erzeugt wird[2]).

Beide Einrichtungen entsprechen dem in Fig. 9a dargestellten Grundschema. Wollte man die Schaltung nach Fig. 9b umändern, also auf Spannungsverminderung schalten und dann im Betriebe die Spannungsverminderung, wie es bei Belastungserhöhung nötig wäre, in der eben beschriebenen Weise durch Verkleinern des Luftspaltes im Kerne der Drosselspule wieder aufheben, so würde sich ergeben, daß die in den Figuren starkgezeichneten Wicklungen als Drosselspulen im Stromkreise liegen. Da deren drosselnde Wirkung bei konstanter Frequenz direkt proportional dem Produkte $J \cdot L$ ($L =$ Induktivität der Drosselspule, $J =$ Stromstärke) ist, der Strom aber mit wachsender Belastung immer größer wird, so werden immer größere Teile der Spannung abgedrosselt, also gerade das Gegenteil von dem erreicht, was erreicht werden sollte.

Die hiermit beschriebenen Einrichtungen können natürlich gemäß den in Fig. 9 gezeichneten Grundschemata variiert werden, soweit die zuletzt gemachte Bemerkung nicht einschränkt; insbesondere soll darauf aufmerksam gemacht werden, daß sie sich, wiederum mit den aus Fig. 9 abgeleiteten Varianten, auch für Drehstrom ausbilden lassen. Diese natürlich praktisch oft nötigen Schaltungen für Drehstrom lassen sich aus den gegebenen Abbildungen so leicht ableiten, daß von ihrer Darstellung hier abgesehen werden konnte.

---

[1]) Schalteinrichtung der E.-G. Alioth in Münchenstein-Basel; siehe E. T. Z. 1906, S. 263.

[2]) Die Anordnung stammt von Siedek und ist in der Hochspannungsanlage für Karlstadt angewendet; siehe Zeitschrift für Elektrotechnik und Maschinenbau (Wien) 1908, S. 981.

Fig. 16] Eine besondere Art von Zusatztransformatoren, bei der die primäre oder sekundäre Spule, oder auch nur ein Eisenkern innerhalb eines dem Ständer eines Motors ähnlichen Magnetsystems verdreht wird, sind die unter dem Namen der Induktionsregler bekannt gewordenen Zusatztransformatoren. Der einfachste von ihnen ist in Fig. 16 abgebildet.

Die primäre Wicklung befindet sich in zwei Teilen auf dem Ständer, die sekundäre auf dem drehbaren Eisenkerne, der als Läufer bezeichnet werden kann und durch ein Schneckengetriebe mit Handrad oder selbsttätig verdreht wird. Wir haben also dieselbe Schaltung wie bei Fig. 9, mit dem Unterschiede, daß primäre und sekundäre Spule auf verschiedenen, gegeneinander verdrehbaren Schenkeln des Eisengestelles sitzen. Einer in den beiden primären Spulen von oben nach unten gerichteten Klemmenspannung entspricht also eine ebenfalls von oben nach unten gerichtete Zusatzspannung. Die Spannung wird demnach bei der in Fig. 16 gezeichneten Stellung des Läufers erhöht, wie es in Fig. 9a der Fall war. Durch eine Verdrehung des Läufers um 180° erhalten wir die Verhältnisse von Fig. 9b, also eine Spannungserniedrigung. Bei wagerechter Lage des Läufers tritt gar kein Kraftfluß durch die sekundäre Spule, die Zusatzspannung ist gleich Null, und bei jeder Zwischenstellung ist die Induktion kleiner als bei einer der beiden senkrechten Stellungen. Während also die Zusatzspannung bei den in Fig. 11 bis 13 gezeichneten Zusatztransformatoren durch Veränderung der Windungszahl geändert wurde, wird sie hier durch Veränderung des durch die sekundäre Spule tretenden Kraftflusses geändert. Die Wirkung ist insofern der des in Fig. 14 gezeichneten Apparates ähnlich.

Zur Stromzuführung zum Läufer bedarf es keiner Schleifringe, sondern es genügen bewegliche Kabel, da der Verdrehungswinkel höchstens 180° beträgt.

Die Figur soll natürlich nur die Bedeutung einer schematischen Darstellung haben und soll nicht ein Vorbild für die konstruktive Ausbildung sein. Für eine solche wäre es bedenklich, den Anker der Figur gemäß einzurichten, nämlich so, daß der magnetische Widerstand bei verschiedenen Stellungen des Ankers sehr verschieden groß ist; das läßt sich durch Anwendung eines Ankers mit gleichmäßig verteiltem Eisen vermeiden. Eine erwähnenswerte Abänderung besteht ferner darin, daß sowohl die primäre als die sekundäre Spule, und zwar um 90° gegeneinander versetzt, auf den Ständer aufgewickelt sind, während der Läufer nur in einem Eisenstück besteht, das je nach seiner Stellung den Kraftfluß verschieden durch die sekundäre Spule hindurchleitet.

Fig. 17] In dem folgenden Schema ist die primäre und ein Teil der sekundären Wicklung auf dem Läufer aufgebracht; der andere Teil der sekundären Wicklung liegt auf dem Ständer, und zwar auf jeder Seite ebensoviel Windungen wie auf dem Läufer. Der von der primären Spule herrührende induzierende Kraftfluß tritt in der gezeichneten Stellung des Läufers durch den beweglichen Teil der sekundären Spule im einen Sinne, durch den festen Teil je zur Hälfte im entgegengesetzten Sinne; die Induktionswirkung hebt sich also auf, und die Zusatzspannung ist Null. Nach einer Drehung um 180° ist die Induktionsrichtung nur im feststehenden Teile der sekundären Spule umgekehrt; die in beiden Teilen induzierten elektromotorischen Kräfte unterstützen sich also, und die Zusatzspannung arbeitet mit ihrem maximalen Betrage der Stromrichtung entgegen. Jeder Zwischenstellung entspricht eine geringere Spannungserniedrigung. Selbstverständlich kann auch eine Spannungserhöhung erreicht werden; es brauchen nur die Anschlüsse einer der beiden Bewicklungen des Läufers vertauscht zu werden[1]).

Fig. 18] Fig. 18 zeigt die Anordnung eines Zusatztransformators für Drehstrom nach dem Vorbilde von Fig. 16 mit dem Unterschiede, daß der Läufer die primäre, der Ständer die sekundäre Bewicklung trägt. So hätte auch der Transformator in Fig. 16 ohne erheblichen Nachteil oder Vorteil — im allgemeinen zieht man es vor, die höhere Spannung auf dem festen Teile unterzubringen — ausgebildet werden können. Für den Drehstrom ergibt sich in der gezeichneten Anordnung der Vorteil, daß nur drei bewegliche Stromzuführungen zum Läufer erforderlich sind, während es im umgekehrten Falle sechs sein müßten. Ist die Primärspannung höher, als daß man sie in beweglichen Leitungen leiten möchte, so steht natürlich das Mittel, sie durch einen Transformator zu vermindern, zu Gebote (vgl. Fig. 20).

Die primären Ströme erzeugen ein Drehfeld, das in den sekundären Wicklungen elektromotorische Kräfte induziert, die in der Phase um 120° voneinander abweichen. Sind diese elektromotorischen Kräfte in gleicher Phase mit den auf die Leitungen wirkenden Spannungen, so ist die Zusatzspannung

---

[1]) Dieser Zusatztransformator ist von E. W. Cowan für einen besonderen Zweck vorgeschlagen worden; E. T. Z. 1903, S. 777.

positiv, die Spannung wird erhöht. Durch eine Verdrehung des Läufers um 180⁰ werden die induzierten Spannungen in den festen Sekundärspulen ebenfalls um 180⁰ verschoben, die Zusatzspannung also vermindert; einer Zwischenstellung entspricht eine Phasenverschiebung der Zusatzspannung gegenüber der Hauptspannung zwischen 0⁰ und 180⁰. Die Spannung wird also nicht wie früher durch Veränderung des Betrages der Zusatzspannung bei gleichbleibender Phase geändert, sondern durch Veränderung der Phasenverschiebung bei gleichbleibender Zusatzspannung; es wird also der sog. Netzewinkel verändert, der oben bei der Betrachtung der Transformatorschaltungen (S. 38 ff.) eingeführt worden war.

Es leuchtet ein, daß zwischen Läufer und Ständer ein starkes Drehmoment entstehen muß; dem muß auf irgendeine Weise das Gleichgewicht gehalten werden, etwa durch Anwendung einer selbstsperrenden Schnecke, oder dadurch, daß man die Läufer zweier gleichgroßer Apparate mit entgegengesetztem Drehmoment auf dieselbe Welle setzt.

In der Ausführung ähnelt der besprochene Zusatztransformator durchaus einem Drehstrommotor; für die Zeichnung mußte eine andere Darstellung gewählt werden.

Fig. 19] Der gleiche Zusatztransformator für 6 Phasen ist in Fig. 18 dargestellt. Eine derartige Ausbildung wird nötig, wenn die Spannung zwischen einem 6phasigen Umformer und seinem Transformator geregelt werden soll[1]); siehe Tafel 6, Fig. 15 bis 20.

Fig. 20] In Fig. 20 ist die Verwendung eines Zusatztransformators mit drehbarem Eisenkern für einen besonderen Fall dargestellt: Die Energie eines Drehstromwerkes — die an die Sammelschienen angeschlossenen Generatoren sind nicht gezeichnet — soll zeitweilig von der Energie einer fernen Wasserkraft unterstützt werden. Zum Ausgleich des Spannungsverlustes bei verschiedener Stärke der Energieentnahme ist zwischen die Sammelschienen und die Niederspannungsseite des Transformators der Fernleitung ein Zusatztransformator eingeschaltet. Um auf dem bewegten Teile des Zusatztransformators recht niedrige Spannung zu haben, ist die Spannung für diesen noch einmal transformiert, wie es in der Beschreibung zu Fig. 18 schon angedeutet wurde. Die Verbindung des Kraftwerks mit der Fernleitung kann natürlich erst nach Synchronisierung erfolgen.

Regelung durch Zusatzmaschinen und Ausgleichmaschinen

Es ist schon erwähnt worden, daß die Zusatztransformatoren sowohl mit Regelung von Hand als mit selbsttätiger Regelung verwendet werden. Beide Verfahren haben den oben auf S. 51,u geschilderten Nachteil großer Trägheit. Dieser Nachteil kann besonders empfindlich werden, wenn die Zusatztransformatoren am Ende einer Fernleitung im Verbrauchsgebiet aufgestellt sind; sie können dann wegen der Verluste in dieser Leitung den bei stark und schnell schwankenden Belastungen gestellten Ansprüchen nur schwer genügen. Man kann in solchem Falle zum Schnellregler im Kraftwerk greifen, um, wie früher die Schienenspannung, so jetzt die Spannung am Ende der Fernleitung konstant zu halten, worauf schon bei der Besprechung des Schnellreglers (S. 56,m) hingewiesen ist. Dabei wird unter Umständen auch die Aufstellung eines besonderen Generators für das starke Belastungsschwankungen aufweisende Verbrauchsgebiet nicht gescheut.

Bei langen Fernleitungen genügt dieses Verfahren aber oft nicht, und um die Schnellregelung auch im Verbrauchsgebiet verwerten zu können, bleibt natürlich nichts übrig als dort, also in Unterwerken, auch Maschinen aufzustellen. Das grundsätzlich Einfachste wäre die Aufstellung eines Motor-Generators (vgl. hierzu Tafel 6, Fig. 40 u. 41, und S. 50), auf dessen Generator ein Schnellregler einwirkt. Hiermit wäre der Nachteil verbunden, daß man die ganze Energie umformen müßte, vielleicht lediglich um die Benutzung des Schnellreglers zu ermöglichen. Allerdings erzielt man dabei durch Anwendung eines Synchronmotors außer dem bekannten Vorteil der Möglichkeit einer Phasenregelung den Vorteil, daß die Spannungsschwankungen am Ende der Fernleitung, mögen sie auch noch so groß sein, keinen Einfluß auf die sekundäre Spannung des Motorgenerators haben; denn die Geschwindigkeit bleibt ja an die Frequenz der primären Anlage gebunden.

Ein anderes Verfahren empfiehlt Knapp[2]) in der Aufstellung eines Synchronmotors, dessen Erregung wiederum mit dem Schnellregler auf konstante Klemmenspannung geregelt wird. Der

---

[1]) Über einige in Anlagen verwendete Zusatztransformatoren siehe außer den schon erwähnten Stellen E. T. Z. 1902, S. 666; E. T. Z. 1907, S. 984. — Über automatische Antriebe siehe E. T. Z. 1909, S. 872 und 1213.

[2]) Siehe O. Knapp, »Spannungsregulierung in ausgedehnten Kraftübertragungsanlagen mittels Tirrill-Regulatoren und dynamischen Kondensatoren«, E. T. Z. 1904, S. 923.

Motor hat also nur die Aufgabe, die Spannung konstant zu halten, ohne sonst eine Arbeit zu leisten. Er erfüllt diese Aufgabe dadurch, daß er die Phasenverschiebung zwischen Strom und Spannung in der bekannten Weise, aber jetzt zu dem anderen Ziele, dem Einfluß des Schnellreglers folgend, verändert.

Fig. 21] Ein weiteres Verfahren ist in Fig. 21 dargestellt; es ist von Hinden[1]) angegeben. Ein Synchronmotor *SM* treibt einen Zusatzgenerator *ZG*, dessen Spannung von einem Schnellregler beeinflußt wird; die Spannung kann von beinahe Null bis zu einem höchsten Werte verändert werden. Die Wicklungen des Zusatzgenerators sind in Stern verbunden und mit den sekundären Wicklungen des Transformators in der Weise in Reihe geschaltet, daß eine gemeinsame Sternschaltung entsteht, deren Sternpunkt im Generator liegt. Die Spannungen des Generators addieren sich also (gleichphasig) zu denen des Transformators. Der Schnellregler sorgt für konstante Klemmenspannung an den Klemmen des letzteren oder an einem fernen Punkte. Statt in dieser Weise zu schalten, also auf Leerlaufspannung zu regeln, kann man den Zusatzgenerator auch so anschließen, daß seine Spannungen denen des Transformators entgegengesetzt gerichtet, also um π gegen sie verschoben sind. Damit dann die sekundäre Spannung bei verschiedenen Belastungen konstant sei, muß die von *ZG* gelieferte Gegenspannung mit zunehmender Belastung abnehmen. Der Schnellregler muß also dann auf die Spannung bei Vollast eingestellt sein. Die Erregermaschine des Zusatzgenerators kann natürlich nicht etwa auch zur Erregung des Synchronmotors benutzt werden; für diesen muß noch eine besondere Gleichstromquelle — in der Figur ist es eine Maschine — vorhanden sein. Durch passende Einstellung des Widerstandes *R* kann der Synchronmotor in bekannter Weise zur Phasenregelung benutzt werden, wenn er so groß ist, daß er auch bei größter Belastung des Zusatzgenerators noch nicht voll belastet ist.

Die Figur ist rein schematisch gehalten; für betriebsmäßige Einrichtung sind einige Ergänzungen (durch Schalter, Synchronisiervorrichtung u. a.) nötig. Es mag auch auf die Zweckmäßigkeit einer Kurzschlußvorrichtung für den Zusatzgenerator hingewiesen werden.

Fig. 22] Eine gleichfalls von Hinden angegebene Einrichtung zur selbsttätigen Regelung der Spannung, die aber ohne Schnellregler arbeitet, ist in Fig. 22 dargestellt. Ein Zusatzgenerator *ZG* ist gerade so geschaltet wie in dem vorigen Schema; er sitzt mit einem Drehstrom-Gleichstrom-Umformer und einer Erregermaschine auf derselben Welle. Der Umformer dient gleichzeitig als Motor zum Antrieb des Maschinensatzes. Auf die Erregerwicklungen des Zusatzgenerators wirken zwei entgegengesetzt gerichtete elektromotorische Kräfte, nämlich die des Umformers und die der Erregermaschine. Die Erregerströme seien so eingestellt, daß bei voller Belastung, also dann, wenn die an den Enden der Fernleitung vorhandene und auf den Umformer wirkende Spannung am kleinsten ist, die beiden elektromotorischen Kräfte sich gerade aufheben. Die Spannung der Zusatzmaschine *ZG* ist dann gleich Null. Nimmt die Belastung nun ab, so steigt die Klemmenspannung am Umformer und damit seine Gleichstromspannung, die nunmehr unter Überwindung der von der Erregermaschine gelieferten Spannung einen Strom (in der Figur von links nach rechts) durch die Erregerwicklung der Zusatzmaschine sendet. Der Strom durchfließt nun noch eine zweite Erregerwicklung der Erregermaschine, und zwar in dem Sinne, daß deren Spannung vermindert, der Erregerstrom der Zusatzmaschine also noch größer wird. Die Spannung der Zusatzmaschine arbeitet jetzt der im Transformator erzeugten entgegen, ist also bestrebt, die sekundäre Klemmenspannung in der Höhe der Vollastspannung konstant zu halten. Mit dem Widerstande *r* kann die Höhe der maximalen Zusatzspannung eingestellt werden; durch Änderung der Erregung des Synchronmotors vermittelst des Widerstandes *R* kann man diesen wiederum zur Phasenregelung verwenden.

Über die Wirkungsweise der in Fig. 21 und 22 behandelten Regelmethoden ist in dem oben zitierten Aufsatze von Hinden Genaueres nachzulesen. — Im Anschluß hieran sei hier auch noch an die ähnliche Verwendung von Zusatzmaschinen in Gleichstromanlagen erinnert[2]).

Fig. 23] Die zuletzt beschriebenen Verfahren wären natürlich auch für Einphasenstrom anwendbar und dann insofern vollkommener, als bei Einphasenstrom nur e i n e Spannung vorhanden ist. Bei Drehstrom können die Belastungsverschiedenheiten noch auf Verschiedenheit der Spannungen der einzelnen Stränge wirken. Diese Verschiedenheiten auszugleichen, ist recht umständlich; man muß zu Regelwiderständen, Drosselspulen oder Zusatztransformatoren in den drei einzelnen Leitungen seine Zuflucht nehmen.

---

[1]) H. Hinden, »Spannungsregelung in Transformatorstationen«, E. T. Z. 1906, S. 401, 424. In diesem Aufsatze wird auch das Regeln mit Zusatztransformatoren (Induktionsreglern), die Knappsche Regelung u. a. behandelt.

[2]) Siehe Band I. Tafel 13, Fig. 2 bis 5.

Ein anderes Verfahren, bei dem eine Art Ausgleichsmaschine benutzt wird, gibt Radtke[1]) an; das Schema dazu ist in Fig. 23 abgebildet:

Die Anker dreier direkt gekuppelter Einphasenmaschinen sind derart angeordnet, daß die in ihnen erzeugten elektromotorischen Kräfte um normal 120^0 gegeneinander verschoben sind; sie werden an die Drehstromleitung in Dreieckschaltung angeschlossen. Sind die Spannungen der Drehstromanlage gleich groß und in der Phase um 120^0 gegeneinander verschoben, so laufen die drei Einphasenmaschinen als Einheit motorisch leer mit. Die Phasenverschiebung zwischen Klemmenspannung und Strom ist dabei in bekannter Weise von der Erregung abhängig, bleibt aber immer in den für den Motorbetrieb charakteristischen Grenzen. Da hier nur drei Synchronmaschinen gekuppelt sind, ist die Möglichkeit gegeben, durch relative Verdrehung des Ständers zum Läufer, den Vektor der elektromotorischen Kraft im einen Anker gegenüber der Klemmenspannung so zu verschieben, daß dieser Anker generatorisch wirkt. Die elektromotorischen Kräfte der beiden anderen Anker müssen dabei natürlich eine der größeren Motorleistung entsprechende Lage relativ zur Phase ihrer Klemmenspannungen annehmen. Dies tun sie von selbst, es kann aber auch durch eine Verdrehung ihrer Ständer in dem der ersten Verdrehung entgegengesetzten Sinne von außen gefördert werden. Man hat es also durch solche Einrichtungen zur Verdrehung der Ständer in der Hand, Energie aus einem oder zwei Strängen in zwei oder einen andern zu übertragen und dadurch die Spannung der drei Stränge bei Belastungsverschiedenheiten konstant zu halten, in ähnlicher Weise, wie es die Ausgleichmaschinen im Gleichstrom-Dreileitersystem bei passender Anordnung der Erregerwicklungen von selbst taten. Ein im gleichen Sinne selbsttätiger Ausgleich kann bei den Wechselstromanlagen nicht erreicht werden. Wohl aber läßt sich die oben angenommene Regelung von Hand ersetzen durch eine Regelung mit Hilfe von Motoren, deren Eingreifen durch an die Hauptleitungen angeschlossene Relais selbsttätig gemacht wird.

Steht der Ausgleichmaschinensatz am Ende einer Fernleitung, wie es in der Figur angenommen ist, so bietet er auch ein willkommenes Mittel, gleichzeitig die Phasenverschiebung so zu regeln, daß die Fernleitung von Blindströmen entlastet wird.

Tafel 8]

Abschnitt V

Pufferung in Wechselstromanlagen

Über Zweck und Notwendigkeit der Pufferung wurde in Bd. I, S. 42ff. ausführlicher berichtet. Zusammengefaßt kann hier wiederholt werden, daß die Puffereinrichtung im wesentlichen zwei Aufgaben zu erfüllen hat. Sie hat dafür zu sorgen:

1. daß die Spannungsänderungen einer Anlage mit schwankender Belastung möglichst klein werden, denn es ist ja bei Anlagen mit Parallelschaltung der Verbraucher wesentlich, daß die Energie dem Verbraucher stets unter konstanter Spannung zugeführt wird;

2. daß die Abweichungen von einer mittleren vom Generator gedeckten Netzbelastung, seien sie positiv oder negativ, hauptsächlich von der Puffereinrichtung übernommen werden, die Generatorbelastung sich dagegen möglichst wenig ändert.

Erfüllt eine Pufferanlage die zweite Forderung, so hat dies weiterhin zur Folge, daß der Generator für die gepufferte Anlage nur für die mittlere Leistung bemessen zu werden braucht. Würde man ihn für die den Belastungsstößen entsprechende Leistung bauen, so würde er größer und teurer werden.

Als Mittel, die Spannungsänderung zu vermindern und die Belastungsstöße von der Maschine fernzuhalten, also als Mittel zum Puffern einer Anlage, dienen bei Wechselstromanlagen ebenso wie bei Gleichstromanlagen Batterien und Schwungräder. Im folgenden sollen diese beiden Arten der Pufferung für sich getrennt besprochen werden, wobei es in der Natur der Sache liegt, daß die Behandlung der Batteriepufferung unter dem Gesichtspunkte der Schaltungsmöglichkeit einen bei weitem größeren Raum beansprucht als die Schaltung einer Anlage nur wenig beeinflussende Schwungradpufferung[2]).

---

[1]) A. A. Radtke, »A method of balancing the load on and improving the power factor of three-phase systems«, El. World 1908, Bd. 52, S. 577.

[2]) Die Schwungradpufferung ist erst mit der Entwicklung der Wechselstromanlagen ausgebildet worden, weil in diesen die Benutzung von Akkumulatoren erheblich umständlicher war als in Gleichstromanlagen. Damit rechtfertigt sich die Behandlung in diesem Bande.

A. Batteriepufferung

Daß es keine Akkumulatoren für Wechselstrom gibt, ist dem Wechselstrom lange Zeit mit Recht als ein Nachteil angerechnet worden. Der Vorteil, den die Akkumulatoren in Gleichstromanlagen bieten, nämlich daß sie eine, wenn auch höchstens nur einige Stunden vorrätige, doch sehr wertvolle Reserve darstellen, daß sie bei schnellen Belastungsschwankungen, als Pufferbatterien wirkend, die Belastungsstöße von den Maschinen fernhalten, und schließlich, daß sie u. a. bei den Belastungsverschiedenheiten während eines Tages in den Stunden des Höchstbedarfs diesen decken helfen, um zu anderen Tageszeiten Energie wieder aufzunehmen, daß sie somit eine Anlage bestimmter Leistung besser auszunützen und auch die Generatoren wirtschaftlicher arbeiten zu lassen gestatten, ist so groß, daß man schon frühzeitig bestrebt war, ihn auch den Wechselstromanlagen zuzuwenden.

Selbstverständlich erfordert die Verwendung der Akkumulatoren in Wechselstromanlagen mehr Umstände als in Gleichstromanlagen; denn die aus der Wechselstromanlage entnommene Energie muß immer erst in Gleichstrom, die aus der Batterie entnommene immer erst in Wechselstrom umgeformt werden.

Auf Tafel 8 sind Wechselstromanlagen mit Pufferbatterien behandelt. Hierbei werden die größten Anforderungen an die Schaltung gestellt. Sollen die Akkumulatoren nur zum Ausgleich der Tagesbelastung, d. h. zur Deckung der täglich vielleicht ein- oder zweimal auftretenden Belastungsspitzen dienen, so können die Schaltungen erheblich einfacher sein, denn dann sind alle Einrichtungen entbehrlich, die das Eingreifen der Batterie (Geladen- und Entladenwerden) selbsttätig machen. Solche Schaltungen zu zeichnen war nicht nötig, einerseits weil sie aus den gezeichneten ohne jede Schwierigkeit abgeleitet werden können, andererseits weil Anlagen dieser Art bisher kaum ausgeführt sind. — In allen Figuren ist nur das Notwendigste gezeichnet, nämlich das, was zur Erläuterung der zu beschreibenden Vorgänge erforderlich war; für diese Vorgänge unwesentliche Teile des Schemas, wie Anlaßwiderstände, Synchronisiervorrichtungen, Anschlüsse von Erregerkreisen u. dgl., sind weggelassen, selbst wenn sie für die Anlage als Ganzes unerläßlich sind. — In allen Zeichnungen ist Drehstrom angenommen; die Schemata gelten aber natürlich auch für Einphasenstrom.

Fig. 1 und 2] In Fig. 1 und 2 ist der für die Wirkungsweise der Akkumulatoren als Pufferbatterie in Wechselstromanlagen maßgebende Grundgedanke ausgesprochen: von dem Hauptgenerator oder der Antriebsmaschine sollen die Belastungsstöße abgehalten werden.

Fig. 1 ist das einfachste Beispiel dafür, wie mit Hilfe einer Batterie die Belastungsstöße von dem Hauptgenerator ferngehalten werden. Die Batterie ist durch einen Motorgenerator an die Sammelschienen angeschlossen; der Motorgenerator besteht aus einer synchronen Wechselstrommaschine und einer Gleichstrommaschine, von denen jede Motor oder Generator sein kann. Die bei Belastungsstößen der Batterie zu entnehmende Energie muß also durch den Pufferumformer hindurchgeleitet werden, nachdem sie vorher, als sie in die Batterie hineingeladen wurde, diesen Pufferumformer schon einmal passiert hatte; außerdem erleidet sie noch den Verlust in den Akkumulatoren. Der gesamte Arbeitswirkungsgrad der Puffereinrichtung in diesem Falle ist also

$$\eta = (\eta_w \cdot \eta_g) \cdot \eta_a \cdot (\eta_g \cdot \eta_w),$$

worin η_w η_g den Gesamtwirkungsgrad des Motorgenerators in seinen beiden Teilen, η_a den Wirkungsgrad der Batterie ausdrückt. Statt des Motorgenerators wäre es möglich, einen Einankerumformer zu verwenden; der Wirkungsgrad würde dadurch auf den Betrag

gehoben.

$$\eta = \eta_{w,g} \cdot \eta_a \cdot \eta_{g,w}$$

Fig. 2 ist das einfachste Beispiel dafür, wie mit Hilfe einer Batterie die Belastungsstöße von der Kraftmaschine ferngehalten werden. Man kann sich diese Figur aus der vorigen dadurch entstanden denken, daß jetzt der Wechselstromteil des Motorgenerators gleichsam mit dem Hauptgenerator vereinigt ist. Als Antriebsmaschine ist eine Dampfmaschine gedacht, doch kann natürlich auch jede andere Antriebsmaschine angenommen werden. Bei geringer Belastung des Netzes wird ein Teil der Leistung der Antriebsmaschine unmittelbar auf die Gleichstrommaschine übertragen und dadurch die Leistung der Antriebsmaschine auf ihrem normalen Werte erhalten. Bei starker Netzbelastung arbeiten Antriebsmaschine und Gleichstrommaschine gemeinsam auf die Wechselstrommaschine, die Antriebsmaschine wiederum mit der normalen, die Gleichstrommaschine mit veränderlicher Belastung. Ein erheblicher Unterschied gegenüber der Schaltung von Fig. 1 besteht also darin, daß jetzt nur die Antriebsmaschine auf möglichst gleicher Leistung gehalten wird, während der Hauptgenerator alle Belastungsänderungen mitmacht und somit an den Funktionen des Pufferumformers teilnimmt. In den unter Fig. 1 verstandenen Fällen dagegen erscheinen Antriebsmaschine und Hauptgenerator als eine Einheit, deren Belastung durch die Pufferwirkung der Batterie auf ungefähr gleicher Höhe gehalten wurde. Der Wirkungsgrad der Umformung ist in diesem Falle erhöht auf

$$\eta = \eta_\varepsilon \cdot \eta_a \cdot \eta_\varepsilon;$$

es ist allerdings dabei noch zu berücksichtigen, daß der mittlere Wirkungsgrad des Hauptgenerators infolge seiner Belastungsschwankungen geringer wird.

Auch in diesem Falle läßt sich der Gleichstromteil der Umformereinrichtung mit dem Wechselstromteil vereinigen; es wird dann der Hauptgenerator selbst zur Doppelmaschine, etwa in Gestalt eines Einankerumformers. Der Wirkungsgrad wird dadurch weiter vergrößert.

Bei Beurteilung des Wirkungsgrades ist im Auge zu behalten, daß die berechneten Werte immer nur Arbeitswirkungsgrade für diejenige Arbeit sind, die die doppelte Umformung durchmacht. Das ist bei Pufferbatterien immer nur ein kleiner Teil der gesamten von Generator und Pufferbatterie zusammen hergegebenen Arbeit — in Straßenbahnanlagen etwa 10 bis 20% —, so daß der Arbeitswirkungsgrad der Pufferung, bezogen auf diese Arbeit, trotz des kleinen Wirkungsgrades der Pufferung selbst doch in der Regel über 90% beträgt. Der Wirkungsgrad steht also der Verwendung der Akkumulatoren als Pufferbatterie nicht im Wege. — Bei Verwendung der Batterie zum Ausgleich der Tagesbelastung wird der auf die gesamte Arbeit bezogene Wirkungsgrad natürlich viel kleiner, ein Umstand, der wohl in erster Linie die Anwendung der Akkumulatoren in Wechselstromanlagen für diesen Zweck verhindert hat[1]).

Für den reinen Pufferbetrieb wird man die Maschinen so einzuregeln streben, daß bei der mittleren Netzbelastung die Akkumulatoren stromlos sind. Die von der Maschine gelieferte Gleichstromspannung hält also der der Batterie genau das Gleichgewicht. Dem Motorgenerator oder dem Umformer muß bei der mittleren Belastung stets Energie zur Deckung der Leerlaufverluste zugeführt werden. In allen Fällen treten also schon bei der normalen mittleren Belastung Verluste auf, und ehe die Batterie beginnen kann einzugreifen, müssen diese überwunden sein, d. h. in den durch Fig. 1 gekennzeichneten Fällen muß die Wechselstromzuleitung stromlos, in dem in Fig. 2 dargestellten Falle, die mechanische Beanspruchung des zur Gleichstrommaschine führenden Wellenteiles gleich Null geworden sein.

Bei der Frage nach der Geschwindigkeit des Eingreifens der Pufferbatterie wird es offenbar nicht so sehr auf den Wirkungsgrad als auf die Trägheit der rotierenden Massen ankommen; man erkennt bei der Beurteilung der beiden unter Fig. 1 gedachten Möglichkeiten — Motorgenerator oder Einankerumformer — im Hinblick hierauf leicht, daß der Einankerumformer wegen seines erheblich geringeren Trägheitsmomentes im allgemeinen den Vorzug verdient.

Entsprechend den in Fig. 1 und 2 gegebenen Grundschaltungen sollen jetzt zunächst die Pufferung der Generatoren und dann die Pufferung der Kraftmaschinen besprochen werden.

Pufferung der Generatoren

Fig. 3] Von dem Falle eines besonderen Pufferumformers wollen wir zunächst den ersten Fall, den Fall des Motorgenerators, betrachten und das Schema von Fig. 1 so umbilden, daß die Pufferbatterie in Verbindung mit dem Motorgenerator praktisch anwendbar wird.

Sinkt in einer Anlage nach Fig. 1 infolge eines Belastungsstoßes die Spannung an den Schienen, so kann durch diese Spannungsverminderung im Gegensatz zu dem Verhalten der Pufferbatterie bei Gleichstrom die Batterie noch nicht zum Eingreifen kommen, denn der Wechselstromteil des Motorgenerators ist eine Synchronmaschine und unter der Voraussetzung, daß der Generator im Kraftwerk mit konstanter Umdrehungszahl weiterläuft, ändert sich die Geschwindigkeit der beiden Maschinen nicht. Deshalb muß auch die Gleichstromspannung unverändert bleiben. Nun trifft freilich die Voraussetzung des Konstantbleibens der Frequenz nicht zu, vielmehr ist mit dem Belastungsstoß auch eine

---

[1]) Mitteilungen über den Wirkungsgrad einer ausgeführten Wechselstromanlage mit Pufferbatterie macht L. Schröder in der E. T. Z. 1907, S. 620.

Über die Vorteile von Akkumulatorbatterien in elektrischen Zentralen für Stadtversorgung werden von A. Löwit in einem Aufsatze »Akkumulatoren in Drehstromzentralen mit Dampfbetrieb« in der Zeitschrift für Elektrotechnik und Maschinenbau (1909, S. 231) Angaben gemacht und für einen besonderen Fall eine Ersparnis von 17% herausgerechnet.

Siehe ferner: Werkner, »Anwendung von Akkumulatoren in Gleichstrom- und Wechselstromzentralen«, Zeitschr. f. Elektrot. u. Maschinenbau (Wien) 1910, S. 93.

Geschwindigkeitsverminderung der Antriebsmaschine verbunden, die indirekt ein Eingreifen der Batterie veranlassen kann. Praktisch läßt man aber Frequenzschwankungen in solcher Größe, daß die Puffereinrichtung wirksam in Tätigkeit treten könnte, wegen der Empfindlichkeit mancher Verbraucher gegen Frequenzschwankungen nicht zu. Dazu kommt noch der weitere Grund, daß auch dann, wenn infolge der Geschwindigkeitsänderung der Antriebsmaschine die Pufferbatterie in Tätigkeit treten würde, die Belastungsverteilung noch nicht die gewünschte wäre. In allen diesen Fällen würde nämlich auch der Generator in erheblichem Maße zur Deckung der Überlast herangezogen werden, während man doch von einer wirksamen Puffereinrichtung verlangt, daß sie ganz von sich aus die Belastungsstöße deckt.

Aus diesem Grunde müssen Einrichtungen getroffen werden, die bewirken, daß die Puffereinrichtung rasch, und ohne daß der Generator viel von den Netzstößen zu spüren bekommt, in Tätigkeit tritt. Solche Einrichtungen sind in Fig. 3a und 3b dargestellt. In beiden Figuren, wie auch in allen folgenden, sind nur die Maschinen gezeichnet, die zur Puffereinrichtung gehören; man muß sich also die Schaltungen durch einen oder mehrere Hauptgeneratoren links von dem Pufferumformer ergänzt denken.

In Fig. 3a ist schematisch angedeutet, wie der Netzstrom durch eine Spule auf den Erregerstromkreis der Gleichstrommaschine in dem Sinne einwirkt, daß bei einer Belastungsvergrößerung der Erregerstrom verkleinert, bei einer Belastungsverminderung vergrößert wird. Im ersteren Falle wird also die elektromotorische Kraft der Maschine verringert, so daß die der Batterie überwiegt und die Batterie sich entlädt, im letzteren Falle ist es umgekehrt. Die Spule ist als Stromspule gezeichnet; an ihre Stelle würde besser ein von der Leistung beeinflußter Apparat gesetzt. Der Einfachheit wegen aber ist hier wie auch in den folgenden Schemata stets nur der Fall einer Beeinflussung durch den Strom angenommen.

In Fig. 3b, die nur den Gleichstromteil der Puffereinrichtung wiederholt, ist eine Einrichtung gezeigt, bei der der Tirrillregler (an dessen Stelle natürlich ein anderer Schnellregler treten kann) verwendet wird. Der Schnellregler soll in diesem Falle nicht eine Spannung, wie es bei den Beschreibungen zu Tafel 7 in der Regel angenommen war, sondern er soll einen Strom oder eine Leistung, nämlich Strom oder Leistung des Hauptgenerators konstant halten. Die Spule S_w muß also von einem dem Strome des Hauptgenerators (oder der Hauptgeneratoren) abhängigen Strome durchflossen werden; in der Figur ist angenommen, daß sie an die Sekundärklemmen eines in die Generatorleitung geschalteten Stromwandlers angeschlossen ist.

Aus den auf S. 51 ff. gegebenen Beschreibungen zu Tafel 7 ist bekannt, wie der Schnellregler seine Aufgabe, eine bestimmte Größe konstant zu halten, durch Beeinflussung der Erregung einer Maschine erfüllt. Es bedurfte deshalb hier nur einer zeichnerischen Andeutung, um die Wirkungsweise des Schnellreglers klar zu machen.

Die beiden in Fig. 3 gezeichneten Schaltungen unterscheiden sich also wesentlich nur insofern, als in Fig. 3a die Regelvorrichtung von dem veränderlichen Verbraucherstrome (oder -leistung), in Fig. 3b von dem konstant zu haltenden Generatorstrome (oder -leistung) beeinflußt wird. Für den zweiten Fall können alle Einrichtungen verwendet werden, die astatisch ausgeglichen sind, bei denen also bei ein und demselben Betrage der zu regelnden Größe (hier des Stroms oder der Leistung der Generatoren) alle Einstellungen der Reglerteile möglich sind. Besonders erwähnt sei neben den Schnellreglern noch der Thurysche Regler, den wir schon in Band I auf Tafel 14 in seiner Anwendung zur selbsttätigen Geschwindigkeitsregelung der Turbinen kennen gelernt haben. Doch auch statisch ausgeglichene Regler, bei denen also verschiedenen Einstellungen der Reglerteile auch verschiedene Beträge der zu regelnden Größe entsprechen (vgl. Fig. 3a), können für den zweiten Fall verwendet werden, wenn sie nämlich so empfindlich sind, daß schon durch kleine Änderungen des Stromes oder der Leistung große Änderungen der Einstellung des Reglers hervorgerufen werden. Man muß dann aber natürlich von der Forderung konstanten Stromes oder konstanter Leistung der Generatoren absehen und eine geringe Änderung, um höchstens einige Prozente, zulassen.

Der Unterschied der beiden durch Fig. 3a und 3b gekennzeichneten Verfahren der Regelung, nämlich der Regelung durch den veränderten Strom (oder Leistung) oder durch den konstant zu haltenden Strom (oder Leistung), kommt hauptsächlich durch das Verhalten der Akkumulatoren bei Ladung und Entladung praktisch zum Ausdruck: Der vom Mittelwerte abweichende, z. B. angewachsene Strom nötigt die vorher stromlose Batterie zur Stromabgabe in einem bestimmten Betrage. Diese Beanspruchung der Batterie ändert sich nun aber mit der Zeitdauer der Entladung, weil sich die Batteriespannung ändert. Der Generator in Fig. 3a ist deshalb genötigt, nun doch wieder einen Teil des Mehrbedarfs im Netze zu übernehmen. Umgekehrt ist es bei einer Belastungsverminderung, und wir sehen, daß eine wirkliche Konstanthaltung der Generatorleistung wegen der Eigenschaften des Akkumulators nicht möglich ist. Wenn dagegen in der Schaltung nach Fig. 3b der mit der Zeit abnehmende Akkumulatorenstrom den Generator zu einer entsprechend größeren Leistung zu veranlassen sucht, so zwingt gerade diese Vergrößerung wieder den Regler einzugreifen und dadurch den Akkumulator wiederum stärker heranzuziehen, so daß die Generatorleistung praktisch konstant gehalten wird. Mit Rücksicht hierauf verdient also das zweite Verfahren den Vorzug vor dem ersten.

Fig. 4] Um bei Verwendung von Schnellreglern die durch die Reglerkontakte zu schaltende Energie möglichst zu verringern, kann man den Schnellregler nicht unmittelbar, sondern muß ihn unter Zwischenschaltung einer Erregermaschine auf den Gleichstromteil des Pufferumformers einwirken lassen; die Schaltung hierzu ist in Fig. 4 gezeichnet. Man vermeidet damit gleichzeitig auch die Pulsationen der Gleichstromspannung des Pufferumformers.

Die Erregermaschine kann direkt von der Welle des Motorgenerators aus oder etwa, wie in der Figur, von einem asynchronen Motor angetrieben werden, der unmittelbar oder, wenn nötig, unter Einschaltung eines Transformators an die Sammelschienen der Anlage angeschlossen ist. Der aus Asynchronmotor und Erregermaschine bestehende Maschinensatz ist natürlich sehr klein.

Die Zwischenschaltung der Erregermaschine gewährt nun noch die Möglichkeit, die Empfindlichkeit des Regelns zu steigern. Denn wenn man schon dem Gleichstromteil des Pufferumformers solche Abmessungen gibt, daß bei einer Änderung des Erregerstromes sich seine Spannung in stärkerem Grade ändert, so wird man selbstverständlich dieselbe Forderung an die Erregermaschine stellen. Die Einschaltung der Erregermaschine bewirkt also, daß die durch den Tirrillregler erreichte Änderung des Erregerstromes in verstärktem Maße auf den Gleichstromteil des Pufferumformers übertragen wird. Aus dieser Empfindlichkeitssteigerung erklärt es sich, daß die Verwendung einer Erregermaschine sich dann besonders empfiehlt, wenn statisch ausgeglichene Regelvorrichtungen an die Generatorleitung angeschlossen werden sollen. Denn dann müssen, wie wir oben (bei der Erklärung zu Fig. 3) gesehen haben, die Regelvorrichtungen sehr empfindlich sein.

Fig. 5] In Fig. 5a ist eine Schaltung mit der in Fig. 3a gezeigten Stromspule abgebildet, die vor jener den Vorteil hat, erheblich empfindlicher zu sein. Die Gleichstrommaschine trägt zwei Magnetwicklungen, die eine von einmal eingestelltem und dann unverändertem Strome durchflossen, die andere so in eine Brückenverzweigung eingeschlossen, daß ihr Strom unter der Wirkung der Stromspule von einem positiven Werte durch Null hindurch zu einem negativen geändert werden kann. Die gesamte Brückenschaltung, der diese Wicklung angehört, ist in Fig. 5b besonders herausgezeichnet. Der Haupterregerstrom wird so eingestellt, daß er bei der mittleren Netzbelastung die elektromotorische Kraft der Gleichstrommaschine hervorruft, die der elektromotorischen Kraft der Batterie das Gleichgewicht hält. Die zweite Wicklung ist bei diesem Betriebszustande stromlos; der Schalthebel am Widerstande W steht also in der Mitte. Steigt oder fällt die Belastung, so wird die zweite Wicklung im einen oder anderen Sinne vom Strome durchflossen, die Gesamterregung also geschwächt oder verstärkt und die Batterie entladen oder geladen.

In Fig. 5c ist eine etwas andere Brückenschaltung für die zweite Erregerwicklung gezeichnet: Die Wicklung besteht aus zwei Teilen, die stets von entgegengesetzten Strömen durchflossen werden, so daß ihre Gesamtwirkung bei der Mittelstellung des Kontaktes gleich Null ist, während bei jeder anderen Stellung die Wirkung der einen oder der anderen überwiegt.

Statt des Metalldrahtwiderstandes W kann man auch einen Kohlenplattenwiderstand nach Entz benützen; der »Entz-Regler«, Fig. 5d, besteht aus zwei Säulen übereinander geschichteter Kohlenplatten, von denen je eine Säule die eine Seite des Widerstandes W vertritt. Auf die Kohlenplatten übt ein doppelarmiger Hebel einen Druck aus, und zwar so, daß bei mittlerer Belastung der Anlage der Druck auf beide Säulen gleich stark ist, was durch eine Feder geregelt werden kann. Der Drehpunkt dieses Hebels befindet sich mitten zwischen den beiden Säulen, so daß die Verstärkung des auf die eine Säule wirkenden Druckes mit einer gleich großen Verminderung des auf die andere Säule wirkenden verbunden ist. Der Hebel steht unter dem Einfluß der Stromspule, seine Bewegung wird somit auf dieselbe Weise hervorgerufen, und er wirkt auch im selben Sinne wie der Hebel des vorher angenommenen Drahtwiderstandes, aber zuverlässiger, da das Schleifen eines Metallstückes über Kontaktknöpfe vermieden ist. Zur Speisung der Stromverzweigung greift man aus der Batterie nur eine gewisse Zahl von Zellen, etwa 20 für jede Seite, ab. Um eine ungleichmäßige Entladung der Batteriezellen zu verhindern, bringt man eine Umschaltvorrichtung an, durch die die Stromverzweigung leicht auf andere Zellen umgeschaltet werden kann.

Wegen der großen Empfindlichkeit dieser Brückenschaltung kann man sie auch statt durch den Belastungsstrom durch den Generatorstrom beeinflussen, wie es praktisch auch tatsächlich meist geschieht. Wir haben hier den auf S. 68,u erwähnten Fall einer statisch ausgeglichenen Regelvorrichtung mit großer Empfindlichkeit. Will man aber bei dieser Anordnung eine astatisch ausgeglichene Regelvorrichtung benützen, so eignet sich hierfür der an die Generatorleitung angeschlossene Thurysche Regler, der dann durch sein Klinkenwerk den Brückenwiderstand regelt.

Fig. 6] In Fig. 6 ist die Schaltung von Fig. 5 in derselben Weise verändert worden, wie es in Fig. 4 mit der in Fig. 3b gedachten Schaltung geschehen war: Die Regelvorrichtung wirkt unmittelbar auf die Erregung einer durch besonderen Motor oder von der Welle des Pufferumformers aus angetriebenen Erregermaschine und somit erst mittelbar auf den Gleichstromteil des Motorgenerators ein. Von den in Fig. 5 gezeichneten Anordnungen ist in dem Schema die durch Fig. 5c dargestellte benützt worden; es kann natürlich statt dessen auch die Anordnung von Fig. 5b, und in der einen oder anderen der Entz-Regler nach Fig. 5d verwendet werden, bei Beeinflussung durch den Generatorstrom auch der Thurysche Regler.

Fig. 7] War in den vorigen Schaltungen von Fig. 3 ab die zum Wirken der Pufferbatterie nötige Änderung der Gleichstromerregung dadurch selbsttätig hervorgerufen worden, daß der veränderliche Netzstrom oder der konstante Generatorstrom eine Regelvorrichtung im Erregerkreise bewegte, so findet in den nächsten Schaltungen die Beeinflussung der Gleichstrommaschine durch den Netzstrom grundsätzlich anders statt. Der Grundgedanke ist der, den in Gleichstrom umgeformten Netzstrom unmittelbar zur Erregung des Gleichstromteils des Motorgenerators zu verwenden.

Der in Fig. 7 gezeichnete, durch Stromwandler gespeiste Synchronumformer sei zunächst von gewöhnlicher Art. Würde dann der Gleichstromteil des Pufferumformers nicht auch von der Akkumulatorenbatterie aus erregt, so würde das Gegenteil von der beabsichtigten Wirkung erreicht werden; denn bei starker Netzbelastung wäre der Erregerstrom groß, während er klein sein müßte, und umgekehrt. Man muß also zu einer Gegenerregung greifen, derart, daß die dem Netzstrome entsprechende Zusatzerregung einer fest eingestellten Erregung entgegen wirkt. In dieser Form ist die Einrichtung zuerst angegeben worden[1]. Der Erregerumformer wird dabei zweckmäßig, wie es gezeichnet ist, mit dem Pufferumformer auf derselben Welle angebracht; man vermeidet dadurch Anlaß- und Synchronisiervorrichtung für den Erregerumformer.

Durch eine einfache Umänderung dieses Umformers kann der von ihm abgenommene Erregerstrom so geändert werden, daß er bei der mittleren Netzbelastung gleich Null ist, bei größerer Belastung im einen, bei geringerer im anderen Sinne anwächst, wie wir es schon bei der Brückenschaltung von Fig. 5 gehabt hatten. Der Maximalwert dieses Erregerstromes braucht nur halb so groß zu sein wie im vorher gedachten Falle des gewöhnlichen Erregerumformers, und auch der fest eingestellte Erregerstrom der Gleichstrompuffermaschine wird kleiner als vorher. — Die Zeichnung Fig. 7 gilt für beide Fälle. Zur Erklärung des zuletzt erwähnten Erregerumformers, der an den von Danielson[2] zur Kompoundierung von Wechselstrommaschinen angegebenen erinnert, diene folgendes:

Bekanntlich steht in einem Einankerumformer das durch den Drehstrom hervorgerufene Ankerfeld im Raume fest; die Verbindungslinie der Gleichstrombürsten liegt in der Achse dieses Feldes. Senkrecht dazu (eine zweipolige Maschine vorausgesetzt) steht die Achse des Erregerfeldes. Eine Drehung des Magnetgestelles während des Betriebes muß natürlich bei jedem gewöhnlichen Umformer auch eine Drehung der Achse des Ankerfeldes nach sich ziehen. Sitzt aber, wie es in unserer Schaltung der Fall ist, der Anker mit einem genügend kräftigen Synchronmotor auf einer Welle, so kann bei einer solchen Verdrehung das Ankerfeld nicht nachfolgen. Wir nehmen nun die Verdrehung hier um 90° vor, und zwar in der Richtung, daß Ankerfeld und Polfeld einander entgegen wirken; gleichzeitig mit dem Magnetgestell müssen auch die Bürsten um 90° verdreht werden.

Durch passendes Einregeln des Polfeldes wird nun für den Fall der mittleren Belastung das Polfeld gleich dem Ankerfelde gemacht, der Umformer liefert in diesem Falle also keinen Gleichstrom.

---

[1] D. R. P. 161805 (Ludwig Schröder); siehe auch: L. Schröder, »Anwendnng von Pufferbatterien bei Drehstrom«. E. T. Z. 1905, S. 1101 und 1906, S. 324.

[2] D. R. P. 95153 und E. T. Z. 1899, S. 38.

Ändert sich aber die Belastung, so überwiegt das Ankerfeld oder das Polfeld, und der zur Speisung der zusätzlichen Erregung des Pufferumformers entnommene Gleichstrom durchfließt seinen Stromkreis im einen oder im anderen Sinne. Wir wollen den Erregerumformer hiernach als Erregerumformer mit Differentialfeld bezeichnen.

Den Erregerumformer mit dem Pufferumformer auf eine Welle zu setzen ist natürlich nur angängig, wenn beide Wechselstrommaschinen gleiche Polzahl haben. Im anderen Falle muß die besondere Lage des Ankerfeldes zum Polfelde auf andere Weise, durch mechanische Verkuppelung mit passendem Übersetzungsverhältnis oder durch einen besonderen Synchronmotor erzwungen werden[1]).

Ist der Pufferumformer, also auch der Erregerumformer, außer Betrieb, so muß der Stromwandler für den Erregerumformer sekundär kurzgeschlossen sein, damit seine primären Windungen nicht als Drosselspulen wirken. Hierzu dient ein Schalter, der die Leitungen zwischen dem Erregerumformer und dem Stromwandler kurzschließt. Bei einer ausführlichen Darstellung des Schaltungsschemas hätte also außer der Synchronisiervorrichtung, den normalen Regel- und Anlaßwiderständen und Meßinstrumenten, dieser Kurzschlußschalter gezeichnet werden müssen. In den vom Erregerumformer gespeisten Erregerstromkreis muß beim Differentialfeldumformer außer einem Schalter ein polarisierter, also vom Nullpunkte nach beiden Seiten ausschlagender Strommesser eingeschaltet sein.

Fig. 8] Dieselbe Schaltung, aber mit mittelbarer Beeinflussung der Erregung durch eine Erregermaschine hindurch, ist in Fig. 8 gezeichnet. Der aus Erregermaschine und Erregerumformer bestehende Maschinensatz ist, wie es im vorigen Falle als eine mögliche Ausführung erwähnt war, mit einem Synchronmotor gekuppelt. Der Erregerumformer kann, genau wie im vorigen Falle, ein gewöhnlicher oder einer mit Differentialfeld sein.

Die Schaltung stellt also wiederum eine Entwicklung der vorangegangenen Schaltung dar, wie wir sie in den früheren, in Fig. 3 und 5 gezeichneten Fällen schon zweimal vorgenommen hatten. Die mittelbare Einwirkung durch eine Erregermaschine hindurch, die bei Verwendung des Tirrillreglers (wegen der kleineren Erregerenergie) unter Umständen wünschenswert war, und die bei der anderen Regelung (Fig. 6) dazu dienen konnte, die schon sowieso sehr empfindliche Brückenschaltung für Beeinflussung durch den Generatorstrom (oder -leistung) noch empfindlicher zu machen, wird hier (Fig. 8) den Erregerumformer für Beeinflussung durch den Generatorstrom vielleicht überhaupt erst anwendbar machen.

Fig. 9] In Fig. 1 sollte, wie in der Einleitung auf S. 66,u gesagt ist, der Fall der Anwendung eines Einankerumformers zur Pufferung mit verstanden sein.

Wendet man einen Einankerumformer an, so läßt sich die Gleichstromspannung nicht mehr regeln, da sie in einem unveränderlichen Verhältnis zur Wechselspannung des Umformers steht. Will man also die für die Pufferwirkung der Akkumulatoren notwendige Änderung der Gleichstromspannung erreichen, so muß hierzu eine außerhalb des Einankerumformers liegende Einrichtung vorhanden sein. In der Schaltung von Fig. 9 besteht diese Einrichtung in einer Gleichstrom-Zusatzmaschine, die, von einem Erregerumformer mit Differentialfeld erregt, nur bei einer von der mittleren abweichenden Netzbelastung Spannung liefert. Man kann den Unterschied der Anordnung gegenüber der in Fig. 7 gezeichneten etwa durch die Feststellung kennzeichnen, daß jetzt für jede der beiden Erregerwicklungen des Gleichstromteils des Pufferumformers ein besonderer Anker vorhanden ist, wobei die vom unveränderten Strome durchflossene Wicklung mit der Erregung des Wechselstromteils des Pufferumformers zusammenfällt.

Wendet man, wie es Schröder zunächst angenommen hatte, als Erregerumformer einen gewöhnlichen Umformer (also keinen Umformer mit Differentialfeld) an, so muß die Zusatzmaschine natürlich — vgl. die Erklärung zu Fig. 7 auf S. 70,m — noch mit einer zweiten Wicklung versehen sein.

Die Beeinflussung der Zusatzmaschine durch den Netz- oder den Generatorstrom kann offenbar auch durch die anderen, in den Fig. 3 bis 6 behandelten Verfahren vorgenommen werden, und zwar ist dies mit dem Verfahren von Fig. 5 und 6 ohne weiteres möglich, da auch bei diesem der Erregerstrom zwischen einem positiven und einem negativen Werte geändert wird. Bei Anwendung des Schnellreglers ist es ebenso wie bei Anwendung des gewöhnlichen Erregerumformers notwendig, die Erregerwicklung mit dem regelnden Strome in Gegenschaltung zu einer von konstantem Strome durchflossenen Erregerwicklung anzuwenden; es wird dabei die Aufstellung einer Erregermaschine wie in Fig. 4 nötig.

---

[1]) Siehe auch: M. Henke, »Die Drehstrom-Pufferanlage der Gewerkschaft Carlsfund in Groß-Rhüden«, E. T. Z. 1906, S. 1045.

Die Abhängigkeit der Gleichstromspannung von der Wechselspannung im Einankerumformer wird in der Regel zur Einschaltung eines Transformators zwischen die Sammelschienen und den Umformer nötigen. Die Wechselspannung des Pufferumformers ist dabei so zu wählen, daß die Akkumulatorenzellen eine bequeme Größe erhalten und ihre Zahl nicht übermäßig groß wird (in Deutschland ist für Pufferbatterien in Wechselstromanlagen die Spannung von 500 Volt ziemlich allgemein üblich, in Amerika die Spannung von 250 Volt). Will man die Gleichstromspannung, die wir hier von allen Schaltungen dieser Tafel zum ersten Male als eine konstante Spannung zur Verfügung haben, noch für andere Zwecke, etwa für eine Beleuchtungsanlage, verwenden, so kann sie und damit die Zahl der Akkumulatoren durch diese Zwecke bestimmt sein. In einem solchen Falle kann auch bei Anwendung eines Motorgenerators nach Fig. 1 bis 8 die Teilung der Gleichstromspannung durch eine Zusatzmaschine in einen konstanten und einen regelbaren Teil zweckmäßig sein.

Fig. 10] Die Schaltung von Fig. 10 ist der vorangegangenen ganz ähnlich; sie unterscheidet sich von dieser nur dadurch, daß die außerhalb des Umformers liegende Regeleinrichtung eine Wechselstrom-Zusatzmaschine ist. Es wird also jetzt die der Schienenspannung proportionale Wechselspannung in zwei Teile geteilt, von denen der eine zwischen einem positiven und einem negativen Werte regelt, der andere in dem synchronen Umformer in Gleichstromspannung umgeformt wird. Auch hier ist bei der mittleren Belastung die Zusatzspannung gleich Null.

Zwischen den (links gezeichneten) Schleifringen und dem Anker des Umformers liegen keine Bürsten oder sonstige schleifende Kontakte, so daß also die Zuführungen zur Zusatzmaschine im Gegensatz zur vorigen Schaltung fest sind; sie liegen etwa in der hohlen Welle des Maschinensatzes. Der Vorteil gegenüber der vorigen Schaltung, bei der die Zusatzmaschine einen gerade so großen Kommutator haben mußte wie der Umformer, ist nicht gering.

Von dieser Schaltung gilt dasselbe, was von der vorigen in bezug auf die Verwendung der anderen Regelvorrichtungen und der Einschaltung eines Transformators zwischen Sammelschienen und Umformer gesagt ist. Im Gegensatz zur vorigen Schaltung kann es unter Umständen als ein Mangel empfunden werden, daß keine konstante Gleichstromspannung zur Verfügung steht.

Bei Anwendung von Motorgeneratoren kann natürlich die Einschaltung einer Wechselstrom-Zusatzmaschine keinen Sinn haben, denn man könnte dadurch die Gleichstromspannung nicht verändern, also die Batterie überhaupt nicht zur Pufferung heranziehen.

Die Spannungsregelung von Umformern durch Wechselstrom-Zusatzmaschinen ist von Dobrowolsky angegeben[1]).

Fig. 11] In der Schaltung von Fig. 11a scheint der Fall der Anwendung eines Einankerumformers gezeichnet zu sein, den wir oben, in der Beschreibung zu Fig. 9, als unausführbar verworfen hatten: die Erregung des Umformers wird durch den Erregerumformer beeinflußt, augenscheinlich in der Absicht, die Gleichstromspannung zu ändern. Unter dem Symbole des Einankerumformers muß in dieser Figur also offenbar eine ungewöhnliche Maschine zu verstehen sein, ein Umformer, dessen Gleichstromspannung sich regeln läßt, ohne daß die Wechselspannung geändert wird; hierauf deutet auch die doppelte Erregerwicklung. In Fig. 11b ist diese eigenartige Maschine in der von Burnham angegebenen Ausführungsform gezeichnet; sie ist unter dem Namen Spaltpolumformer bekanntgeworden.

Die Wirkungsweise des Spaltpolumformers genauer zu beschreiben, ist hier nicht der Ort; der Umformer mußte als notwendige Ergänzung von Fig. 11a gezeichnet werden, damit diese Figur nicht unverständlich und in sich widerspruchsvoll wäre. Bei dem Burnhamschen Spaltpolumformer besteht jeder Pol (Fig. 11b stellt eine vierpolige Maschine dar) aus zwei Teilen, dem Hauptpol und dem Hilfspol; die Haupterregung H bleibt ganz oder fast ganz konstant, während die Hilfserregung h zwischen einem positiven und einem negativen Werte geändert wird. Genaue Überlegungen[2]) zeigen, daß die Änderung des Hilfsfeldes fast nur die Gleichstromspannung beeinflußt, während die Wechselspannung davon fast unberührt bleibt. Es beruht das darauf, daß das zwischen zwei benachbarten Gleichstrombürsten liegende, also die Gleichstromspannung erzeugende Feld stets gleich der algebraischen Summe von Haupt- und Hilfsfeld ist, während die beiden Felder auf die zwischen zwei Drehstromanschlüssen liegenden Windungen in der Weise induzierend einwirken, daß sich die induzierten Spannungen

---

[1]) D. R. P. 112064 (A.E.G.); siehe auch Zeitschr. f. Elektrot. u. Maschinenbau (Wien) 1908, S. 801.

[2]) Siehe J. L. Woodbridge, »Anwendung von Akkumulatorenbatterien zur Regelung in Wechselstromnetzen«, E. T. Z. 1909, S. 102, und Proc. of the Am. Inst. of El. Eng. 1908, Bd. 28, S. 949, sowie auch A. P. 873714 (Elektrot. u. Maschinenbau (Wien) 1908, S. 800).

graphisch zusammensetzen. Bedingung ist hierbei, daß die Wechselstromanschlüsse am Ankerumfange näher einander liegen als die Gleichstrombürsten, d. h., daß wir es wirklich mit Drehstrom und nicht mit Einphasenstrom zu tun haben. Es ist also hervorzuheben, daß der Spaltpolumformer Drehstrom voraussetzt.

Mit einem solchen Umformer haben wir es in Fig. 11a zu tun. Die an den Akkumulatorklemmen liegende Erregerwicklung stellt die Bewicklung der Hauptpole dar, die nur gelegentlich von Hand geregelt wird, die andere, an den Erregerumformer angeschlossene Bewicklung ist die der Hilfspole.

Als Erregerumformer ist ein Umformer mit Differentialfeld angenommen. Natürlich könnte auch die Regelvorrichtung nach Fig. 5, etwa mit dem Entz-Regler angewendet werden, um die Änderungen des Stromes in der Hilfserregung hervorzurufen.

Dem Spaltpolumformer wird nachgerühmt, daß er einen etwas größeren Wirkungsgrad habe als der gewöhnliche Einankerumformer, dabei aber weniger koste, leichter sei, weniger Platz beanspruche und eine schnellere Pufferung herbeiführe[1]). Gegenüber dem Motorgenerator müssen diese Vorteile natürlich noch mehr zur Geltung kommen.

Fig. 12] Durch die in Fig. 12 gezeichneten kleinen Skizzen soll andeutungsweise auf Verbesserungen aufmerksam gemacht werden, die der in den Schaltungen von Fig. 7 bis 11 verwendete Erregerumformer mit Differentialfeld erfahren hat. In Fig. 12a ist die Maschine nur dadurch verändert, daß zu der Fremderregung noch eine Selbsterregung hinzugefügt ist; bei der mittleren Netzbelastung ist der Strom in dieser zweiten Erregerbewicklung natürlich gleich Null, da keine Gleichstromspannung vorhanden ist; in jedem anderen Falle wird die Wicklung vom Strome durchflossen, und zwar jedesmal von einem Strome solcher Richtung, daß die Differenz zwischen Ankerfeld und Polfeld vergrößert, also die Gleichstromspannung und der dem Umformer entnommene Gleichstrom verstärkt wird. Somit ist durch die zweite Erregerwicklung die Empfindlichkeit vergrößert und die Regelung mit dem Erregerumformer für Anschluß an die Generatorleitung brauchbar gemacht, auch ohne Zwischenschaltung einer Erregermaschine. Man kann auch — und es ist praktisch geschehen —, um nur die Spannung bei Ladung der Batterie zu erhöhen, die Empfindlichkeit einseitig vergrößern, indem man in die zusätzliche Erregerwicklung eine Eisen-Aluminiumzelle einbaut, die den Strom nur in einer Richtung hindurchläßt.

Die Skizze von Fig. 12b unterscheidet sich von dem bisher benutzten Erregerumformer mit Differentialfeld dadurch, daß die schon vorhandenen beiden Bürsten kurz geschlossen, außerdem aber noch zwei Bürsten hinzugefügt sind, die gegen die ersten um 90⁰ verschoben sind, und von denen der Hilfserregerstrom abgenommen wird. Die Wirkungsweise dieser Neuerung ist folgende: Während früher das aus Polfeld und Ankerfeld resultierende Differentialfeld bei einer von der mittleren Netzbelastung abweichenden Belastung der unmittelbare Anlaß zu dem von den Gleichstrombürsten abgegebenen Strome war, verursacht jetzt dieses Differentialfeld nur einen Kurzschlußstrom zwischen denselben Bürsten. Dieser Kurzschlußstrom, der offenbar schon bei kleinem Differentialfelde beträchtliche Größe hat, ruft seinerseits ein verstärktes Feld hervor, dessen Achse in der Richtung der Bürsten liegt. Dieses Feld erst wird zur Erzeugung des Stromes für die Hilfserregung in den früher gezeichneten Schaltanordnungen benützt. Dazu ist natürlich ein zweites Bürstenpaar nötig, dessen Achse senkrecht zu dem entsprechenden Magnetfelde, also auch zu der Achse des ersten Bürstenpaares steht. Der der Maschine von diesen neuen Bürsten entnommene Gleichstrom strebt nun, das den Kurschlußstrom veranlassende Differentialfeld wiederum zu schwächen. Um dem entgegenzuarbeiten, wird der Strom durch eine besondere Wicklung um die Schenkel der Maschine geleitet. Man erreicht also durch die indirekte Erzeugung des regelnden Erregerstromes mit Hilfe des Kurzschlußfeldes auch mit dieser Erregermaschine große Empfindlichkeit, so daß man auch mit ihr die Regelung unmittelbar vom Generatorstrom aus vornehmen kann.

Der Umformer erinnert so sehr an die Rosenbergsche Maschine für konstanten Gleichstrom, daß man wohl annehmen muß, diese habe die Anregung zur Konstruktion des Umformers gegeben[2]).

Der Umformer hat ein vierpoliges Magnetgestell, was, wie bei der in Bd. I, Tafel 10, Fig. 8 bis 11 gezeichneten Dreileitermaschine, dadurch veranlaßt ist, daß auch für das zweite Bürstenpaar eine funkenfreie Zone geschaffen werden muß.

---

[1]) Siehe E. Eichel, »Amerikanische Umformerpraxis«, Elektr. Kraftbetr. u. Bahnen 1909, S. 208, sowie auch den schon oben angeführten Aufsatz von Woodbridge.

[2]) Nähere Angaben über den Hilfsumformer finden sich in dem auf der vorigen Seite angeführten Aufsatze von Woodbridge.

Pufferung der Kraftmaschinen

Wir kehren zu dem in Fig. 2 gezeichneten Grundschema zurück und wollen dieses und das dazu zu denkende, bei dem der Wechselstromgenerator gleichzeitig zur Abgabe oder Aufnahme von Gleichstrom ausgebildet ist, so ergänzen, daß die Batterie zur Wirkung kommen kann.

Der wesentliche Unterschied dieser beiden Fälle, die wir auf S. 66,u als dritten und vierten erkennen können, gegenüber dem ersten und zweiten besteht darin, daß jetzt in der Anlage keine Leitung vorhanden ist, die von der schon gleichmäßig gemachten Energie durchflossen wird. Hierdurch kommt es, daß von den für die ersten beiden Fälle entwickelten Regeleinrichtungen nur die anwendbar sein können, bei denen die Regelung durch den schwankenden Belastungsstrom hervorgerufen wird; es fallen also alle Schaltungen mit Schnellreglern weg; auch die im Text besonders erwähnten Anwendungen des Thuryschen Reglers sind nicht mehr möglich.

Gehen wir nach dieser Ausscheidung die für den ersten und zweiten Fall (Fig. 1) passenden Schaltungen von Fig. 3 bis Fig. 8 durch, so erkennen wir leicht, daß alle übrigbleibenden Schaltungen auch für den dritten Fall anwendbar sind.

In dem vierten Falle, in dem die beiden in Fig. 2 gezeichneten Anker durch einen einzigen ersetzt sind, werden wir wieder zu einer außerhalb der Maschine liegenden Einrichtung greifen müssen, nämlich zu einer Zusatzmaschine, um die zur Pufferwirkung der Akkumulatoren erforderliche Änderung der Gleichstromspannung hervorzurufen. Es ist aber jetzt von den beiden in Fig. 9 und 10 dargestellten Anordnungen offenbar nur die in Fig. 9 gezeichnete anwendbar. — Auch der Anwendung des Spaltpolumformers, der nunmehr zu einem Spaltpolgenerator geworden ist, steht nichts im Wege.

Etwas andere Bedingungen liegen vor, wenn die Antriebsmaschine, als die wir uns bisher eine Dampfmaschine gedacht hatten, ein Elektromotor ist, der etwa von einer Fernleitung gespeist wird, wenn also ein Fall vorliegt, wie er auf S. 63,u angenommen war. Dann steht nämlich wieder eine elektrische Leitung zur Verfügung, die von der durch die Regelung auf gleichmäßiger Höhe zu haltenden Energie durchströmt wird. Es sind deshalb dann auch wieder die Regelungsarten von der konstant zu haltenden Energie aus anwendbar.

Gemeinsame Pufferbatterie in Anlagen für Wechselstrom- und Gleichstromerzeugung

Fig. 13] Bei dem in Fig. 9 gezeichneten Schema waren wir darauf aufmerksam geworden, daß hier zum ersten Male der Gleichstrom mit konstanter Spannung, also in einer für die Verwendung ohne weiteres brauchbaren Form zur Verfügung stand. Wird in einer solchen Anlage Gleichstrom tatsächlich abgegeben[1]), so trägt die Anlage zu diesem Teile den Charakter einer Umformeranlage; solche Anlagen werden weiter unten (S. 77 ff.) ausführlich behandelt werden.

Es kann aber auch vorkommen, daß in einer Anlage außer Wechselstrom auch Gleichstrom erzeugt wird und eine gemeinsame Akkumulatorenbatterie für beide Anlagen dienen soll. Schaltungen für diesen Fall ergeben sich aus dem bisher Dargestellten ohne Schwierigkeiten; denn das gemeinsame Wirken der Batterie für beide Anlagen kann man jederzeit als ein getrenntes für jede derselben ansehen. Die bisherigen Schaltungen sind also nur durch Einrichtungen zu ergänzen, die dazu zu dienen haben, die Batterie auch zur Pufferung der Gleichstromanlage heranzuziehen.

Zur näheren Erläuterung, wie dies zu geschehen habe, soll das folgende Beispiel dienen. In demselben sind links von der Schaltung ein oder mehrere an die drei oberen Schienen angeschlossene Drehstromgeneratoren, und ebenfalls ein oder mehrere an die beiden unteren Schienen angeschlossene Gleichstromgeneratoren zu denken.

Der aus Motorgenerator, Akkumulatorenbatterie und Erregerumformer bestehende Teil des in Fig. 13 gezeichneten Schaltungsschemas gleicht genau dem in Fig. 7 gezeichneten Schema; die Anlage wirkt deshalb zu diesem Teil auch in genau gleicher Weise. Außerdem aber ist die Batterie, am einen Pole unmittelbar, am anderen Pole durch eine Piranische Puffermaschine hindurch, an die Gleichstromsammelschienen angeschlossen, und zwar in der in Bd. I, Tafel 5, Fig. 19 gezeigten Weise. Durch

---

[1]) Ein praktisches Beispiel einer solchen Anlage von besonderer Bedeutung — einer Bahnanlage — bringt Woodbridge in seinem in der E. T. Z. (1909, S. 102) abgedruckten Vortrage. Nach dem dort in Abb. 13 dargestellten Schema wird der in der Zentrale erzeugte Drehstrom in der ersten Unterstation einerseits in Gleichstrom umgeformt und als solcher verwendet, anderseits aber dient der Umformer auch in Parallelschaltung mit einer Pufferbatterie zum Ausgleich der Belastungsschwankungen der ganzen Anlage; zur Regelung der Pufferwirkung ist eine Gleichstrom-Zusatzmaschine verwendet. Es ist also eine Anlage, wie sie schematisch in Fig. 9 dargestellt ist.

diesen Teil der Schaltung wird also die Pufferbatterie für das Gleichstromnetz herangezogen. Die beiden Einrichtungen wirken fast ganz unabhängig voneinander; ist die Belastung des einen Netzes höher, die des andern niedriger als die mittlere, so unterstützen sich die beiden Generatoranlagen unter Umgehung der Batterie. Die Unabhängigkeit der beiden Einrichtungen in ihrer Wirkung wird dadurch, daß die Piranimaschine mit den übrigen Maschinen auf einer Welle sitzt, nicht beeinträchtigt; diese Verbindung ist zweckmäßig, weil sonst ein besonderer Motor zum Antrieb der Piranimaschine aufgestellt werden müßte.

An Stelle der gewählten Anordnung für die Gleichstrompufferung hätte auch die erweiterte Piranische Anordnung nach Tafel 5, Fig. 20, in Bd. I oder eine ähnliche Puffereinrichtung benutzt werden können. Auch die Wechselstrompufferung könnte natürlich nach irgendeiner der auf vorliegender Tafel gezeigten Arten geändert werden. Bei Anwendung eines gewöhnlichen Einankerumformers müßte, wie es in Fig. 9 oder in Fig. 10 geschehen ist, noch eine besondere Zusatzmaschine gekuppelt werden.

B. Schwungradpufferung

Fig. 14 und 15] Der Energiespeicher bei den bisher besprochenen Puffereinrichtungen war stets eine Batterie. Ihr wurde die Energie, die den Belastungsausgleich schaffen sollte, in Gestalt von elektrischer Energie zugeführt und von ihr in der gleichen Form wieder abgegeben. Man kann aber auch die Energie in mechanischer Form aufspeichern. Dies geschieht bei der sogen. Schwungradpufferung. Bekanntlich muß man einem Schwungrad von der Masse M, um es auf die Umfangsgeschwindigkeit v zu beschleunigen, die Energie $\dfrac{Mv^2}{2}$ zuführen. In dem mit der Umfangsgeschwindigkeit v umlaufenden Schwungrad ist dann die kinetische Energie $\dfrac{Mv^2}{2}$ aufgespeichert. Will man diese Energie zurückgewinnen, indem man z. B. mit dem Schwungrad einen Generator kuppelt, so ist diese Rückgewinnung nur auf Kosten der Geschwindigkeit des Schwungrades möglich. Bezeichnen wir mit v_1 und v_2 zwei verschiedene Geschwindigkeiten des Schwungrades, und ist $v_1 > v_2$, so ist $A = \dfrac{Mv_1^2}{2} - \dfrac{Mv_2^2}{2}$ die beim Abfall der Geschwindigkeit v_1 auf v_2 rückgewinnbare Energie. Entsprechend den beiden Grundschemata für Batteriepufferung (Fig. 1 u. 2) lassen sich auch für die Schwungradpufferung zwei Grundschemata ausbilden. Das ist in Fig. 14 und 15 geschehen. Fig. 14 stellt den Fall dar, daß die Belastungsstöße vom Generator, Fig. 15, daß die Belastungsstöße von der Kraftmaschine ferngehalten werden.

In Bd. I (S. 42) war gezeigt worden, daß die Pufferbatterie nur dann anspricht, wenn die Generatorspannung unter die Batteriespannung gesunken ist. Der Belastungsstrom verteilt sich dann entsprechend der Charakteristik von Batterie und Generator. Stellen wir uns einen Augenblick unter den beiden in Fig. 14 gezeichneten Maschinen zwei Gleichstrommaschinen vor, so erkennen wir sofort, daß jetzt ein Sinken der Generatorspannung allein keineswegs die Puffereinrichtung in Tätigkeit setzt, geschweige denn bei Wechselstrommaschinen, wo, wie wir oben S. 67,u gesehen haben, beim Sinken der Generatorspannung nicht einmal eine Batterie in Tätigkeit treten kann. Die im Schwungrad aufgespeicherte Energie kann sich ja nur entladen, wenn dem Schwungrade Gelegenheit geboten ist in seiner Geschwindigkeit abzufallen; die Größe der Spannung spielt dabei keine Rolle. — Wird daher der Generator in Fig. 14 oder Fig. 15 stärker belastet als seiner Mittellast entspricht, so kann das Schwungrad nur dann eingreifen, wenn die Geschwindigkeit des zu puffernden Generators oder der Kraftmaschine nachläßt. Nehmen wir nun an, daß das der Fall sei, so ist der Vorgang folgender: Das Schwungrad hat das Bestreben, mit der gleichen Drehzahl weiter zu laufen. Die Maschine, mit der es gekuppelt ist, sei es nun ein Synchron- oder Asynchronmotor, wird dann, wenn nur die Geschwindigkeit des Hauptgenerators weit genug abgefallen ist, Energie ins Netz liefern und dadurch den Hauptgenerator entlasten. Die Energieabgabe ist natürlich mit einer Geschwindigkeitsverminderung verbunden, und nach einer gewissen Zeit erreicht das Schwungrad die durch den Generator vorgeschriebene Geschwindigkeit, es läuft wieder wie vorher synchron mit und liefert keine Energie mehr. Hält jetzt noch die Überlast an, so muß diese der Generator selbst übernehmen. Ist dagegen die Belastung wieder auf ihren normalen Wert gesunken, so wird das Schwungrad so lange beschleunigt, bis es wieder die alte Umdrehungszahl und den alten Energieinhalt hat.

Wir erkennen hier den wichtigen Unterschied zwischen Batterie- und Schwungradpufferung. Während die Batterie den Generator je nach der Größe der Überlast dauernd unterstützt, liefert die Schwungradpufferung nur kurze Zeit Energie und strebt, sobald sie in Tätigkeit tritt, dem Zustand zu, wo sie weder Energie empfängt noch abgibt, das Schwungrad also leer mitläuft.

Ein Wirkungsgrad der Pufferung läßt sich wie oben bei der Batteriepufferung definieren. Auch im Schwungrade treten infolge von Luft- und Lagerreibung Verluste auf, und wenn wir seinen Wirkungsgrad mit η_s, den seines Antriebsmotors mit η_m bezeichnen, so ist der Gesamtwirkungsgrad

$$\eta = \eta_m \cdot \eta_s \cdot \eta_m.$$

Praktisch sind die in Fig. 14 und 15 gezeichneten Anordnungen von keiner oder doch nur geringer Bedeutung. Es müßten nämlich, damit das Schwungrad zur Wirkung käme, Geschwindigkeits- und folglich auch Frequenzschwankungen zugelassen werden, die mit Rücksicht auf die Verbraucher unzulässig wären. Die Schaltung von Fig. 15 gewinnt dann praktische Bedeutung, wenn wir uns den Antriebsmotor des Schwungrades entfernt vom Kraftwerk als Antriebsmotor irgendeines elektromotorischen Betriebes, vielleicht einer Förderanlage vorstellen. In solchen Fällen ist der Motor ein Asynchronmotor. Bei Belastungsstößen wird dieser in seiner Tourenzahl abfallen, das Schwungrad hat Gelegenheit, seine Energie zu entladen, und das Netz wird in gewissem Grade von den Stößen entlastet.

Fig. 16] Eine Pufferung dieser Art hätte aber, abgesehen davon, daß die Frequenzschwankungen zu groß würden und auch die Verteilung der Überlast nicht die gewünschte wäre, den Nachteil, daß sie nur sehr kurze Zeit in Tätigkeit wäre. Wir hatten eben erkannt, daß für den Fall, daß die gedachte Überlast nach dem Entladen des Schwungrades noch bestehen bleibt, der Generator die gesamte Last wieder übernehmen muß. Aus diesen Gründen ist man genötigt, die Schwungradpufferung mit Einrichtungen zu versehen, die das Eingreifen des Schwungrades ohne größere Frequenz- und Belastungsschwankungen erleichtern, und außerdem es möglich machen, das Schwungrad auch zur Übernahme länger dauernder Stöße heranzuziehen. Eine solche Einrichtung ist in Fig. 16 gezeichnet. Diese Figur stellt gleichzeitig die in der Praxis am häufigsten vorkommende Form der Schwungradpufferung dar, die unter dem Namen des »Ilgnerumformers« bekannt ist. Man erkennt zwei Gleichstrommaschinen in Leonardschaltung, von denen die eine als Motor eine Fördermaschine antreibt, die andere von einem Asynchronmotor, der mit dem Schwungrad gekuppelt ist, angetrieben wird. Im Stromkreise des Asynchronmotors liegt ein Stromwandler, von dem aus ein kleiner Asynchronmotor beeinflußt wird. Bei der mittleren Geschwindigkeit wird dem Drehmoment dieses kleinen Motors durch Federkraft das Gleichgewicht gehalten, bei größerer wird er im einen, bei kleinerer im anderen Sinne gedreht und dabei durch einen Zahntrieb der Schlupfwiderstand im Läuferstromkreise der Asynchronmaschine geändert [1]. Kommt nun ein Belastungsstoß, so wird der Strom des Asynchronmotors größer werden. Sofort wird aber ein größerer Schlupfwiderstand eingeschaltet, die Schlüpfung der Maschine wird größer, sie hat das Bestreben, in ihrer Umdrehungszahl abzufallen, das Schwungrad kann sich entladen. Dauert der Belastungsstoß längere Zeit an, so kommt immer wieder ein Augenblick, wo der vom Asynchronmotor dem Netz entnommene Strom kurzzeitig zunimmt und immer von neuem wieder Schlupfwiderstand dazu geschaltet wird. Das kann bei lang anhaltender Überlastung so weit getrieben werden, daß das Schwungrad zum Stillstand kommt, dann muß natürlich die ganze Last vom Generator übernommen werden. Ähnliche Vorgänge im umgekehrten Sinne spielen sich ab, wenn die Generatorbelastung unter ihren mittleren Wert sinkt.

Als Regeleinrichtungen können, da sie ja von dem konstant zu haltenden Strome abhängig sind, nur astatisch ausgeglichene oder sehr empfindliche statisch ausgeglichene verwendet werden.

Entsprechend der erkannten Eigenschaft des Schwungrades, kurze Zeit die Last zu übernehmen, werden Schwungradpufferungen in allen Anlagen verwendet, wo starke, nur kurze Zeit dauernde Stöße auftreten, dagegen Batterien überall dort, wo weniger starke, aber länger dauernde Belastungsstöße zu puffern sind.

---

[1] Siehe S c h w a i g e r, Elektrische Förderanlagen, S. 38 ff, aus der Göschenschen Sammlung, 1921. Siehe auch E r n s t B l a u „Genauigkeit der Drehzahlregelung bei in Leonardschaltung gesteuerten Arbeitsmotoren". Helios (Fachzeitschr. f. Elektrot.), Bd. XXVI, S. 77, 1920.

Abschnitt VI

Umformerschaltungen

A. Allgemeines

Fig. 1 bis 8] Wird elektrische Energie in Form von Wechselstrom erzeugt und soll sie in Form von Gleichstrom verwendet werden, so sind Anlagen erforderlich, in denen der Wechselstrom in Gleichstrom umgeformt wird. Da Wasserkräfte aus bekannten Gründen in der Regel durch Wechselstromanlagen ausgebeutet werden, der Gleichstrom aber für gewisse Verwendungsarten der Energie, insbesondere für Straßenbahnen und elektrochemische Prozesse, Vorteile bietet oder auch sogar notwendig ist, so sind solche Umformeranlagen sehr häufig.

Man hat die Umformung auf vielerlei Arten versucht, die je nach der Verwendung der Energie und je nach der Leistung unter Umständen erheblich voneinander verschieden sind. Wir sehen hier davon ab, alle Arten, z. B. auch die Umformung, durch elektrolytische Vorrichtungen oder durch rotierende Kommutatoren, zu beschreiben und wollen nur auf die praktisch von Bedeutung gewordenen eingehen. Es sollen daher von den umlaufenden Umformern nur die Motorgeneratoren, Einankerumformer, Spaltpolumformer und Kaskadenumformer, von den ruhenden nur die Quecksilberdampfgleichrichter behandelt werden.

Wenn wir jetzt zur Betrachtung der Schemata für solche Anlagen übergehen, so wollen wir auch weiterhin immer auf jeder Stufe der Darstellung nur das zeichnen, was zur Kennzeichnung des gerade zu Beschreibenden nötig ist. Es bleiben also zunächst in den Fig. 1 bis 8, in denen nur die Schemata für die verschiedenen Arten der Umformung und die bei ihnen anwendbaren Arten der Regelung der Spannung und des Leistungsfaktors gezeichnet sind, alle Schalter, Sicherungen, Meßinstrumente usw weg, und auch in den darauffolgenden Figuren werden nur die zum Verständnis der Schaltung notwendigsten Schalter gezeichnet werden. — In den Figuren ist immer Drehstrom auf der Wechselstromseite angenommen, man kann sich statt dessen in den meisten Figuren auch ohne weiteres Einphasenstrom denken.

Motor-Generatoren

Fig. 1 und 2] Fig. 1 und 2 zeigen die Umformung durch Motorgeneratoren: Gleichstrommaschinen werden von Wechselstrommotoren, die auf derselben Welle sitzen, angetrieben. Der Wechselstrommotor tritt also an die Stelle der früher, bei den in Bd. I behandelten Gleichstromanlagen, stillschweigend angenommenen Dampf- oder sonstigen Antriebsmaschine. Besonderheiten im Schaltungsschema solcher Umformeranlagen mit Motorgeneratoren müssen demnach durch das Vorhandensein der elektrischen Antriebsmotoren begründet sein.

In Fig. 1 ist der Antriebsmotor ein Asynchron-, in Fig. 2 ein Synchronmotor. Der bekannte Vorteil des ersteren gegenüber dem letzteren, daß er nämlich keiner Gleichstromerregung, also keiner besonderen Gleichstromquelle bedarf, daß auch das Anlassen keinen Gleichstrom erfordert, fällt hier nicht so sehr ins Gewicht; denn Gleichstrom steht in Umformerwerken im allgemeinen doch zur Verfügung, sei es, daß eine besondere Anlaßmaschine aufgestellt, sei es, daß eine Batterie angeschlossen ist, oder schließlich, daß von mehreren Motorgeneratoren wenigstens einer stets in Betrieb ist. Tatsächlich läßt man denn auch den asynchronen Antriebsmotor (wo man ihn überhaupt anwendet) bisweilen von der Gleichstromseite aus an, den Gleichstromgenerator als Motor benützend, man kann dann auch den in der Figur gezeichneten Anlaßwiderstand entbehren und einen Motor mit Kurzschlußanker anwenden. Als Vorteil bleibt dem Asynchronmotor dann nur das Fehlen der Schleifringe, das einfache Anlassen und Inbetriebsetzen und der stabilere Gang; er pendelt nicht und kann nicht außer Tritt fallen wie der Synchronmotor. Dem stellt sich aber als schwerwiegender Nachteil gegenüber, daß der Asynchronmotor eine induktive Belastung für die Generatorstation und die Fernleitung darstellt. Auch kann es im regelrechten Betriebe oder auch nur im Notfalle erwünscht sein, eine Umformung in umgekehrter Richtung (Gleichstrom in Drehstrom) vorzunehmen, was beim asynchronen Motorgenerator nicht so einfach ist. Diese Nachteile sind in ihren Folgen so groß, daß man diesen Motor für Umformerstationen nur selten verwendet.

Der Synchronmotor dagegen kann, zur umgekehrten Umformung, leicht als Generator verwendet werden; er läßt sich ferner durch passende Einstellung der Erregung nicht nur so einregeln, daß er selbst eine induktionsfreie Belastung darstellt, sondern durch Übererregung sogar so, daß er die von anderen Ursachen herrührenden Blindströme ausgleicht und somit den Leistungsfaktor der ganzen Anlage gleich 1 macht. Die Mängel des Synchronmotors: sein umständliches Anlassen, die im allgemeinen vorhandene Notwendigkeit einer Synchronisiervorrichtung, die Gefahr des Pendelns, das auch die Generatoren in Mitleidenschaft ziehen kann, die Möglichkeit des Außertrittfallens, sollen dabei nicht verschwiegen werden.

Einankerumformer

Fig. 3] Die gesamte umzuformende Energie muß bei dem Motorgenerator durch zwei Maschinen hindurchgeleitet werden und erleidet dadurch natürlich nicht unerhebliche Verluste. Wesentlich günstiger in dieser Beziehung verhält sich der Einankerumformer; der Wirkungsgrad des Umformers ist erheblich höher und dabei weniger von der Belastung abhängig als der des Motorgenerators. Da außerdem durch den Umformer sowohl der eigene Leistungsfaktor als auch der der ganzen Anlage ebenso gut geregelt werden kann wie durch den synchronen Motorgenerator, da er ferner, auch unter Einschluß eines Transformators, der aus später zu erörternden Gründen fast immer nötig wird, im allgemeinen billiger ist als ein Motorgenerator, so ist es begreiflich, daß er viel verbreitet ist. Als Nachteil ist auch die Abhängigkeit der Spannungen auf der Wechselstrom- und Gleichstromseite voneinander anzusehen. Von einer solchen kann natürlich beim Motorgenerator nicht die Rede sein; bei diesem geht die Unabhängigkeit sogar so weit, daß Spannungsschwankungen auf der Wechselstromseite nicht den mindesten Einfluß auf die Gleichstromspannung haben. Beim Umformer dagegen pflanzen sich die Spannungsschwankungen durch den Umformer hindurch fort, außerdem aber steht das Verhältnis der beiden Spannungen zueinander unabänderlich fest, und vor allen Dingen kann die Gleichstromspannung nicht für sich geregelt werden, was wir schon bei den Schaltungen der vorigen Tafel als einen Nachteil empfunden hatten. Ein Übelstand hat sich ferner darin gezeigt, daß der Umformer leichter zum Pendeln neigt als der synchrone Motorgenerator, und diese Neigung wird noch begünstigt durch manche der zum Regeln der Gleichstromspannung im allgemeinen nötig werdenden besonderen Vorrichtungen, die die dem Umformer zugeführte Wechselspannung nach Größe und Phase verändern.

Die erwähnten Umstände nötigen uns, wie es in Fig. 3 angedeutet ist, zu gewissen Ergänzungen der Schaltung, von denen die eine in der Einschaltung eines Transformators besteht, der die hohe Wechselspannung auf die der Gleichstromseite entsprechende Wechselspannung herabsetzt.

Anmerkung: Die in den Zeichnungen von Fig. 3 ff. gewählte Darstellung für die Transformatoren soll wenn nicht anders bemerkt, als Symbol für den Drehstromtransformator schlechthin, nicht nur für den in Stern geschalteten gelten. Von dieser einheitlichen Darstellung sollte auch hier, obwohl gerade bei Umformern Dreieckschaltung der Transformatoren das Übliche ist, nicht abgegangen werden. — Im allgemeinen sollen auch die Figuren der ersten Zeile für Sechsphasentransformatoren-[1] und umformer mit gelten; die Besonderheiten für diesen Fall werden in der nächsten Figurenreihe behandelt werden. Der Vorteil der Sechsphasenumformer besteht bekanntlich darin, daß sie einen größeren Wirkungsgrad haben und überlastungsfähiger sind. Als Nachteil ist zu erwähnen, daß sich die Spannungsschwankungen auf der Wechselstromseite noch mehr als beim Dreiphasenumformer auf die Gleichstromseite übertragen, und daß die doppelte Anzahl von Leitungen zwischen dem Transformator und dem Umformer nötig ist. Als Sechsphasenumformer werden die Umformer nur für höhere Leistungen, etwa über 500 kW, dann aber in der Regel als solche gebaut.

Die andere Art von Ergänzungen dient zur Spannungsregelung; sie wird nötig wegen des Spannungsabfalls im Anker, besonders aber wegen des oft sehr beträchtlichen Abfalls in der Zuleitung vom Generator (oft einer Fernleitung) einschließlich des Transformators. Zu diesen auszugleichenden Spannungsabfällen kommt häufig noch, zumal bei Bahnanlagen, der Spannungsabfall in den Gleichstrom-Speiseleitungen, wenn im Gleichstromnetze die Spannung konstant gehalten werden soll. Die zum Ausgleich all dieser Spannungsabfälle nötigen Ergänzungen der einfachsten in Fig. 3 gezeichneten Schaltung können, wenn wir dabei nur an die Regelung der Spannung von der Wechselstromseite denken, bestehen in a) einem Widerstande, b) einer Drosselspule, c) einem Transformator oder auch Zusatztransformator mit abschaltbaren Windungen, d) einem Zusatztransformator mit drehbarem Kern.

Der Widerstand ist ein gewöhnlicher Regelwiderstand, der bei der geringsten Belastung des Gleichstromnetzes vollständig eingeschaltet, bei der höchsten vollständig kurzgeschlossen ist; im allgemeinen verbrauchen die Widerstände natürlich eine beträchtliche Energie. Ist immer dieselbe Gleichstromspannung vorhanden, also der Zweck der Regelung erreicht, so ist auch der Erregerstrom

---

[1]) Siehe Tafel 6, Fig. 15 bis 20.

unverändert und der Leistungsfaktor bleibt deshalb ebenfalls praktisch konstant, weil die Änderung des Spannungsabfalls im Anker und somit auch die der induzierten elektromotorischen Kraft bei Änderung der Belastung nur gering ist. Findet eine Regelung auf die mit der Belastung steigende Gleichstromspannung statt, so wird sich der Leistungsfaktor allerdings im allgemeinen ändern, und er müßte durch Regelung des Nebenschlusses wieder auf 1 gebracht werden. Bei der Drosselspule ist durch Abschaltung von Windungen oder Änderung des magnetischen Widerstandes zu regeln[1]). Ein Nachteil ist hierbei die Phasenverschiebung zwischen Strom und Spannung in der Fernleitung, ein Vorzug der geringe Energieverbrauch. Der Transformator mit abschaltbaren Windungen — sei es, daß der zur Umsetzung der Spannung dienende Transformator selbst oder ein zu diesem Zwecke aufgestellter Zusatztransformator regelbar sei — vereinigt die Vorzüge der beiden vorgenannten Regelvorrichtungen. Allerdings ist, wie wir in Tafel 7, Fig. 12 an einem Beispiel gesehen haben, die zum Ab- oder Zuschalten von Windungen dienende Einrichtung nicht ganz einfach. Den Zusatztransformator mit drehbarem Eisenkern haben wir ebenfalls schon oben in Tafel 7, Fig. 16 bis 20 kennen gelernt und seine Anwendung beschrieben.

Die vorgeschaltete Drosselspule, und zwar eine nicht regelbare Spule, an deren Stelle selbstverständlich auch eine passend bemessene Selbstinduktion in der Sekundärwicklung des Transformators treten kann, gestattet noch eine Regelung in anderer Weise: durch sie kommt bei Änderung des Erregerstromes eine Spannungsänderung zustande. War die Erregung anfangs auf den Leistungsfaktor 1 eingestellt, so ruft ihre Änderung zunächst nur einen Blindstrom hervor; dieser aber hat in der Drosselspule einen Spannungsabfall zur Folge, der seiner Phasenverschiebung nach für die dem Umformer zugeführte Wechselspannung, also auch für die abgenommene Gleichstromspannung eine Spannungsänderung bedeutet, und zwar eine Spannungserhöhung bei voreilendem Strome (also bei Verstärkung der Erregung), eine Spannungserniedrigung bei nacheilendem Strome (also bei Schwächung der Erregung). Bei dieser Methode läßt sich natürlich weder der Leistungsfaktor des Umformers noch der der Fernleitung auf 1 regeln. Bei konstant gehaltener Gleichstromspannung ändert sich mit steigender Belastung der Leistungsfaktor des Umformers bis zum Werte 1 sehr schnell ansteigend und danach sehr langsam abfallend. Der Charakter dieser Änderung muß also Veranlassung sein, durch passende Bemessung der einzelnen Größen den Leistungsfaktor auf den Wert 1 nicht bei Vollast, sondern etwa bei halber oder dreiviertel Belastung einzustellen; dann ist sein Wert bei allen praktischen Belastungen nicht sehr verschieden von 1.

Fig. 4] Die vorgenannten Regelvorrichtungen können von Hand oder auch durch selbsttätige Apparate, wie wir sie auf S. 51,m kurz erwähnt hatten, bedient werden; diese selbsttätigen Einrichtungen wirken bekanntlich nur langsam, für den Betrieb ist aber oft eine schnellere Regelung erforderlich, und es bietet sich hierfür die Regelung durch Doppelschlußbewicklung in Verbindung mit einer vor den Umformer geschalteten Drosselspule. Die Wirkung dieser Anordnung ist aus der soeben zu Fig. 3 beschriebenen Wirkungsweise der Drosselspule bei Änderung der Nebenschlußerregung ohne weiteres klar.

Man erreicht mit der Doppelschlußbewicklung eine Spannungserhöhung (»Überkompoundierung«) von 10 bis 15% und mehr, doch wird, wenn eine derartige Spannungserhöhung nötig wird, die Art der Regelung wegen der großen Blindströme nicht mehr gern angewendet.

Neben der Schaltung auf Spannungserhöhung wendet man auch die entgegengesetzte Schaltung auf Spannungserniedrigung (»Unterkompoundierung«) an, so bisweilen in Umformeranlagen mit Pufferbatterien, um, wie es in Bd. I auf S. 42 geschildert war, die Batterien zum schnelleren Eingreifen zu bringen; das ist nötig, wenn in der Zuleitung zum Umformer kein genügender Spannungsabfall stattfindet. Auch bei Umformern, die mit Generatoren parallel geschaltet sind, kann eine solche Unterkompoundierung nötig werden, um den Umformer in bezug auf Spannungsabfall den Generatoren ähnlich zu machen.

Fig. 5 und 6] Eine Spannungsregelung in weiten Grenzen läßt sich durch Zusatzmaschinen erreichen. Solche Maschinen, und zwar sowohl für die Wechselstromseite als auch für die Gleichstromseite, sind schon auf der vorigen Tafel gebracht worden und durch die auf S. 71 ff. gegebene Beschreibung hinreichend bekannt. Um eine möglichst kleine Zusatzmaschine zu erhalten, wählt man ihre Span-

---

[1]) Ausführlich über die »Spannungsregulierung von Umformern durch Drosselspulen« berichtet N. Widmer in den BBC-Mitteilungen 1921, S. 212.

nung nur gleich der halben zur Regelung erforderlichen Zusatzspannung; die konstant zu haltende Spannung an den Gleichstromschienen oder an einem fernen Punkte wird dann bei niedriger Belastung durch Gegenschaltung der Zusatzspannung, bei höher durch unterstützende hergestellt. Für diesen Zweck ist in den Fig. 5 und 6 die Erregerwicklung umschaltbar gemacht. — Statt der Fremderregung der Zusatzmaschinen könnten auch Hauptschlußerregung und Doppelschlußerregung angewendet werden, welche beide selbsttätige Regelung ermöglichen. Bei der reinen Hauptschlußbewicklung müßten die Zusatzmaschinen offenbar eine doppelt so große Spannung liefern. Bei der Doppelschlußbewicklung lassen sich die beiden Bewicklungen so schalten und einregeln, daß die Zusatzspannung wiederum positiv oder negativ wird: bei einer mittleren Belastung liefern die einander entgegenwirkenden Erregungen das Feld Null, bei höherer oder niederer Belastung ruft das Differenzfeld eine unterstützende oder entgegenwirkende Zusatzspannung hervor.

Schon oben (S. 72,m, Fig. 10) ist ein Vorteil der Wechselstrom-Zusatzmaschine vor der Gleichstrom-Zusatzmaschine erwähnt worden. Als weiterer Vorteil ist noch zu nennen, daß auch bei beträchtlichem Spannungsabfall in der Zuleitung die Regelung auf konstante Gleichstrom-Schienenspannung keine Blindströme nach sich zieht, wenn sie mit der Wechselstrom-Zusatzmaschine erfolgt; denn die Umformerspannung und die Umformererregung bleiben dabei konstant. Bei Anwendung der Gleichstrom-Zusatzmaschine dagegen ändert sich unter denselben Verhältnissen die Umformerspannung, und die von den Umformerklemmen abgenommene Erregung ändert sich im allgemeinen nicht im selben Verhältnis; Blindströme werden sich also nicht ganz vermeiden lassen. Bei Überkompoundierung besteht dieser Vorteil der Wechselstrom-Zusatzmaschine allerdings nicht.

Als eine weitere Einrichtung, die Gleichstromspannung zu regeln, haben wir auf S. 72,u den Spaltpolumformer kennen gelernt; über seine Wirkungsweise ist an jener Stelle genau genug berichtet, so daß hier die Erwähnung genügt.

Fig. 7] Durch die bisher besprochenen Einrichtungen ist zwar der Einfluß der Belastungsschwankungen auf die Gleichstromspannung verhindert oder wenigstens gemildert, der Umformer muß aber die Belastungsstöße aushalten, und das bringt neben den mechanischen Nachteilen eine weitere Gefahr für den stabilen Gang des Umformers mit sich; es begünstigt das Pendeln und das Außertrittfallen. Man kann dieser Gefahr durch Dämpferwicklungen zwischen den Polschuhen entgegenarbeiten.

Natürlich bieten sich auch hier wieder als gutes Mittel zum Belastungsausgleich Akkumulatorenbatterien. In Fig. 7 ist das Schaltungsschema einer Umformeranlage mit Pufferbatterie angedeutet. Soll die Pufferbatterie als solche ordentlich eingreifen können, so bedarf es gerade hier, wo sich die Maschinenspannung nicht durch verminderte Umdrehungsgeschwindigkeit und starken Spannungsabfall mit der Belastung ändert, besonderer Einrichtungen; wir wollen dabei annehmen, daß in der Zuleitung zum Umformer kein nennenswerter Spannungsabfall stattfindet. Als solche Einrichtungen können Puffermaschinen in den Akkumulatorenstromkreisen angewendet werden, wie sie in Bd. I, Tafel 5 in Fig. 17 bis 21 gezeichnet und auch auf Tafel 8 des zweiten Bandes in Fig. 13 wieder benützt sind. Außerdem kann auch, wie es in der Beschreibung zu Fig. 4 erwähnt war, die Gegenkompoundierung in Verbindung mit einer Drosselspule auf der Wechselstromseite verwendet werden. Ein weiteres Mittel ist die Schaffung eines großen Spannungsabfalles im Sekundärstromkreise des Transformators einschließlich der Ankerwicklung des Umformers; man kann zu diesem Zwecke einen besonderen Widerstand in den Stromkreis einbauen. Will man — und das wird die Regel sein — die Pufferwirkung auf verschiedene »mittlere Belastungen« einstellen können, so muß dieser Widerstand regelbar sein. Statt des Widerstandes könnte natürlich auch eine regelbare Drosselspule, die allerdings die oben zu Fig. 3 geschilderten Nachteile hat, angewendet werden.

Fig. 8] Wird der im vorigen Falle eingeschaltete Regelwiderstand verändert, so ändert sich natürlich, da der Erregerstrom dadurch nicht beträchtlich beeinflußt wird, der Leistungsfaktor des Umformers. Um das zu verhindern, muß auch der Erregerstrom geregelt werden; und da diese Regelung Hand in Hand mit der des vorgeschalteten Widerstandes zu geschehen hat, so sind zweckmäßigerweise die Regelhebel beider Widerstände miteinander zu verkuppeln. Dies ist in dem in Fig. 8 gezeichneten Schaltungsschema angedeutet[1]).

---

[1]) Siehe hierzu: B. Jakobi, Umlaufende Einankerumformer in Parallelschaltung mit Pufferbatterien, E. T. Z. 1905, S. 793.

Der Kaskadenumformer

Um die Aufzählung der zur Umformung des Wechselstroms in Gleichstrom dienenden Maschinen abzuschließen, ist der Kaskadenumformer von Bragstad und La Cour[1]) anzuführen. Ein Schaltungsschema des Umformers in seiner Anwendung zur Speisung von Gleichstrom-Dreileiternetzen ist in Bd. I, Tafel 11, Fig. 8 gezeichnet. Das Schema ist, um vollständig zu sein, nur durch die Erregerwicklung des Gleichstromankers zu ergänzen.

Der Kaskadenumformer besteht im wesentlichen aus einer Vereinigung einer Gleichstrom- und einer asynchronen Drehstrommaschine, und zwar erhält der Anker der Gleichstrommaschine Wechselstromenergie von dem auf derselben Welle sitzenden Anker der Drehstrommaschine, die, mit etwa 50% Schlüpfung laufend, den Charakter eines Transformators und eines Motors in sich vereinigt, so daß der Gleichstromanker gleichzeitig als Umformer und als Generator läuft. Den zur Speisung des Gleichstromankers benützten Strom wählt man 6- bis 12phasig, um die oben S. 78,m (Anm.) angedeuteten Vorteile der.Vielphasigkeit, denen hier keine Nachteile gegenüberstehen, zu gewinnen.

Dem Kaskadenumformer sind die Vorzüge der vorher betrachteten Maschinen, des asynchronen und des synchronen Motorgenerators und des Einankerumformers gemeinsam eigen: er hat einen hohen Wirkungsgrad, er erfordert keinen Transformator, er ermöglicht es, seinen Leistungsfaktor oder auch den der ganzen Anlage auf 1 einzuregeln, er gerät nicht ins Pendeln, und er läßt sich ohne Schwierigkeiten auch für Wechselströme größerer Frequenz bauen; außerdem kann es von Vorteil sein, daß er auch von der Drehstromseite aus bequem angelassen werden kann. In bezug auf die Regelung der Spannung ist der Kaskadenumformer allerdings dem Motorgenerator gegenüber im Nachteil.

Zur Spannungsregelung sind die für den Einankerumformer anwendbaren und zu Fig. 3 beschriebenen Verfahren grundsätzlich auch anwendbar, praktisch jedoch nicht, denn es fehlt die Niederspannungsleitung zwischen Transformator und Einankerumformer; an deren Stelle treten die nicht zugänglichen Verbindungsleitungen zwischen dem Läufer der Asynchronmaschine und dem Gleichstromanker. Der Läufer hat aber eine beträchtliche Selbstinduktion, die nötigenfalls durch passende Abmessungen noch vergrößert werden kann; er wirkt also wie die früher vorgeschaltete Drosselspule, und es ist durch Änderung der Erregung des Gleichstromankers, etwa durch eine Doppelschlußbewicklung nach Fig. 4, möglich, die Gleichstromspannung in derselben Weise zu ändern, wie bei dem Einankerumformer. Es sind auf diese Weise Spannungsänderungen in den Grenzen $\pm$ 10% möglich.

Eine Regelung in weiten Grenzen wird durch den Einbau einer Zusatzmaschine zwischen Asynchronanker und Gleichstromanker erreicht[2]). Die Schaltung dafür ist genau die in Fig. 5 dargestellte, wenn unter der Sekundärwicklung des Transformators die Läuferwicklung der ·Asynchronmaschine verstanden wird; die Schleifringe und Bürsten fallen selbstverständlich weg. Dabei hat man sich natürlich auch eine größere Zahl von Verbindungsleitungen zwischen der Zusatzmaschine und dem Gleichstromanker einerseits und der Asynchronmaschine anderseits vorzustellen[3]).

B. Anlaßschaltungen

Zum Anlassen der Motorgeneratoren und Einankerumformer sind Schaltungen erforderlich, die in der durch die Fig. 1 bis 3 vorgezeichneten Reihenfolge behandelt werden könnten. Um die zeichnerische und textliche Darstellung zu vereinfachen, schien es zweckmäßig, die umgekehrte Reihenfolge zu wählen und zuerst den umfassenderen Fall des Einankerumformers zu behandeln.

Anlaßschaltungen für Einankerumformer

Die Verfahren zum elektrischen Anlassen des Einankerumformers sind: das Anlassen
1. von der Wechselstromseite aus als Induktionsmotor (Fig. 9 und 10),
2. von der Wechselstromseite aus durch einen sogen. Anwurfmotor (Fig. 11 und 12),
3. von der Gleichstromseite aus (Fig. 13 bis 19).

---

[1]) D. R. P. Nr. 145434 (Bragstad und La Cour). Siehe auch: Arnold und La Cour, »Der Kaskadenumformer«, Stuttgart 1904; Arnold, »Neuere Ausführungen von Kaskadenumformern«, Elektrische Bahnen und Betriebe 1906, S. 349; H. S. Hallo, »Der Kaskadenumformer«, E. T. Z. 1910, S. 575. Ein älteres Patent der Soc. Anon. pour la Transm. de la Force par l'Electr. in Paris (D. R. P. Nr. 104301) beschreibt einen ähnlichen Umformer.

[2]) D. R. P. Nr. 172165 (Bragstad und La Cour).

[3]) Über Umformer zur Speisung von Gleichstrom-Dreileitersystemen siehe Bd. I, S. 74 und Bd. I, Tafel 11.

Wir behandeln zunächst das erste Verfahren:

Fig. 9] Wird der Anker des Umformers an die Drehstromseite angeschlossen, so entsteht ein Drehfeld, dessen Drehgeschwindigkeit der Frequenz entspricht. Das Drehfeld ruft ein Drehmoment hervor, das den Anker im entgegengesetzten Sinne bewegt; die Drehgeschwindigkeit des magnetischen Feldes wird dadurch vermindert und mit zunehmender Geschwindigkeit des Ankers kleiner und kleiner. Das Drehfeld hat nun keine konstante Stärke, sondern pulsiert, da es bald den bequemen Weg durch das Feldmagnetgestell findet, bald zwischen zwei Polen aus dem Anker tritt und dann einen großen Luftwiderstand zu überwinden hat. Das bekannte Bestreben der magnetischen Kraft- und Induktionslinien, sich den Weg geringsten Widerstandes zu suchen und sich möglichst zu verkürzen, hat zur Folge, daß der Anker bei hinreichend großer Geschwindigkeit von selbst in den Synchronismus hineingezogen wird; dann steht das Drehfeld im Raume still, und zwar in solcher Stellung, daß der Kraftfluß den bequemen Weg durch das Magnetgestell nimmt. Die in den üblichen Dämpferwicklungen induzierten Ströme unterstützen diesen Vorgang.

Würde man den Anker sofort an die volle Wechselspannung anschließen, so würde der Anlaßstrom natürlich unzulässig groß werden. Um dies zu verhindern, kann man die Spannung durch einen Widerstand oder eine Drosselspule abdrosseln oder vom Transformator einen kleinen Teil der Spannung zum Anlassen abgreifen; der Widerstand hat den Nachteil eines großen Energieverbrauchs und wird deshalb nicht angewendet. Für das sehr gebräuchliche dritte Verfahren (Abgreifen einer kleinen Spannung vom Transformator) ist die Schaltung in Fig. 9 angegeben, und zwar in Fig. 9a für Dreieckschaltung, in Fig. 9b für Sternschaltung des Transformators; ist der (nicht gezeichnete) Doppel- oder Dreifachhebel zwischen Umformer und Transformator nach oben gelegt, so ist auf »Anlassen«, ist er nach unten gelegt, so ist er auf »Betrieb« geschaltet.

Während der Anlaßperiode ist der Erregerkreis des Umformers von den Vorgängen nicht unbeeinflußt, denn solange das Ankerfeld umläuft, muß es in der Erregerwicklung elektromotorische Kräfte induzieren; diese können insbesondere unmittelbar nach dem Einschalten des Ankers sehr groß werden. Um Gefahren zu vermeiden, öffnet man deshalb beim Anlassen den Erregerstromkreis und teilt die Wicklung in mehrere, in der Regel, wie es in der Figur gezeichnet ist, drei Teile. (Man kann statt dessen auch die Erregerwicklung auf einen großen Widerstand schalten.)

Schließt man nach Erreichen des Synchronismus nun die Erregerwicklung an die Gleichstrombürsten an, so schafft sie ein Magnetfeld, das bei passender Regelung des Erregerstromes das feststehende Ankerfeld, das einem Blindstrome sein Dasein verdankte, ersetzt. Ankerfeld und Wechselstrom verschwinden dabei bis auf die dem Leerlauf entsprechenden, um 90^{0} verschobenen Wirkkomponenten. Wird nun nach Einschaltung des Erregerstromes der ganze Transformator durch den Umschalter angeschlossen und die Erregung der höheren Spannung entsprechend eingeregelt, so ist der Anlaßvorgang beendigt.

Hierbei kann es aber vorkommen, daß die Gleichstrombürsten des Umformers nicht die Polarität haben, die sie haben müssen, wenn der Umformer auf die Sammelschienen der Anlage geschaltet werden soll. Denn wir sind nicht in der Lage, bei dem geschilderten Anlaßverfahren vorauszusagen oder vorauszubestimmen, bei welcher Stellung des Drehfeldes der Anker in Synchronismus kommt, ob nämlich das Feld stehen bleibt, wenn es in der einen oder wenn es in der anderen Richtung durch das Magnetgestell tritt. Ist nun die Polarität, was wir an einem — in der Figur angedeuteten — polarisierten Spannungsmesser beobachten können, falsch, so gewährt uns die Umschaltung der Erregung ein Mittel, sie umzuändern. Der Umschalter hierzu ist in Fig. 9a eingezeichnet, und zwar, wie es durch die Teilung der Erregerwicklung gefordert wird, als Umschalter mit vier Hebeln. Liegen die (nicht gezeichneten) Hebel nach oben, so ist die Erregung richtig angeschlossen, so also, daß das Gleichstromfeld das zum Stillstand gekommene Drehfeld ersetzt, wie es vorhin angenommen wurde. Die Polarität der Gleichstrombürsten sei nun falsch; dann wird der Umschalter nicht nach oben, sondern zuerst nach unten gelegt. Die magnetomotorische Kraft des von den Bürsten abgenommenen Erregerstromes ist dadurch so gerichtet, daß sie das Magnetfeld vernichtet, dem der Erregerstrom sein Dasein verdankt; die Magnetwicklung wird dann also stromlos und wirkt dem Entstehen jedes Kraftflusses im Magnetgestell entgegen. Das feststehende Drehfeld, das seiner Größe nach, um die nötige elektromotorische Gegenkraft liefern zu können, erhalten bleiben muß, findet also in seiner ursprünglichen Richtung (die es eingenommen hatte, weil es dort den geringsten magnetischen Widerstand fand) jetzt den größten Widerstand. Das Drehfeld und mit ihm der Anker suchen sich also für ihren synchronen Lauf eine neue Lage, indem sie der immer vorhandenen Neigung zurückzubleiben, soweit nachgeben, daß das Feld um 90° gegenüber seiner früheren Lage verschoben ist und damit wiederum die Lage des relativ geringsten magnetischen Widerstandes eingenommen hat. Öffnet man nunmehr den Umschalter der Erregerwicklung, so hört das Entgegenarbeiten der Erregerwicklung auf, das Magnetgestell bietet dem Drehfelde wieder den geringsten magnetischen Widerstand dar, das Drehfeld bewegt sich also wiederum um 90°, so daß es den Weg durch das Magnetgestell nimmt und nunmehr eine seiner ursprünglichen Richtung entgegengesetzte Richtung hat. Die Polarität der Gleichstrombürsten ist jetzt richtig gestellt, und die zum Anschließen des Umformers an die Gleichstromschienen weiterhin nötigen Schaltungen und Regelungen können in der vorhin beschriebenen Weise erfolgen.

Ein großer Nachteil des Verfahrens ist der starke und stark in der Phase verschobene Anlaßstrom; auch verursacht das umlaufende Ankerfeld ein starkes Feuern der Bürsten, das man allerdings dadurch verhindern kann, daß man die Bürsten bis kurz vor dem Anschließen der Erregerwicklung abhebt.

Das beschriebene Verfahren kann als eine Verbesserung eines anderen Verfahrens aufgefaßt werden, bei dem eine Umschaltung zur Richtigstellung der Polarität nicht vorgenommen wird, und das die Beobachtung der Polarität während des Anlassens verlangt und gerade deshalb umständlicher ist. Die Vorgänge beim Anlassen sind hierbei folgende: Man schaltet wie vorher den Umformer an den Transformator mit verminderter Spannung; während der (unterteilte) Erregerstromkreis geöffnet ist. Unmittelbar nach dem Einschalten des Umformers wechselt die Polarität der (nicht abgehobenen) Gleichstrombürsten sehr schnell, so schnell, daß der Zeiger eines an sie angeschlossenen polarisierten Spannungsmessers (der in der Figur angedeutet ist) nicht folgen kann und in Ruhe bleibt. Bei zunehmender Geschwindigkeit des Ankers fängt der Zeiger wie der eines gewöhnlichen Synchronisierspannungsmessers an zu pendeln, und die Frequenz der Pendelung wird kleiner und kleiner. Bei hinreichend kleiner Frequenz schaltet man die Erregung des Umformers in dem Augenblicke ein, in dem der Spannungsmesser den größten Ausschlag auf der Seite hat, die der richtigen Polarität der Bürsten entspricht; man ist dann sicher, daß der Anker bei der richtigen Polarität jetzt in den Synchronismus hineingezogen wird. Versäumt man den richtigen Augenblick, so ist es möglich, daß die Polarität nur noch einmal wechselt und der Anker bei dieser falschen Polarität in Synchronismus kommt. Da nun, wie wir jetzt angenommen haben, kein Umschalter für den Erregerkreis vorhanden ist, so bleibt dann nichts weiter übrig, als den Anker für eine kurze Zeit auszuschalten und dann nochmals den richtigen Zeitpunkt für das Einschalten der Erregerwicklung abzupassen. Das ist natürlich ein Nachteil. Das Verfahren kann aber auch zur Ergänzung des vorigen angewendet werden, und aus diesem Grunde ist es hier beschrieben.

Fig. 10] Im allgemeinen wird, worauf schon auf S. 78, m hingewiesen ist, wegen des höheren Wirkungsgrades des Umformers vom Transformator sekundär Sechsphasenstrom abgenommen. Um der Sekundärwicklung die geringere Anlaßspannung zu entnehmen, sind dann etwas umständlichere Schaltungen erforderlich als im eben behandelten Falle. Diese Schaltungen sind in Fig. 10 gezeichnet, und zwar, gemäß den Schaltungen von Tafel 6, Fig. 15 bis 20, in Fig. 10a für Sternschaltung ohne, in Fig. 10b desgl. mit gemeinsamem Sternpunkte; in Fig. 10c endlich ist die sekundäre Sechsphasenwicklung in doppeltem Dreieck geschaltet. Die Schalter sind in der Zeichnung alle auf Anlassen gestellt; dabei ist in Fig. 10a von jeder Wicklung je ein Teil abgegriffen, so daß ein gleichartiger Sechsphasenstrom zustande kommt. In Fig. 10b und 10c dagegen wird mit Dreiphasenstrom angelassen.

Daß in diesen Figuren die Form des Anlaßumschalters eine etwas andere ist als in Fig. 9 — ein Drehschalter an Stelle eines Umschlaghebels — ist natürlich belanglos; in der Ausführung gibt man einem solchen vielpoligen Umschalter wohl auch gern die Form einer Schaltwalze[1]).

Fig. 11] Als zweites Anlaßverfahren war das Anlassen von der Wechselstromseite durch einen sogen. Anwurfmotor genannt; Schaltungen hierfür sind in den nächsten Figuren gegeben.

In der in Fig. 11a dargestellten Schaltung sitzt auf der Welle des Einankerumformers ein kleiner Asynchronmotor, der Anwurfmotor, der beim Anlassen zuerst eingeschaltet wird und, wenn er dieselbe Polzahl wie der Umformer hat, diesen auf annähernd synchronen Gang bringt. Die Synchronisierlampen werden also in gleichmäßigem, langsamem Tempo aufleuchten und dunkel werden; es wird dadurch leicht, den Augenblick der Gleichphasigkeit abzupassen, in dem dann der Hauptschalter zwischen Transformator und Umformer zu schließen ist.

Man kann den Anwurfmotor auch mit geringerer Polzahl ausführen, dann wird seine Endgeschwindigkeit größer als die synchrone. Nach Erreichung dieser Geschwindigkeit schaltet man ihn aus und

---

[1]) Zu Fig. 10a vgl. E. T. Z. 1902, S. 697, Fig. 27; zu Fig. 10b El. World 1908, Bd. 52, S. 43, Fig. 3.

beobachtet beim Auslaufen die Synchronisierlampen; ist die Frequenz des Aufleuchtens am kleinsten, so wird in dem durch die Lampen angezeigten Augenblicke der Gleichphasigkeit der Umformer an der Wechselstromseite eingeschaltet. Bei Umformern mit großer Polzahl ist es unter Umständen möglich, durch geringe Verminderung der Polzahl des Anwurfmotors diesem eine Geschwindigkeit zu verleihen, die gleich der synchronen Geschwindigkeit des Umformers ist; die Synchronisierung wird dann sehr erleichtert. Ein gutes Einregeln auf synchrone Geschwindigkeit wird bei übersynchron laufendem Anwurfmotor dadurch erleichtert, daß man den Umformer auf einen an die Gleichstrom- oder die Wechselstromklemmen angeschlossenen Belastungswiderstand arbeiten läßt; die Geschwindigkeit des Anwurfmotors kann durch diese zusätzliche Belastung in kleinen Stufen auf die richtige Größe vermindert werden.

Das Verfahren des Anlassens mit dem Anwurfmotor führt weniger schnell zum Ziele als das vorher behandelte und erfordert die beim Synchronisieren notwendige Sorgfalt. Das kann gerade dann nachteilig werden, wenn eine Betriebsstörung vorliegt, die die Inbetriebsetzung eines Umformers nötig macht und doch gerade die Aufmerksamkeit der Maschinenwärter ablenkt. Ein Nachteil ist ferner, daß ein besonderer Motor für jeden Umformer aufgestellt werden muß, wodurch die Anlage verteuert wird. Schließlich bedeutet es einen Mangel, daß bei einer Betriebsstörung an einem Anwurfmotor der Umformer, zu dem er gehört, nicht benutzt werden kann. Es empfiehlt sich deshalb, auch das Anlassen von der Gleichstromseite aus, das weiter unten genauer behandelt werden wird, zu ermöglichen; dann können, auch wenn keine Batterie vorhanden ist, alle in einem Umformerwerk aufgestellten Umformer angelassen werden, wenn nur ein Anwurfmotor betriebsfähig ist. Den geschilderten Nachteilen gegenüber ist aber hervorzuheben, daß die Schaltung einfacher ist als die vorige, daß während des Anlassens die Bürsten nicht feuern und keine hohen Spannungen in der Erregerwicklung induziert werden; schließlich ist der Anlaßstrom auch ohne besondere Schaltung klein, allerdings stark in der Phase verschoben.

In Fig. 11a liegt der Ausschalter für den Umformer zwischen diesem und dem Transformator; es ist aber wünschenswert, auch den Transformator mit auszuschalten, um die Leerlaufarbeit des Transformators zu sparen. Zu diesem Zwecke hat man einen zweiten dreipoligen Ausschalter an der Hochspannungsseite des Transformators einzubauen.

Die Schalter an der Niederspannungseite haben im allgemeinen große Ströme zu leiten und müssen deshalb groß sein. Man kann sie ganz vermeiden, oder wenigstens auf einfache Trennstücke beschränken, durch eine Schaltung, bei der nur auf der Hochspannungseite geschaltet wird; das ist in Fig. 11b gezeichnet. Die Schaltung hat gegenüber der vorigen den Nachteil, daß ein Hochspannungsschalter mehr nötig wird; sie wird aber nicht selten angewendet. Für den Anwurfmotor muß nötigenfalls auch noch ein besonderer Transformator aufgestellt werden.

Fig. 12] In Fig. 12a ist eine der Schaltung von Fig. 11a entsprechende Anordnung für den Sechsphasenumformer gezeichnet; die Sekundärwicklung des Transformators ist die schon in Fig. 10a benutzte Wicklung ohne gemeinsamen Sternpunkt. Es wird in diesem Falle nötig, auch den Anwurfmotor sechsphasig zu bauen; für den Anwurfmotor sowohl als für den Umformer genügen aber dreipolige Ausschalter. In der Wahl der Synchronisierschalter ist man dabei beschränkt; es ist nur eine Dunkelschaltung möglich, wie sie gezeichnet ist.

In der folgenden Schaltung, Fig. 12b, in der die Sechsphasenwicklung einen gemeinsamen Sternpunkt hat, ist auch ein vollständiges Dreiphasensystem vorhanden; es kann deshalb jede beliebige Synchronisierschaltung und ein einfacher Drehstrommotor als Anwurfmotor benutzt werden. Aufmerksam gemacht sei auch noch auf den Unterschied im Anschluß der Spannungsmesser in den beiden Figuren, worauf auch schon früher, auf S. 43,m, hingewiesen war.

Eine Umänderung beider Schaltungen im Sinne von Fig. 11b ist natürlich ohne weiteres möglich und führt zu ein und derselben Schaltung, die sich von der der Fig. 11b nur durch den sechsphasig ausgeführten Stromkreis zwischen Transformator und Umformer unterscheidet.

Die dritte, in Fig. 10c (und Tafel 6, Fig. 17 und 18) gezeichnete Transformatorschaltung zur Gewinnung von Sechsphasenstrom bietet neben diesem ebenfalls noch einfachen Drehstrom; die in Fig. 12b gezeichnete Schaltung ist also auch für diesen Fall anwendbar.

Fig. 13 bis 19] Als drittes Verfahren ist das Anlassen von der Gleichstromseite zu behandeln, bei dem der Umformer als Gleichstrommotor angelassen wird.

In derselben Weise ist schon einmal der Gleichstromgenerator als Motor zum Anlassen benützt worden, und zwar in Bd. I auf Tafel 4, Fig. 10 bis 16 zum Anlassen von Explosionsmaschinen. An jener Stelle ist im Texte, S. 33 ff. als einfachstes Verfahren das erwähnt worden, daß zwischen Maschine und Batterie ein Anlaßwiderstand gelegt und die Maschine dann von der ganzen Akkumulatorenbatterie aus angelassen würde. Ein Schaltungsschema für eine solche einfache Schaltung zu zeichnen, wurde nicht für nötig erachtet; das Verfahren war zudem gegenüber anderen zurückgestellt, die als wertvollere Schaltungen danach behandelt wurden. Alle diese Schaltungen setzten eine Akkumulatorenbatterie mit Zellenschalter oder eine Zusatzmaschine voraus. Es muß hier vorausgeschickt werden, daß diese Schaltungen auch in Umformerwerken anwendbar sind, wenn eine Batterie mit Zellenschalter oder Zusatzmaschine vorhanden ist. Bei den folgenden, für Umformeranlagen entworfenen Schaltungen ist eine Akkumulatorenbatterie nicht angenommen, und es wird nur das Anlassen von den Sammelschienen, an denen vielleicht auch eine Batterie liegen kann, oder von einer besonderen Anlaßmaschine aus behandelt werden, und damit das Verfahren, das dem in Bd. I nur im Text auf S. 33 erwähnten ungefähr entspricht. Es mag dabei erwähnt werden, daß die verschiedenen Anordnungen, zu denen dieses Verfahren jetzt ausgebildet wird, umgekehrt auch für das Anlassen von Explosionsmaschinen anwendbar wären, wenn man sie aus irgendeinem Grunde den dort beschriebenen Methoden vorzuziehen Anlaß haben sollte.

Da das Anlassen von der Gleichstromseite behandelt werden soll, werden die folgenden Schemata wesentliche Verschiedenheiten voneinander nur auf der Gleichstromseite aufzuweisen haben. Die Verschiedenheiten werden zum Teil in der Art bestehen, wie zum Anlassen eines Umformers nötige Maschinen oder Apparate für alle Umformer gemeinsam benützbar gemacht werden; es sind deshalb von vornherein in der Regel zwei Umformer gezeichnet worden. Auf die Wechselstromseite der Schaltungsschemata werfen wir nur einen flüchtigen Blick.

Fig. 13] In Fig. 13 ist die Anordnung auf der Wechselstromseite nur als ein Beispiel anzusehen; es ist die Anordnung, bei der jeder Umformer mit einem besonderen Transformator in Verbindung ist und dieser von einer besonderen Leitung gespeist wird. Statt dessen kann man auch die Umformer schon auf der Wechselstromseite parallel schalten. Der Hauptschalter befindet sich in der Figur zwischen Transformator und Umformer, wie es in Fig. 11a gezeichnet war; es bleibt dahingestellt, ob man aus den auf S. 84, mitten, angegebenen Gründen die Schaltung nach Fig. 11b nicht vielleicht vorzieht.

Auf der Gleichstromseite ist neben den einen Maschinenausschalter ein Anlaßwiderstand *AW* gelegt, und der Erregerkreis so angeschlossen, daß die Maschine vor dem Anlassen voll erregt werden kann. Mit dieser Schaltung ist ein ordnungsmäßiges Anlassen jederzeit möglich, wenn die Gleichstromschienen immer unter Spannung stehen. Bei größeren Umformeranlagen, die auch eine Pufferbatterie enthalten, kann das im allgemeinen auch angenommen werden; man wird sich aber in der Regel auch auf den Fall einer Betriebsstörung, durch die die Gleichstromquelle außer Betrieb gesetzt wird, einzurichten haben, abgesehen davon, daß bei der ersten Inbetriebsetzung der neuerbauten Anlage in dieser oft auch noch kein Gleichstrom zur Verfügung steht. Meistens wird deshalb dafür gesorgt, daß, unabhängig von den Umformern, aus der Wechselstromenergie Gleichstrom entnommen werden kann. In Fig. 13 ist hierzu das einfachste Mittel, die Aufstellung eines asynchronen Motorgenerators, angewendet; der Asynchronmotor kann an jede der Wechselstromleitungen angeschlossen werden.

Bei Umformeranlagen mit stark schwankender Belastung, also bei den sehr oft vorkommenden Anlagen, bei denen der Gleichstrom für Straßenbahnen verwendet wird, hat es sich herausgestellt, daß das Synchronisieren durch die Belastungsstöße sehr erschwert werden kann: Hat man die zum Parallelschalten notwendigen Bedingungen erfüllt, nämlich gleiche Effektivspannung und Synchronismus hergestellt, so kann in dem Augenblicke, wo man einschaltet, ein Stromstoß den Zustand dermaßen ändern, daß das Einschalten unter einem starken mechanischen und elektrischen Ruck vor sich geht. Diese Unzuträglichkeit kann man vermeiden, indem man unmittelbar vor dem Einlegen des Wechselstromschalters auf der Gleichstromseite ausschaltet. Die dazu nötigen Handgriffe müssen natürlich sehr schnell aufeinanderfolgen, so daß der Anker seine Geschwindigkeit vor dem Einschalten auf der Wechselstromseite nicht merklich ändern kann; zur Sicherung dieser Bedingung kann man die Schalter in geeigneter Weise mechanisch kuppeln.

Fig. 14] Um nicht für jeden Umformer den großen und teueren Anlaßwiderstand anbringen zu müssen, kann man die Schaltung so abändern, daß ein gemeinsamer Anlasser für alle Umformer anwendbar wird. In Fig. 14 sind drei derartige Schaltungen gezeichnet. Die ersten beiden Schaltungen erklären sich von selbst, bei der dritten[1]) liegen die Umschalthebel an jedem Umformer nach oben, so lange nicht angelassen wird; soll dies geschehen, so wird der Umschalthebel des anzulassenden Um-formers nach unten (auf den Anlaßkontakt *el*) gelegt und damit der Anlaßwiderstand an diesen Um-former angeschlossen.

Fig. 15] Die zu Fig. 13 beschriebenen Schwierigkeiten beim Anlassen eines Umformers infolge von starken Belastungsstößen kann man umgehen, indem man einen besonderen Anlaßgenerator in einer Schaltung aufstellt, durch die ein von der übrigen Anlage unabhängiger Stromkreis für den Anlaß-generator und den anzulassenden Umformer gebildet wird. Eine Schaltung hierfür ist in Fig. 15 dar-gestellt. Es kann nach diesem Schema sowohl von dem Anlaßgenerator als auch von den Sammel-schienen aus angelassen werden. Dies wird durch den Umschalter *H* an der Anlaßschiene und durch die Umschalter ermöglicht, durch die die Erregerwiderstände an die Anlaßschiene oder an den einen Pol der Umformer gelegt werden; beim Anlassen liegt der Erregerwiderstand stets an der Hilfsschiene, bei den in Betrieb befindlichen Umformern muß aber umgeschaltet sein, weil die Anlaßschiene nach dem Anlassen eines Umformers wieder abgeschaltet wird.

Abgesehen von der beschriebenen Neuerung, gleicht die Anlaßschaltung der in Fig. 13 gezeich-neten, d. h. für jeden Umformer ist ein besonderer Anlaßwiderstand vorhanden. Die Schaltung kann offenbar auch im Sinne der drei Figuren 14 abgeändert werden.

Fig. 16] Würde man in Fig. 15 darauf verzichten, daß außer von der Anlaßmaschine auch von den Hauptsammelschienen aus angelassen werden kann, so würde es zweckmäßig sein, für den Anlaß-generator eine niedrigere Spannung zu wählen, so daß die Anlaßwiderstände kleiner genommen werden können und nicht so viel Energie beim Anlassen verschwendet zu werden braucht. Man kann noch einen Schritt weiter gehen und die Anlaßwiderstände ganz vermeiden, wenn man den Anlaßgenerator für eine von Null (oder einem zum direkten Anschließen geeigneten niedrigen Werte) bis zur höchsten An-laßspannung veränderliche Spannung baut. Die Schaltung für diesen Fall ist in Fig. 16 gezeichnet; die Anlaßwiderstände fallen dabei ganz weg und werden durch Schalter ersetzt. Für die Erregung der Umformer muß natürlich Gleichstrom der normalen Spannung jederzeit zur Verfügung stehen; in der Figur sind die Erregungen von besonderen Schienen abgenommen, unter der Annahme, daß eine besondere Gleichstromquelle für diesen Zweck vorhanden sei. Kann man sich darauf verlassen, daß die Hauptsammelschienen immer unter Spannung stehen, so sind die besonderen Erregerschienen natürlich überflüssig.

Die Anordnung der Anlaßschiene und der Schalter stimmt mit der in Fig. 14b gezeigten überein; sie läßt sich auch hier offenbar leicht nach Fig. 14a und Fig. 14c abändern.

Fig. 17] Bei Einankerumformern mit Doppelschlußwicklung sind genau dieselben Anlaß-schaltungen für das Anlassen von der Gleichstromseite anwendbar, wie wir sie in Fig. 13 bis 16 für Umformer mit Nebenschlußerregung kennen gelernt haben. Selbstverständlich darf aber der Anlaß-strom nicht durch die Hauptschlußwicklung fließen; liegt also die Hauptschlußwicklung an der po-sitiven Bürste, so darf der Anlaßwiderstand nicht parallel zum negativen Hauptschalter liegen, son-dern er muß eine Nebenschließung zum positiven Hauptschalter u n d der Hauptschlußbewicklung darstellen.

Sind mehrere Doppelschlußumformer parallel geschaltet, so ist ebenso wie bei den Doppelschluß-generatoren (Bd. I, S. 8) zur Aufrechterhaltung des Gleichgewichts in der Belastungsverteilung eine Ausgleichschiene (*A.-S.*) anzubringen, durch die die Hauptschlußbewicklungen unter sich parallel geschaltet werden; man erinnere sich hierbei, daß nach Fig. 4 zwischen Transformator und Anker eine Drosselspule liegt, durch die trotz der gleichbleibenden synchronen Geschwindigkeit eine Span-nungsänderung des Umformers möglich wird, und damit auch eine Belastungsverschiebung, wenn die Ausgleichschiene nicht vorhanden wäre.

In Fig. 17a ist die hiernach sich ergebende Schaltung gezeichnet, die im übrigen genau mit Fig. 13 übereinstimmt. Die Abänderung dieser Schaltung nach Fig. 14 ist ohne weiteres möglich und bedarf keiner Darstellung. Es treten zu diesen Schaltungsmöglichkeiten noch die durch Fig. 15 und 16 vorgezeichneten, außerdem aber noch eine Reihe von anderen hinzu, weil die Ausgleichschiene als Anlaßschiene mit herangezogen werden kann. Es schien zweckmäßig, diese Schaltungen in Kürze mit zu behandeln, um das Verständnis von ausgeführten Schaltungsschematen zu erleichtern und

---

[1]) Siehe New Yorker Stadtbahn (Hochbahn) E. T. Z. 1901, S. 101, Fig. 8 und S. 904, Fig. 9, und New Yorker Untergrundbahn, E. T. Z. 1905, S. 253.

dabei zu zeigen, daß und wie die bei solchen Schematen vorkommenden Abweichungen sich zwanglos aus dem schon Behandelten entwickeln lassen.

In Fig. 17b wird von der negativen Hauptschiene und der Ausgleichschiene aus angelassen, und zwar in zweierlei Weise: der Anlaßwiderstand liegt (so beim ersten Umformer) entweder zwischen Ausgleichschiene und positiver Bürste — in den Figuren wird ein für allemal die Hauptschlußwicklung an der positiven Bürste, also die Ausgleichschiene von positiver Polarität angenommen — oder er liegt an der negativen Seite (bei dem zweiten Umformer). Im letzteren Falle muß der Anschluß der Erregerwicklung etwas geändert werden. Anlassen ist möglich durch den Anlaßgenerator oder durch schon in Betrieb befindliche Umformer, nicht aber von einer etwa vorhandenen Batterie aus. Auch diese Schaltung läßt sich nach den Vorbildern von Fig. 14 leicht abändern.

Fig. 18] Fig. 18a entspricht genau der in Fig. 15 gezeichneten Schaltung. In Fig. 18b ist wiederum die Abänderung getroffen, daß an Stelle der positiven Hauptschiene die Ausgleichschiene getreten ist. In beiden Fällen kann natürlich ebenfalls die Zahl der Anlaßwiderstände durch Abänderungen nach Fig. 14 auf einen vermindert werden.

Will man aus irgendeinem Grunde der Anlaßschiene negative Polarität erteilen, so ergibt sich die in Fig. 18c gezeichnete Schaltung, die aus der vorigen unmittelbar entsteht. Der Versuch, die Schaltung von Fig. 18a in ähnlicher Weise zu verändern, führt, wegen der Notwendigkeit, die Hauptschlußwicklung zu umgehen, zu derselben Schaltung.

Fig. 19] In Fig. 19 ist die Schaltung von Fig. 16 für Doppelschlußumformer abgeändert. Die Abänderung ist noch einen Schritt weiter geführt, insofern die Anlaßschiene negative Polarität erhalten hat, wobei dann der Anlaßgenerator mit seinem anderen Pole zur Ausgleichschiene geführt werden mußte.

Anlaßschaltungen für Motor-Generatoren

Nachdem hiermit die Schaltungen zum Anlassen des Einankerumformers behandelt sind, lassen sich die Schaltungen zum Anlassen von Motorgeneratoren kurz erledigen.

Will man den synchronen Motorgenerator von der Wechselstromseite aus anlassen, so greift das zu Fig. 9 für den Einankerumformer beschriebene Verfahren Platz. Ein Unterschied besteht insofern, als es gleichgültig ist, in welcher Richtung das Drehfeld bei Erreichung des Synchronismus stehen bleibt; es bedarf also keiner Umschaltbarkeit des Erregerstromkreises. Außerdem kann die Schaltung dadurch anders werden, daß in vielen Fällen — wegen der Unabhängigkeit der Gleichstromspannung von der Wechselspannung — kein Transformator vorhanden ist. Man muß dann einen Anlaßtransformator oder eine gewöhnliche Drosselspule, wie es schon zu Fig. 9 (S. 82, mitten) erwähnt war, einschalten.

Den Anwurfmotor läßt man in genau derselben Weise an, wie es in Fig. 11 für den Einankerumformer beschrieben ist.

Im ähnlichen Sinne gelten die Schaltungen von Fig. 13 bis 19 für das Anlassen von der Gleichstromseite aus auch für den synchronen Motorgenerator. Die Schwierigkeit des Synchronisierens bei stark schwankender Belastung, die bei der Beschreibung zu Fig. 13 besonders hervorzuheben war, tritt beim Anlassen des synchronen Motorgenerators nicht im gleichen Maße auf.

Das Anlassen eines asynchronen Motorgenerators läuft, wenn es von der Wechselstromseite aus erfolgen soll, auf das Anlassen eines Asynchronmotors hinaus; es sind also alle dafür bekannten Anlaßverfahren anwendbar. Man kann den asynchronen Motorgenerator natürlich auch von der Gleichstromseite aus anlassen; dabei hat man ihn auf annähernd synchrone Geschwindigkeit zu bringen und kann dann auf der Wechselstromseite ohne weiteres einschalten; der Motoranker kann also, wie schon auf S. 77, u erwähnt worden war, ein gewöhnlicher Kurzschlußanker sein[1].

C. Sicherungen und Sicherungsschalter in Umformeranlagen

Alle Sicherungen und Sicherungsschalter und auch die sonstigen Schalter, die nicht zum Verständnis des Schemas unbedingt nötig waren, sind in den Figuren bisher weggelassen worden. Die hiernach erforderliche Ergänzung läßt sich in Kürze für alle Schaltungen gemeinsam geben:

---

[1] Das Verfahren hat den Mangel, daß man die gewöhnlichen Synchronisiervorrichtungen nicht verwenden kann und auf die rohe Prüfung durch Tachometer angewiesen ist. Horschitz hat einen Apparat (D. R. P. Nr. 221 210) angegeben, durch den der Synchronismus auch in diesem Falle genau beobachtet werden kann; siehe E. T. Z. 1909, S. 825, und Elektr. Kraftbetr. u. Bahnen 1909, S. 568, auch S. 461.

Für die Gleichstromseite gilt alles das, was aus den Schaltungsschematen für Gleichstrom in Bd. I bekannt ist. Für die Wechselstromseite empfiehlt es sich zunächst, eine Überstromsicherung in die Fernleitung unmittelbar nach ihrem Eintritt in die Umformerwerke einzuschalten; dadurch ist das Umformerwerk als Ganzes geschützt. Das Weitere hängt davon ab, ob die Transformatoren primär oder sekundär oder beiderseits parallel geschaltet sind. Als Grundsatz ist hierbei innezuhalten, daß sowohl die Transformatoren wie die Umformer für sich von der übrigen Anlage abtrennbar sein sollen. Über die Frage, ob dies an den verschiedenen Stellen durch Sicherungen, selbsttätige oder nicht selbsttätige Schalter oder nur durch Trennstücke erfolgen soll, kann man verschiedener Ansicht sein. Die Kostenfrage spielt dabei eine Rolle. Natürlich sind Abzweigungen von gemeinsamen Schienen, unabhängig von der Eintrittssicherung für das ganze Umformerwerk, noch einmal zu sichern. Die selbsttätigen Schalter sind bekanntlich gewöhnlich Zeitschalter; bei der Einstellung ist darauf zu achten, daß sie in kürzerer Zeit ausschalten müssen als die Zeitschalter im Kraftwerk.

Sind mehrere Umformer parallel geschaltet oder ist eine Akkumulatorenbatterie vorhanden, so besteht die Gefahr einer besonderen Betriebsstörung: Handelt es sich dabei um Doppelschlußumformer, und wird versehentlich oder durch eine Störung die Wechselstromseite abgeschaltet, so wird der Umformer von der Gleichstromseite aus Rückstrom bekommen und als Gleichstrommotor laufen, wobei die Hauptschlußwicklung das Feld schwächt. Die Folge ist eine außerordentlich hohe Umlaufgeschwindigkeit, die dem Umformer sehr gefährlich werden kann. Das gilt für Einankerumformer so gut wie für Motorgeneratoren. Dasselbe tritt ein, wenn auf der Wechselstromseite ein Kurzschluß stattfindet. Ein solcher Kurzschluß kann auch Einankerumformern mit Nebenschlußbewicklung gefährlich werden; der Umformer gibt nämlich dann auf der Wechselstromseite einen starken und der Spannung unter Umständen stark nacheilenden Strom ab. Ein solcher Strom schwächt das Magnetfeld ebenfalls und steigert so die Geschwindigkeit. Da hierdurch die Phasenverschiebung weiter vergrößert wird, so treibt die Erscheinung von selbst weiter zu einer gefährlichen Geschwindigkeitssteigerung.

Zur Verhütung dieser Gefahr schaltet man einen selbsttätigen Rückstromschalter zwischen Umformer und Gleichstromschienen ein. Man hat gelegentlich auch einen selbsttätigen Ausschalter auf der Gleichstromseite, der auf hohe Frequenz des Wechselstromes anspricht, eingeschaltet oder auch einen Zentrifugalregler mit der Maschinenwelle in Verbindung gebracht, der die Ausschaltung bei übermäßiger Geschwindigkeit besorgt.

D. Der umgekehrte Umformer

Fig. 20] Soll aus einer Gleichstromanlage Wechselstrom entnommen werden, sei es zur unmittelbaren Verwendung, sei es zur Übertragung der Energie nach einem fernen Punkte, wo sie vielleicht wiederum in Gleichstrom, etwa für eine Bahnanlage, umgeformt werden soll, so ist ein Gleichstrom-Wechselstrom-Umformer aufzustellen, eine Maschine, die, weil der Wechselstrom-Gleichstrom-Umformer viel mehr gebraucht wird und deshalb das Übliche ist, als umgekehrter Umformer bezeichnet wird. Statt durch den Einankerumformer kann die Umformung natürlich auch durch einen umgekehrten Motorgenerator vorgenommen werden; über die Schaltung eines solchen ist nichts Besonderes zu sagen.

Beide Arten von Maschinen können (was schon oben S. 77 angedeutet wurde) auch zur wechselseitigen Unterstützung zwischen Gleichstrom- und Wechselstromanlagen verwendet werden und dadurch die Wirtschaftlichkeit so vereinigter Anlagen unter Umständen erheblich steigern. Als ein solcher Fall der Verwendung des wechselseitigen Umformers kann auch die Anwendung des Umformers bei Akkumulatoren in Wechselstromanlagen angesehen werden, die auf der vorigen Tafel behandelt ist.

Bei dem umgekehrten Einankerumformer, wenn er allein, also ohne parallel geschaltete Wechselstrommaschinen, in Betrieb ist, hat sich die Gefahr großer Geschwindigkeitserhöhung bei stark induktiver Belastung in unliebsamer Weise gezeigt; auch schon ein Kurzschluß auf der Wechselstromseite kann ein Durchgehen nach sich ziehen. Das war soeben (S. 88, oben) schon bei Betrachtung des gewöhnlichen Umformers erkannt worden. An jener Stelle ist auch schon auf den Zentrifugalregler und den auf hohe Frequenz ansprechenden Selbstausschalter als Mittel zur Verhütung dieser Gefahr hingewiesen worden. (Der dort auch empfohlene Rückstromschalter kann natürlich hier nicht in Frage kommen.) Bei dem umgekehrten Umformer handelt es sich aber nicht nur um die Gefahr des Durchgehens, sondern schon um eine Konstanthaltung der Frequenz, die mit jeder Änderung der Phasenverschiebung zwischen Strom und Spannung sich zu ändern trachtet. Außerdem besteht ein Unterschied insofern, als beim gewöhnlichen Umformer die Ursache der Geschwindigkeitssteigerung einer Maschine diese selbst in der Regel außer Betrieb setzt, wobei aber der Gleichstrombetrieb aufrecht erhalten bleibt; beim umgekehrten Umformer dagegen ist das Ziel erreichbar, den Umformer selbst trotz der Störung in Betrieb zu halten, und das ist um so wichtiger, als die Störung gerade beim alleinigen Betrieb einer Maschine vorkommt. Es empfiehlt sich hierzu ein Verfahren zur Konstanthaltung der Geschwindigkeit, das Lamme patentiert worden und von der Westinghouse El. Co. zuerst angewendet ist. Das Schaltungsschema dazu ist in Fig. 20 abgebildet.

Mit dem Umformer auf einer Welle sitzt eine besondere Erregermaschine mit schwach gesättigten Magnetschenkeln; steigert sich die Geschwindigkeit des Umformers, so nimmt auch die Spannung der Erregermaschine zu, und zwar um so mehr, als auch deren Erregerstrom dadurch größer geworden ist; es wächst also der Erregerstrom des Umformers und arbeitet somit der Geschwindigkeitssteigerung entgegen. Es gelingt auf diese Weise die Geschwindigkeit konstant zu halten, wenn die Phasenverschiebung des Stromes nicht sehr groß ist; die Grenze der Regelbarkeit ist durch die Erregermaschine gesteckt, die bei ungesättigtem Eisen, also unterhalb des Kniees der Magnetisierungskurve, arbeiten muß.

Das Anlassen des Umformers hat natürlich bei von den Schienen aus gespeister Erregung zu geschehen. Da man für die Erregermaschine im allgemeinen aber eine geringere Spannung als die Schienenspannung wählen wird, hat man beim Anlassen den Erregerstrom durch einen Vorschaltwiderstand — in der Figur VW — auf das richtige Maß zu bringen. Vor dem Umschalten der Erregung auf die Erregermaschine muß man sich vergewissern, daß diese die für den augenblicklichen Erregerstrom nötige Spannung liefert; hierzu dient der in der Figur eingezeichnete Differentialspannungsmesser.

Das Schwanken der Geschwindigkeit und damit der Frequenz, und die Gefahr des Durchgehens des umgekehrten Einankerumformers, schließlich auch die zur Vermeidung dieses Nachteils unter Umständen notwendig werdende besondere Erregermaschine, sind ein erheblicher Nachteil dieses Umformers. Man zieht deshalb gerade für einen einzelnen Umformer im allgemeinen den Motorgenerator trotz seines geringeren Wirkungsgrades vor.

Sowohl den umgekehrten Umformer wie den umgekehrten Motorgenerator wird man gewöhnlich von der Gleichstromseite aus anlassen. Soll der Umformer zur gegenseitigen Unterstützung von Wechsel- und Gleichstromanlagen dienen, so kann es natürlich zweckmäßig sein, die Einrichtung so zu treffen, daß er auch von der Wechselstromseite aus angelassen werden kann.

Fig. 21] Das Schaltungsschema einer Anlage, in der ein gewöhnlicher Einankerumformer die Energie einer Wechselstromzentrale zur Speisung einer Bahnanlage in Gleichstrom umformt, wobei aber der Umformer gelegentlich auch als umgekehrter Umformer wirken soll, ist in Fig. 21 dargestellt.

Bei gewöhnlichem Betriebe, bei dem sowohl Wechselstrom als Gleichstrom abgegeben wird, läuft die mit dem Umformer auf einer Welle sitzende Zusatzmaschine (in der Figur ganz rechts) leer mit, sie ist also durch den Umschalter U_2 ausgeschaltet. Die Pufferbatterie liegt währenddem an den Bahnsammelschienen, der Schalter S_1 ist also geschlossen und der Umschalter U_1 nach links gelegt. Soll die Pufferbatterie geladen werden, so wird bei U_1 umgeschaltet, der Anlaßwiderstand AW kurzgeschlossen, U_2 nach oben gelegt und dann nach passender Erregung der Zusatzmaschine diese mit dem Schalter S_2 in den Ladestromkreis eingeschaltet.

Während der Nacht ruht nun der Bahnbetrieb, und der Bedarf im Wechselstromnetz möge so gering sein, daß der Generator stillgesetzt werden kann. Die Batterie versorgt dann allein, durch den im umgekehrten Sinne wirkenden Umformer hindurch, das Wechselstromnetz. Hierbei wirkt die Zusatzmaschine nach Art eines Zellenschalters auf Konstanthaltung der mit zunehmender Entladung abfallenden Batteriespannung. Der Übergang in diesen Betriebszustand geschieht nach Stillsetzung des Umformers folgendermaßen: Der Umschalter U_2 muß nach unten gelegt werden, S_1 und S_2 sind zu schließen, ebenso der Gleichstromschalter des Umformers, U_1 steht auf dem rechten Kontakte; mit dem Anlaßwiderstande AW wird dann der Umformer angelassen. Nach dem Anlassen, wobei der Umformer natürlich voll, die Zusatzmaschine nur schwach erregt war, wird mit dem Nebenschlußregler der Zusatzmaschine die synchrone Geschwindigkeit, mit dem Nebenschlußregler des Umformers die Gleichstrom- also auch die Wechselspannung des Umformers eingeregelt. Nach Erreichung des Synchronismus wird der Drehstromschalter des Umformers eingelegt, die Belastung auf diesen vom Drehstromgenerator übertragen und der letztere abgeschaltet.

Bei einer nach diesem Schema ausgeführten praktischen Anlage[1]) hat sich gezeigt, daß trotz abnehmender Batteriespannung die Wechselspannung fast konstant blieb. Das hatte seinen Grund in der Abnahme des (der Batterie entnommenen) Erregerstromes des Umformers und der dadurch herbeigeführten Geschwindigkeitssteigerung, die weiter die Spannung der Zusatzmaschine in dem Grade erhöhte, daß der Spannungsabfall in der Batterie durch sie, trotz der Verminderung ihres Erregerstromes ausgeglichen war. Bei dieser Selbstregelung trat allerdings allmählich eine Erhöhung der Frequenz ein, zu deren Beseitigung von Zeit zu Zeit, etwa alle Stunde, die Nebenschlußregler von neuem eingestellt, und zwar beide Erregerströme verstärkt werden mußten.

Einen umgekehrten Umformer in dieser Weise sich selbst zu überlassen, geht natürlich nur bei annähernd induktionsfreier Belastung, da sonst, wie wir auf S. 88 gesehen haben, die Geschwindigkeit des Umformers sich bedenklich steigern könnte.

Die Pufferbatterie einer Bahnanlage in Verbindung mit einer zur Spannungsregelung dienenden Zusatzmaschine war schon früher einmal — in Bd. I auf S. 77 und 78 (Tafel 12, Fig. 5 und 7) — zur Versorgung eines Lichtnetzes während der Nachtzeit in ganz ähnlicher Weise benützt worden.

Ein anderer Vergleich, der sich hier aufdrängt, ist der mit den auf S. 74 u. f. dieses Bandes geschilderten Betrieben, worauf schon an jener Stelle vorbereitet ist. Das hier gezeichnete Schaltungsschema ähnelt dem dort wiederholt erwähnten Schema von Fig. 9, wenn der darin enthaltene Erregerumformer weggelassen und die Schaltung zur Abgabe von Gleichstrom weiter ausgebildet wird.

Tafel 10]
E. Quecksilberdampf-Gleichrichter

Der im Jahre 1902 von Cooper Hewitt erfundene Quecksilberdampf-Gleichrichter führte sich zuerst zögernd, dann aber sehr rasch neben dem umlaufenden Umformer ein, zuerst in Amerika, später auch in Europa. Hier wurde die Nachfrage nach Gleichrichtern erst unter dem Zwange des Krieges lebhafter: viele Gleichstromwerke waren aus Kohlenmangel genötigt, sich an Wechselstrom-Überlandwerke anzuschließen und griffen nun zu dem ruhenden Gleichrichter, der den Vorteil hatte, kein Sparmetall nötig zu haben, schneller geliefert werden konnte und außerdem wirtschaftlicher arbeitete als der umlaufende Umformer. Der Gleichrichter trat damit in ernsten Wettbewerb zum alten umlaufenden Umformer[2]).

Fig. 1] Aufbau und Wirkungsweise des Hewittschen Metalldampf-Gleichrichters sind folgende: In einem bis auf 0,01 bis 0,001 mm Quecksilbersäule entlüfteten Raum (Glaskolben) sind zwei Elektroden eingeführt, die eine aus irgendeinem festen Material, z. B. Graphit, Platin oder Eisen, und die andere aus Quecksilber. Läßt man zwischen den beiden Elektroden einen Lichtbogen entstehen, so erhitzt sich das Quecksilber an der Angriffsstelle des Lichtbogens bis zur Weißglut und füllt den Raum mit Quecksilberdampf. Dabei werden negative Elektronen (sogen. Ionen) von dem Quecksilber aus in großer Menge entsandt; sie ionisieren den Raum und machen ihn dadurch leitend. Ist die Elektrizitätsquelle, von der dieser Lichtbogen gespeist wird, ein Wechselstromgenerator, so zeigt sich, daß durch eine eigenartige, sogen. Ventilwirkung ein Stromübergang vom Quecksilber zur festen Elektrode verhindert wird. Es geht vielmehr nur Strom von der festen zur Quecksilberelektrode über; die erstere ist zur Anode, die letztere zur Kathode geworden. Von dem Wechselstrom bleibt also nur ein zerhackter welliger Gleichstrom übrig, nämlich nur die in beigefügter Textabb. 15 durch die stark ausgezogene Linie dargestellte Stromkurve. In Fig. 1 ist das Grundschema eines nach dieser Beschreibung ausgeführten und geschalteten Gleichrichters dargestellt.

Fig. 2] Ein solcher zerhackter und welliger Strom ist natürlich im allgemeinen nicht brauchbar. Man kann ihn leicht dadurch verbessern, daß man nach Fig. 2 die Sekundärwicklung des Transformators T — es ist hier ein Spartransformator angenommen, wie er aus bekannten Gründen (siehe S. 46/47) viel angewendet wird — in zwei Hälften teilt, den Teilpunkt als die eine negative Klemme des Teilstrom-

---

[1]) **Kraftwerk Oberstein,** ausgeführt von der E. A.-G. vorm. Schuckert & Co.; siehe Jakobi, Verwendung von Zusatz-Maschinen als Zellenschalter, E. T. Z. 1905, S. 225, Fig. 1.

[2]) Siehe Fr. Kade, »Die Umformung mittels rotierender Umformer« E. T. Z. Bd. XLIII, S. 105, 1922, und Chr. Krämer, »Die Umformung durch Quecksilberdampf-Gleichrichter« E. T. Z. Bd. XLIII, S. 107, 1922. In den beiden Vorträgen und der angeschlossenen Erörterung (S. 129) werden die Vor- und Nachteile der beiden Umformungsarten ausführlich gegeneinander abgewogen.

kreises benutzt und die beiden Enden der Bewicklung zu zwei Anoden des Gleichrichters führt, denen eine gemeinsame Kathode gegenübersteht. Die Kurve des Gleichstromes nimmt dann die in Textabb. 16 dargestellte Form an. Sie ist dieselbe wie bei einem nur mit zwei Kommutatorsegmenten versehenen Anker.

Nun ist aber der Quecksilberlichtbogen sehr empfindlich gegen eine Abkühlung der Kathode; schon bei geringer Temperaturverminderung hört die Ionisation auf, und der Lichtbogen erlischt. Diese Empfindlichkeit ist so groß, daß ein Strom der in Textabb. 15 gezeichneten Kurvenform wegen

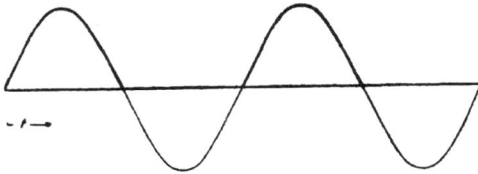

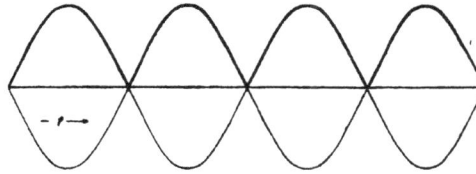

Abb. 15.   Abb. 16.

der zwischen zwei Wellenhälften eintretenden Abkühlung überhaupt nicht bestehen könnte; sogar bei der Kurvenform nach Textabb. 16 kann sich der Strom bei geringer Stromstärke nicht aufrechterhalten. Es muß deshalb zu besonderen Hilfsmitteln gegriffen werden. Das einfachste Mittel ist das einer Hilfs-belastung, die etwa in Gestalt eines Widerstandes neben die Nutzbelastung angeschlossen wird und so lange eingeschaltet bleibt, als man besorgt sein muß, daß die Nutzbelastung auf einen sehr geringen Wert abfallen könnte. Ein anderes Mittel ist das der Hilfsanoden: eine oder zwei besondere Anoden werden zwischen den Hauptanoden angebracht und an eine besondere Stromquelle angeschlossen. Ist diese Quelle eine Gleichstromquelle, so wird e i n e Hilfsanode, ist sie ein Transformator, so werden z w e i Hilfsanoden angebracht, die dann nach Art der Hauptanoden mit ihrem Transformator verbunden werden, während der Mittelpunkt des Transformators unter Einschaltung eines Widerstandes zur Kathode geführt wird. Die ganze Einrichtung wird »Erregung« des Gleichrichters genannt. Beide Hilfsmittel bringen natürlich einen gewissen Energieverlust mit sich. In kleineren Anlagen wird ge-wöhnlich nur die Hilfsanode, in größeren außer dieser noch die Hilfsbelastung verwendet, diese letztere aber nur zum Anlassen. Um die starke Stromverminderung zwischen zwei Wellen zu mäßigen, schaltet man in den Gleichstromkreis eine Drosselspule, wie sie in Fig. 2 eingezeichnet und mit S bezeichnet ist. Die Drosselwirkung kann so stark sein, daß die gefürchtete Abkühlung der Kathode zwischen zwei Halbwellen auch ohne Hilfsanoden nicht eintritt; sie stellt dann ein drittes Mittel zur Aufrecht-erhaltung des Lichtbogens dar.

Wir haben bis jetzt angenommen, der Gleichrichter sei schon in Betrieb. Um ihn aber in Betrieb zu setzen, bedarf es einer Zündvorrichtung. Diese besteht bei kleinen Gleichrichtern mit Glaskörper in einer zu den Hauptanoden unter Einschaltung eines Widerstandes parallel geschalteten Zündanode — siehe Z.-A. in Fig. 2 —, die so eingerichtet ist, daß sie beim Kippen des Gleichrichters von dem aus dem Kathodenbehälter ausfließenden Quecksilber erreicht wird. Beim Zurückkippen reißt der so ge-bildete Quecksilberkontakt wieder ab, und der dadurch unterbrochene Stromkreis schließt sich durch einen Lichtbogen an der Abreißstelle. Durch diesen wird die Kathode erwärmt und der Raum im Gleichrichter so stark ionisiert, daß der Lichtbogen von den Haupt- oder Hilfsanoden zur Kathode übergehen kann. Der Zündlichtbogen erlischt dann von selbst. Das Kippen des Glaskolbens kann man von Hand oder automatisch vornehmen[1]). Bei den neueren Großgleichrichtern, deren Körper aus Stahl besteht, wird die Berührung der Zündanode mit der Kathode nicht durch Kippen, sondern entweder durch Eintauchen der ersteren in das Quecksilber (Brown, Boveri & Cie.) oder durch Eintauchen der mit Gleichstrom gespeisten Hilfsanode hergestellt (Allgem. Elektr.-Gesellschaft).

Der Körper des Gleichrichters ist in der in Fig. 2 gezeichneten Form nach oben zu einer weiten Glasglocke ausgebildet, wodurch den aufsteigenden Quecksilberdämpfen Gelegenheit gegeben wird, sich wieder zu flüssigem Quecksilber zu kondensieren, das dann an den Glaswänden zur Kathode wieder herabfließt.

Der in der Figur gezeichnete Transformator T ist immer nötig: Es muß ja der Einphasenstrom durch Herausnahme des Mittelpunktes der Sekundärwicklung in den der Beschreibung nach verlangten

---

[1]) Die Paul Hardegen & Co. G. m. b. H. füllt nach E. T. Z. 1922, S. 921, ihre Gleichrichterkolben mit Argongas und verwendet das Quecksilberamalgam als Kathodenmaterial. Auf diese Weise wird erreicht, daß das Zünden ohne Kippen des Kolbens beim vorübergehenden Anlegen einer Spannung zwischen Hilfsanode und Ka-thode erfolgen kann.

Zweiphasenstrom von 180° Phasenabstand verwandelt werden; abgesehen davon wird es in den seltensten Fällen möglich sein, die primäre Wechselspannung so zu wählen, daß die geforderte Gleichspannung unmittelbar ohne Transformator erreicht wird. Die Gleichspannung U_g eines Gleichrichters läßt sich nach folgender Formel berechnen: $U_g \approx 1{,}35\, U_w - u$, wobei U_w die Strangspannung und u der Spannungsabfall (etwa 20 Volt) im Gleichrichter ist, der von Vollast bis $1/10$ davon konstant bleibt.

Soll der Gleichrichter für Drehstrom eingerichtet werden, so ist nichts weiter nötig, als den dritten Wicklungszweig im Transformator und mit diesem verbunden eine dritte Anode anzubringen; sonst tritt nichts Neues hinzu. Die Kurvenform des Stromes wird durch diese Vermehrung der Stränge natürlich weiter verbessert, nämlich in der in Textabb. 17 gezeichneten Weise. In dieser Abbildung sind sowohl die drei Halbwellen (mit dünnen Strichen) als die resultierende Welle (dick ausgezogen) gezeichnet. Die einzelnen Wellen superponieren sich nicht, sondern die eine Stromkurve bricht ab, wenn die andere einsetzt. Es ist also immer nur eine Anode im Betrieb, und zwar ist es diejenige, deren Spannung gegen die Kathode im gegebenen Augenblick die größte ist.

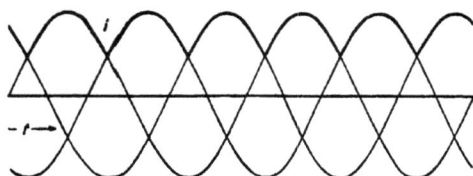
Abb. 17.

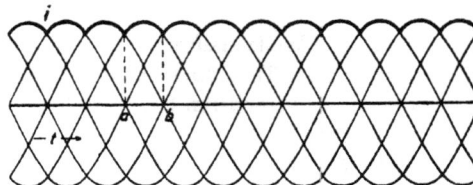
Abb. 18.

Man kann bei Drehstrom die Kurvenform noch weiter verbessern, indem man die drei sekundären Wicklungen des Transformators nicht in ihren Endpunkten, sondern in ihren Mittelpunkten miteinander vereinigt. Dann hat man sekundär eine Sechsphasenanordnung; den sechs Endpunkten entsprechen sechs Anoden. Die gemeinsame Nullpunktleitung führt zur negativen Gleichstromleitung; die Kurvenform ändert sich dann so, wie es in Textabb. 18 gezeichnet ist. Eine Drosselspule ist zum Abflachen der Stromwellen nicht mehr unbedingt nötig. Die Spannung des Quecksilberlichtbogens beträgt je nach der Konstruktion des Gleichrichters 11 bis 25 Volt und ist für die Gleichrichtung gerade so als Spannungsverlust zu buchen, als wenn im Gleichstromkreise ein Vorschaltwiderstand mit demselben Spannungsabfall eingeschaltet wäre.

Der bei der Umformung auftretende Verlust setzt sich zusammen aus dem Verlust im Transformator und dem Verbrauch im Gleichrichter. Da die genannte Spannung von 11 bis 25 Volt unabhängig von der Stromstärke und von der Höhe der Betriebsspannung im Gleichstromkreise ist, fällt offenbar der Verbrauch im Quecksilberlichtbogen für den Wirkungsgrad der Umformung um so nachteiliger ins Gewicht, je kleiner die Betriebsspannung auf der Gleichstromseite ist[1]).

Gleichrichter werden für kleinere Leistungen mit Glasgefäßen gebaut; für größere mußte man von diesem heiklen Baustoff ab- und zu Metall übergehen. Glasgleichrichter werden heute bis etwa 200 Amp.[2]), Metallgleichrichter bis zu 1000 Amp.[3]) gebaut.

Parallelbetrieb und Parallelschaltung von Gleichrichtern

Fig. 3 bis 5] Das Bedürfnis, Gleichrichter parallel zu schalten, liegt vor, wenn eine Anlage erweitert werden soll. In neuen Anlagen empfiehlt es sich, die Leistung auf mehrere Gleichrichter zu verteilen, damit der Reservegleichrichter entsprechend kleiner sein kann. Das Parallelschalten von zwei Gleichrichtern an Stelle eines einzigen doppelt so großen hat den Vorteil, daß beim Versagen eines der beiden der andere (die Quecksilberdampf-Gleichrichter sind stark überlastbar) vorübergehend die ganze Leistung zu bewältigen vermag. Es liegt also eine gewisse Momentanreserve vor, allerdings nicht in so vollkommenem Sinne wie bei Akkumulatoren (vgl. Bd. I, S. 14), denn sie ist hier nur vorhanden, wenn der Wechselstromgenerator noch im Betriebe ist.

---

[1]) Der in der Praxis übliche Ausdruck »Wirkungsgrad des Gleichrichters« ist nur dann gerechtfertigt, wenn man unter Gleichrichter die gesamte Umformereinrichtung, also den eigentlichen Quecksilberdampfgleichrichter mit dem zugehörigen Transformator versteht. Dann ist der Wirkungsgrad das Verhältnis der dieser Einrichtung entnommenen Gleichstromleistung zu der in sie geschickten Wechsel- oder Drehstromleistung.

[2]) Siehe Fritz Kleeberg, Der Quecksilberdampf-Gleichrichter des Glastyps in der Praxis, 2. Auflage.

[3]) Über die Konstruktion siehe M. Clarnfeld, Großgleichrichter, Zeitschr. d. V. D. I. 1920, S. 403.

Das Parallelarbeiten zweier Stromquellen setzt eine bestimmte Abhängigkeit der Spannung von der Belastung voraus. Das ist aus den Betrachtungen über das Parallelarbeiten von Nebenschlußgeneratoren (Bd. I, S. 6) deutlich geworden; die dort angestellten Überlegungen gelten auch jetzt.

Fig. 3 und 4] Hat jeder Gleichrichter einen besonderen Transformator, so ist mit zunehmender Belastung der Spannungsabfall im Transformator groß genug, daß die Gleichrichter ohne weiteres parallel arbeiten können. Wir haben es also im wesentlichen mit zwei parallel geschalteten Transformatoren zu tun. Die Schaltung für Einphasenstrom ist in Fig. 3 und für Drehstrom (ohne die Primärwicklungen der Transformatoren) in Fig. 4 gezeichnet.

Man sieht, daß die Umbildung vom Einphasen- zum Dreiphasensystem sehr einfach ist. In späteren Fällen kann sie unterbleiben und die Darstellung im allgemeinen auf das einfache und klare Bild des Einphasensystems beschränkt werden.

Fig. 5] Der Versuch, zwei Gleichrichter an und für sich parallel zu schalten, also von den gemeinsamen Transformatorenklemmen abzuzweigen und zu gemeinsamen Gleichstromschienen zu führen, ist nicht gelungen und kann nicht gelingen, weil keine bestimmte Abhängigkeit des Spannungsabfalls vom Belastungsstrome das Parallelarbeiten sichert. Erst das Einschalten einer Drosselspule, die eine solche Abhängigkeit herstellt, hat diese Parallelschaltung ermöglicht. Um aber die Belastungsverteilung der Leistung der Gleichrichter entsprechend wirklich sicherzustellen, müssen die Drosselspulen sehr groß, also auch teuer sein.

In der Schaltung von Fig. 5 ist die Parallelschaltung in geschickter Weise dadurch ermöglicht[1]), daß auf einen gemeinsamen Eisenkern zwei Wicklungen von entgegengesetzter Wicklungsrichtung aufgebracht sind, die je einem der beiden Gleichrichter zugehören. Die Gleichrichter sind hier in ihrer einfachsten Form gezeichnet. Arbeiten die beiden Gleichrichter von gleicher Größe mit vollkommen gleicher Belastung, so ist im Eisen kein Induktionsfluß vorhanden. Der Spannungsabfall in den Wicklungen ist also lediglich der Gleichspannungsabfall. Sobald dagegen die eine Belastung kleiner ist als die andere, tritt ein Induktionsfluß auf, und zwar natürlich in solcher Richtung, daß er in dem Stromkreise des stärker belasteten Gleichrichters drosselnd wirkt, in dem schwächer belasteten dagegen eine zusätzliche Spannung induziert. In beiden Stromkreisen wird also auf Aufrechterhaltung der ursprünglichen Belastungsverteilung hingewirkt.

Fig. 6 und 7] Dieser in Fig. 5 rein schematisch dargestellte Gedanke, auf einen praktischen, mit zwei Anoden arbeitenden Gleichrichter angewendet, führt zu der in Fig. 6 gezeichneten Schaltung. Für jedes Anodenpaar ist ein Eisenkern nach Art von Fig. 5 vorhanden; die beiden Eisenkerne sind der besseren Wirkung wegen zusammengeschlossen. Man vergesse dabei nicht, daß in jeder Halbperiode von jedem Gleichrichter nur eine Anode also auch nur eine Schenkelbewicklung in Tätigkeit ist. Der Schaltung ist jetzt die ausgleichende Drosselspule hinzugefügt, die in der grundsätzlich erklärenden Schaltung von Fig. 5 keinen Sinn gehabt hätte. — In Fig. 7 ist dieselbe Schaltung für Drehstrom umgebildet.

Fig. 8] Drei und mehr Gleichrichter nach demselben Grundgedanken parallel zu schalten, scheint nicht möglich zu sein, denn in dem gemeinsamen Eisenkern darf ja durch Gegenwirkung der Wicklungen kein Induktionsfluß zustande kommen. Das Ziel wird aber doch, wenn auch nicht vollkommen, in der Schaltung von Fig. 8 erreicht. Es kann bei gleicher Belastung in den parallel geschalteten Eisenkreisen sich kein beträchtlicher Induktionsfluß entwickeln, weil die einzelnen Flüsse in gleicher Weise nach oben oder nach unten gerichtet sind.

Fig. 9] Dieser in der obenerwähnten Patentschrift ausgedrückte Gedanke scheint praktisch nicht weiter verfolgt worden zu sein oder nicht zum Ziele geführt zu haben. Man hat statt dessen die in Fig. 9 dargestellte Einrichtung getroffen.

Hier ist die Zahl der Eisenkerne gleich der Zahl der parallel zu schaltenden Gleichrichter. Auf jedem Kerne sitzen beim Einphasenstrom entsprechend den zwei Anoden zwei Spulen. Diese wirken als Drosselspulen in ihren eigenen Stromkreisen, aber als Primärspulen in bezug auf je eine zweite Bewicklung, die alle in Reihenschaltung zu einem Stromkreise zusammengeschlossen sind. Bei normalem Betriebe fließt in diesem Kurzschlußkreise also ein beträchtlicher Kurzschlußstrom. Der resultierende Induktionsfluß ist entsprechend gering. Wenn nun ein Gleichrichter in der Belastung nachläßt, so überwiegt in dem zugehörigen Eisenkerne der Strom der Kurzschlußwicklung; dieser wirkt auf die andere Spule desselben Eisenrahmens in dem Sinne induzierend ein, daß die ursprüngliche Verteilung der Ströme aufrechterhalten bleibt.

---

[1]) D. R. P. 238754 vom 27. April 1910, Allgemeine Elektricitäts-Gesellschaft.

Spannungsregelung

Fig. 10 bis 14] Der Gleichrichter, aufgefaßt als ein im sekundären Kreise eines Transformators eingeschalteter Apparat von bestimmtem Spannungsverbrauch, kann eigentlich keinen Anlaß geben, über die Spannungsregelung in einem so beschaffenen Sekundärkreise oder an den Klemmen des eigentlichen Stromverbrauchers etwas Besonderes auszusagen; es sind die üblichen Spannungsregelungen möglich. Weil aber in der Praxis einige besonders bevorzugt werden und weil die Besonderheiten des Gleichrichters doch auch besondere Verfahren nötig machen, so sollen einige Schaltungen zur Spannungsregelung hier behandelt werden.

Fig. 10] Die einfachste Art der Spannungsregelung ist die, daß man an der Bewicklung des Transformators Anzapfungen anbringt und mit Hilfe des einem Zellenschalter ähnlichen Stufenschalters mehr oder weniger Windungen einschaltet. In Fig. 10 befinden sich diese Anzapfungen an der Primärwicklung. Das kann von Vorteil sein, weil der primäre Strom im allgemeinen kleiner ist als der sekundäre. Bei Drehstrom wird das dann besonders vorzuziehen sein, wenn die sekundäre Seite sechsphasig geschaltet ist, wovon auf S. 92, m zu Fig. 2 die Rede war.

Fig. 11] In der folgenden Schaltung wird die Regelung auf der Sekundärseite vorgenommen, und zwar mit Drosselspule und Tauchkern.

Fig. 12 und 13] Ebenfalls auf der sekundären Seite wird nach Fig. 12 geregelt. Der Transformator erhält dort einen Zusatztransformator, dessen Windungen mittels eines vierpoligen Umschalthebels unterstützend oder gegenwirkend geschaltet werden können. Die Spannungsregelung ist also nur in drei Stufen möglich. In der Figur ist, wie schon öfters, der aus der Zeichenebene herausragende Umschalthebel weggelassen.

Der in Fig. 13 dargestellte Zusatztransformator gestattet eine allmähliche Regelung der Spannung. Ein Umschalter, der nach Art des in Fig. 12 gezeichneten zu schalten wäre, kann dazu dienen, auch diesen Transformator auf Unterstützung oder Gegenwirkung zu schalten.

Fig. 14] Sind mehrere Gleichrichter vorhanden und diese nach Art von Fig. 9 mit Drosselspulen in den Anodenzweigen und sekundären Kurzschlußwicklungen zur Aufrechterhaltung des Parallelbetriebes ausgerüstet, so kann man die Spannung dadurch regeln, daß man in den Kurzschlußkreis eine Drosselspule mit Tauchkern einschaltet. Je größer deren Drosselwirkung ist, je tiefer also der Tauchkern eintaucht, um so größer ist offenbar auch die Drosselwirkung der Anodendrosselspulen. Ein Eintauchen des Eisenkernes läßt aber die Spannung im Gleichstromkreise niedriger werden [1]).

Saugdrosselspulen

Fig. 15] Die in Fig. 2 gezeichnete Drosselspule wird in ihrer Wirkungsweise erheblich verbessert, wenn man die Wicklung in zwei Teile teilt, auf einen gemeinsamen Eisenkern aufbringt und so, wie es in Fig. 15 gezeichnet ist, mit der in der Mitte geteilten Sekundärwicklung des Transformators verbindet. Es hat dann gleichsam jede Anode des Gleichrichters ihre besondere Sekundärwicklung des Transformators und ihre besondere Drosselspule, die je in einer halben Periode arbeiten. Die Trennung hat folgende wertvolle Wirkung: wenn in einem Teile der Drosselspule der Strom abnimmt, wird im anderen Teile eine elektromotorische Kraft induziert, die infolge der Wicklungs- und Anschlußrichtung beider Teile dieselbe Richtung hat wie der Strom, der in dieser Spule während der nächsten Halbperiode fließt. Wir haben also in diesem Teile eine elektromotorische Kraft und deshalb auch einen Strom, schon zu einer Zeit, in der ohne diese Wirkung die Anode noch stromlos sein würde. Jetzt dagegen wird der Strom aus diesem anderen Anodenkreise gleichsam herausgesogen. Der Vorteil der so entstandenen »Saugdrosselspule« ist der, daß sich der den Gleichrichter durchfließende Strom zu gewissen Zeitabschnitten auf die beiden Anoden verteilt, so daß bei gleichem Verbraucherstrom die Anoden kleiner gehalten werden können. Die Drosselspule flacht die Wellen des Gleichstromes ab und wirkt also ähnlich wie ein Schwungrad, das die mechanischen Stöße mildert.

Fig. 16] Dieser Vorteil kommt erst bei Drehstrom voll zur Wirkung. Wir haben in der Erklärung zu Fig. 2 festgestellt, daß immer nur je eine Anode im Betrieb ist. Vom Dreiphasen- zum Sechsphasensystem waren wir übergegangen, um die Wellenhöhe des welligen Gleichstroms zu vermindern.

---

[1]) Über »Parallelschaltung und Spannungsregelung von Großgleichrichtern« siehe auch Béla Schäfers so betitelten Aufsatz in Elektrot. und Maschinenbau, Bd. XXXIX, S. 321, 1918.

Das war auch erreicht worden, aber damit der Nachteil in Kauf genommen worden, daß die Anoden jeweils mit einer sehr hohen Stromstärke und außerdem nur sehr kurze Zeit im Betrieb waren, nämlich wie aus Textabb. 18, S. 92, hervorgeht, nur den sechsten Teil einer Periode (in der Textabb. mit *a—b* bezeichnet). Die beiden Nachteile werden durch die Saugdrosselspule erheblich vermindert.

Die in Fig. 16 nur als Sekundärwicklung gezeichnete Anordnung für Sechsphasenstrom stellt sich als ganz einfache Entwicklung aus dem Schema für Einphasenstrom in Fig. 15 dar und bedarf keiner weiteren Erläuterung.

Fig. 17] Will man Wechselstromenergie auf ein Gleichstrom-Dreileiternetz umformen, so kann man für jede Dreileiterhälfte einen Gleichrichter mit zugehörigem Transformator aufstellen. Die Gleichrichter entsprechen dann den Generatoren von Bd. I, Tafel 7, Fig. 1 und Fig. 5 bis 14. Besser ist aber zweifellos e i n Gleichrichter mit der Außenleiterspannung, denn der Gleichrichter hat, wie wir wissen, einen um so besseren Wirkungsgrad, je höher die Spannung ist. Es kommt hier hinzu, daß nicht allein nur e i n Gleichrichter sondern auch nur e i n Transformator für die umzuformende Leistung nötig ist. Eine solche Anlage wird also viel billiger.

Die Spannungteilung kann nach irgendeiner der in Bd. I besprochenen Verfahren vorgenommen werden, denn die dort angegebenen Verfahren sind unabhängig von der Art des Außenleitergenerators.

Fig. 18 und 19] [Text hierzu siehe S. 102].

Fig. 20] [Text hierzu siehe Seite 28].

Tafel 11]

Abschnitt VII

Schaltung der Meßinstrumente in Einphasen- und Drehstromanlagen

Nachdem es sich aus den auf S. 1 angeführten Gründen als zweckmäßig herausgestellt hatte, entgegen der Behandlungsweise der Gleichstromschemata die Schaltungsschemata für Wechselstromanlagen erst in ihren Grundbestandteilen kennen zu lernen, also auch Erreger- und Synchronisierschaltungen ohne Meßinstrumente zu betrachten, ist es jetzt nötig, die Schaltung der üblichen Meßinstrumente besonders zu behandeln.

A. Die Meßinstrumente in Einphasenanlagen

Fig. 1] In Anlagen mit mehr als einer Maschine muß die Möglichkeit gegeben sein, Strom, Spannung und Leistung jeder Maschine für sich zu messen. Dies kann dadurch geschehen, daß wie in Fig. 1 jede Maschine ihre Strom-, Spannungs- und Leistungsmesser erhält. Besondere Leistungsmesser sind bekanntlich nötig, weil Strom- und Spannungsmesser nicht, wie bei Gleichstrom, über die Wirkbelastung der Maschine Auskunft geben. An Spannungsmessern kann natürlich unter Umständen gespart werden, indem man z. B. für alle Maschinen oder auch für diese und die Sammelschienen nur ein (umschaltbares) Instrument verwendet. Als Sicherungen sind der Einfachheit halber Schmelzsicherungen eingezeichnet; über deren Zweckmäßigkeit oder ihren Ersatz durch selbsttätige Ausschalter wird weiter unten das Nötige gesagt werden.

Fig. 2] Will man es vermeiden, die Strommesser unmittelbar in die Leitung einzuschalten, sei es nur, um durch die räumliche Trennung in dem Aufbau der Schaltanlage weniger gebunden zu sein, sei es, um starke Ströme von den Instrumenten selbst fernzuhalten, so kann man, wie beim Gleichstrom, induktionsfreie Nebenschließungen verwenden, an deren Klemmen man dünne Zuführungsleitungen zu den Instrumenten anschließt. Meist verwendet man aber (nach Benischkes Vorschlage) sogen. Stromwandler (Meßtransformatoren) und erzielt dadurch noch den für Hochspannungsanlagen sehr wichtigen Vorteil, daß man die Strommesser ganz aus dem Bereich der Hochspannung bringen kann. In Fig. 2 ist ein solcher Stromwandler für die Strommessung und ein zweiter für die Leistungsmessung gezeichnet; in der Darstellung ist auf die verschiedene Windungszahl der beiden Wicklungen — in Wirklichkeit ist die Zahl der sekundären Windungen natürlich größer als die sehr kleine der primären Wicklung — keine Rücksicht genommen. Solche Stromwandler waren bei höheren Spannungen, von etwa 500 bis 1000 Volt an, lange Zeit ganz allgemein üblich, auch wenn der Strom noch nicht so stark war, daß die indirekte Strommessung deshalb geboten gewesen wäre. Doch schaltet man jetzt, um an Stromwandlern zu sparen, bei mäßig hohen Spannungen die Strommesser häufig wieder unmittelbar in die Hochspannungsleitung; das Instrument wird dann in passender Weise vor Berührung geschützt[1]).

Sind hohe Spannungen zu messen, so kann man sich zunächst natürlich, wie bei Gleichstrom, durch induktionsfreie Vorschaltwiderstände helfen, oder man verwendet elektrostatische Spannungsmesser; im allgemeinen sind jedoch auch hier Meßtransformatoren, sogen. Spannungswandler, üblich. In Fig. 2, in der der Einfachheit halber nur eine Maschine gezeichnet ist, sind drei solche Spannungswandler angenommen, nämlich außer je einem für die beiden Spannungsmesser einer für den Leistungsmesser.

Den besonderen Spannungswandler für den Leistungsmesser kann man vermeiden, indem man den Spannungskreis dieses Instrumentes an den Spannungswandler des Maschinenspannungsmessers anschließt. — Auch für andere Stromkreise, z. B. den der Synchronisiervorrichtung, kann derselbe Spannungswandler gleichzeitig benutzt werden.

Alle Meßtransformatoren, sowohl Strom- als auch Spannungswandler, werden zum Schutze gegen die aus dem Übertreten hoher Spannung in Niederspannungskreise entstehenden Gefahren in einem Punkte des Sekundärkreises geerdet oder durch andere Einrichtungen geschützt.

Fig. 3 und 4] Will man Instrumente sparen, so kann man die Maschinenspannungsmesser auf die Spannungswandler der Maschinen und solche für die Schienen umschaltbar machen.

In Fig. 4 ist die Schaltung so abgeändert, daß nur e i n Spannungswandler für die Schienen vorhanden ist. Die Entscheidung, welche von beiden Schaltungen man wählen will, wird in erster Linie mit von der Wahl der Synchronisiervorrichtung abhängig zu machen sein; zu der Anordnung von Fig. 3 paßt besonders gut die Synchronisierschaltung auf Tafel 2, Fig. 6, zu Fig. 4 die Schaltung von Tafel 2, Fig. 7.

Fig. 5] In Fig. 5 ist ein gemeinsamer Spannungsmesser für alle Maschinen benutzt, während die Schienenspannung durch ein besonderes Instrument gemessen wird, das bei kleinen Anlagen natürlich auch noch durch Umschaltung des Maschinenspannungsmessers auf den Schienenspannungswandler gespart werden könnte. Die zu dieser Anordnung besonders gut passende Synchronisierschaltung findet sich in Tafel 2, Fig. 8; sie ist in die vorliegende Figur gestrichelt eingezeichnet.

Fig. 6] Ein eigenartiges Verfahren zur Spannungsmessung konnten die Siemens-Schuckert-Werke in Verbindung mit ihrer sogen. Nagelschen Kondensatorklemme ausbilden. Diese Klemmen, die zur Durchführung einer Hochspannungsleitung durch den Deckel eines Ölschalters, durch die Mauer oder andere Körper dienen, sind folgendermaßen gestaltet: Die Isolation der Hochspannungsleitung an der Durchführungsstelle besteht nicht in einem Zylinder von homogener Masse, sondern die Isolierschicht ist in mehrere zylindrische Schichten unterteilt, die durch dünne Metallzwischenlagen voneinander getrennt sind. Die so entstandenen Schichten sind in ihrer Länge abgestuft, dergestalt, daß der engste, auf der Leitung aufliegende Zylinder am längsten, der den Flansch berührende äußerste Zylinder am kürzesten ist. Auf diese Weise sind hintereinandergeschaltete Kondensatoren gebildet, durch welche die Spannung bei richtiger Abstufung der Metalleinlagen von der Hochspannungsleitung bis zum geerdeten Flansch in gleiche Teile geteilt ist, so daß auch — und das war das wichtigste Ziel, das erreicht werden sollte — der Isolierstoff überall gleich stark durch die Hochspannung beansprucht ist. Schaltet man nun zwischen zwei beliebige Metallbeläge oder, weil es offenbar erwünscht sein muß, dem ganzen Stromkreise des Spannungsmessers niedriges Potential gegen Erde zu geben, zwischen Erde und einen der letzten Metallbelege einen Spannungsmesser, so zeigt dieser einen bestimmten Teil der Hochspannung an, durch den man, wenn die Spannungsverteilung auf die einzelnen Schichten bekannt ist, auf die Höhe der Hochspannung selbst schließen kann. Als Spannungsmesser benutzt man entweder elektrostatische Instrumente oder auch elektro-dynamische unter Einschaltung von Spannungswandlern. Eine Schaltung dieser Art ist in Fig. 6 abgebildet.

---

[1]) Über die Theorie des Stromwandlers siehe K i t t l e r, Allgemeine Elektrotechnik, Band II, Stuttgart 1909, S. 539; ferner M. S e i d n e r, Zur Theorie des Stromtransformators, Zeitschr. f. Elektrotechnik u. Maschinenbau, Wien 1909, S. 535.

B. Die Meßinstrumente in Drehstromanlagen

Bei Drehstromanlagen können die Meßschaltungen verschieden sein, je nachdem die Stränge immer gleich belastet sind oder auch in erheblichem Maße verschieden belastet sein können, und je nachdem die Maschinen in Stern oder in Dreieck geschaltet sind.

Fig. 7] In Fig. 7 ist angenommen, daß die Belastung der drei Stränge hinreichend gleich, die Maschinen in Sternschaltung geschaltet und der Nullpunkt zugänglich sei; für diesen Fall gelten die ausgezogenen Instrumente und Verbindungen. Die Angabe des Leistungsmessers ist also zu verdreifachen, wenn man die Leistung der Maschine angeben will, oder auf die Skala ist von vornherein das Dreifache der wirklich angezeigten Werte anzuschreiben. Statt der Strangspannung kann man selbstverständlich auch die verkettete Spannung messen; das erstere ist jedoch vorzuziehen, weil dann die Angaben des Spannungsmessers in Verbindung mit denen des Strommessers und verglichen mit denen des Leistungsmessers ohne weiteres ,den Leistungsfaktor ergeben.

Bei ungleicher Belastung der drei Wicklungsstränge könnte man die Meßinstrumente in dieser Schaltung verdreifachen, wie es für die Strommesser und die Leistungsmesser punktiert eingezeichnet ist; am wenigsten nötig ist das bei den Spannungsmessern, am meisten bei den Strommessern. Wenn man dann nur die Gesamtleistung der Maschine ablesen kann — wie es in der nächsten Figur gezeigt wird — so gibt die Verschiedenheit in den Strommesserangaben ein hinreichend zuverlässiges, wenn auch kein ganz genaues Bild von der Verteilung dieser Leistung auf die drei Wicklungsstränge.

Für die Messung der Schienenspannung ist in Fig. 7 ein Instrument angenommen, wie es, besonders bei kleinen Anlagen, üblich ist; das Instrument ist auf die einzelnen Schienenspannungen umschaltbar.

Fig. 8 und 9] Fig. 8 zeigt eine Anordnung zur Messung der Schienenspannung, wenn die Strangspannung durch ein umschaltbares Instrument beobachtet werden soll. — In Fig. 9 können drei Instrumente zur Messung der Schienenspannungen und der Spannungen an den Maschinen umgeschaltet werden; die gemessenen Spannungen sind in jedem Falle die Leitungsspannungen.

Fig. 10] Eine Schaltung zur Leistungsmessung, durch die man mit nur zwei Instrumenten die gesamte Maschinenleistung messen kann, ist in Fig. 10 abgebildet; es ist die Schaltung für die bekannte, von Behn-Eschenburg und Aron angegebene, sogen. Zweiwattmetermethode. Die Summe der beiden gemessenen Werte ist gleich dem gesuchten.

Fig. 11] Ist die Belastung der drei Stränge gleichmäßig, der Sternpunkt aber nicht zugänglich, oder ist, bei Dreieckschaltung, ein Nullpunkt nicht vorhanden, so kann man sich nach Behn-Eschenburg einen solchen künstlich schaffen, indem man drei induktionsfreie Widerstände zu einem Stern miteinander verbindet und an die drei Klemmen der Maschine schließt, wobei in die eine Leitung die Spannungsspule des Leistungsmessers gelegt wird. Der in diesem Zweig eingeschaltete Widerstand r muß kleiner sein als die Widerstände R in den beiden anderen, so daß er durch den Widerstand der Spannungsspule auf den Betrag der beiden anderen Widerstände ergänzt wird.

Fig. 12] Die Anwendung von Strom- und Spannungswandlern in der in Fig. 2 gezeigten Weise ändert das Bild von Fig. 7 in das von Fig. 12 ab. Zur Messung der Schienenspannung ist wiederum ein umschaltbares Instrument verwendet; der gezeichnete Umschalter ist derselbe wie in Fig. 7. Das zu Fig. 2 bis 5 Gesagte gilt im wesentlichen auch jetzt.

Fig. 13 und 14] Die Verwendung von Strom- und Spannungswandlern bei der in Fig. 10 dargestellten Schaltung zeigt Fig. 13. An die in offener Dreieckschaltung (siehe S. 39, u) geschalteten Spannungswandler sowie an die Stromwandler sind die Spannungs- und Stromspulen der Leistungsmesser in der in Fig. 10 gezeigten Weise angeschlossen. In Fig. 14 ist die gleiche Schaltung in der in der Praxis gebräuchlichen und auch später bei der Besprechung praktischer Anlagen benützten Darstellungsweise wiedergegeben.

In den Figuren sind nur die notwendigsten Meßinstrumente und Apparate eingezeichnet. Als oft wünschenswerte oder notwendige Ergänzungen sind zu nennen:

Z ä h l e r; diese werden sowohl zur Messung der von den Maschinen erzeugten Arbeit in die Maschinenzweige als auch zur Messung der abgegebenen Arbeit in die Speiseleitungen eingeschaltet. Die Zähler der ersten Art werden nur selten verwendet.

P h a s e n m e s s e r, nämlich Instrumente, aus denen der Winkel der Phasenverschiebung zwischen Strom und Spannung abgelesen und somit direkt auf den Charakter der Belastung geschlossen werden kann. Das Instrument ist, wie wir schon auf S. 6,m gesehen haben, auch zur Belastungsverteilung und zur Beurteilung des Parallelarbeitens der Maschinen von Wert.

Frequenzmesser, einfache Instrumente, die durch in Resonanz schwingende Stahlfedern die Frequenz des Wechselstromes anzeigen. Hier werden oft zwei Instrumente in ein Gehäuse eingebaut, so daß von außen gesehen ein Instrument mit zwei untereinander liegenden Anzeigevorrichtungen entsteht. Frequenzmesser solcher Art, an denen also gleichzeitig die Frequenz zweier Maschinen abgelesen werden kann, werden besonders beim Synchronisieren benützt (siehe Tafel 16).

Einrichtungen zur Isolations- und Erdschlußkontrolle. Diese werden an anderer Stelle noch behandelt werden (Tafel 12).

Fig. 15] Meßschaltung für Hochspannungsanlagen von Schüler. Als die Elektrotechnik gegen Ende des vorigen Jahrhunderts dazu überging, immer höhere Spannungen zu verwenden, gelang es nicht gleich, alle Schwierigkeiten zu überwinden, die durch die hohen Spannungen entstanden; u. a. waren es die kleinen Meßtransformatoren, deren unbedingt betriebssichere Herstellung Schwierigkeiten bot. In jener Zeit ersann L. Schüler eine Meßschaltung für Hochspannungsmaschinen[1]), bei der die Stromkreise für die Meßinstrumente ohne Anwendung von Meßtransformatoren niedergespannten Strom führten.

Die Meßschaltung war der ehemaligen Firma E.-A.-G. vorm. W. Lahmeyer & Co. patentiert[2]) und von dieser Firma eine Zeitlang bei allen ihren Hochspannungsanlagen ausgeführt worden. Durch die zunehmende technische Beherrschung der Hochspannung hat die Schaltung an Wert verloren und wird jetzt nicht mehr ausgeführt. Da die Schaltung in manchen Anlagen noch in Betrieb ist, und weil sie auch prinzipiell interessant ist, sei sie an dieser Stelle wenigstens in zwei Fig. kurz behandelt.

Die für Ein- und Mehrphasenstrom brauchbare Schaltung ist der Einfachheit halber in Fig. 15 für eine Einphasenmaschine dargestellt: Ein Teil der Ankerwicklung — bei langsam laufenden Maschinen mit vielen Polen eine ganze Ankerspule, bei schnellaufenden, deren Polzahl gering ist, ein Teil einer solchen — wird aus dem Zusammenhange mit der Ankerwicklung gelöst und zur Bildung eines selbständigen Stromkreises, für den sie die elektromotorische Kraft liefert, benutzt; dieser Stromkreis ist der Meßstromkreis. Er enthält den Strommesser und die Stromspule des Leistungsmessers, und an den Klemmen des Ankerteils liegen Spannungsmesser und Spannungsspule des Leistungsmessers. Außerdem ist die primäre Wicklung eines kleinen Transformators eingeschaltet, der mit dem Übersetzungsverhältnis 1:1 in den Hauptstromkreis arbeitet. Der abgetrennte Teil der Ankerwicklung gibt also seine Energie durch Vermittlung dieses Transformators in den Hauptstromkreis, und der Strom im Meßkreise ist gleich dem im Hauptteil der Ankerwicklung, die Spannung ein der Gesamtspannung stets proportionaler Teil. Durch die Verluste im Transformator entstehen kleine Fehler, die aber durch passende Konstruktion auf einen vernachlässigbar kleinen Betrag herabgedrückt werden können. Der Meßstromkreis wird an einem Punkte geerdet und dadurch im Falle einer Störung vor hohen Spannungen geschützt.

Fig. 16] Sind mehrere Maschinen vorhanden, so stellt die Forderung, daß auch der Gesamtstrom und die Gesamtleistung mit Niederspannung gemessen und die Synchronisierung mit Niederspannung vorgenommen werden soll, neue Bedingungen an die Schaltung. In dem Schema von Fig. 16 sind diese erfüllt: Außer den zwei Hauptsammelschienen A sind drei Hilfsschienen verlegt, von denen zwischen den ersten beiden, B und B', Hauptstrom- und Hauptleistungsmesser (auch der Hauptzähler) liegen; es besteht zwischen ihnen also eigentlich kein Potentialunterschied, vielmehr bilden sie zusammen den einen Pol des Meßstromkreises. An den anderen Pol wird die dritte Hilfsschiene C über einen Ausschalter angeschlossen. Dieser Ausschalter ist mit dem Hauptschalter gekuppelt, also nur bei den in Betrieb befindlichen Maschinen geschlossen. Soll eine Maschine in Betrieb gesetzt werden, so hat die Synchronisierung mit dem für den Stromkreis abgetrennten Teile der Maschine zu geschehen. An dem einen Pole B sind die Maschinen schon miteinander verbunden — zweckmäßigerweise werden auch hier Schalter eingebaut — der andere Pol wird durch die Synchronisierlampe an die Schiene C gelegt, die für den abgetrennten Teil der Wicklung die Stelle einer Hauptschiene vertritt. Nach dem Synchronisieren ist die Maschine mit dem dreipoligen Schalter parallel zu schalten.

Die gewählte Synchronisiereinrichtung ist die nach dem Symbol **MaS, D, Sg, Lg** gebildete und in Tafel 1, Fig. 18 gezeichnete; der Schalter durfte hier einpolig genommen werden. In der Wahl der Synchronisierschaltungen ist man bei dieser Meßschaltung grundsätzlich nicht beschränkt.

---

[1]) L. Schüler, Meßschaltung für Hochspannungsanlagen. E. T. Z. 1899, S. 868.
[2]) D. R. P. 106157

Abschnitt VIII

Fernmessungen und Überwachungsvorrichtungen

A. Fernspannungsmessungen

Für die Messung von Spannungen an fernen Punkten und die Verwendung von Prüfdrähten hierzu gilt für Wechselstromanlagen zunächst dasselbe, was in Bd. I auf S. 93 für Gleichstromanlagen gesagt ist. Insbesondere sind die in jenem Bande auf Tafel 16, Fig. 3 bis 5 gezeichneten Schaltungen für die Messung einzelner und der mittleren Speisepunktspannungen auch für Wechselstrom anwendbar. Die Prüfdrähte zu vermeiden, ist nun bei Wechselstromanlagen im allgemeinen, nämlich bei solchen für hohe Spannungen, noch mehr zu erstreben, weil ihre hohen Kosten und die Möglichkeit von Störungen mehr ins Gewicht fallen. Die Schaltungen für Fernspannungsmessung ohne Prüfdrähte sind deshalb für Wechselstromanlagen auch von größerer Bedeutung geworden als für Gleichstromanlagen. Von den in Bd. I hierfür angegebenen Verfahren würde das von Rasch (Bd. I, Tafel 16, Fig. 6) bei Anwendung von Meßinstrumenten mit sehr kleinem Stromverbrauch auch hier zulässig sein, wenn wiederum die damals aufgestellte Bedingung

$$w : W = r : R$$

erfüllt ist, wobei natürlich jetzt unter r und R Scheinwiderstände zu verstehen sind. Der Spannungsabfall in der Leitung kommt dann im Meßinstrument nach Größe und Phase zum Ausdruck. Die Fehlerquellen sind freilich, wie immer bei Wechselstrommessungen größer als beim Gleichstrom. Ähnliches gilt von den Messungen mit einem Differentialspannungsmesser nach Bd. I, Tafel 16, Fig. 7; hierbei kommt als Fehlerquelle noch die gegenseitige Induktion der zwei in dem Instrument befindlichen Spulen hinzu.

Die Anpassungsfähigkeit des Wechselstroms ermöglicht nun noch einige andere, bessere, Schaltungen für Fernspannungsmessungen ohne Prüfdrähte.

Fig. 17] In Fig. 17 sind die Sekundärwicklungen zweier Transformatoren, von denen der eine, T_1, ein gewöhnlicher Spannungswandler ist, der andere, T_2, an die Klemmen einer in die Fernleitung eingeschalteten Drosselspule angeschlossen ist, gegeneinander und auf einen Spannungsmesser geschaltet. Die Sekundärspannungen der Transformatoren seien U_0' und U_u', wobei

$$U_0' = n_0 \cdot U_0 \quad \text{und} \quad U_u' = n \cdot \frac{s}{S} \cdot u.$$

Hierin bedeuten U_0 die Primärspannung, n_0 das Übersetzungsverhältnis von T_1, n das von T_2, s den Scheinwiderstand der Drosselspule, S den der Leitung; endlich ist u der Spannungsabfall in der Leitung. Stehen die Widerstände r, R und die Blindwiderstände b, B von Drosselspule und Leitung im selben Verhältnis zueinander, also auch zu den Scheinwiderständen, so daß

$$r : R = b : B = s : S,$$

so ist U_u' nicht nur der Größe nach proportional dem Spannungsabfall in der Leitung, sondern mit diesem auch in gleicher Phase. Und es läßt sich so einrichten, daß die vom Spannungsmesser gemessene Spannung, nämlich

$$U_i = n_0 \cdot U_0 \,\triangle\, n \cdot \frac{s}{S} u \text{ stets } = c \cdot U_f,$$

nämlich proportional der Fernspannung ist[1]); es braucht nur die Bedingung

$$n_0 : n = s : S$$

erfüllt zu sein. Ist sie das aber, so ist $c = n_0$, d. h. der Spannungsmesser, der, an den Spannungswandler ohne weiteres angeschlossen, die Primärspannung U_0 anzeigen würde, mißt nach Einschaltung des Transformators T_2 unmittelbar die Fernspannung U_f. Die Berechnung eines Proportionalitätsfaktors c, wie sie bei der von Rasch angegebenen Schaltung für Gleichstrom nötig war, ist hier also nicht erforderlich. Soll die Meßanordnung auch bei veränderter Leistung benutzbar sein, so muß die Drosselspule regelbar sein, und zwar in bezug auf ihren Wirk- und Blindwiderstand für sich.

Statt durch die Drosselspule mit ihrem Transformator T_2 kann man den Spannungsabfall auch durch einen in ähnlicher Weise, aber unmittelbar in die Leitung geschalteten Stromwandler

---

[1]) Das Zeichen $\triangle$ bedeutet graphische (vektorielle) Subtraktion.

zum Ausdruck bringen; man ist aber dann auf Abgleichung des Instrumentes durch den Versuch angewiesen, wozu die beiden Wicklungen des Stromwandlers regelbar gemacht werden.

Fig. 18] Fig. 2 zeigt eine Anordnung, bei der man ebenfalls auf Abgleichung durch den Versuch angewiesen, und die für diesen Zweck besonders geeignet ist: Die Sekundärspule des Stromwandlers arbeitet auf einen reinen Widerstand und eine möglichst widerstandslose Drosselspule in Hintereinanderschaltung. Die dem Spannungsabfall in der Fernleitung proportionale Sekundärspannung des Stromwandlers ist durch die Spannungen an den Klemmen von Widerstand und Drosselspule in zwei Komponenten zerlegt, die freilich, da der Widerstand und die Induktivität beliebig gewählt sind, den Komponenten des Spannungsabfalls nicht proportional sind. Schließt man nun aber an die Klemmen der Drosselspule und des Widerstandes zwei Transformatoren an, deren Sekundärwicklungen regelbar sind, so kann man durch passende Regelung diese Proportionalität herstellen. Diese Anordnung ist in Fig. 18 mit der Abweichung gezeichnet, daß die Drosselspule ohne weiteres als primäre Wicklung des einen Transformators benutzt ist. Die Anordnung stammt von Nesbit[1].

Fig. 19 und 20] Für Drehstrom ist die in Fig. 17 gezeichnete Anordnung in Fig. 19 und 20 dargestellt, für den Fall, daß man alle drei Spannungen messen will. Die Zeichnung von Fig. 19 ist so zu verstehen, daß je zwei parallel liegende Zickzacklinien zusammengehörige Primär- und Sekundärwicklungen eines Transformators bedeuten. Aus der Figur ist ohne weiteres klar, daß in dieser Anordnung die Spannungsabfälle nach Größe und Phase auf die Spannungsmesser in dem beabsichtigten Sinne richtig einwirken, wenn für die Drosselspulen und die Transformatoren die in der Erklärung zu Fig. 17 aufgestellten Bedingungen erfüllt sind. Die beiden Zeichnungen unterscheiden sich nur dadurch voneinander, daß die Spannungswandler in Fig. 19 in Dreieck, in Fig. 20 in Stern geschaltet sind; in der letzteren Figur sind von den Spannungswandlern nur die sekundären Wicklungen gezeichnet.

Fig. 21 und 22] Fig. 21 und 22 zeigen die beiden Anordnungen von Fig. 17 und Fig. 18 in ihrer Anwendung zur Messung e i n e r Drehstromspannung.

Tafel 12]

B. Überwachungsvorrichtungen

Isolationsüberwachung im Einphasensystem

Das in Bd. I auf S. 96ff. über Isolationsüberwachung durch Potentialmessungen Gesagte gilt auch jetzt; es ist jedoch durch einen Hinweis auf den Einfluß der Kapazität zu ergänzen, die bei Wechselstrom natürlich eine viel größere Rolle spielt. Dieser Einfluß kann etwa folgendermaßen erklärt werden: Dem Isolationswiderstande ist ein Kapazitätswiderstand parallel geschaltet, durch den die Ladeströme fließen. Isolationsströme und Ladeströme sind in der Phase um 90° gegeneinander verschoben, oder mit anderen Worten: Isolationsleitwert und Kapazitätsleitwert addieren sich, als zwei zueinander senkrecht stehende Komponenten, graphisch. Aus diesen Tatsachen folgt erstens, daß auch bei vollkommener Isolation das Potential Null in einem Wechselstromkreise durch die Kapazität auf einen bestimmten Punkt des Stromkreises festgelegt ist, zweitens, daß ein zur Isolationsüberwachung zwischen Erde und Leitungen eines Einphasensystems geschalteter Spannungsmesser trotz gleicher Isolationswiderstände der beiden Leitungen ganz verschiedene Werte anzeigen kann; sehr verschieden sind z. B. die Spannungen bei einer Wechselstromanlage mit konzentrischen Leitungen: zwischen Außenleiter und Erde ist die Spannung sehr klein, zwischen Innenleiter und Erde sehr groß. Drittens folgt, daß Isolationsfehler von gleicher Größe wie in einem Gleichstromkreise auf einen gleich empfindlichen Spannungsmesser in Wechselstromkreisen einen geringeren Einfluß ausüben müssen; insbesondere kann auch die Änderung des Isolationswiderstandes mit gleich empfindlichen Instrumenten nicht ebenso deutlich zum Ausdruck kommen wie in Gleichstromanlagen.

Fig. 1] Abgesehen hiervon ist die Isolationskontrolle durch die in Fig. 1 gezeichnete Anordnung genau dieselbe wie die durch die Anordnung von Tafel 16, Fig. 8 in Bd. I auszuführende. Der Spannungsmesser könnte auch, wie es in jenem Bande gezeichnet und beschrieben ist, durch eine Glühlampe (auch durch einen Wecker) ersetzt werden. In Wechselstromanlagen kann natürlich der Spannungsmesser auch durch Vermittlung eines Spannungswandlers angeschlossen sein, wie es in der Nebenfigur zu Fig. 1 gezeichnet ist. Diese Nebenfigur gilt auch für die folgenden Anordnungen. Daß das Instrument trotz gleichen Isolationswiderstandes der beiden Leitungen doch verschiedene Aus-

---

[1] Siehe The El. Journ 1908, Bd. 5, S. 26; Referat in E. T. Z. 1908, S. 574.

schläge zeigen kann, wenn es an die beiden Schienen angelegt ist, macht das Verfahren nicht etwa untauglich. Auch bei Gleichstrom sagten ja die Ausschläge nichts über die Höhe der Isolationswiderstände aus, sondern nur über das Verhältnis ihrer Werte in den beiden Leitungen. Zu einem Mittel zur Isolationsüberwachung wurde das Verfahren erst dadurch, daß dieses Verhältnis sich ändern muß, wenn nicht — ein praktisch fast unmöglicher Fall — der Isolationswiderstand stets in beiden Leitungen sich gleichmäßig ändert. So ist auch hier nur Wert auf die Beobachtung der Änderung der Ausschläge zu legen. Die Ungleichheit der Ausschläge infolge der Kapazität erschwert allerdings diese Beobachtung etwas. Man kann diesen Nachteil dadurch beseitigen, daß man die Ausschläge durch Einschalten eines passenden Widerstandes in die eine Anschlußleitung zum Instrumente gleich macht. Zur Bestimmung dieses Widerstandes müssen die Isolationswiderstände nach einer anderen Methode, mit Gleichstrom, gemessen werden.

Fig. 2] Eine ständige Überwachung unter dauernder Einschaltung des Meßinstrumentes ist nach Fig. 2 durch Einschaltung einer Drosselspule möglich, an deren Mittelpunkt der Spannungsmesser angeschlossen ist. Etwas Ähnliches hätte sich bei Gleichstrom nicht machen lassen, denn ein zwischen die Schienen geschalteter Widerstand müßte, wenn die (fortwährenden!) Verluste nicht empfindlich groß sein sollen, sehr groß sein; dadurch würde aber die Empfindlichkeit der Messung sehr gering. Der Verlust in der Drosselspule dagegen kann sogar bei kleinem Scheinwiderstande sehr klein gehalten werden.

Fig. 3 bis 8] In Fig. 3 ist die Anordnung von Fig. 1 für das Dreileitersystem, in derselben Weise wie früher für Gleichstrom, gezeichnet. Fig. 4 zeigt die Anordnung von Fig. 2, vereinigt mit der von Fig. 1. Durch diese Vereinigung wird Fig. 2 erst so ergänzt, daß man auch erkennen kann, welche der beiden Leitungen schlechter isoliert ist. Bei Anlagen mit höheren Spannungen könnte man für die seitlichen Anschlüsse auch andere Punkte der Drosselspule, andere als die Endpunkte, wählen, also die Anordnung für ein Meßinstrument niederer Spannung passend machen. Fig. 5 zeigt das auch in Bd. I schon erwähnte Beobachtungsverfahren mit zwei Instrumenten, und zwar ist es hier in seiner Anwendung für hohe Spannungen gedacht, worauf die Vorschaltwiderstände hinweisen sollen. Als Instrumente verwendet man in diesem Falle allgemein elektrostatische. Solche elektrostatische Instrumente können natürlich nicht auf den Isolationswert graduiert werden; der eingeschriebene Buchstabe Ω soll nur allgemein auf die Benutzung der Instrumente zur Isolationsüberwachung hinweisen. In Fig. 6 sind die beiden Meßinstrumente durch Spannungswandler angeschlossen, die, was durch die gestrichelten Linien gezeigt ist, gleichzeitig für den Hauptspannungsmesser benützt werden können. Diese Schaltung hat vor der vorigen den Vorzug, daß man bei jeder Spannung elektromagnetische Instrumente verwenden kann. Eines der beiden Instrumente kann man, siehe Fig. 7, auch sparen. Die Ungleichheit der Ausschläge infolge verschiedener Kapazität, die in der Anordnung von Fig. 17, Tafel 11 durch einen Widerstand in der einen Anschlußleitung zum Instrument aufgehoben werden konnte, kann man hier auch durch Spannungswandler mit verschiedenem Übersetzungsverhältnis beseitigen. — In Fig. 8 sind die Glühlampen so geschaltet wie die Spannungsmesser in Fig. 6, für den Spannungsmesser aber ein Stromkreis geschaffen, in dem kein Strom fließt, wenn das mittlere Potential der Anlage gleich Null ist. Ist das nicht der Fall, so zeigt der Spannungsmesser einen Ausschlag; welche von den beiden Leitungen das niedere Potential hat, wird durch die Glühlampen angezeigt. Das Leuchten dieser Lampen ersetzt also die Umschaltung in Fig. 4.

Isolationsüberwachung im Drehstromsystem

Fig. 9 bis 12] In den folgenden vier Figuren wiederholen sich, jetzt auf Drehstrom angewendet, die in den Fig. 1 bis 4 gezeichneten Anordnungen. Bei völlig gleicher Kapazität der drei Leitungen und gleichen Isolationswiderständen liegt das Potential Null im (vorhandenen oder gedachten) Sternpunkte der Generatoren, und das nach Fig. 9 eingeschaltete Instrument zeigt bei allen drei Schalterstellungen denselben Ausschlag. Ein größerer Isolationsfehler an der einen Leitung vermindert den entsprechenden Ausschlag, ein Erdschluß z. B. läßt ihn auf Null heruntergehen und erhöht die anderen, bei Erdschluß natürlich auf die verkettete Spannung. Die Nebenfigur zu Fig. 9 soll an die Verwendbarkeit des Spannungswandlers für das Instrument, hier wie in den nächsten drei Figuren, erinnern. Fig. 10 entspricht genau Fig. 2, während Fig. 11, für eine Drehstromanlage mit Mittelleiter bestimmt, mit Fig. 3 zu vergleichen ist. Fig. 12 zeigt die der Anordnung von Fig. 4 entsprechende Vervollkommnung der vorletzten Schaltung, durch die es erst möglich wird, bei der Anzeige einer Isolationsschwäche festzustellen, in welcher Leitung sie zu suchen ist. Trifft die bisher gemachte Annahme gleicher Kapazität in allen drei Leitungen nicht zu, so sind die Ausschläge natürlich auch bei gleicher Isolation aller Leitungen verschieden; es gilt für diesen Fall das oben für das Einphasensystem Gesagte.

Fig. 13 bis 16] Auch die folgenden vier Figuren finden ihr Vorbild in vier für Einphasenstrom gezeichneten, nämlich den Fig. 5 bis 8. In Fig. 13 sind wiederum elektrostatische Meßinstrumente mit zum Schutze vorgeschalteten Widerständen (vgl. S. 101, zu Fig. 5) in einer Hochspannungsanlage anzunehmen. In Fig. 14 sind wie in Fig. 6 Spannungswandler verwendet, und zwar drei einphasige oder einer für Drehstrom. Bei dem letzteren wird die Empfindlichkeit der Anzeige durch die gegenseitige Beeinflussung der einzelnen Wicklungen etwas geringer. Derselbe Einfluß würde die Verwendung eines einzigen Transformators in der Anordnung von Fig. 6 ausgeschlossen haben. Die sekundären Stromkreise der Spannungswandler können, wie die gestrichelten Linien andeuten, miteinander verbunden sein; das bedeutet sekundäre Sternschaltung. Natürlich lassen sich die Spannungswandler, nach dem Vorbilde von Fig. 6, auch zur Messung der Schienenspannung, also der verketteten Spannung verwenden. In Fig. 15 ist an Stelle der drei Instrumente ein umschaltbares wie in Fig. 7 angebracht; abgesehen hiervon unterscheidet sich die Figur von der vorigen nur durch die andere Darstellung. Die Übertragung der Differentialmessung nach Fig. 8 auf das Drehstromsystem führt zu der in Fig. 16 gezeichneten Anordnung, nämlich zu Spannungswandlern mit primärer Sternschaltung und sekundärer Dreieckschaltung; in das Dreieck ist der Spannungsmesser eingeschlossen und an jede Wicklung eine Glühlampe gelegt. Spannungsmesser und Glühlampen haben genau dieselbe Aufgabe wie in Fig. 8.

Fig. 17 und 18] Die vorangegangenen vier Darstellungen finden eine Ergänzung in den beiden folgenden: In Fig. 17 sind die Sekundärwicklungen der Spannungswandler, statt in Stern, wie in Fig. 15, in Dreieck geschaltet; in Fig. 18 ist das Meßinstrument gleichzeitig zur Anzeige der Schienenspannung benützt, und der Umschalter von Fig. 15 für diesen Zweck ausgebildet. Will man den Spannungsmesser nur bei wirklich eingetretenem Isolationsfehler zur Überwachung heranziehen, ihn im übrigen aber ständig als Hauptspannungsmesser benutzen, so schaltet man zweckmäßig Glühlampen an die Klemmen der drei sekundären Wicklungen, die dann auf einen Isolationsfehler aufmerksam machen; so ist es in Fig. 18 geschehen.

Fig. 19 und 20] Die beiden folgenden Schaltungen sind für Anlagen bestimmt, in denen der Nullpunkt des Systems zugänglich ist. In Fig. 19 ist der Sternpunkt durch ein Meßinstrument an Erde gelegt, die Schaltung erinnert also an die Anordnung von Fig. 11. Wir verwenden jedoch jetzt ein Instrument von niedrigem Widerstande, also einen Strommesser, so daß die Erdverbindung tatsächlich eine Erdung des Sternpunktes bedeutet. Durch diesen Strommesser werden dann die Isolationsströme angezeigt, die, von einer Leitung austretend, nicht den Weg durch gleichgroße Isolationsschwächen der anderen Leitungen in diese zurückfinden. In Fig. 20 ist der Sternpunkt der Maschine unmittelbar geerdet und ein Strommesser zwischen die parallelgeschalteten Sekundärwicklungen dreier Stromwandler geschaltet. Auch dieses Instrument mißt die Fehlerströme der bezeichneten Art; denn bei vollkommener oder gleichmäßig schwacher Isolation aller drei Leitungen ist, unter Voraussetzung gleicher Belastung der einzelnen Stränge, die durch das Instrument angezeigte Summe der Ströme gleich Null. Die Anordnung ist von Woodbridge und Taylor angegeben[1]).

Die beiden letzten Schaltungen werden grundsätzlich nicht geändert, wenn in die Erdverbindung, wie es bei Hochspannungsanlagen üblich ist, ein Schutzwiderstand eingeschaltet wird; sie haben beide den Vorteil, für Anlagen mit geerdetem Sternpunkt anwendbar zu sein, während die anderen bei widerstandsloser Erdung versagen, bei Erdung durch einen Widerstand hindurch freilich zur Isolationsüberwachung wieder anwendbar werden, aber doch nur mit geringerer Empfindlichkeit. Beide Schaltungen lassen sich leicht auch für Einphasenanlagen mit geerdetem Mittelpunkte abändern.

Fig. 21 bis 42] [Text hierzu siehe Seite 104].

Isolationsüberwachung bei Kabeln
(Tafel 10, Fig. 18 und 19. Ergänzung zu Tafel 12).

Fig. 18 und 19] Die von W. Pfannkuch angegebene und von der Allgemeinen Elektricitäts-Gesellschaft ausgeführte Schaltung hat den Zweck, Isolationsfehler, die in Kabeln entstehen, im Kraftwerke oder in Unterwerken so frühzeitig zu melden, daß die fehlerhafte Strecke nachgesehen und,

---

[1]) El. World 1907, Bd. 49, S. 938.

wenn nötig, ausgebessert werden kann, ehe die Beschädigung einen den Betrieb gefährdenden Umfang angenommen hat. Das dabei verwendete Kabel ist so gebaut, daß die Drähte der äußeren Lage unter sich und gegen den Kern des Kabels durch Papier schwach isoliert sind; ein gewöhnliches und ein auf diese Weise isoliertes Kabel zeigen die Fig. 18a und 18b. Die Drähte der äußeren Lage werden abwechselnd zu zwei Gruppen a und b zusammengefaßt, so daß drei nebeneinanderliegende Leitungen entstehen, nämlich der Kern des Kabels, Gruppe a und Gruppe b. Alle drei Gruppen sind an der Stromleitung beteiligt: der Kernleiter in normaler Weise, die beiden Gruppen der äußeren Drähte dagegen in solcher Weise, daß sie auf der ganzen Länge des Kabels gegen den Kernleiter K ein anderes Potential, die Leiter der Gruppe a z. B. ein um etwa 20 bis 50 Volt höheres, die der Gruppe b ein um so niedereres haben. Die jeweils zu einer Gruppe zusammengehörigen Drähte sind durch gleiche Schraffur gekennzeichnet. Auch zwischen je zwei benachbarten Drähten der äußeren Lage besteht also ein Potentialunterschied. Wie dies erreicht wird, ist aus der Schaltung der Fig. 19 zu erkennen. Von den in der Anfangs- und der Endstation aufgestellten dreischenkeligen Transformatoren betrachten wir zunächst nur zwei Schenkel, und zwar den oberen Teil davon. Der Kernleiter des Kabels ist mit der Primärwicklung des Transformators verbunden, die vom ganzen Betriebsstrom durchflossen wird. Zwei Sekundärwicklungen sind im entgegengesetzten Wicklungssinn aufgebracht, und je mit einer der Gruppen a und b verbunden. Auf diese Weise wird die gewünschte Potentialerhöhung und -erniedrigung vorgenommen. In einem gleichen Transformator am Ende des Kabels werden durch entgegengesetzt gerichtete Sekundärwicklungen die Potentiale wiederum erniedrigt und erhöht, so daß dem Abnehmer ein normales Kabel oder eine normale Leitung zugeführt werden kann. Wir betrachten nun den dritten Schenkel und die Bewicklung des unteren Teiles der Transformatoren. Hier gibt es zwei Schaltungsmöglichkeiten, die das Kabelschutzsystem in verschiedener Weise zur Wirkung kommen lassen. Die eine Schaltung ist in der linken Hälfte von Fig. 19 dargestellt, und es ist nötig, um ein richtiges Bild der Schaltanlage vor Augen zu haben, sich die rechte Hälfte gerade so ausgeführt zu denken. Die beiden mit einem Relais zu einem Stromkreise geschlossenen Wicklungen können durch den von den bisher betrachteten Wicklungen erzeugten Kraftfluß nun in derselben Richtung, nämlich von unten nach oben, oder von oben nach unten durchsetzt werden: das ist aber in bezug auf den Relais-Stromkreis eine in den beiden Spulen entgegengesetzte Richtung; die elektromotorischen Kräfte heben sich also auf. Auf diese Weise hat weder der normale Strom im Kabel noch ein Überstrom einen Einfluß auf den Relaisstromkreis. Anders ist das in einer Anlage, wo die unteren Wicklungen gemäß Fig. 19 rechts geschaltet sind: hier ist auf den dritten Schenkel nur eine einzige Wicklung aufgebracht. In diesem Relaisstromkreise wird also dauernd eine elektromotorische Kraft vorhanden sein, und das Relais muß so eingestellt werden, daß es nur beim Überschreiten eines gewissen Relaisstromes anspricht. Die Wirkungsweise bedarf nun kaum noch einer Erklärung. Bei einer vielleicht durch mechanische Kraft oder durch Eindringen von Wasser hervorgerufenen Beschädigung des Kabels wird die schwache Papierisolation zwischen den Gruppen a und b oder K und einer von diesen beiden (a oder b) und dem Kernleiter geschwächt sein. Durch diese schwache Stelle wird ein Strom fließen, der sich über den Betriebsstrom lagert und im Transformator die magnetischen Verhältnisse derart stört, daß im Relaisstromkreise elektromotorische Kräfte induziert oder die schon vorhandenen so vergrößert werden, daß das Relais anspricht, und zwar im ersten Falle unabhängig, im zweiten Falle abhängig von der Größe des Betriebsstromes. Das Relais kann den Ölschalter zum Ausschalten bringen, wie es in der Figur gezeichnet ist, oder ein Schall- oder Leuchtzeichen auslösen. Im allgemeinen wird man die zuletztgenannte empfindliche Zeichengebung vorziehen, denn gerade durch sie ist es möglich, Fehler schon ganz im Beginn ihres Entstehens wahrzunehmen[1]).

**] Auf die Anführung anderer Überwachungsvorrichtungen kann hier verzichtet und auf die in Bd. I angeführten hingewiesen werden. Die dort beschriebenen und bisher nicht zum Vergleich herangezogenen Anordnungen, wie sie in Bd. I, Tafel 16, Fig. 13 bis 22, im Schaltungsschema dargestellt sind, sind für Wechselstrom grundsätzlich alle auch anwendbar; praktisch kommen bisher aber nur die in Fig. 13 und in Fig. 19 und 20 dargestellten in Frage.

Von der Behandlung von Schaltungen zur Messung des Isolationswiderstandes soll aus dem in Bd. I angeführten Grunde auch hier abgesehen werden.

---

[1]) Über diese und andere Schutzeinrichtungen berichtet kritisch G. Klingenberg in einem vor dem E. T. V. Wien gehaltenen Vortrage mit dem Titel »Neuere Gesichtspunkte für den Bau von Großkraftwerken«. E. T. Z. Bd. XLI, S. 650 (S. 652 ff.), 1920.

Abschnitt IX

Uberspannungen und Überströme

A. Schutz gegen die Gefahren des Übertritts von Hochspannung in Niederspannungskreise

In den vom Verbande Deutscher Elektrotechniker aufgestellten Vorschriften für die Errichtung und den Betrieb elektrischer Starkstromanlagen heißt es § 4: »Maßnahmen müssen getroffen werden, die bestimmt sind, dem Auftreten unzulässig hoher Spannungen in Verbrauchstromkreisen vorzubeugen«. Unzulässig hohe Spannungen können in Wechselstromanlagen dadurch entstehen, daß die Oberspannung in den Niederspannungskreis übertritt. Ein Schutzmittel gegen die hierdurch drohenden Gefahren haben wir schon in mehreren Fällen seiner Anwendung kennen gelernt, so auf S. 2, m, wo die Erregerstromkreise, auf S. 16 (Anmerkung), wo die Synchronisierstromkreise, und auf S. 96, o, wo die Meßschaltungen geerdet und dadurch eine Gefahr auf einfache Weise beseitigt wurde. Im allgemeinen aber ist die Erfüllung der vom Verbande Deutscher Elektrotechniker gestellten Forderung der Elektrotechnik nicht ganz leicht gewesen, und erst verhältnismäßig spät sind geeignete Maßnahmen angegeben worden.

Fig. 21 bis 23] Als passender Ort zur Anbringung der Sicherungsvorrichtungen oder »Spannungssicherungen« ist allgemein der Transformator angenommen, teils weil in ihm ein Übertritt der Hochspannung in den Niederspannungskreis am leichtesten, unter Umständen n u r in ihm, vorkommen kann, teils weil der Transformator einen Teil der Anlage darstellt, der ohnedies einer gewissen Wartung bedarf. Der Gedanke, zwischen die primäre und sekundäre Transformatorwicklung einen geerdeten Metallmantel anzubringen, wie es in Fig. 21 dargestellt ist, ist praktisch unausführbar, weil der Mantel den Transformator technisch wesentlich verschlechtern würde. Dagegen ist es statthaft, den Mittelpunkt der Sekundärwicklung nach Fig. 22 an Erde zu legen. Dies hat aber den Nachteil, daß bei Isolationsschwächen die Potentialunterschiede in der Erde künstlich erhöht werden, was Stromkreise, die die Erde als Rückleitung benützen, z. B. gewisse Schwachstromkreise, störend beeinflußt. Es wäre deshalb erwünscht, die Spannungssicherung so auszubilden, daß der Mittelpunkt des Transformators oder sonst ein Punkt des Stromkreises, nur dann an Erde gelegt wird, wenn eine Gefahr vorliegt.

Die schematische Darstellung hierfür gibt Fig. 23, in der die einander gegenüberstehenden Spitzen einer Funkenstrecke besondere Bauart bedeuten[1]): Gegen eine geerdete Metallplatte, die den Boden der Sicherungsvorrichtung bildet, wird ein Stöpsel geschraubt, dessen metallenes Ende mit der zu schützenden Anlage, hier also mit dem Mittelpunkte der Transformatorwicklung, leitend verbunden ist. Eine Berührung des Stöpselendes mit der Metallplatte wird durch ein mit Löchern versehenes Glimmerblättchen von 0,1 bis 0,2 mm Stärke verhindert. Tritt zwischen den beiden Metallen eine hohe Potentialdifferenz auf, so springen Funken in den Löchern des Glimmerblättchens über und schweißen die beiden Metallstücke zusammen. — Die Spannungssicherung wirkt sowohl bei vollkommen als bei unvollkommen isoliertem Primärkreise. Käme bei sonst vollkommener Isolation der Mittelpunkt der Primär-, nämlich der Hochspannungswicklung mit der Niederspannungswicklung in Verbindung, so würde die Sicherung freilich nicht wirken; sie braucht dann aber auch nicht zu wirken, denn der Mittelpunkt der Primärwicklung besitzt in einem solchen Falle ja das Potential Null. Findet dagegen die Berührung zwischen den beiden Wicklungen etwa an den Klemmen des Transformators statt, so ist folgender Stromkreis gebildet: Vom Berührungspunkte durch die Primärwicklung in die andere Primärleitung, durch den von dieser Leitung als der einen, und der Erde als der anderen Belegung gebildeten Kondensator, durch die Sicherungsvorrichtung, durch die halbe Sekundärwicklung zum Berührungspunkte zurück. Die Spannung an den Klemmen der Primärwicklung arbeitet also auf zwei hintereinander geschaltete Kondensatoren, den geschilderten mit verhältnismäßig großer und die Sicherungsvorrichtung mit außerordentlich kleiner Kapazität. Da sich die Spannung im umgekehrten Verhältnis der Kapazitäten verteilt, herrscht an der Spannungssicherung fast die gesamte Primärspannung, und sie beginnt, einen Ausgleich durch Funkenentladung herbeiführend, zu wirken. Es läßt sich nachweisen[2]),

---

[1]) Siehe G ö r g e s, »Über eine neue Spannungssicherung von Siemens & Halske«, E. T. Z. 1901, S. 310; Benischke, Spannungssicherungen, E. T. Z. 1902, S. 552.

[2]) Görges, E. T. Z. 1905, S. 314.

daß die Stromstärke dieser Entladungen in allen praktischen Fällen groß genug ist, um die Sicherung wirklich zusammenzuschweißen. Ist der Hochspannungskreis nicht vollkommen isoliert, so kann die Isolationsschwäche an der Seite des Berührungspunktes der beiden Transformatorwicklungen oder an der gegenüberliegenden Seite vorhanden sein (oder überwiegen). In letzterem Falle stellt der Isolationswiderstand einfach eine Parallelschaltung zu dem oben beschriebenen Kondensator dar; auch im ersteren Falle ändert eine kleine Isolationsschwäche den beschriebenen Vorgang nicht, eine große bringt den Berührungspunkt auf das Potential Null und schließt an sich eine Gefahr aus, allerdings auch — was nun aber gleichgültig ist — eine Wirkung der Sicherungsvorrichtung.

An Stelle der Funkenstrecke kann man sich einen Kondensator denken, wie er neuerdings in dieser Weise viel zum Schutze gegen Übertritt von Überspannungen verwendet wird.

Fig. 24] Statt die Sicherung in der Mitte der sekundären Wicklung anzubringen, kann man auch an jeder Klemme eine anbringen oder, wie es in Fig. 24 geschehen ist, eine Doppelsicherung zwischen beide Klemmen schalten. In diesem Falle ist zu unterscheiden, ob man die Spannungssicherung unmittelbar an die Klemmen der Niederspannungswicklung legen oder hinter den Überstromsicherungen anschließen soll. Wird die Energie in der Richtung von der Hochspannungs- in die Niederspannungsseite geleitet, so hat die erstere Schaltungsart den Vorteil, daß nach dem Wirken der Spannungssicherung auch die Sekundärklemmen ohne Gefahr berührt werden können, während es bei der letzteren vorkommen kann, daß infolge des Kurzschlusses, der im allgemeinen zustande gekommen sein wird, die Stromsicherungen auf der Niederspannungsseite, und n u r diese, durchschmelzen und die Sekundärwicklung unter Hochspannung bleibt. Diese Gefahr kann man dadurch beseitigen, daß man schwächere Überstromsicherungen an der Hochspannungsseite einsetzt, die v o r denen an der Niederspannungsseite durchschmelzen müssen. Man hat also die Wahl: entweder dehnt man den Schutz gegen die Gefahr bis auf die Niederspannungsklemmen einschließlich aus und opfert dann für jeden Fall der Wirkung die teureren Hochspannungssicherungen — oder man schont diese Sicherungen und nimmt die etwas größere Gefahr mit in Kauf. Wird umgekehrt die Energie in der Richtung von der Niederspannung zur Hochspannung geleitet, so gelten ungefähr dieselben Überlegungen, wenn der Transformator auf ein noch von anderen Seiten gespeistes Hochspannungsnetz arbeitet. Speist er dagegen allein auf ein solches Netz oder in eine Fernleitung, so ist im allgemeinen der Anschluß der Spannungssicherung zwischen Niederspannungsklemmen und Überstromsicherungen zu wählen, damit beim Wirken der Spannungssicherung die Betriebsstörung auf den Transformator und die von ihm gespeiste Leitung beschränkt bleibe und sich nicht weiter nach dem Generator zu ausdehne.

Zwischen den mittleren, geerdeten Kontakt der Spannungssicherung und die Mitte der Niederspannungswicklung des Transformators kann man eine »Kontrollampe« schalten, die durch ihr Glühen anzeigt, daß die Spannungssicherung die eine Leitung der Niederspannungsseite an Erde gelegt hat.

Fig. 25] In der in Fig. 25 gezeichneten, von Ferranti angegebenen Anordnung ist ein Hilfstransformator mit in der Mitte geerdeter Primärwicklung verwendet, dessen Sekundärwicklung in zwei Hälften gegeneinander geschaltet ist. Zwischen den Klemmen der Sekundärwicklung ist ein mit einem schweren Kontaktstöpsel belasteter dünner Draht eingeschaltet. Der Hilfstransformator ist also in seiner Schaltung dem in Fig. 8 gezeichneten ganz ähnlich; er ist es auch in seiner Wirkung: Nur bei vollkommener Isolation der ganzen Anlage oder gleichen Isolationsschwächen in beiden Leitungen ist der Sekundärkreis des Hilfstransformators stromlos, weil die Spannungen der beiden Leitungen gegen Erde stets gleich sind. Bei jeder Potentialverschiebung dagegen, also auch bei Übertritt der Hochspannung in den Niederspannungskreis, führt die Sekundärwicklung Strom. Bei genügender Stärke desselben schmilzt der dünne Draht und läßt den Stöpsel in die darunter befindliche dreiteilige Hülse fallen, wodurch die Leitungen kurzgeschlossen und geerdet werden.

Die Anordnung läßt sich natürlich auch für Drehstromanlagen ausbilden; der Transformator ist dann in der Art des in Fig. 16 gezeichneten zu schalten.

Fig. 26 und 27] Natürlich sind auch die in Fig. 23 und 24 dargestellten Sicherungsvorrichtungen in Drehstromanlagen anwendbar. Fig. 26 und 27 zeigen das für Anlagen mit Transformatoren in Stern- und in Dreieckschaltung. — Die Schaltung von Fig. 27 läßt sich offenbar auch bei Sternschaltung des Transformators anwenden. Man kann in diesem Falle zwischen Sternpunkt des Transformators und Erde noch eine Glühlampe schalten und hat dann wieder eine Kontrollampe, wie wir sie in der Beschreibung zu Fig. 24 kennen gelernt hatten.

B. Überspannungen und Überspannungsschutz

Die Aufgabe, elektrische Starkstromanlagen gegen Überspannungen zu schützen, trat an den Ingenieur erst heran, als man daran ging, elektrische Energie auf weite Entfernungen unter höheren Spannungen zu übertragen. Anfänglich stand man den Erscheinungen der Überspannungen, die sehr häufig unerwartet hier und dort auftraten, ziemlich hilflos gegenüber. Die früher verwendeten Kohlenfunkenstrecken versagten bei höheren Spannungen vollkommen. Durch unermüdliches Zusammenarbeiten von Praktiker und Theoretiker gelang es in langjähriger Arbeit, die Ursachen der Überspannung zu erkennen und Schutzmittel dagegen zu finden. Wenn im einzelnen auch eine volle Übereinstimmung darüber, wie die Überspannungen zu bekämpfen sind, heute noch nicht erreicht ist, so zeigt das gute Arbeiten moderner Anlagen doch, daß die gegen die Überspannungserscheinungen angewendeten Mittel, seien sie nun, welche sie wollen, den Überspannungen ihre Gefährlichkeit genommen haben.

Man unterscheidet Überspannungen, die von i n n e r e n und Überspannungen, die von ä u ß e r e n Einflüssen herrühren.

Die von i n n e r e n Einflüssen herrührenden Überspannungen treten stets als Schwingungserscheinungen auf. Sie entstehen durch jede plötzliche Änderung des elektrischen oder magnetischen Zustandes der Anlage, also bei allen Schaltvorgängen oder bei Funkenentladungen, die nicht künstlich gedämpft sind.

Anlagen mit nur kurzen Leitungen, deren Kapazität im wesentlichen als die eines gewöhnlichen an einem Pole der Leitungen eingeschalteten Kondensators aufgefaßt werden kann, sind schwingungsfähige Gebilde, und in ihnen können, was die Überspannungen anbelangt, die in dem bekannten Thomsonschen Schwingungskreise möglichen Erscheinungen auftreten.

Anders ist das bei langen Leitungen. Faßt man hier Kapazität und Induktivität wie vorher räumlich an einer Stelle konzentriert auf, so gelangt man zu falschen Ergebnissen. Vielmehr hat man sich hier — wie es auch in Wirklichkeit ist — Kapazität und Induktivität längs der Leitung verteilt vorzustellen. Bei dieser Betrachtungsweise kommt man mit Notwendigkeit zu dem Begriff der sogen. W a n d e r w e l l e n, auf die kurz eingegangen werden soll.

Eine Leitung — vorläufig widerstandslos gedacht —, längs der sich Kapazität und Induktivität gleichmäßig verteilen, kann man sich in eine Reihe kleiner Längenelemente zerlegt denken, von denen jedes eine bestimmte Kapazität und Induktivität besitzt. Wird an die Leitung plötzlich eine Spannung gelegt, so wandert die elektrische Energie in die Leitung hinein und lädt zunächst den ersten Teilkondensator mit einem Energiebetrag auf, der den Wert $\frac{1}{2} CU^2$ hat. Darin bedeutet C die Kapazität des Teilkondensators, U die angelegte Spannung. Da aus der Stromquelle weitere Energie nachquillt, wandert die Energie aus dem Teilkondensator in die Induktivität des ersten Leitungselementes und tritt dort in Form von magnetischer Energie in der Größe $\frac{1}{2} LJ^2$ auf, wobei L die Induktivität des Leitungselementes, J den Strom darstellt. Von dem ersten Leitungselement tritt die Energie in das zweite, von da in das dritte usw über, und nach und nach wird die ganze Leitung aufgeladen. Dieser Vorgang nimmt eine gewisse Zeit in Anspruch, und zwar schreitet er als »Wanderwelle«, wie sich nachweisen läßt, längs der Leitung mit Lichtgeschwindigkeit, also 300000 km/sek, vorwärts.

Da in den Teilkapazitäten und -induktivitäten stets die gleichen Energiemengen auftreten müssen (in widerstandslosen Leitungen kann ja keine Energie verloren gehen), so ist zu setzen:

$$\frac{CU^2}{2} = \frac{LJ^2}{2}.$$

Daraus erhält man:

$$J = \frac{U}{\sqrt{\dfrac{L}{C}}} = \frac{U}{Z},$$

einen Ausdruck, der die Form des Ohmschen Gesetzes hat. $Z = \sqrt{\dfrac{L}{C}}$ bedeutet den sogen. »Wellenwiderstand«, der nur von den Konstanten L und C der Leitung abhängig ist.

Werden zwei Leitungen mit den Wellenwiderständen Z_1 und Z_2 hintereinandergeschaltet, so wird an der Übergangsstelle zwischen den beiden Leitungen ein Teil der von der ersten Leitung hereindringenden Wanderwelle zurückgeworfen, und ein Teil tritt in die zweite Leitung über. Der zurückgeworfene Teil hat die Größe:

$$U_{11} = U_1 \frac{Z_2 - Z_1}{Z_2 + Z_1}$$

und überlagert sich über die ankommende Welle. Der in die zweite Leitung eintretende Teil hat die Spannung:

$$U_{12} = U_1 \frac{2\,Z_2}{Z_1 + Z_2};$$

der Ausdruck $\frac{2\,Z_2}{Z_1 + Z_2}$ hat den Namen Brechungs- oder Reflexionsfaktor. — Mit Hilfe dieser Ausdrücke ist es möglich, die Höhe der reflektierten Wanderwelle für theoretische und praktische Fälle zu berechnen. So ergibt sich, daß eine Wanderwelle am Ende einer offenen Leitung unter Verdopplung zurückgeworfen wird; man kommt zu diesem Ergebnis, wenn man an die offene Leitung an Stelle der nicht vorhandenen eine Leitung vom Wellenwiderstande $Z = \infty$ angeschlossen denkt. Ähnlich ist es dort, wo eine Wanderwelle auf eine hohe, im Zuge der Leitung liegende Induktivität, z. B. Transformatoren oder Drosselspulen, auftrifft. — Der Ohmsche Widerstand der Leitungen, der bis jetzt außer acht gelassen wurde, macht sich bei den hin- und herlaufenden Wellen dadurch bemerkbar, daß er ihnen Energie entzieht und sie dadurch zum Abklingen bringt. Man spricht deshalb von einer »dämpfenden Wirkung« des Ohmschen Widerstandes.

Die Gefahren, die die Wanderwellen mit sich bringen, liegen nun einerseits in ihrer absoluten Höhe, anderseits in der Art, wie sich die Spannung örtlich auf der Leitung verteilt. Ist nämlich die sogen. Stirn einer Wanderwelle steil, so treten zwischen benachbarten Teilen der Leitung, z. B. zwischen Stromwandlerwindungen oder auch Eingangswindungen von Transformatoren, die sonst unter sich nur eine kleine Potentialdifferenz aufweisen, plötzlich sehr hohe Spannungen auf, die die Isolation gefährden. Man nennt diese Art von Wanderwellen »S p r u n g w e l l e n«.

Unter den Erregern solcher Sprungwellen in modernen Hochspannungsanlagen ist der gefährlichste der »intermittierende Erdschluß«. Wenn in einer Leitung ein Isolator aus irgendeinem Grunde überschlagen wird, so entsteht ein Lichtbogen, der zum Intermittieren neigt, d. h. immer wieder anspricht und abreißt. Dadurch wird das Netz zum Schwingen angeregt, und es entstehen Überspannungen von 4- bis 4,5-facher Höhe der normalen Maximalspannung und Sprungwellen von 3,5- bis 4-facher Strangspannung, die von der Erdschlußstelle auf der Leitung auf beiden Seiten forteilen und immer wieder (bei einer Netzfrequenz von 50 Perioden in der Sek. alle $^1/_{100}$ Sekunde) auf die Transformatoren usw aufprallen, diese aufs höchste gefährdend.

Alle bis jetzt erwähnten Überspannungserscheinungen sind im allgemeinen kurzzeitige Schwingungen, die durch irgendeinen Anstoß erregt werden und nach einiger Zeit wieder abgeklungen sind. Gegen Überspannungen dieser Art sind Schutzmaßnahmen möglich. — Anders ist das dort, wo Selbstinduktion und Kapazität einer Anlage in solch einem unglücklichen Verhältnis zueinander stehen, daß dauernde Schwingungen entstehen, die durch die Schwingungen der Stromquelle immer wieder im Takte angestoßen werden, und die bei dem Eintreten von Resonanz der Anlage äußerst gefährlich werden können. Gegen solche Gefahren helfen keine Schutzmittel, hier muß durch Umbauen der Anlage oder durch Zusammenschalten mit anderen Netzen dafür gesorgt werden, daß die Konstanten der Leitungen Werte erhalten, die das Auftreten solcher Erscheinungen unmöglich machen.

Den durch innere Vorgänge hervorgerufenen Überspannungen treten Überspannungen an die Seite, die durch ä u ß e r e Einflüsse entstehen, nämlich durch atmosphärische Erscheinungen.

Bei Gewittern können die Freileitungen durch Influenz auf erhebliche Spannungen aufgeladen werden. So lange keine Blitzschläge, also keine plötzlichen Änderungen des elektrischen Feldes auftreten, bilden sich diese Ladungen langsam und können ohne Schwierigkeit durch die noch zu besprechenden Erdungswiderstände oder Drosselspulen zur Erde abgeleitet werden.

Werden die Ladungen dagegen auf der Leitung durch einen Blitzschlag in der Nähe der Leitung plötzlich frei, so breitet sich eine Wanderwelle mit flacher Stirn nach beiden Seiten aus. Auch jetzt ist wegen der flachen Wellenstirn die Gefahr bei gut isolierten Leitungen noch nicht groß, denn Wanderwellen dieser Art werden sich im Netze ausbreiten, reflektiert werden und nach einer gewissen Zahl von Schwingungen sich tot laufen. Zu gefährlichen Überspannungen kommt es erst, wenn durch die freiwerdende Ladung die Leitung eine solche Spannung gegen Erde annimmt, daß an einer Stelle plötzlich ein Isolator überschlagen, also ein Erdschluß hergestellt wird. Dann eilen von der Kurzschlußstelle zwei Sprungwellen mit flacher Stirn, aber sehr steilem Ende nach jeder Richtung des Netzes, wobei das steile Wellenende die Anlage aufs äußerste gefährdet. Wiederholt sich der Blitzschlag an der gleichen Stelle oder ist die Entladung der der Leitung zunächst liegenden Wolke periodisch, so wiederholen sich die Vorgänge, und ein ganzer Zug von Wanderwellen der geschilderten Form zieht über die Leitung.

Die durch atmosphärische Vorgänge hervorgerufenen Überspannungen waren bis vor nicht langer Zeit der gefährlichste Feind der elektrischen Anlagen und sind es bei Spannungen bis zu 50 kV wohl auch heute noch. Bei Anlagen über 50 kV dagegen, also z. B. bei den nach modernen Grundsätzen errichteten Energieübertragungen von 100 kV und mehr haben sie ihre Gefährlichkeit verloren. Der Grund dafür liegt darin, daß die atmosphärischen Überspannungen sich etwa in der Höhe der Betriebsspannung der Hochspannungsleitung halten. Wenn dann der Sicherheitsgrad der Anlage, d. h. das Verhältnis der Überschlagsspannung der Isolatoren zur Betriebsspannung groß genug ist, so sind Isolatorüberschläge mit ihren gefährlichen Folgen selten.

Die Mittel zur Bekämpfung der Überspannungen lassen sich in zwei große Gruppen einteilen; in v o r b e u g e n d e und in S c h u t z maßregeln. Die vorbeugenden Maßregeln haben den Zweck, Überspannungen am Entstehen zu verhindern oder im Entstehen zu unterdrücken, die Schutzmaßregeln nehmen die Überspannungen als vorhanden an und versuchen ihre Wirkungen unschädlich zu machen. Die Praxis ist sich noch nicht ganz einig geworden, ob den Schutzmitteln oder den vorbeugenden Maßnahmen der Vorzug zu geben ist; manches Schutzmittel und manche Maßnahme wird noch von dem einem Fachmann als besonders günstig in seiner Wirkung bezeichnet und von dem anderen verworfen.

Wenn im folgenden nur kurz auf die vorbeugenden Maßnahmen, dagegen ausführlicher auf die Schutzvorrichtungen eingegangen wird, so sollen damit nicht die letzteren gegenüber den ersteren besonders hervorgehoben werden, sondern es ist das in dem Umstande begründet, daß die Schutzvorrichtungen mehr in das Gebiet der Schaltungsschemata einschlagen.

Fig. 28] Ein wichtiges Mittel zur Unterdrückung der Überspannungen ist der Schutzschalter, d. i. ein Schalter, bei dem der zu öffnende oder zu schließende Stromkreis über einen Widerstand geschlossen oder geöffnet wird. Er muß überall dort verwendet werden, wo bei Schaltvorgängen Überspannungen auftreten können, also z. B. beim Abschalten von unbelasteten Transformatoren und Motoren.

Sehr wichtig ist eine gute Isolation der Anlage. Die Isolatoren sollen möglichst groß sein, denn je höher ihre Überschlagsspannung, desto seltener können die oben als der gefährlichste Feind moderner Anlagen bezeichneten intermittierenden Erdschlüsse entstehen. Alle Apparate, Motoren und Transformatoren sind aus denselben Gründen möglichst gut zu isolieren, bei Transformatoren besonders die Eingangswindungen, um unempfindlich gegen Sprung zu sein. — Sind kurze Leitungsstrecken oder Schaltanlagen vom Netze durch Induktivitäten, also Drosselspulen, Stromwandler u. ä., vom Netz getrennt, so können durch auftreffende Wellen leicht gefährliche Schwingungen erregt werden. Es wird daher von vielen empfohlen, die Induktivitäten zu beseitigen oder durch Ohmsche Widerstände zu überbrücken. Dadurch sollen die gefürchteten Schwingungen verhindert, der die Induktivität enthaltende Apparat geschützt und gleichzeitig der ankommenden Wanderwelle der Weg geöffnet und hierdurch die Möglichkeit gegeben werden, auf andere Leitungen überzutreten und sich dort totzulaufen. In diesem Sinne wirkt auch ein enges Zusammenschließen der Netze zu Ringen und Maschen. Voraussetzung ist dabei aber ein ausgezeichnet funktionierender Überstromschutz, der allerdings die Anlage wesentlich verteuert. Moderne Großtransformatoren schaltet man in Stern-Dreieckschaltung, da hierbei Überspannungen der ersten Oberschwingung ihre Gefährlichkeit genommen wird. — Vorbeugende Schutzmaßnahmen, die in ähnlichem Sinne wirken, wie die besprochenen, ließen sich noch manche aufzählen. Ob im einzelnen solchen Vorbeugungsmaßnahmen oder den jetzt zu besprechenden Schutzvorrichtungen der Vorzug zu geben ist, ist häufig eine rein wirtschaftliche Frage, und die Entwicklung in der Praxis scheint dahin zu gehen, daß man die Vorbeugungsmaßregeln so weit trifft, als sie nicht zu teuer werden; man verhindert oder erschwert damit das Auftreten von Überspannungen bis zu einer gewissen Höhe. Gegen Überspannungen, die darüber hinaus gehen, schützt man sich dann durch besondere Schutzmaßnahmen.

Fig. 29. Zum Abführen statischer Ladungen auf Freileitungen pflegt man den Maschinen- oder Transformatornullpunkt über hohe Widerstände oder Drosselspulen zu erden. Statt dessen kann man auch jeden Wicklungsstrang einzeln über Widerstände oder Drosselspulen an Erde legen und damit die gleiche Wirkung erreichen.

Eine solche Widerstandserdung der Stränge, die natürlich, um die Verluste klein zu halten, über sehr hohe Widerstände erfolgen muß, wird mit dem früher sehr viel verwendeten Wasserstrahlerder erreicht, der in Fig. 29 dargestellt ist. Er besteht in einem geerdeten Wasserzuflußbehälter *WZ*, von dem aus durch die drei Düsen, durch Glas- oder Hartgummirohre hindurch, drei Wasserstrahlen in den Wasserabflußbehälter *WA* strömen. Die Ableitung der elektrostatischen Elektrizität geht von den oberen Röhrenenden, an deren metallischen Verkleidungen die Leitungen angeschlossen sind, durch die obere Hälfte der Wasserstrahlen und den Wasserzuflußbehälter vonstatten. Der in den unteren Behälter fließende Wasserstrahl bietet der elektrostatischen Elektrizität einen zweiten Weg zur Erde, parallel zum ersten.

Fig. 30. Eine Erdung der Phasen über hohe Ohmsche Widerstände aus festem Material oder, wie es bei größeren Anlagen meist der Fall ist, über Drosselspulen zeigt Fig. 30. Die Drosselspulen lassen sich durch Aufbringung einer zweiten Wicklung praktisch so ausbilden, daß sie gleichzeitig als Spannungswandler und zur Isolationsüberwachung (S. 100) dienen können.

Fig. 31 bis 36] Ein sehr bekannter und schon früh verwendeter Überspannungsschutz ist der von Oehlschläger & Schrottke erfundene »Hörnerableiter«, der, bevor auf seinen Wirkungsbereich und seine Schutzwirkung eingegangen wird, zunächst in seinen verschiedenen technischen Ausführungsformen besprochen werden möge.

Fig. 31] Ein solcher Hörnerableiter, wie er in seiner Schaltweise in Fig. 31 in dreiphasiger Ausführung mit vorgeschalteten Widerständen dargestellt ist, besteht aus zwei isoliert befestigten, winkelig gebogenen, einander gegenüberstehenden Kupferstäben, die mit ihren Winkelspitzen auf eine bestimmte Entfernung eingestellt sind. Wird an beide Kupferstäbe eine Spannung angelegt und diese gesteigert, so wird die Luftstrecke zwischen beiden Hörnern durchschlagen, und es entsteht, wenn die Energiequelle genügend Energie nachliefert, ein Lichtbogen, der durch die entwickelte Wärme und elektrodynamische Wirkung nach oben getrieben und dadurch von selbst länger wird, bis er schließlich reißt. Die gezeichnete Schaltung ist der sogen. Sternschutz, der seinen Namen davon hat, daß die an Erde liegenden Hörner zu einem Stern zusammengeschaltet sind.

Fig. 32] Fremde Ursachen (z. B. bei im Freien aufgestellten Hörnerableitern Insekten) könnten die Funkenstrecke kurzschließen und so ein unerwünschtes Ansprechen hervorrufen, wenn man, wie es bei Anlagen mit niederer Spannung sein muß, die Funkenstrecke auf geringe Entfernungen einstellt. Man begegnet dieser Gefahr dadurch, daß man den Abstand der beiden Hörner vergrößert und eine Hilfsfunkenstrecke mit großem vorgeschalteten Widerstande parallel schaltet. Diese Hilfsfunkenstrecke, die schon früh ansprechen wird und das auch darf, weil sich durch die Wirkung des großen Widerstandes kein wesentliche Energiemengen verzehrender Lichtbogen ausbilden kann, ionisiert den Entladungsraum zwischen beiden Hörnern und macht es dadurch möglich, daß die Hauptfunkenstrecke bei der gewünschten Spannung überschlägt, trotzdem sie auf eine Entfernung eingestellt ist, zu deren Durchschlagen ohne Hilfsfunkenstrecke eine viel höhere Spannung nötig wäre.

Fig. 33] Denselben Zweck wie die vorige Schaltung verfolgt die Schaltung der Relais-Hörnerableiter der Siemens-Schuckert-Werke. Der Hörnerableiter F ist auf eine größere Entfernung eingestellt, als dies der Betriebsspannung entspricht. Überschreitet die Spannung zwischen Leitung und Erde eine gewisse Höhe, so spricht nicht der Hörnerableiter F, sondern die Funkenstrecke f an, deren Abstand erheblich kleiner ist als der von F. Diese Hilfsfunkenstrecke bildet einen Teil des schwingungsfähigen Kreises $f k t c$, wo k und c Kondensatoren und t die primäre Wicklung eines eisenlosen Transformators darstellen. Wird durch den Funken in f der Kondensator c geladen, so entstehen in dem Schwingungskreise Schwingungen, die in der Sekundärspule von t eine hohe elektromotorische Kraft erzeugen und dadurch F zum Ansprechen bringen.

Fig. 34. Um den Lichtbogen rascher in die Höhe zu treiben und ihn zum Abreißen zu bringen, kann man einen Blasmagneten in der in Fig. 34 dargestellten Weise in den Stromkreis schalten. Zum Schutze der Magnetwicklung selbst ist eine kleine Funkenstrecke parallel geschaltet. Eine solche Einrichtung ist oft auch deshalb nötig, weil es vorkommen kann, daß der Lichtbogen, trotzdem die Hörner weit nach oben ausladen, stehen bleibt.

Fig. 35] Den gleichen Zweck verfolgt die in Fig. 35 dargestellte, von Bendmann angegebene Anordnung[1]. Hier wird der Lichtbogen durch Kurzschließen der Funkenstrecke unterbrochen. Der Lichtbogenstrom durchfließt eine parallel zu einem Widerstand W liegende Spule S mit Eisenkern; der Kern wird angezogen und schließt dadurch einen Stromkreis, der seinerseits die Hörner kurzschließt. Der Lichtbogen erlischt dann sofort, der Spulenkern sinkt wieder und öffnet den kurzschließenden Stromkreis. Da die Anordnung nun so getroffen ist, daß die Kontakte unter Öl liegen, so wird der Lichtbogen, der sich beim Öffnen ausbilden will, sofort unterbrochen. Der Widerstand W hat den Zweck, dem durch die Spule fließenden Strom die richtige Größe zu geben.

---

[1] Bendmann, Moderne Überspannungs- und Stromschutzeinrichtungen, Meyer, Dresden 1920.

Fig. 36] Zum Ausgleich von Überspannungen zwischen den Leitungen einer Drehstromanlage schaltet man die Hörnerableiter nach der in Fig. 36 oben dargestellten Weise. Zusammen mit den weiter unten gezeichneten drei Hörnerableitern, die die Überspannungen gegen Erde abführen sollen, bilden sie den sogen. Stern- und Dreieckschutz, so genannt, weil ein Teil der Hörner in Stern und ein Teil in Dreieck zusammengeschaltet ist.

Allgemeines. Der Hörnerableiter ist der am weitesten verbreitete Überspannungsschutz. Seine Schutzwirkung gegen Überspannungen fast jeder Art ist unbestritten bis zu Spannungen von 5 kV. Auch bei Betriebsspannungen über 5 kV ist die Schutzwirkung der Hörnerableiter noch vorhanden, doch ist die Größe ihres Schutzwertes noch umstritten und wird verschieden hoch eingeschätzt. Jedenfalls dürfen Hörnerableiter bei Anlagen über 5 kV nie ohne die in unseren Figuren stets mitgezeichneten Dämpfungswiderstände eingebaut werden. Ohne diese Widerstände würden sie als Überspannungserreger (S. 107, m) wirken. Der Dämpfungswiderstand soll nur wenig von dem Wellenwiderstand der zu schützenden Anlage abweichen und so groß sein, daß der beim Lichtbogen auftretende Strom nicht zu groß werden kann. — An welchen Stellen der Hörnerableiter einzubauen ist, wird bei der Besprechung praktischer Anlagen noch erkannt werden. Besonders empfohlen wird er dort, wo einzelne Leitungen über Sammelschienen vom Netz durch Induktivitäten getrennt sind.

Zur Abführung statischer Ladungen ist der Hörnerableiter wenig geeignet. Gegen Erdschlüsse bietet er einen gewissen Schutz, da er den gefährlichen aussetzenden Erdschluß in einen ungefährlichen dauernden verwandeln kann.

Fig. 37] Ein von allen Seiten grundsätzlich als ausgezeichnet anerkanntes Schutzmittel gegen Überspannungen sind Kondensatoren, wie sie in Fig. 37 gezeichnet sind. Die Leitungen sind in dieser Figur rechts zu denken. Zwei Eigenschaften sind es, die Kondensatoren besonders geeignet erscheinen lassen: sie flachen die Stirn der auftretenden Wellen so ab, daß die hinter den Kondensatoren liegenden Wicklungen, z. B. in der Figur die Wicklungen des Generators, nicht mehr sonderlich gefährdet sind; außerdem haben sie die Fähigkeit, bei genügender Größe die absolute Höhe der Überspannungen herabzusetzen. Die erste Wirkung beruht darauf, daß die Kapazität für die auftreffende Wanderwelle im ersten Augenblick einen Kurzschluß darstellt; der Kondensator nimmt die ganze oder einen Teil der Ladeenergie der Wanderwelle auf; ein Vorgang, der einige Zeit in Anspruch nimmt. Die Spannung sinkt im ersten Augenblick auf Null und nimmt erst nach und nach wieder zu. Der Spannungsanstieg je Längeneinheit der weiter wandernden Welle kann daher nicht mehr so groß sein und die (S. 107, o beschriebene) Gefahr des Durchschlagens von Windungen ist damit beseitigt. Ist nun außerdem die Kapazität des Kondensators relativ groß, so wird die Wanderwelle jenseits des Kondensators mit einer geringeren Spannung weiterlaufen, denn die Elektrizitätsmenge war zu klein, um den großen Kondensator auf die volle Spannung aufzuladen. Die Höhe der am Kondensator reflektierten Welle ist höchstens gleich derjenigen der einfallenden Welle. Der praktischen Anwendung von Kondensatoren steht zurzeit der Umstand entgegen, daß es noch schwer ist, Kondensatoren mit genügend großer Kapazität durchschlagsicher zu bauen und daß einwandfreie Kondensatoren teuer sind. Doch sind in dieser Hinsicht in der letzten Zeit nicht unbedeutende Fortschritte bei einzelnen Firmen gemacht worden.

Fig. 38] Auch Drosselspulen können, richtig angewendet, als guter Überspannungsschutz dienen. Sie werden, ähnlich wie in Fig. 38 dargestellt, in die Abzweigleitung zu den zu schützenden Motoren, Generatoren, Sammelschienen und Transformatoren usw geschaltet. Ihre Wirkung beruht darauf, daß die Wanderwellen infolge der hohen Selbstinduktion der Drosselspulen an diesen zurückgeworfen werden, und zwar im ersten Augenblick in der doppelten Höhe der einfallenden Welle. Die Drosselspulen wirken nämlich kurze Zeit wie eine Leitungsunterbrechung im Gegensatz zu den Kondensatoren, die einen Augenblick lang einen Kurzschluß darstellen. Der Teil der Wanderwelle, der durch die Drosselspule durchdringt, besitzt eine ebenso flache Stirn, wie wenn gemäß Fig. 37 eine Kapazität eingeschaltet gewesen wäre, so daß die Windungen der Maschinen und Transformatoren nicht mehr gefährdet sind. Das Flachwerden der Wellenstirn hat seine Ursache darin, daß sich die Selbstinduktion der Drosselspule beim Auftreffen der Wanderwellen auf Kosten der in dem Kopf der Wanderwelle enthaltenen Energie magnetisch auflädt.

Vergleicht man die Wirkung von Kapazität und Induktivität in ihrer Anwendung als Überspannungsschutz, so läßt sich zusammenfassend feststellen, daß beide die Fähigkeit haben, an Sprungwellen die steile Stirn abzuflachen. Der Kondensator kann außerdem die Überspannung in ihrer absoluten Höhe herabsetzen. Diese letztere Wirkung kann die Drosselspule nur in Verbindung mit einem vor die Drosselspule geschalteten Hörnerableiter ausüben, dann wird nämlich die in doppelter Höhe reflektierte Welle den Hörnerableiter zum Ansprechen bringen, der seinerseits der Welle so viel Energie entziehen kann, daß sie unschädlich wird.

Fig. 39] Petersen empfiehlt den Gebrauch von Kondensatoren und Drosselspulen nebeneinander und schlägt vor, die Anlagen etwa auf die in Fig. 39, im Einstrichverfahren (s. S. 124, o und Tafel 14 u. 15) dargestellte Weise zu schützen. Die Sammelschienen sind von den Verteilungsschienen durch eine Drosselspule getrennt, die die Aufgabe hat, im ersten Anprall die auftretende Welle zurückzuwerfen. Sie ist als Schutz der Generatoren in der Zeit gedacht, die die Kondensatoren brauchen, um zu ihrer vollen Wirkung zu kommen. Der Kondensator C ist über Vorkontakt-Trennstücke (also einen Schutzschalter) an die Verteilungsschienen angeschlossen. Alle im Zuge der Leitung liegenden Induktivitäten — hier sind Stromwandler eingezeichnet — sind durch Ohmsche Widerstände überbrückt, so daß die auf einer Leitung sich ausbildenden Wellen sich ungehindert über die Verteilungsschienen hinweg auf das ganze Netz ausbreiten und dabei auch den Kondensator erreichen. Wir haben hier also eine wohldurchgebildete Schutzanordnung vor uns, in der die Überspannungen auf vielerlei Weise unschädlich gemacht werden.

C. Der Erdschluß

Fig. 40] Die Erdschlüsse, die im praktischen Betriebe eines Kraftwerkes häufig auftreten, haben ihre Ursache darin, daß durch Reißen einer Leitung, Überschlagen, Durchschlagen oder Brechen von Isolatoren, durch Staub, Vögel oder Äste usw eine Leitung mit der Erde in Verbindung kommt. — Bekanntlich haben die Leitungen unter sich und gegen Erde Kapazität. Für den Erdschluß kommt nur die Kapazität gegen Erde in Betracht; in Fig. 40, die die Erscheinungen des Erdschlusses erläutern soll, ist daher nur diese Kapazität, und zwar die verteilte Kapazität jeder der beiden Leitungen in einen einzigen Kondensator zusammengefaßt gezeichnet. Wir nehmen an, durch irgendeine Ursache entstehe im Punkt c auf der rechten Seite ein Erdschluß. Denkt man sich nun zunächst die im Transformatornullpunkt angeschlossene Erdungsdrosselspule weg, so wird der Erdschlußstrom folgenden Weg nehmen: $a\,b\,c\,e\,f\,d\,a$. Der Erdschlußstrom ist, da er über die Kapazität der linken Leitung zur Stromquelle zurückkehrt, ein Verschiebungsstrom und eilt als solcher der Spannung um 90° voraus. Ist der Erdschluß ein dauernder, so gefährdet er im allgemeinen die Anlage nicht weiter, ist er aber, wie es bei dem Erdschluß durch Lichtbogen oft vorkommt, ein aussetzender, so werden die oben (S. 107, m) besprochenen, die ganze Anlage gefährdenden Überspannungen entstehen.

An vorbeugenden Maßregeln gegen den Erdschluß, besonders den aussetzenden, wäre die schon früher erwähnte zu nennen, daß man der ganzen Anlage eine so gute Isolation gibt, daß Isolatorüberschläge nicht vorkommen. Hierher gehört auch das Unterteilen der Netze durch Einschalten von Transformatoren mit dem Übersetzungsverhältnis 1:1 in Teile von solcher Kapazität, daß der beim Erdschluß auftretende Verschiebungsstrom nicht mehr zum Aufrechterhalten des Lichtbogenstromes reicht.

Ein Mittel, den einmal vorhandenen Erdschluß unschädlich zu machen, besteht in der Erdung des Transformator- oder Generatornullpunktes über einen Widerstand. Der sich hierbei über die Erdungsstelle schließende Stromkreis in Fig. 40 geht von o über $b\,c\,e\,g$ nach o, wobei in der Figur statt der Erdungsdrossel ein Widerstand zu denken ist. Hat der Widerstand eine hinreichende Größe, so verhindert er das Anwachsen des Stromes auf eine solche Höhe, daß der (u. U. aussetzende) Lichtbogen entstehen kann; ist er genügend klein, so verwandelt er den Erdschluß in einen Kurzschluß, der die selbsttätigen Schalter der Leitung zum Auslösen bringt. Das letztere Verfahren hat den offenkundigen Nachteil, daß bei jedem Erdschluß durch das Ausschalten der schadhaften Strecke sofort der ganze Betrieb unterbrochen wird.

Ein ausgezeichnetes, wenn auch in seiner praktischen Anwendbarkeit noch viel umstrittenes Mittel gegen Erdschlüsse ist die Erdungsdrosselspule von Petersen, die in Fig. 40 in ihrer Schaltung gezeigt ist. Ihre Wirkungsweise mag aus folgendem klar werden: Wie oben erwähnt, fließt bei einem Erdschluß in Punkt c auf der rechten in Fig. 40 gezeichneten Leitung ein Strom in dem Stromkreise $a\,o\,b\,c\,e\,f\,d\,a$, und zwar, wie wir willkürlich annehmen wollen, in der durch die Reihenfolge der Buchstaben angedeuteten Richtung. Der Strom ist ein Verschiebungsstrom, eilt also um 90° der Spannung vor. Durch die Erdungsdrossel wird ein zweiter, in der Hauptsache induktiver Stromkreis geschlossen, der von o über $b\,c\,e\,g$ nach o verläuft. Entsprechend dem induktiven Charakter des Stromkreises eilt der Strom in diesem Stromkreise der Spannung um 90° nach. Die Phasenverschiebung der in den beiden Stromkreisen fließenden Ströme ist also 180⁰, d. h. die Ströme sind einander entgegengerichtet. Wählt man nun die Größe der Erdungsdrossel unter Befolgung der Bedingung, daß $\omega L = 1/\omega C$ ist (L = Induktivität der Drossel, ω = Kreisfrequenz, C = Leitungskapazität), so, daß der Strom, den sie unter Strangspannung aufnimmt, gleich dem Erdschlußstrom des Netzes ist, so ergänzen sich die Ströme in dem den beiden Stromkreisen gemeinsamen Zweige zu Null, die Erdschlußstelle ist also stromlos; es kann sich kein Lichtbogen bilden, und die Quelle der Überspannungen ist damit beseitigt. Nur in dem in Fig. 40 gestrichelten und durch Pfeile in seiner Richtung gekennzeichneten Stromkreise fließt noch ein Blindstrom.

Praktisch ist es nur selten möglich, die in der oben angeschriebenen Gleichung ausgesprochene Bedingung ganz zu erfüllen. Dazu kommt, daß durch Wirkung der Ohmschen Widerstände und der Ableitung der Leitung an der Erdschlußstelle ein gewisser Wirkstrom, der sogen. »Reststrom«, bleibt, der im allgemeinen etwa 10% des Erdschlußstromes beträgt. Dieser Reststrom ist aber so klein, daß er zur Bildung eines Lichtbogens nicht ausreicht.

Die Petersensche Erdschlußspule hat sich in den letzten Jahren fast in allen Anlagen Eingang verschafft. Ihre Gegner bestreiten ihre Löschwirkung bei größeren Löschleistungen und einzelne wollen sogar durch sie hervorgerufene Spannungssteigerungen bemerkt haben.

Wenn die Teilkapazitäten der Systemzweige nicht den gleichen Wert haben, wie z. B. bei unverdrillten Drehstromleitungen, so kann es vorkommen, daß die etwa für den einen Zweig passende Erdschlußspule bei Erdschluß eines anderen Zweiges nicht nur nicht den gewünschten Schutz ausübt, sondern im Gegenteil Ursache von Überspannungen wird. Man wird in einem solchen Falle versuchen, eine Erdschlußspule mit einer mittleren Induktivität zu verwenden, die also nicht mehr auf Resonanz mit der Kapazität eines der Zweige abgestimmt ist, sondern um einen gewissen, noch zulässigen Grad hiergegen verstimmt ist[1]).

Fig. 41] Um gegen die (z. B. durch einen Umbau des Netzes) geänderte Netzkapazität die Induktivität der Erdungsdrosselspule wieder abzugleichen und der in der oben gebrachten Gleichung gestellten Bedingung möglichst nahe zu kommen, werden zuweilen an der Erdungsdrosselspule Anzapfungen angebracht, durch die nach der in Fig. 41 dargestellten Weise über Trennstücke mehr oder weniger Spulen angeschlossen werden können. Der an einen Stromwandler angeschlossene aufschreibende Strommesser zeigt durch seinen Ausschlag die Erdschlüsse an. Nur an ihm allein ist bei einer passend gewählten Erdschlußspule zu erkennen, ob ein Erdschluß eingetreten ist oder nicht.

Fig. 42] Auf demselben Grundgedanken wie die Erdschlußspule von Petersen beruht der Löschtransformator von B a u c h, Fig. 42. Hier wird ein primär in Stern und sekundär in Dreieck geschalteter Transformator an das Netz gelegt. Der Nullpunkt der Primärwicklung ist geerdet, in die im Dreieck geschaltete Sekundärwicklung ist in der in Fig. 42 gezeichneten Weise eine einstellbare Drosselspule geschaltet. Im normalen Betrieb entnimmt der Transformator dem Netze nur den Leerlaufstrom, da ja in der Sekundärwicklung, wo sich die induzierten elektromotorischen Kräfte das Gleichgewicht halten, kein Strom fließt. Tritt nun in einer Leitung des Netzes ein Erdschluß auf, so bedeutet das für den an diese Leitung angeschlossenen Strang der Primärwicklung des Löschtransformators einen stärkeren oder schwächeren Kurzschluß. Dadurch wird das Gleichgewicht der Sekundärspannungen gestört und in der Sekundärwicklung wird ein Strom fließen, ein Blindstrom, der dem Netze entnommen werden muß. Wird dieser Strom nun durch die Drosselspule dem Erdschlußstrom der Leitung entsprechend eingestellt, so tritt die gleiche, bei der Petersenspule besprochene Wirkung auf: der Erdschlußstrom wird bis auf einen gewissen Reststrom »ausgelöscht«; es kann kein Lichtbogen entstehen. — Die Einstellvorrichtung der Drosselspule kann man durch einen kleinen Motor so antreiben, daß sie stets in einem bestimmten Betrag um ihre Mittellage pendelt. Der Löschtransformator entspricht dann einer Drosselspule, deren Induktivität stets gleichmäßig von einem höchsten auf einen niedrigsten Betrag und umgekehrt geändert wird. Der Antrieb ist dabei so gewählt, daß die Zeit, um den Kontakt von einer bis zur anderen Grenzlage zu bewegen, etwa 3 Sek. beträgt. Dabei hat man die Gewähr, daß bei einem Erdschluß einmal innerhalb dieser Zeit genau die der Resonanz entsprechende Induktivität eingeschaltet, der Erdschlußlichtbogen also sicher gelöscht wird. Im ungünstigsten Falle könnte er 3 Sek. bestehen bleiben. Diese Einrichtung hat den Vorteil, daß man die eingebaute Drosselspule bei baulichen Veränderungen des Netzes nicht immer wieder neu einzustellen braucht.

---

[1]) Diesem Gedanken entspricht die »Dissonnanzspule« von Jonas; s. Elektrot. u. Maschinenbau 1920, S. 453.

D. Überströme und Überstromschutz [1])

Blanke Leitungen, Kabel, Wicklungen von Apparaten und Maschinen, kurz alle stromführenden Teile einer Anlage haben, wenn sie richtig berechnet sind, solche Querschnitte, daß sie bei einer bestimmten normalen Dauerbelastung irgendeine zulässige Übertemperatur gegenüber der Umgebung annehmen. Überschreitet der Belastungsstrom diesen Normalwert, so spricht man von Über-strömen. Die Leitungen oder Maschinen können dabei durch die entwickelte Wärme und die häufig auftretenden großen mechanischen Kräfte je nach der Höhe des Überstromes mehr oder minder gefährdet werden.

Überströme entstehen einerseits dadurch, daß man Maschinen, Leitungen usw übermäßig belastet, d. h. zu große Arbeitsleistungen von ihnen verlangt. Außerdem treten sie als Folge von Überspannungen auf. Jede vorbeugende und Schutzmaßnahme gegen Überspannungen dient also auch dazu, Überströme zu verhüten oder herabzusetzen. Wir können aber nicht erwarten, daß die gegen die Gefahren der Überspannung geschaffenen Maßnahmen auch einen vollkommenen Überstromschutz darstellen. Wir müssen vielmehr damit rechnen, daß auch der beste Überspannungsschutz die als Folge von Überspannungen entstehenden Überströme nicht vollständig beseitigen oder unterdrücken kann und müssen auch daran denken, daß noch andere Ursachen, vor allen Dingen Kurzschlüsse, Überströme hervorrufen können. Es ist daher nötig, jede Anlage durch besondere Überstromschutz-vorrichtungen zu schützen.

Daß eine ausführliche Betrachtung der Überstromschutzeinrichtungen erst in diesem Bande gebracht wird, hat seinen Grund darin, daß bei den weniger umfangreichen Gleichstromanlagen die Schmelzsicherungen und Überstromschalter im allgemeinen einen genügenden Überstromschutz gewähren. Erst bei großer Ausdehnung der in Freileitung ausgeführten Wechselstromnetze und die Gefahr, daß durch einen Überstrom ganze Dörfer und Städte von der Zufuhr elektrischer Energie abgeschnitten werden könnten, stellte als eines der wichtigsten Probleme der Wechselstromtechnik die Ausbildung eines schematischen Überstromschutzes auf[2]).

Fast alle Überstromschutzvorrichtungen bestehen darin, daß der vom Überstrom betroffene Teil der Anlage möglichst nahe der Fehlerstelle abgeschaltet wird. Dieses Abschalten eines, wie man sagt, kranken Leitungsstückes (in dem nämlich der Überstrom auftritt) braucht und darf dabei nicht so vor sich gehen, daß der Schalter, durch den die Leitung abgeschaltet wird, in dem Augenblick, wo die zulässige Stromstärke überschritten ist, plötzlich herausgerissen wird. Vielmehr ist es gut, zwischen der Zeit des ersten Auftretens des Überstroms und dem Ausschalten einige Zeit (einige Sekunden) verstreichen zu lassen. Dies kann unbedenklich geschehen, da die Temperatur des Leiters ja nicht mit zunehmendem Strome plötzlich in die Höhe schnellt, sondern nur langsam zunimmt. Je nach der Höhe des Überstromes ist also in den ersten Sekunden seines Bestehens die Leitung noch nicht gefährdet. Die kurze Verzögerung beim Ausschalten bringt vielmehr den Vorteil mit sich, daß bei schnell vorübergehenden Überströmen, wie sie oft vorkommen, die Verbraucher nicht unnötig vom Netze abgetrennt werden. Außerdem läßt man dadurch den Überströmen, die, z. B. bei plötzlichen Kurzschlüssen, im ersten Augenblick in ungeheurer Größe auftreten können, Zeit zum Abklingen, so daß die Schaltleistung, die der Schalter zu bewältigen hat, bedeutend geringer wird.

Ein früher allgemein verwendetes und heute in Niederspannungsanlagen noch vorherrschendes Mittel gegen Überspannungen sind die Schmelzsicherungen. Den Ansprüchen moderner Hochspannungsanlagen sind diese nicht mehr gewachsen. Sie schalten selten allpolig aus und können deshalb zum Erreger gefährlicher Überspannungen werden. Bei großen Leistungen erfolgt die Unterbrechung praktisch augenblicklich und explosionsartig, oft unter Zersprengen des ganzen Sicherungsgehäuses. Bei sehr starken Strömen wird also der Stromkreis plötzlich unterbrochen, auch wenn der Stromstoß nur ein vorübergehender war, der an sich die Anlage nicht gefährden konnte.

Das Gebiet der Schmelzsicherungen ist deshalb das der Niederspannungen und der kleinen Betriebsströme (s. Bd. I, S. 3 zu Fig. 3). So werden z. B. Spannungswandler noch hoch- und niederspannungsseitig durch Sicherungen dieser Art geschützt (s. z. B. Taf. 11, Fig. 2 u. Fig. 13 f.).

---

[1]) Siehe auch Bd. I, S. 3 u. 4.

[2]) Eine kritische Würdigung der modernen Schutzvorrichtungen findet sich in dem Vortrage Klingenbergs über »Neuere Gesichtspunkte für den Bau von Großkraftwerken«. E. T. Z. Bd. XLI, S. 650 (S. 653 f), 1920.

In Hochspannungsanlagen wurden die Schmelzsicherungen vollkommen verdrängt durch die S e l b s t s c h a l t e r , die genauer arbeiten, den Ansprüchen der einzelnen Anwendungsgebiete leichter angepaßt werden können und nach dem Ansprechen nicht ausgewechselt zu werden brauchen. Man unterscheidet unmittelbar und mittelbar auslösbare Selbstschalter. Bei den unmittelbar aus- lösbaren Selbstschaltern wird die Auslösspule mit Eisenkern vom Wechselstrom unmittelbar erregt, bei den mittelbar auslösbaren bringt der Wechselstrom ein Relais zum Ansprechen, das einen Hilfs- stromkreis schließt und dadurch die Auslösespule des Schalters in Tätigkeit setzt. Dieses oder auch ein zweites in den Stromkreis geschaltetes Relais ist als »Zeitrelais« ausgebildet, das die Aufgabe hat, zu verhindern, daß der Schalter nicht bei jedem kurzzeitigen Überschreiten des Normalstromes sofort, sondern erst nach einiger Zeit, in der Regel nach einigen Sekunden, auslöst.

Man unterscheidet je nach der Art der verwandten Zeitrelais »unabhängig« oder »abhängig« verzögerte Selbstschalter. Die Verschiedenheit besteht darin, daß die Zeitdauer, nach der der Schalter ausgelöst wird, entweder von der Stromstärke abhängig ist oder nicht. Die unabhängig verzögerten Selbstschalter werden also auf einen gewissen Überstrom eingestellt und lösen nach einer ganz bestimm- ten Zeit aus. Erreicht oder überschreitet die Stromstärke den eingestellten Wert und ist sie so lange vorhanden, als die Zeiteinstellung des Schalters ausmacht, so wird der Schalter ausgelöst. Ihr Wirken ist gekennzeichnet durch die in Textabb. 19 gezeichneten Geraden. Dort bedeutet i den Belastungs- strom des Schalters und t die Auslösezeit. Man sieht, daß bis zu einem gewissen »Grenzstrom« die

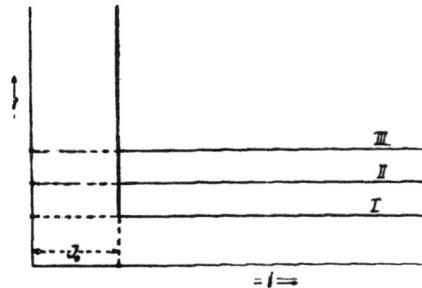

Abb. 19.

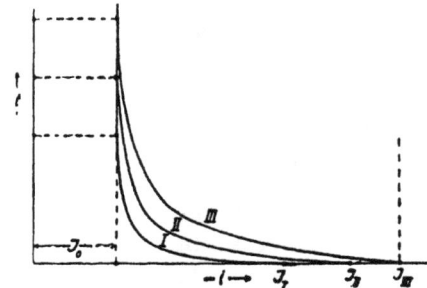

Abb. 20.

Auslösezeit ∞ ist, d. h. der Schalter löst nicht aus. Erst nach Erreichung oder geringer Überschreitung des Grenzstroms J_0 löst er aus, und zwar je nach der willkürlich einstellbaren Auslösezeit nach Ab- lauf einer längeren oder kürzeren Zeit. Die durch römische Ziffern bezeichneten Geraden gelten für Schalter mit gleichem Grenzstrom, aber verschiedenen Auslösezeiten. Die Senkrechte am Anfang der Geraden I, II und III im Abstande J_0 hat also als ein Teil dieser drei Kurven zu gelten. — Im Gegensatz dazu zeigt Textabb. 20 die für den »abhängig« verzögerten Schalter geltende Charakteristik. Hier nimmt die Auslösezeit mit zunehmendem Strome ab, was ja erwünscht sein kann, denn ein stärkerer Strom kann natürlich in bei weitem kürzerer Zeit Schaden anrichten, als ein schwächerer. Die Zahlen I, II, III bedeuten wieder verschiedene Zeiteinstellungen. Durch welche technischen Mittel man den einzelnen Relais die gewünschte Charakteristik aufzwingt, darauf soll hier nicht weiter eingegangen werden. Wählt man in Textabb. 19 die Auslösezeit gleich Null, was prak- tisch natürlich nur annähernd erreichbar ist, so erhält man einen Momentschalter, der sofort auslöst, wenn die Grenzstromstärke überschritten ist. Die Auslösestromstärke (Grenzstromstärke) beträgt in der Regel das 1,2- bis 2fache der Normalstromstärke.

Die unabhängig verzögerten und abhängig verzögerten Selbstschalter sowie die Momentschalter stellen die Grundtypen der selbsttätigen Schalter dar. Außer ihnen gibt es noch Schalter, deren Cha- rakteristik zum Teil dem einen, zum Teil einem anderen Grundtyp folgt. So werden öfters unabhängige Schalter mit einer Vorrichtung versehen, daß sie nach Überschreiten einer gewissen Stromstärke, also vor allem bei unmittelbarem Kurzschluß, ohne Zeitverzögerung als Momentschalter ausschalten. Abhängig verzögerte Schalter baut man dagegen zuweilen so, daß sie bei höheren Strömen die Cha- rakteristik der unabhängig verzögerten Relais annehmen. Man kann dann diese Relais »begrenzt abhängige« nennen. Bei ihnen nähern sich die in Textabb. 20 gezeichneten Kurven nicht dem Werte Null, sondern einer Geraden parallel zur Abszissenachse.

Wir wollen nun an einem einfachen praktischen Beispiel betrachten, wie weit die besprochenen Schalter den im Betriebe an sie gestellten Forderungen gerecht werden.

Fig. 1] In Fig. 1a bedeutet K ein Kraftwerk, von dem eine Leitung ausgeht. Verschiedene Unterwerke a, b, c, d, von denen man sich Speiseleitungen ausgehend denken mag, sollen die Energie weiter verteilen. Die Selbstschalter seien in der gezeichneten Weise eingebaut. Überlegt man sich die verschiedenen Möglichkeiten, welche Art von Selbstschaltern man nehmen soll, und in welcher Weise die Ströme und Auslösezeiten zu staffeln sind, so ergibt sich, daß die Anlage am besten geschützt ist, wenn man unabhängige oder begrenzt abhängige Schalter verwendet und ihre Auslösezeiten bei gleichem Grenzstrom so staffelt, daß der dem Kraftwerk zunächst liegende die größte, der am entferntesten liegende die kleinste Auslösezeit hat, vielleicht in der in Fig. 1a an die Schalter angeschriebenen Abstufung von 4, 3, 2 und 1 Sekunden. Tritt dann bei X ein Kurzschluß auf, so öffnet Schalter b und macht dadurch die kranke Leitung spannungslos. Die Unterwerke a und b können weiter arbeiten. Daß außer c auch noch d abgeschaltet wird, ist bei dieser Art der Energieübertragung nicht zu vermeiden. Rein abhängig verzögerte Schalter sind deshalb nicht am Platze, weil sie bei sehr starken Strömen wie Momentschalter auslösen, selbst dann, wenn die Störung als eine vorübergehende unschädlich gewesen wäre.

In Fig. 1b ist das bisherige (Fig. 1a) Unterwerk d durch ein weiteres Kraftwerk ersetzt. Die Leitung und die Unterwerke werden also jetzt von zwei Seiten gespeist. Tritt nun bei X wieder ein Kurzschluß auf, so wird aus beiden Kraftwerken Strom zur Kurzschlußstelle fließen. Bleibt die Zeitstaffelung wie oben, so wird zuerst Schalter c und dann Schalter b herausfallen. Es wird also wunschgemäß nur die kranke Stelle ausgeschaltet. Nimmt man nun aber an, daß der Kurzschluß bei Y liegt, so wird ebenfalls zuerst Schalter c und dann nach einiger Zeit Schalter a fallen. Sämtliche Unterwerke außer a sind also stromlos. Versucht man die Auslösezeiten anders zu staffeln, so kommt man zu keinem günstigeren Ergebnis. Zu jeder Staffelung gehört vielmehr ein bestimmter Kurzschlußort, für den allein die Schalter richtig auslösen, und da man die Stelle, wo die Kurzschlüsse auftreten werden, natürlich nicht voraussehen kann, so ist also der besprochene Überstromschutz für Leitungen, die von zwei Seiten gespeist werden, und erst recht für Netze mit mehreren Speisepunkten und Maschen unbrauchbar. Offenbar wird die Sache auch dann nicht besser, wenn man, wozu die symmetrische Lage der Kraftwerke auffordert, jedes Unterwerk beiderseitig abschaltbar macht. — Die in Fig. 1a und 1b neben die einzelnen Schalter geschriebenen arabischen Zahlen zeigen, in welcher Weise bei unabhängig verzögerten Schaltern und in welchem Verhältnis bei abhängig verzögerten Schaltern die Auslösezeiten zu staffeln sind.

Das alleinige Anwendungsgebiet des besprochenen Überstromschutzes sind Stichleitungen nach Art von Fig. 1a und sogen. »Baumnetze«, Fig. 1c. Diese haben ihren Namen davon, daß sich das Netz von einer Hauptleitung ausgehend baumartig verästelt.

Fig. 2] Erst in neuester Zeit ist es gelungen, den bisher besprochenen Überstromschutz durch gewisse Ergänzungen für alle Arten von Netzen brauchbar zu machen. Darauf soll weiter unten näher eingegangen werden. In den Zeiten aber, wo man diese wichtigen Ergänzungen noch nicht kannte, wo aber trotzdem die dringende Notwendigkeit bestand, einen sicher wirkenden Überstromschutz zu haben, sah man sich gezwungen, entweder alle Netze als Baumnetze zu betreiben oder ein grundsätzlich anderes Überstromschutzsystem zu benützen, das damals schon erfunden war, aber allerdings den großen Nachteil hatte, im allgemeinen nur für Kabel brauchbar zu sein.

Dieses Überstromschutzsystem ist das von Merz & Price erfundene »Differentialschutzsystem«, dessen Schaltschema in Fig. 2 dargestellt ist. Die dick ausgezogenen Linien seien die Hin- und Rückleitung eines vielleicht von Unterwerk zu Unterwerk führenden, mit Einphasenwechselstrom gespeisten Kabels. Kurz vor den durch Relais R ausschaltbaren Schaltern sind Stromwandler in den Hauptstromkreis geschaltet, deren Sekundärwicklung durch für die Hin- und Rückleitung je für sich parallel zur Hauptleitung verlegte Hilfsleitungen verbunden sind. Die Sekundärwicklungen der Stromwandler sind dabei unter sich durch diese Leitungen so gegeneinander geschaltet, daß sich die bei fehlerlosem Kabel (wenn also die Primärwicklungen von gleichen Strömen durchflossen werden) die in den Sekundärwicklungen erzeugten elektromotorische Kräfte aufheben. In den Hilfsleitungen kann dann kein Strom fließen. Tritt nun im Kabel ein Kurzschluß oder sonst ein Fehler auf, so werden durch die Primärwicklungen der Stromwandler verschieden große und u. U. verschieden gerichtete Ströme fließen; sekundär wird dadurch das Gleichgewicht der elektromotorischen Kräfte gestört. Die Relais werden vom Strom durchflossen und bringen die Schalter zum Auslösen.

Für Drehstrom ist die Schaltung dadurch zu gewinnen, daß man einen dritten Leiter nebst Stromwandler hinzufügt und die Enden der Hilfsleitungen zu entsprechend ausgebildeten Relais führt.

Fig. 3] Ein bedeutend später erfundener Überstromschutz, der in seiner äußeren Ausführungsform dem eben besprochenen ähnelt, ist der »Lypro-Schutz« von Höchstädter[1]).

Auch dieses Kabelschutzsystem verlangt einen Hilfsleiter, der sich aber von dem vorigen grundsätzlich dadurch unterscheidet, daß er an der Stromlieferung neben dem Hauptleiter teilnimmt; er soll deshalb Nebenleiter genannt werden. Bei Kabeln wird für diesen Nebenleiter der zentrale Draht gewählt; dieser ist aber ähnlich wie ein Prüfdraht besonders isoliert. Die Einrichtung ist an beiden Enden der Leitung und in jedem Leiter die gleiche und besteht an jedem Ende im wesentlichen aus einem sogen. Verspannungstransformator T und einem Differentialwandler W. In Fig. 3 ist sie für einen Leiter gezeichnet.

Bei der Beschreibung sehen wir von dem Verspannungstransformator vorläufig ab. Wir haben an beiden Enden der Leitung Differentialwandler, deren Eisenkerne mit Haupt- und Nebenleiter derart bewickelt sind, daß in ungestörtem Betriebe die beiden Induktionsflüsse im Eisen sich aufheben. In der dritten Wicklung wird also keine elektromotorische Kraft induziert. Dieser Gleichgewichtszustand wird aber gestört, sobald in dem Kabel ein Fehler auftritt, und zwar, wie wir vorläufig annehmen wollen, ein Fehler, bei welchem der Nebenleiter unbeschädigt und unbeeinflußt geblieben ist. Mag der Fehler in einem Kurzschluß oder einem Erdschluß bestehen, immer wird der Strom im Hauptleiter verändert, im allgemeinen vergrößert sein, während er im Nebenleiter unverändert geblieben ist. Die Folge ist die Induzierung von elektromotischen Kräften in den dritten Wicklungen der Differentialwandler und dadurch die Auslösung der Ölschalter an beiden Enden des Kabels. Ist die Beschädigung derart, daß der Nebenleiter an der Fehlerstelle in leitender Verbindung mit dem Hauptleiter steht, so ist das Verhältnis der Ströme in Haupt- und Nebenleiter unter allen Umständen dasselbe, wie im fehlerlosen Kabel; der Differentialwandler kann also nicht wirken. Um ihn doch dazu zu zwingen, sind die beiden Verspannungstransformatoren eingebaut. Diese sind in ähnlicher Weise bewickelt, wie die Differentialwandler, jedoch ohne die dritte Spule. Die Wicklungsverhältnisse sind so gewählt, daß die in einem Verspannungstransformator um etwa 150 Volt im Nebenleiter verminderte Spannung im anderen um ebensoviel erhöht wird. Wir können uns jetzt den aus Hauptleiter und Nebenleiter gebildeten Stromkreis besonders herausdenken als einen Stromkreis, in dem zwei elektromotorische Kräfte gleicher Größe, aber entgegengesetzter Richtung wirken. So ist es im normalen Betriebe; die Nebenleitung ist also wie früher stromlos. Das ändert sich, sobald der gedachte Fehler eintritt; dann sind zwei Stromkreise entstanden, die an der Fehlerstelle miteinander in Berührung, sonst aber unabhängig sind. In jedem dieser Stromkreise wirkt die im zugehörigen Verspannungstransformator in der Nebenleitungsbewicklung induzierte elektromotorische Kraft und ruft einen Strom hervor, der das Gleichgewicht im Differentialwandler stört und nun in derselben Weise zur Öffnung der Ölschalter führt, wie wir es im ersten Falle gesehen haben.

Die beiden Schutzsysteme, das von Merz und Price und das von Höchstädter, sind für jede Art von Leitungen und Netzen brauchbar, arbeiten einwandfrei und werden in Kabelnetzen viel verwandt. Beide haben aber den Nachteil, daß sie besondere Leitungen nötig haben. Das verteuert die Anlage erheblich; die Verteuerung wird bei Freileitungen gewöhnlich so groß, daß die beiden Systeme bei solchen in der Regel nicht angewendet werden können.

Mit diesen beiden Schutzsystemen verwandt ist die auf S. 102 f und Tafel 10, Fig. 18 und 19 angegebene Kabel-Schutzschaltung nach Pfannkuch, die es ermöglicht, die Relais auch auf Überstrom ansprechen zu lassen.

Fig. 4] Der moderne auch für Freileitungen benützte Überstromschutz bedarf keinerlei Hilfsleitungen, sondern arbeitet nur mit Relais. Die zuerst zu besprechende Ausführungsart[2]) lernen wir in Fig. 4a kennen. In der hier gezeichneten Anlage, in der jedes Unterwerk von beiden Seiten Strom erhalten kann, werden wir auch, woran schon bei Fig. 1b gedacht war, zu beiden Seiten der Station Schalter einbauen. Die Zeitauslösung der verschiedenen selbsttätigen Schalter wird »gegenläufig« gestaltet. Was das heißt, ist aus der Figur zu ersehen. Dort sind die Auslösezeiten der jeweils auf der gleichen Seite des Kraftwerkes oder Unterwerkes liegenden, mit a, a', a'' und b, b', b'' bezeichneten Schalter wie die arabischen Zahlenzeichen vom Kraftwerk ausgehend nach der Reihe 4, 3, 2, 1 Sekunde gestaffelt. An sich ist mit dieser Staffelung noch nichts erreicht. Würde z. B. in x ein Kurzschluß auftreten, dann würden zuerst die Schalter a''' und b''' mit der Auslösezeit 1 Sek. abschalten,

---
[1]) Feldmann und Höchstädter, ETZ. 1921, S. 1154 und Esdorff, Siemenszeitschrift 1922, S. 225. — Der Name »Lypro« kommt daher, daß die Schaltung der niederländischen A.-G. Lyn-Protectic im Haag patentiert ist.

[2]) Von den Siemens-Schuckert-Werken ausgebildet.

dann der Schalter *b* mit der Auslösezeit 4 Sek. Alle Unterwerke wären also stromlos. Ähnlich wäre es, wenn an einer anderen Stelle ein Kurzschluß auftreten würde. Betrachtet man die Stromrichtung im Falle des Kurzschlusses näher, so erkennt man, daß das kranke Kabel d a n n wunschgemäß abgeschaltet würde, wenn man das Auslösen des Schalters *b′′′* verhindern (sperren) könnte. Dies geschieht bei dem zu besprechenden Überstromschutz auch tatsächlich durch das sogen. »Strom- oder Energierichtungsrelais«. Wie der Name schon sagt — der Name »Energierichtungsrelais« ist, da es sich bei uns um Wechselstrom handelt, der treffendere — handelt es sich um ein Relais, das die selbsttätigen Schalter in Abhängigkeit von der Energierichtung sperrt. Die dabei allgemeingültige Regel ist, wie man beim Betrachten des Energieverlaufes für verschiedene in Fig. 4a angenommene Kurzschlüsse erkennen kann, die, daß stets diejenigen Schalter zu sperren sind, durch die die Kurzschlußenergie in der Richtung zu dem dem Schalter zugehörenden Unterwerk hinströmt. In Fig. 4a sind also für den Fall des angenommenen Kurzschlusses die Schalter *b′′′*, *b′′* und *b′* zu sperren. Alle anderen Relais dürfen ansprechen, und bei der gewählten Zeitstaffelung wird das richtige Kabel durch seine beiden Schalter ausgeschaltet. Wir sehen also, daß das Zusammenarbeiten von zwei Einrichtungen, der gegenläufigen Staffelung und des Energierichtungsrelais, nötig ist, um bei Überströmen ordnungsgemäß abzuschalten. Legt man in Fig. 4a die beiden mit *K* bezeichneten Kraftwerke oder Speisepunkte aufeinander, so entsteht eine von einer Stelle aus gespeiste Ringleitung. Eine solche mit drei Unterwerken, von denen noch Stichleitungen abgehend zu denken sind, ist in Fig. 4b dargestellt. Die an die Schalter angeschriebenen Zahlen bedeuten wieder die Auslösezeiten, die darüber gezeichneten Pfeile die Energierichtung, bei der die Schalter ansprechen. — Auch vermaschte Netze sind auf diese Weise zu schützen. Natürlich bedarf es dann, besonders wenn verschiedene Speisepunkte im Netz liegen, eingehender Überlegung, wie — und nicht zuletzt auch mit Rücksicht auf die Betriebsverhältnisse — die Staffelung durchzuführen ist. Daß bei ausgedehnten Netzen die Auslösezeiten der dem Kraftwerk zunächst liegenden Schalter ziemlich groß werden, muß dabei in Kauf genommen werden. Bei sehr eng vermaschten Netzen versagt der Überschutz. Doch wird man bei Überlandleitungen, für die der Überstromschutz hauptsächlich bestimmt ist, solche engen Vermaschungen wohl kaum antreffen.

Fig. 5] Fig. 5 zeigt das Schema eines solchen Überstromschutzes, wie es für Drehstrom von den Siemens-Schuckert-Werken ausgeführt wird. Die gezeichnete Einrichtung ist als Schutz einer ankommenden Leitung gedacht. Die abgehende Leitung hat man sich mit dem gleichen Überstromschutz versehen zu denken. Die Energierichtung sei im ordnungsgemäßen Betriebe, wie in der Figur durch Pfeile angedeutet, von unten nach oben. An Apparaten sind vorhanden: zwei Spannungswandler, zwei Stromwandler, zwei Überstromzeit- und ein Energierichtungsrelais. Das Richtungsrelais, das in der Figur in der Mitte zwischen den beiden Überstromrelais schematisch dargestellt ist, besteht aus zwei mechanisch gekuppelten, nach dem Dynamometerprinzip gebauten Leistungsmessern, die in Aronschaltung geschaltet sind. Das Zusammenkuppeln hat den Zweck, zu verhindern, daß bei Phasenverschiebungen über 60° die beiden Leistungsmesser nach verschiedenen Seiten ausschlagen, wie es entsprechend dem Wesen der Aronschaltung vorkommen kann. Es ist sehr empfindlich eingestellt und schlägt auch bei normaler Belastung aus, und zwar in der Weise, daß es die beiden zu ihm gehörenden Kontakte kurzschließt. Dadurch erhält die Spule *S* Gleichstrom. Sie hebt ihren Eisenkern und öffnet den Auslösestromkreis des Ölschalters. Der Strom darf nun, vorausgesetzt daß die Energierichtung die gleiche bleibt, so groß werden, als er will; der Ölschalter kann nicht ausgelöst werden, da sein Auslösekreis geöffnet ist. Zwar werden bei Überströmen die Zeitrelais ansprechen, die Spule *T* unter Spannung setzen und den Kontakt bei *T* schließen, aber durch die Auslösespule *A* kann kein Strom fließen.

Kehrt sich die Energierichtung dagegen um, so wird das Richtungsrelais nach rechts ausschlagen und dabei die beiden zu ihm gehörigen Kontakte öffnen. Jetzt ist der Stromkreis der Spule *S* geöffnet, der Eisenkern fällt und die beiden Kontakte im Auslösestromkreis werden kurzgeschlossen. Überschreitet jetzt der Strom seine normale Größe, so erhält nach Ablaufen der Zeitrelais die Auslösespule Strom; der Hauptschalter wird geöffnet.

Es läßt sich nachweisen, daß die Einrichtung, trotzdem nur zwei Stromwandler benützt werden, sowohl bei dreiphasigem als bei einphasigem Kurzschluß ordnungsgemäß arbeitet.

Es bedarf noch einer Erklärung, warum man überhaupt neben den Richtungsrelais noch Maximalrelais benützt. Man könnte doch die Richtungsrelais so ausbilden, daß sie den Stromkreis der Auslösespule je nach der Energierichtung schließen oder geöffnet lassen. Man könnte die Relais mit einem

Zeitverzögerungswerk versehen und dadurch die notwendige Staffelung der Auslösezeiten erhalten. Theoretisch ist dieser Gedankengang natürlich richtig. Praktisch scheitert er aber daran, daß das Richtungsrelais sehr empfindlich sein muß, um auch bei ganz geringen Spannungen noch ansprechen zu können, nicht die zum Auslösen der Auslösespule nötige, nicht unerhebliche Energiemenge schalten kann. Außerdem sind Fälle möglich, bei denen ein Überspannungsschutz, der nur aus einem Richtungsrelais besteht, versagen würde. Bei einem Kurzschluß in unmittelbarer Nähe des Relais könnte die Spannung so gering sein, daß das Relais nicht mehr ansprechen kann. In diesem Falle wäre die Anlage schutzlos den Überströmen preisgegeben; sind dagegen noch Maximalrelais vorhanden, so übernehmen diese den Schutz der Anlage. Es werden dann zwar mehr Schalter herausgeworfen als wünschenswert ist, aber in dem besprochenen Falle ist das immerhin das kleinere Übel.

Fig. 6] Einwandfreies Arbeiten der Richtungsrelais und richtig durchgeführte gegenläufige Staffelung sind, wie wir erkannten, die Grundvoraussetzung dafür, daß der besprochene Überstromschutz die an ihn gestellten Forderungen erfüllt. Die gegenläufige Staffelung bringt nun den Nachteil mit sich, daß die Auslösezeiten verschieden sind, je nach der Lage der Leitung innerhalb des Netzes. Z. B. wird in Fig. 4a bei einem Kurzschluß in x nach 1 und 4 Sek., bei einem Kurzschluß bei y dagegen nach 2 und 3 Sek. abgeschaltet. Außerdem ist es bei vermaschten Netzen ziemlich schwierig, die richtige Zeitstaffelung auszudenken. Es taucht da die Frage auf, ob es nicht möglich ist, eine Einrichtung zu treffen, die die bei Überströmen auftretenden physikalischen Größen so ausnützen, daß man ohne starre, von vornherein festzulegende Staffelung auskommt und trotzdem die fehlerhafte Leitung rechtzeitig abgeschaltet wird. Eine solche Größe ist die Spannung. Diese ist nämlich immer wegen des bis zur Kurzschlußstelle zunehmenden Spannungsverlustes am Kurzschlußpunkte und in seiner nächsten Umgebung am kleinsten und nimmt zu, je weiter man sich von der Kurzschlußstelle entfernt. Könnte man die Ablaufzeit der Relais, die die Schalter zum Auslösen bringen, in gewünschte Abhängigkeit von der Spannung bringen, so hätten die der Kurzschlußstelle zunächst gelegenen Schalter die kürzesten Auslösezeiten, sie würden also, wie es nötig ist, zuerst auslösen. Daß dabei Energierichtungsrelais unentbehrlich sind, läßt ein Blick auf Fig. 4a erkennen. Bei einem Kurzschluß in x nämlich würden zwar die Schalter a''' und b die kürzesten Auslösezeiten haben, aber der Spannungsunterschied zwischen Schalter b'' und a'' ist so gering, (denn sie sind ja nur durch die Sammelschienen des Unterwerkes getrennt), daß bei einer Einrichtung, bei der die Auslösezeit von der Spannung abhängig ist, sicher auch Schalter b'' auslösen würde, wenn kein Energierichtungsrelais dies verhindern würde.

Ein Überstromschutz auf dieser Grundlage wurde von der Firma Voigt & Häffner ausgebildet. Seine Wirkung beruht auf dem Zusammenarbeiten von einem Energierichtungsrelais mit einem sog. »Spannungsrückgangrelais«. Das Schaltungsschema dieses Relais ist in Fig. 6 dargestellt. Seine Wirkungsweise ist folgende[1]): Wird das Relais in der gezeichneten Weise an eine Wechselspannung angeschlossen, so entsteht bei der gezeichneten Schalterstellung durch Wirkung der Spannungsspule a und der in sich kurzgeschlossenen Spule b nach dem Ferrariseffekt ein Drehmoment, das die Scheibe s in Drehung versetzt. Dabei wickelt sich ein Faden auf, welcher den Hebel h hochhebt und in einer Endstellung, der Ruhestellung des Relais, festhält. Spricht jetzt das Maximalrelais MR an und wird der Schalter S geschlossen, so entsendet die Batterie einen Gleichstrom, der stark genug ist, um die Federkraft des Umschalterhebels c zu überwinden und diesen letzteren an den oberen Gegenkontakt zu legen; dagegen hat er wegen des Widerstandes der Spule bei c noch keine Wirkung auf die Spule des in der Wechselstromleitung liegenden Schalters A. Gleichzeitig ist das auf die Scheibe wirkende Drehmoment verschwunden, weil der Stromkreis der Spule b unterbrochen ist; die Schwere des Hebels h versetzt durch den Faden die Scheibe in Drehung. Dabei erzeugt die Spule a in der Scheibe bremsend wirkende Wirbelströme, die um so größer sind, je höher die Spannung ist. Infolgedessen rollt sich die Scheibe um so rascher ab und der Schalter schließt sich umso früher, je kleiner die Wechselspannung ist, also je näher sich das Relais der Kurzschlußstelle befindet. Ist der Stromkreis auf diese Weise geschlossen und die Spule des Schalters c somit kurzgeschlossen, so fließt nunmehr ein kräftiger Gleichstrom, der den Schalter A zum Öffnen bringt. Sollte der Kurzschluß verschwinden, bevor der Hebel h auf seinen Gegenkontakt gefallen ist, so wird das von neuem zustande kommende Drehmoment der Spulen a und b die Scheibe wieder in ihre Endstellung zurückdrehen.

Die Glühlampe, eine Metallfadenlampe mit hohem Temperaturkoeffizienten, die nach Umlegen des Schalters c aufleuchtet, ist angebracht, um die Auslösezeit des Relais, die sonst vom Quadrate

---

[1]) Eine Beschreibung dieses Relais ist in ETZ. 1920, S. 1002 zu finden.

der Spannung abhängig wäre, in lineare Abhängigkeit zu bringen. Wie diese Glühlampe in Verbindung mit einer im Relais angebrachten und dem gleichen Zwecke dienenden Vorrichtung wirkt, kann hier nicht genauer beschrieben werden.

Fig. 7] Das in Verbindung mit der vorigen Anordnung benützte Energierichtungsrelais ist in Fig. 7 schematisch dargestellt. Es wird mit seinen Spannungs- und Stromspulen über Strom und Spannungswandler an die zu schützende Wechselspannung gelegt. Eine Ferraristrommel t, die drehbar gelagert ist, trägt einen Zeiger, der mit einer kleinen Glimmerscheibe G endet. Sobald der Strom eine bestimmte Höhe erreicht, dreht sich die Trommel und verschiebt dabei das Glimmerblättchen G so, daß es je nach der Energierichtung den rechten oder linken Kontakt bedeckt. Ist nun das Spannungsrückgangrelais abgelaufen, so bekommt die Spule Sp Strom und hebt den Eisenkern, auf dem irgendwie die Kontaktvorrichtung befestigt ist, hoch. Je nach der Stellung des Glimmerblättchens G, ob es nämlich den Kontakt rechts[1]) bedeckt, der an keine Leitung angeschlossen ist, oder den Kontakt links, der im Stromkreise der Auslösespule des Ölschalters liegt, kann der Hauptschalter durch die Auslösespule geöffnet werden oder bleibt geschlossen.

Fig. 8] Fig. 8 zeigt das Zusammenarbeiten des Spannungsrückgangs- und Stromrichtungsrelais in einem Unterwerke, das in einer Ringleitung liegen und von dem außerdem noch eine Stichleitung wegführen möge. Das Schaltungsschema enthält alle praktisch vorkommenden, zum Überstromschutz gehörigen Schalter und Relais. Die strichpunktierten Linien grenzen die jeweils zu einer Leitung gehörigen Schalter und Apparate ab. Jede Leitung hat Maximalrelais MR, die Ringleitungen außerdem Richtungsrelais RR. Von Spannungsrückgangrelais braucht nur ein Satz, d. h. ein Relais je Strang, vorhanden zu sein, das allen Leitungen gemeinsam zugehört. — Gleiche Spulen und gleiche Schalter sind in den Fig. 6, 7 und 8 mit gleichen Buchstaben bezeichnet. Von den drei Zweigen, die zwischen die positive und die negative Schiene geschaltet sind, gehört der linke (I) zu der Stichleitung, die beiden anderen (II und III) zu der Ringleitung. Wir betrachten zunächst Zweig I. Vom Wechselstromkreise ist nur der Hauptschalter und die den Schalter S bewegende Spule des Maximalrelais MR gezeichnet. Alles andere sind Gleichstromleitungen. Überschreitet der Wechselstrom eine bestimmte Höhe, so wird der Schalter S geschlossen. Dadurch erhält die Spule des Hilfsrelais R, zu dem eine Leitung hinter dem Schalter S abzweigt, Strom, die beiden Schalter bei R werden geschlossen und die Spule Q des Spannungsrückgangrelais oberhalb des Schalters c wird an Spannung gelegt. Schalter c links auf der Zeichnung wird dadurch umgelegt und das Spannungsrückgangrelais fängt an, abzulaufen, schnell, wenn die Spannung nieder, der Kurzschluß also nahe, langsam, wenn die Spannung hoch, der Kurzschluß also fern ist. Ist der Schalter h geschlossen, dann steht die Spule des sogen. Halterelais HR unter Spannung, der zugehörige doppelpolige Schalter wird eingelegt und durch die Ausschaltspule A fließt jetzt der Strom, der nötig ist, um den Hauptölschalter herauszureißen. Das Halterrelais dient dazu, das empfindliche Spannungsrückgangrelais von dem eigentlichen Schaltvorgange zu entlasten. Zur Entlastung der Kontakte des Spannungsrückgangrelais vor zu starken Strömen dient auch die parallel zu dem Schalter h verlegte, durch einen Pol des Schalters HR geschlossene Leitung.

Tritt in einer Ringleitung ein Kurzschluß auf, so wiederholen sich die gleichen Vorgänge, nur daß hier noch das Energierichtungsrelais RR seine Wirkung ausübt: Der Schalter S und nach ihm die beiden Schalter bei R werden geschlossen, durch den rechten wird die Spule Q unter Strom gesetzt, durch den linken die Spule f nur angelegt; diese erhält erst Strom, wenn das Spannungsrückgangrelais in der oben beschriebenen Weise seine Wirkung getan und h und HR geschlossen hat. Vorher aber sind die Energierichtungsrelais in Tätigkeit getreten und haben mit ihren (hier nicht mehr gezeichneten) Glimmerplättchen den einen oder anderen Kontakt bedeckt, also ausgewählt, welcher Schalter auszuschalten hat. Somit kann nur diejenige der beiden Spulen Kontakt im Stromkreise der Auslösespulen schließen, deren Richtungsrelais den Kontakt freigegeben hat. So wird also nur die Auslösespule der richtigen Leitung vom Strom durchflossen und der richtige Schalter ausgelöst.

Fig. 9] Auf dem gleichen Grundsatze, nämlich Spannungsrückgang- und Stromrichtungsrelais nebeneinander zu haben, beruht der Überstromschutz der Firma Dr. Paul Meyer A.-G. Das Spannungsrückgangrelais ist dabei auf andere Weise konstruiert. Eine Heizspirale h wird vom Belastungs-

---

[1]) Dieser Kontakt könnte bei unserer schematischen Darstellung ebenso gut wegbleiben. In der praktischen Ausführung ist er stets vorhanden und bietet Möglichkeit, einen zweiten Stromkreis anzuschließen. Dort, wo das nicht geschieht, bleibt er einfach frei.

strome durchflossen. Der Strom erwärmt ein im Innern dieser Spirale befindliches Temperaturelement *t*, welches aus zwei Metallstreifen von verschiedenem Ausdehnungskoeffizienten zusammengesetzt ist, und dieses biegt sich nach rechts. Dabei nähert sich der Kontakt *k* dem Gegenkontakt *g*, der durch eine Spule *s*, die unter der Spannung des zu schützenden Stromkreises steht, gesteuert, also gehoben oder gesenkt wird. Man erkennt, daß die Entfernung zwischen beiden Kontakten um so kleiner ist, je höher der Belastungsstrom und je niedriger die Spannung ist. Erfolgt also ein Kurzschluß in einem mit diesen Spannungsrückgangrelais versehenen Netze, so krümmen sich die Temperaturelemente bei sämtlichen Relais und nehmen überall die gleiche Lage ein. Dagegen rücken die Gegenkontakte *g* um so mehr nach links, je näher das Relais der Kurzschlußstelle liegt. An der Kurzschlußstelle selbst ist die Spannung ganz oder nahezu ganz verschwunden, die Kontakte *k* und *g* berühren sich. Dadurch schließt sich ein in der Figur nicht gezeichneter Hilfsstromkreis für die Ausschaltespule.

Schutz paralleler Leitungen

Fig. 10] Sind zwei Werke, etwa ein Kraftwerk und ein Unterwerk, durch mehrere Leitungen miteinander verbunden, so liegt auch hier die Aufgabe vor, im Falle eines Kurzschlusses die kranke Leitung von der oder den gesunden abzuschalten. Für diesen Schutz paralleler Leitungen sind die zuletzt (Fig. 4 bis 9) besprochenen Schutzsysteme mehr oder weniger brauchbar. Einige Schaltungen, die besonders zum Schutze paralleler Leitungen ausgebildet wurden, seien im folgenden noch besprochen.

Fig. 10 zeigt die Benützung einfacher Richtungsrelais zu diesem Zwecke nach dem Vorschlage von Probst. Es ist angenommen, daß die Sammelschienen eines Kraftwerkes (links) durch zwei parallele Leitungen mit den Sammelschienen eines Unterwerkes (rechts), von dem mehrere Leitungen zu den Abnehmern führen sollen, verbunden seien. Die Schalter des Kraftwerkes sind unabhängig verzögerte. Die Schalter des Unterwerkes sollen vom Stromrichtungsrelais ausgelöst werden, die mit einem Zeitverzögerungswerk ausgerüstet seien. Die Auslösezeiten der Kraftwerkschalter seien natürlich größer als die der Unterwerkschalter. Die Richtung der Energielieferung ist durch einen stark gezeichneten Pfeil auf den Leitungen angedeutet; die Energierichtung, bei der die Richtungsrelais die zu ihnen gehörigen Schalter auslösen oder durch Überstromrelais auslösen lassen, ist durch kleine Pfeile unterhalb der Schalter angegeben. Erfolgt nun in der oberen Leitung bei *X* ein Kurzschluß, so wird dieser, wie die Pfeile auf den Leitungen selbst anzeigen, sowohl über die obere Leitung vom Kraftwerk her, als auch über die untere Leitung vom Kraftwerk über die Unterwerksammelschienen gespeist. Alle Maximalrelais, sowohl die am Kraftwerk wie die beim Unterwerk, fangen an abzulaufen. Da aber das Richtungsrelais der unteren Leitung — der Strom hat ja seine Richtung nicht geändert — das Ausschalten des unteren Schalters verhindert, so kann, entsprechend der Zeiteinstellung des Relais nur der Schalter der oberen Leitung vor dem Unterwerk ausschalten. Der Kurzschluß wird dann nur noch über den oberen der beiden Kraftwerkschalter gespeist. Dieser wird ebenfalls nach einer seiner Ausschaltzeit entsprechenden Zeit auslösen, und die kranke Leitung ist damit beiderseitig abgeschaltet. — Die in Einstrichart (s. S. 124,0 und Tafel 14 u. 15) durchgeführte Zeichnung gilt sowohl für Zwei- wie für Dreiphasenstrom. Bei Dreiphasenstrom ist das Richtungsrelais zweckmäßig nach der bekannten (s. S. 97,m) Aronschaltung zu schalten. — Die Einrichtung hat den Mangel, daß bei einem Kurzschluß (wie schon auf S. 118,0 besprochen) in der Nähe des Richtungsrelais die Spannung in vielen Fällen nicht mehr ausreicht, um diese Relais zum Ansprechen zu bringen. Sind dann keine Maximalrelais vorhanden, so ist die Anlage den Überströmen preisgegeben, sind Maximalrelais da, dann übernehmen sie zwar den weiteren Schutz, aber auch nicht in wünschenswerter Weise. In unserem Falle z. B. würden zuerst die beiden Unterwerkschalter und dann der obere der beiden Kraftwerkschalter auslösen; beide Leitungen oder, wenn noch mehr Leitungen parallel liegen würden, alle Leitungen wären also stromlos. Außerdem versagt die Schutzeinrichtung vollkommen, wenn sich, z. B. zwischen Unterwerken, die ordnungsgemäße Stromrichtung umkehren würde.

Fig. 11] Eine andere Art des Überstromschutzes paralleler Leitungen ist in Fig. 11a dargestellt. Das gewählte Beispiel ist das gleiche wie in Fig. 10: Im Kraftwerk und im Unterwerk sind Stromwandler in den Zug der Leitung geschaltet, deren Sekundärwicklungen hintereinandergeschaltet sind. Vorausgesetzt, daß beide Leitungen gleichartig sind, d. h. gleiche Konstanten haben, werden beide Leitungen je nach der Belastung des Unterwerkes im ordnungsgemäßen Betriebe stets gleichen Strom führen. In den Sekundärwicklungen der Stromwandler wird ein bestimmter Strom fließen. An Punkten gleichen Potentials sind nun in diesem Stromkreise die Stromspulen zweier Richtungsrelais und eines Maximalrelais, alle Instrumente in Reihe, angeschlossen. Durch die Instrumente kann, solange die Ströme in den Primärwicklungen der Stromwandler gleich und gleichgerichtet sind, kein Strom fließen, ebensowenig wie durch einen Strommesser, der in der in Fig. 11b gezeichneten Weise an den Stromkreis zweier hintereinander geschalteter Elemente angeschlossen ist, ein solcher fließen kann. Die Spannungsspulen der Richtungsrelais stehen unter der Spannung der Schienen des Kraftwerkes bzw. des Unterwerks. Es trete nun wie oben wieder bei X ein Kurzschluß auf. Dann wird der Verlauf der Ströme in den Hauptleitungen wieder der bekannte sein, wie er durch Pfeile auf den Leitungen angedeutet ist. Wie ändern sich nun die Ströme in den Sekundärkreisen der Stromwandler, und zwar zunächst im Umterwerk? Die Energierichtung im oberen Stromwandler hat sich umgekehrt, und die Stromwandler sind nun nicht mehr hintereinander, sondern nebeneinander geschaltet. Infolgedessen wird über die Relais ein starker Strom fließen, ähnlich wie durch den Strommesser, der in Fig. 11c in der gezeichneten Weise mit den parallel geschalteten Elementen einen Stromkreis bildet. Die neben die beiden Richtungsrelais gezeichneten Pfeile sollen wieder andeuten, bei welcher Energierichtung die Schalter auslösen können. Das obere Richtungsrelais steuert den Schalter der oberen, das untere das der unteren Leitung. Die Richtung der im Sekundärkreise fließenden Ströme ist ebenfalls wieder durch Pfeile angedeutet. Wir sehen, daß der obere Schalter zum Ausschalten freigegeben wird. Das Maximalrelais läuft ab und löst ihn aus. — Im Kraftwerk gestalten sich durch dieses einseitige Abschalten der oberen Leitung die Verhältnisse so, daß jetzt durch die obere Leitung der Kurzschlußstelle die ganze Kurzschlußenergie zugeführt wird. Der Strom im oberen Stromwandler wird also bedeutend größer sein als im unteren und muß sich über die Relais ausgleichen. Wir sehen wieder aus der Richtung der gezeichneten Pfeile, daß das zur oberen Leitung gehörige Richtungsrelais den Schalter freigibt. Das Maximalrelais wird also ablaufen und die obere Leitung vollends abschalten. — Das Unterwerk bekommt jetzt seinen Strom nur noch durch die untere Leitung, die natürlich einen solchen Querschnitt haben muß, daß sie die verlangte Belastung ertragen kann. Für den praktischen Betrieb ist es nun weiterhin wichtig, zu wissen, ob auch die Einzelleitung durch den besprochenen Überstromschutz noch geschützt ist. Tatsächlich ist das der Fall, wie sich beim Verfolgen des Stromverlaufs leicht feststellen läßt. Doch sei darauf hier nicht weiter eingegangen; es sei nur erwähnt, daß in diesem Falle die Sekundärspulen der oberen, stromlosen Stromwandler in dem zu betrachtenden Stromkreise als Drosselspulen wirken.

Wäre der Kurzschluß, statt wie in dem gewählten Beispiel an der oberen, an der unteren Leitung aufgetreten, so wären die Vorgänge natürlich ähnlich gewesen. Auch in dem Falle, daß die Energierichtung umgekehrt gewesen wäre, also rechts das Kraftwerk und links das Unterwerk, hätte die Schaltung nicht geändert zu werden brauchen. Die Anordnung würde sogar dann richtig arbeiten, wenn man das Unterwerk durch ein Kraftwerk ersetzen würde; die besprochene Überstromschutzeinrichtung kann also auch unverändert in parallele Ausgleichsleitungen zwischen zwei Kraftwerken eingebaut werden. Immer wird diejenige Leitung ausgeschaltet, deren Strom am größten ist oder deren Energierichtung sich umkehrt. Auch bei Leitungsbrüchen wirkt diese Schutzeinrichtung, allerdings nur den Fehler signalisierend. Auch hier wird das Gleichgewicht der Ströme im Sekundärkreise gestört. Aber die Ströme, die jetzt durch die Relais fließen, sind nicht so groß, daß sie die Maximalrelais zum Ansprechen bringen. Sie verursachen nur ein Ausschlagen der viel empfindlicher eingestellten Richtungsrelais. Diese schließen dabei über ein Zwischenrelais einen Alarmstromkreis.

Bei der Ausführung für Drehstrom genügt es, wie die praktische Erfahrung gezeigt hat, nur in zwei Stränge Stromwandler einzubauen, und zwar, wenn nach der üblichen Bezeichnungsweise R, S und T die drei Stränge sind, in der einen Schaltstation in die Stränge R und S, in der andern in die Stränge S und T. — Dazu sind nach der neuesten Ausführung der Siemens-Schuckert-Werke noch zwei Richtungs- und zwei Maximalrelais nötig.

Fig. 12] Dem Schutze vieler parallelgeschalteter Leitungen dient der sogen. »Vieleckschutz« der Siemens-Schuckert-Werke. Er entspricht grundsätzlich, wie ein Blick auf Fig. 12a zeigt, dem oben besprochenen Überstromschutz. Sämtliche Wandler sind hintereinander geschaltet. Die Relais liegen wieder, wie Fig. 12b zeigt[1]), zwischen spannungsgleichen Punkten. So lange die Leitungen ordnungsgemäß parallel arbeiten, sind die Relais stromlos. Wird das Gleichgewicht der Ströme gestört, so werden die Relais von Strömen durchflossen und die schadhaften Leitungen ausgeschaltet. — Um über die Verhältnisse im einzelnen Aufklärung zu gewinnen, wäre es wieder nötig, an Hand von Bei-

---

[1]) Aus dieser Figur ist gleichzeitig zu erkennen, mit welchem Recht der Schutz »Vieleckschutz« heißt.

spielen den Stromverlauf zu verfolgen. Doch darf dies nach den vorangegangenen Erklärungen dem Leser überlassen werden.

Fig. 13] Das in Fig. 12 in Einstrichart dargestellte, für einen Strang direkt brauchbare Schutzsystem würde, in der gezeichneten Art auf Drehstrom übertragen, also einfach verdreifacht, sehr kompliziert werden. Die Siemens-Schuckert-Werke haben daher die Schaltung nach der in Fig. 13 dargestellten Weise vereinfacht. Wir sehen wieder in jeder Drehstromleitung nur zwei Stromwandler. Diese sind je für sich hintereinander geschaltet und paarweise zum Vieleck zusammengeschlossen. In die Stromverhältnisse in diesem Stromkreise erhält man Einblick, wenn man sich den resultierenden Strom aus zweien, die sich überlagern, zusammengesetzt denkt. Der eine Stromkreis ist derjenige, der die Wandler des Stranges R, der andere, der die Wandler des Stranges S enthält. Ist $\frac{1}{3} I_n$ der Strom, den ein Wandler allein hergibt, dann ist I_n der Strom im Stromkreise der Stromwandler R und ebenso I_n der Strom im Stromkreise der Wandler S. Beide Ströme vektoriell addiert geben den resultierenden Strom, nämlich, da die Phasenverschiebung 120^0 beträgt $\sqrt{3}\, I_n$. An diesen resultierenden Stromkreis können nun ebenso wie in Fig. 12b die einzelnen Relais angelegt werden. Bei irgendeiner Störung des Gleichgewichts der Ströme werden die einzelnen Relais in ähnlicher Weise wie jetzt wiederholt geschildert, ansprechen und die kranken Leitungen abschalten.

Fig. 14] Bei allen bisher besprochenen Überstromschutzmitteln war das Vorhandensein der Überströme in einer gewissen Größe und einer gewissen Zeitdauer Voraussetzung für das richtige Ansprechen des Schutzes. Die Überströme stellen natürlich, auch wenn sie nur kurze Zeit dauern, eine gewisse Gefahr für die Anlage dar. Diese Gefahr läßt sich erheblich vermindern, wenn man durch Herabsetzen des Erregerstromes den Generator hindert, eine allzu große Kurzschlußenergie zu liefern. Ein Apparat, mit dem dies selbsttätig erreicht wird, ist der Überstrom-Schutzregler der Firma Brown, Boveri & Co. Seine Konstruktion und Betriebsweise erinnert an diejenige des Schnellreglers, der in Band I, S. 50ff. beschrieben ist. In Fig. 14 ist seine Schaltung wiedergegeben. Der Regler ist an zwei für sich hintereinander geschaltete Stromwandler in der in Fig. 14 gezeigten Weise angeschlossen. Übersteigt der Strom einen gewissen Wert, so zieht die Spule des Schutzreglers den Eisenkern ein, das Segment wälzt sich an den Widerstandskontakten ab und schaltet dadurch der Erregerwicklung der Erregermaschine einen gewissen Widerstand vor. Dadurch wird die Spannung und damit der Kurzschlußstrom des Hauptgenerators vermindert. War ein Lichtbogen z. B. bei einem Isolatorüberschlag die Ursache des Kurzschlusses, so wird das Erlöschen des Lichtbogens erleichtert, und wenn die Ursache des Lichtbogens in der Zeit, wo der Überstromregler arbeitete, verschwunden ist, kann die Anlage wieder ordnungsgemäß weiterarbeiten, denn der Überstromregler regelt selbsttätig, nachdem der Kurzschluß verschwunden ist, normalen Strom ein. Bei andauerndem Kurzschluß muß die Leitung natürlich trotz des Schutzreglers abgeschaltet werden. Deshalb liegt in Reihe mit der Spule des Reglers ein Überstrom-Zeitrelais MR, das bei Überströmen nach einer bestimmten Zeit den Schalter ausschaltet. Auch hierbei bringt das gleichzeitige Arbeiten des Reglers noch Vorteile, denn das Ausschalten erfolgt bei kleinerer Spannung und vermindertem Kurzschlußstrom. Aus diesem Grunde darf auch die Auslösezeit des Zeitrelais größer sein, was bei vorübergehenden Kurzschlüssen seine Bedeutung hat. Im Gegensatz zu allen bisher besprochenen Überstromschutzvorrichtungen wirkt der Überstromregler auch bei Kurzschlüssen in den Leitungen zwischen den Stromwandlern und dem Ölschalter. Der Kurzschlußstrom kann dabei auf keine solch gefährliche Höhe ansteigen, wie es der Fall wäre, wenn der Regler nicht vorhanden wäre. Die Gefahr für den Generator ist damit herabgesetzt[1]).

Abschnitt X

Schienenanordnungen

Die Schaltungsschemata von Wechselstromanlagen zeigten früher in bezug auf Anordnung der Schienen eine sehr große und verwirrende Mannigfaltigkeit. Man glaubte der Mannigfaltigkeit der Bedürfnisse, die an die Anlagen gestellt wurden, nur dadurch gerecht werden zu können, daß man die Schienenanordnung streng den jeweiligen Bedürfnissen entsprechend ausführte. Das geschah in der Regel ohne systematische Überlegungen, so daß es für den lehrenden Fachmann nötig und lohnend

---

[1]) Auch der Tirrillregler läßt sich nach M. Jackwirth (s. A.-E.-G.-Mitteilungen 1922, S. 126) zur Begrenzung der Kurzschlußleistung verwenden.

erschien, die sehr mannigfaltigen Schienenanordnungen, wie sie aus den in der Literatur veröffent-
lichten und sonst bekannt gewordenen Schaltungsschematen erkannt waren, in ein System zu bringen.
Aus diesen Überlegungen war der in »Elektr. Kraftbetr. und Bahnen« 1910, S. 533 und 556, erschienene
Aufsatz des Verfassers entstanden und auch in der ersten Auflage dieses Buches abgedruckt.
Inzwischen sind die Schienenanordnungen in der Praxis immer einfacher geworden, so daß man darauf
verzichten kann, das damals veröffentlichte System in ein Lehrbuch aufzunehmen.

Eine Anlage, die nur aus einem Generator, der Leitung und dem Verbraucher besteht, bedarf
nicht unbedingt einer Schienenanlage. Eine solche wird vielmehr erst dann nötig, wenn entweder mehrere
Generatoren oder mehrere Leitungen oder sowohl mehrere Generatoren als mehrere Leitungen parallel
arbeiten sollen. Im ersten Falle braucht man Sammelschienen, im zweiten Verteilungsschienen,
im dritten endlich sind entweder beiderlei Schienen nötig, wobei dann die Verteilungsschienen an die
Sammelschienen durch einen oder mehrere verbindende Stege angeschlossen werden, oder es werden die
Sammel- und Verteilungsschienen zu »Sammelverteilungsschienen« zusammengelegt, d. h. Schienen
angewendet, an die sowohl die Generatoren als auch die Leitungen angeschlossen sind. Unter Umständen empfiehlt es sich, die Generatoren in einzelne, vielleicht zwei oder drei Gruppen, zusammenzufassen und die Generatoren jeder Gruppe an Sammelschienen besonders anzuschließen. In derselben
Weise kann man auch für die Leitungen gruppenweise besondere Sammelschienen schaffen. Außer
diesen Schienen müssen natürlich noch die Hauptschienen, nämlich Sammelschienen, Verteilungsschienen oder Sammelverteilungsschienen vorhanden sein, so daß die für die Gruppen vorhandenen
besonderen Schienen als Schienen zweiter Ordnung bezeichnet werden können.

Vergegenwärtigt man sich die Bedeutung der Schienen innerhalb der Anlage als eines Zentral-
organes, ohne das keine Energie aufgenommen und keine Energie abgeführt werden kann, so wird klar,
daß dieses wichtige Zentralorgan genau so einer Reserve bedarf wie die Generatoren und u. U. die Leitungen. Diese Reserve wird durch Ersatzschienen geschaffen, an die die Generatoren und Leitungen in
derselben Weise angeschlossen werden können, wie an die zuerst gedachten Schienen, so daß ein Unterschied zwischen diesen und den Ersatzschienen überhaupt nicht mehr besteht. Man nennt ein solches
aus zwei gleichartigen Schienen bestehendes Schienensystem »Doppelschienensystem«. Solche
Doppelschienensysteme sind vor allem in Hochspannungsanlagen wichtig.

In solchen muß dafür gesorgt werden, daß jedes der beiden Schienensysteme — nach Loslösen
von allen übrigen Teilen der Anlage — gefahrlos bedient werden kann.

Es gibt Anlagen, in denen man selbständige Teilanlagen unterscheiden kann. Als einfachste
Anlage dieser Art denke man sich etwa drei Generatoren, von denen jeder auf eine Leitung arbeitet.
In diesen »mehrfachen Anlagen« kann man »Wahlschienen« anordnen, die die Aufgabe erfüllen,
Generatoren und Leitungen der verschiedenen Teilanlagen beliebig füreinander auszuwählen, einander
zuzuordnen und damit die Möglichkeit schaffen, einen Generator z. B. auf eine ihm nicht ursprünglich
zugehörige Leitung oder umgekehrt zu schalten. Ist die Zahl der Teilanlagen groß und will man jede
beliebige Verbindungsmöglichkeit durch die Wahlschienen schaffen, so wird die Zahl der Wahlschienen
sehr groß und die Anlage teuer. Verzichtet man auf diese Mannigfaltigkeit der Verbindungsmöglich-
keiten und begnügt sich mit wenigen, dann aber den praktischen Bedürfnissen entsprechenden Schalt-
möglichkeiten, so genügt ein einziges zusätzliches Schienensystem, das dann den Namen »Vermittlungsschienen« verdient.

Bei Anlagen mit Transformatoren kann man je einen Transformator mit einem Generator verbinden und diese Einheiten sekundär an ein Sammelschienensystem anschließen. Ebenso kann man
die primär an Verteilungsschienen angeschlossenen Transformatoren sekundär einzelnen auf je
eine Leitung arbeiten lassen. Schließlich kann man auch die Transformatoren primär und sekundär
durch Schienen parallel miteinander verbinden. Diese letztere Schaltungsweise ist eine Zeitlang allgemein üblich gewesen. Die Transformatoren können dabei als selbständige Teile der Anlage beliebig
aus- und eingeschaltet und in ihrer Gesamtleistung dem Bedarf angepaßt werden. Neuerdings ist man
zu der zuerst erwähnten Schaltungsart, dem sogen. Blocksystem, übergegangen. Die Schaltungsmöglichkeiten sind dabei allerdings geringer; die Anlage wird aber einfacher, billiger und betriebssicherer, was bei Hochspannungsanlagen von großer Bedeutung ist. — Selbstverständlich können
auch auf der Nieder- und Hochspannungsseite Sammelschienen, Verteilungsschienen, Wahlschienen
und Vermittlungsschienen unterschieden werden.

Ausführliches über diese Schienensysteme ist in dem oben angezogenen Aufsätze des Verfassers
zu finden.

Abschnitt XI

Normalschemata der Siemens-Schuckert-Werke

Das Bedürfnis nach Normalisierung der Schaltungsschemata ist für die Drehstrom- und Wechselstromanlagen größer als für die Gleichstromanlagen, denn hier ist die Verschiedenheit der einzelnen Teile der Anlage viel mannigfaltiger. Ähnlich wie im I. Bande, Abschnitt VII, S. 90, sollen auch hier die Normalschemata der Siemens-Schuckert-Werke gebracht werden. Sie sind für Drehstrom (größtenteils im Einstrichverfahren) aufgezeichnet, haben aber natürlich auch für Einphasenwechselstrom Gültigkeit.

Dieses Zeichenverfahren besteht darin, daß die zwei zu einem Gleich- oder Einphasenstromkreise oder die drei zu einem Drehstromkreise gehörigen Leitungen durch einen einzigen Strich dargestellt werden. Ähnlich die Schienen, Schalter, Frequenzmesser usw. Zu dieser Zeichnungsweise mußte man vor etwa zwanzig Jahren greifen, weil die Schaltungsschemata umfangreicher und durch die vielen Linien immer verwirrender wurden; und man durfte es tun, weil die zunehmende Übung im Lesen von Schaltungsschemata diese Vereinfachung ohne Gefährdung des Verständnisses des Schemas gestattete. Für den Anfänger können allerdings gelegentlich Schwierigkeiten entstehen, denn es ist an manchen Stellen nötig, von der Einstrichart zur Zwei- oder Dreistrichart überzugehen. Bei einiger Sorgfalt im Lesen des Schemas werden diese Schwierigkeiten bald verschwinden. — Die Zeichnungen entsprechen genau der von den Siemens-Schuckert-Werken gegebenen Darstellung. Im Texte ist nur der wesentliche Inhalt der Zeichnungen beschrieben; nicht beschriebene zeichnerische Einzelheiten sind ohne weiteres verständlich.

Die Siemens-Schuckert-Werke haben folgende Teile einer Schaltungsanlage genormt: Erregung, Schaltung der Generatoren auf die Schienen, Parallelschaltung (Synchronisieren), Unterwerkschaltungen, Transformatorstationen und Einankerumformer. Wir wollen hier von der Betrachtung der Parallelschaltungen absehen, da im Abschnitt II die betreffenden Schaltungen eingehend genug behandelt worden sind.

Fig. 1 bis Fig. 3] Erregerschaltungen. Unter den Erregerschaltungen sollen nicht nur die Schaltungen für den Gleichstromteil einer Wechselstrommaschine, sondern die ganze Gleichstromversorgung eines Werkes, also u. a. auch die für Nebenbetriebe, und der Antrieb von Schaltern besprochen werden.

Fig. 1] Die Schaltung ist für die Erregung mittlerer Kraftwerke bis 6000 kW bestimmt. Die Gleichstromanlage wird von der Drehstromseite her über einen Umformer gespeist. Bei Inbetriebsetzung der Generatoren oder nach einer Betriebspause steht also (falls die Batterie aus irgendeinem Grunde nicht geladen sein sollte) keine Gleichstromquelle zur Verfügung. Die Aufgabe, den ersten Gleichstrom zu liefern, steht in diesem Falle dem kleinen rechts gezeichneten Hilfsgenerator zu, der etwa durch einen Benzinmotor angetrieben wird. Nachdem der Wechselstromgenerator auf die richtige Spannung gebracht ist, übernimmt der in der Mitte der Zeichnung gezeichnete Umformer die dauernde Belieferung der Anlage mit Gleichstrom. Dabei wird er unterstützt durch eine Batterie in Mickaschaltung (siehe Band I, Tafel 3, Fig. 9)[1]. Die oberste von den drei Sammelschienen wird nur bei Versuchen benützt. An diese werden einzelne Generatoren und Erregerwicklungen gelegt, die auf ihren guten Zustand geprüft werden sollen. Wie aus dieser und den beiden folgenden Schaltungen hervorgeht, ist die Minusschiene der Gleichstromanlage oder der Minuspol der Erregermaschine stets geerdet. Auf diese Weise sind die Sicherungen und Schaltapparate in der Minusleitung entbehrlich, das Entstehen von Hochspannung im Erregerkreise wird verhindert und bei stillstehenden Drehstromgeneratoren sind die kurzgeschlossenen Erregerwicklungen geerdet.

Fig. 2] Das Schema ist für große Kraftwerke bestimmt. Der rechts gezeichnete Gleichstromgenerator wird von einer selbständigen Kraftmaschine angetrieben. Die Gleichstromanlage ist also

---

[1] Entsprechend dem Wesen dieser Schaltung erfolgt das Laden bei zwei Schalthebelstellungen: 1. Schalter I links, Schalter II links. (Die in zwei Hälften parallelgeschaltete Stammbatterie ist mit den Schaltzellen in Reihe zwischen die Schienen geschaltet); 2. Schalter I links, Schalter II rechts. (Die zwei Hälften der Stammbatterie sind in Reihenschaltung allein zwischen die Schienen geschaltet).

Entladen wird, wenn beide Schalter I und II rechts liegen.

von den Drehstromgeneratoren ganz unabhängig. Die Notbeleuchtung liegt unmittelbar an der Batterie. Der in der Figur unten erkennbare aus Gleichstrommotor und Generator bestehende Maschinensatz dient zum Laden der Batterie, wobei der Generator als Zusatzmaschine wirkt. — Die Unabhängigkeit des Antriebs des Gleichstromgenerators vom erzeugten Drehstrom des Kraftwerkes hat viele auf der Hand liegende Vorteile. Der einzige Grund, warum man Anlagen solcher Art nicht auch in kleineren Kraftwerken einrichtet, ist der, daß sie in solchen Anlagen im Vergleich zu den Gesamtkosten zu teuer werden.

Fig. 3] Sind in den Kraftwerken schnellaufende Generatoren, etwa Turbogeneratoren aufgestellt, so pflegt man sie gewöhnlich mit den den Erregerstrom erzeugenden Gleichstromgeneratoren direkt zu kuppeln. Ein Schalten und Parallelarbeiten solcher Erregermaschinen auf besondere Gleichstromsammelschienen, an die unter Umständen die Nebenbetriebe angeschlossen werden könnten, hat hier wegen der bei Belastungsänderungen und Zu- oder Abschalten der Hauptgeneratoren auftretenden Schwankungen der Umdrehungszahl und damit der Spannung der Erregermaschinen keinen Sinn. Für die Nebenbetriebe ist vielmehr eine besondere Gleichstromquelle aufzustellen.

Fig. 4 bis Fig. 9] Schaltung der Generatoren auf die Schienen. Als Beispiele solcher Schaltungen haben die Siemens-Schuckert-Werke in ihren genormten Schaltungsschemata fast nur solche mit Doppelschienensystem gewählt. Dieses System hat gegenüber dem Einfachschienensystem den Vorzug, daß man mitten im Betrieb verschiedene Umschaltungen vornehmen kann, ohne Betriebspausen eintreten zu lassen. Außerdem besteht die Möglichkeit, den Betrieb in zwei voneinander unabhängigen Gruppen zu führen (s. S. 123,m).

Die beiden Sammelschienensysteme können durch sogen. Kupplungsschalter zusammengeschlossen werden. Dient das eine Sammelschienensystem nur als Reserve, so bleibt der Kupplungsschalter, der dann nicht selbsttätig auslösbar zu sein braucht, offen. Arbeitet je eine Gruppe von Stromerzeugern für sich getrennt auf ein Sammelschienensystem (mehrfache Anlagen; s. Abschnitt X, Schienenanordnungen) und wird die Energie von dort aus getrennt weiter geführt, so bleibt im normalen Betriebe der Kupplungsschalter ebenfalls geöffnet. Er wird nur bei Störung geschlossen und ist für diese Fälle zweckmäßig als Momentschalter auszubilden. Es sind jedoch auch Fälle denkbar, wo der Betrieb in zwei voneinander unabhängigen Gruppen geführt wird, aber der Kupplungsschalter dauernd eingelegt bleibt. Dies geschieht des Ausgleiches wegen, und der Schalter ist auch hier mit selbsttätiger Auslösung zu versehen, damit, wenn in einer Gruppe eine Störung auftritt, die anderen ungehindert weiter arbeiten können. Will man vom Gruppenbetriebe zum gemeinsamen übergehen, so kann beim Synchronisieren der Kupplungsschalter ebenfalls mit Vorteil benützt werden; bei schlechtem Synchronisieren oder wenn aus anderen Gründen starke Ausgleichströme austreten, wird er die beiden Gruppen selbsttätig trennen.

Fig. 4] Die in Fig. 4 dargestellte, wie auch die folgenden in Einstrichart gezeichneten Schaltungen zeichnen sich durch ihre Einfachheit aus. Jeder Generator bildet mit dem dazugehörigen Transformator eine Einheit. Die Synchronisiervorrichtung *S.-V.* ist auf der Unterspannungsseite der Transformatoren an eine Synchronisierschiene *S.-Sch.* angeschlossen; das Parallelschalten erfolgt auf der Oberspannungsseite. Die zur Synchronisiereinrichtung gehörenden Schalter sind Stöpselschalter.

Fig. 5] Das Schema der Fig. 5 unterscheidet sich von demjenigen der vorigen Figur nur dadurch, daß der Strom für die Nebenbetriebe unter Zwischenschaltung eines Transformators von den Sammelschienen abgezweigt ist, was im allgemeinen für Spannungen bis zu etwa 35000 Volt zulässig ist. Bis zu dieser Grenze nämlich lassen sich nicht zu teure kleine Transformatoren, wie sie hier nötig sind, betriebssicher bauen.

Fig. 6] Die Verteilungsschienen für den Nebenbetrieb sind hier unmittelbar an einen Generator angeschlossen; der Kraftbedarf des Nebenbetriebes darf dann natürlich auch nicht die Leistung eines Generators überschreiten. Als Reservemaschine für den Nebenbetrieb ist noch ein zweiter Generator auf die Hilfsschienen schaltbar. Das Umschalten von einem Generator auf den andern kann in einfachster Weise durch Trennstücke geschehen, da die beiden Generatoren ja auf das Hauptsammelschienensystem parallel arbeiten.

Fig. 7] In diesem Schema arbeiten sowohl Generatoren als Transformatoren für sich parallel auf Doppelsammelschienen. Die Generatoren und Transformatoren können hier unabhängig voneinander in Betrieb genommen werden. Dadurch ist die Ausführung von Reparaturen an einzelnen

Teilen der Anlage erleichtert. Die Nebenbetriebe sind an die Schienen der Niederspannung angeschlossen. Zum Schutze gegen die beim Schalten auftretenden Überspannungen sind die Schalter zum Teil als Schutzschalter ausgebildet (s. S. 108 und Tafel 12, Fig. 28).

Fig. 8] Fig. 8 zeigt das einfachste praktische Schaltungsschema, das nur das Allernotwendigste enthält und sogar mit dem Einfachschienensystem arbeitet. Es wird für kleine Kraftwerke bis 500 kVA Leistung und bis 6000 Volt Spannung verwendet.

Fig. 9] Die in Fig. 9 dargestellte Schaltung ist eine Vereinigung von Fig. 6 und Fig. 8. Sie wird bei kleineren Wasserkraftanlagen, deren Leistung erst in größerer Entfernung ausgenützt wird, verwendet und von den Siemens-Schuckert-Werken im Auslande für Anlagen bis zu einer Größe von etwa 1000 kVA und 33000 Volt ausgeführt. In Deutschland ist diese Schaltung den Richtlinien des V. D. E. entsprechend nur bis zu einer Spannung von 24000 Volt zugelassen.

Fig. 10 bis Tafel 15, Fig. 4] Unterwerke. Im folgenden sind einige Schaltungen für Unterwerke gegeben. Das sind solche Transformatorstationen, die für Energieversorgung von ausgedehnten Gebieten dienen. Sie stehen meistens unter dauernder Überwachung.

Fig. 10] Dieses Normalschema zeigt die einfachste Schaltung einer Kopfstation mit einer Speiseleitung. Dabei versteht man unter Kopfstation ein Unterwerk, das am Ende einer Speiseleitung liegt. In Unterwerken für größere Leistung erhalten die Transformatoren oft sogen. Temperaturrelais (in den Figuren sind Quecksilberthermometer schematisch eingezeichnet), welche, in das Öl der Transformatoren eingetaucht, ein Signalwerk S zum Ansprechen bringen, wenn die Öltemperatur zu hoch wird. In nicht dauernd bewachten Werken ist diese Einrichtung so ausgebildet, daß bei einem weiteren Wachsen der Öltemperatur in eine gefahrbringende Höhe der Ölschalter ausgelöst wird.

Tafel 15]

Fig. 1] Das Schema unterscheidet sich von dem letzten auf Tafel 14 dadurch, daß hier zwei Speiseleitungen ankommen. Sind die Sammelschienentrennstücke herausgenommen, so kann je eine Speiseleitung und ein Transformatorzweig als eine Betriebseinheit betrachtet werden, was im Betriebe Vorteile bieten kann. Die Transformatoren sind für eine hinreichend hohe Leistung zu bemessen, denn bei Beschädigung des einen Transformators muß der andere dessen Leistung mit übernehmen.

Fig. 2] Diese Figur stellt ein größeres Unterwerk mit Doppelsammelschienen dar. Ein Werk solcher Größe ist natürlich dauernd bewacht, und die Temperaturrelais brauchen daher nur die Alarmeinrichtung, nicht dagegen die Ölschalter auszulösen.

Fig. 3] Die Schaltung ist ein Beispiel für Durchgangswerke, d. h. solche Unterwerke, die an irgendeinem Punkte im Zuge der Speiseleitung angeschlossen sind. Die abgehende Speiseleitung besitzt einen Ölschalter, der es erlaubt, im Falle eines Kurzschlusses diese noch vor dem Unterwerk abzuschalten; die ankommende Leitung besitzt nur Trennstücke

Fig. 4] Dieses Schema eines Durchgangswerkes ist für Unterwerke bestimmt, die ohne Betriebspause durcharbeiten, wo also auch Reparaturen während des Betriebes vorgenommen werden müssen. Deshalb sind die Transformatoren hoch- und niederspannungsseitig auf ein besonderes Doppelsammelschienensystem geschaltet. Das Werk wird dauernd bewacht, die Temperaturauslösung der Schalter kann deshalb fortfallen.

Fig. 5 und 6] Transformatorstationen. Von den von den Siemens-Schuckert-Werken genormten Schaltungen für Transformatorstationen sollen nur zwei Beispiele angeführt werden, mit einem Schnitt durch das Transformatorenhaus. Weil deren Bau mit der Schaltanlage eng verknüpft ist, so hat die Firma auch diese Häuser genormt.

Fig. 5] Fig. 5a zeigt die Schaltung einer einfachen Transformatorkopfstation, wie sie bis zu Spannungen von 24 kV und bis zu Leistungen von 100 kVA ausgeführt wird. Fig. 5b bis Fig. 5e zeigt Schnitte durch das dazugehörige Transformatorenhaus. Auf dem in Einstrichart und deshalb auch teilweise mit anderen Symbolen gezeichneten Schaltbilde ist nichts wesentlich Neues zu bemerken. Der durch ein Trennmesser abschaltbare Überspannungsschutz besteht in einem Hörnerableiter-Sternschutz HA mit Emailwiderstand EW (d. i. ein Widerstand mit emaillierten Widerstandsdrähten). Der Transformator T ist über Trennmesser, Ölschalter OS mit selbsttätiger Auslösung und Drosselspule D an das Netz angeschlossen. Auf der Niederspannungsseite ist ein gewöhnlicher Schalter, eine Schmelzsicherung und ein einfacher Funkenableiter mit Widerstand zu erkennen.

Der Schnitt durch das Transformatorenhaus zeigt, wo und wie die Apparate usw aufzustellen sind. Transformator und Zubehör, also Ölschalter und Drosselspulen, werden grundsätzlich im unteren Teile des Hauses, die zur Freileitung gehörenden Apparate im oberen Teile untergebracht. Die Trennstücke können von der durch eine Leiter zugänglichen Bühne aus erreicht werden. Hörnerableiter und Emailwiderstand befinden sich ganz oben unter dem Dache. — Die Unterspannungsschalttafel *VT* ist in eine Fensteröffnung eingelassen und kann von außen bedient werden. Auf ihr kann, ebenfalls von außen erreichbar, ein Antrieb für den Ölschalter angebracht werden, durch den es möglich ist, den Transformator abzuschalten, ohne daß das Transformatorenhaus betreten zu werden braucht. — In den Schnitten ist die Führung der Hochspannungsleitung vollständig, die der Niederspannungsleitung nur ein kleines Stück von den Niederspannungsdurchführungen aus abwärts bis zur ungefähren Höhe der Niederspannungsschalttafel gezeichnet.

Fig. 6] Das Schaltbild einer kleinen Transformatorenstation, die zugleich Durchgangs- wie Kopfstation ist, zeigt Fig. 6. Die Schaltung, die keiner weiteren Erklärung mehr bedarf, wird wie die vorige für Anlagen bis 24 kV und 100 kVA verwendet.

Fig. 7 bis Fig. 10] Unterwerke für Einankerumformer. Die folgenden Schemata können als Ergänzung der auf Tafel 9 gezeichneten Schemata von Einankerumformer angesehen werden.

Fig. 7] Die Figur zeigt die Schaltung der Drehstromseite eines Einankerumformers für kleinere Leistungen. Nach den früheren Erörterungen (S. 78 ff) zeigt uns die Figur nichts wesentlich Neues mehr. Der Umformer wird von der Wechselstromseite aus mit Teilspannung angelassen. Zur Spannungsregelung dienen Drosselspulen oder Transformatoren mit drehbarem Eisenkern, deren Lage im Schaltungsschema durch gestrichelte Vierecke angedeutet ist. Setzt man in die gestrichelten Vierecke die richtigen Apparate ein, so gilt die Schaltung für vier Möglichkeiten: 1. ohne Drosselspule und ohne Drehtransformator, 2. mit Drosselspule und ohne Drehtransformator, 3. mit Drehtransformator hochspannungsseitig und ohne Drosselspule, 4. mit Drehtransformator niederspannungsseitig und ohne Drosselspule. Im zweiten Falle wird statt des Phasometers ein Strommesser eingebaut.

Fig. 8] Fig. 8 zeigt die zu Fig. 7 gehörige Schaltung auf der Gleichstromseite von Einankerumformern mit Nebenschlußwicklung bei Rechtslauf, und zwar Fig. 8a für ein Zweileiter-, Fig. 8b für ein Dreileitersystem. Die dick ausgezogenen Zickzacklinien im Hauptstromkreise stellen die Wendepolwicklungen dar. Der Nulleiter des Dreileitersystems wird bei der dreiphasigen Ausführung des Umformers an den Nullpunkt des Transformators angeschlossen. Bei sechsphasiger Ausführung ist ein besonderer Spannungsteiler nötig. Die Wendepolwicklung ist beim Dreileitersystem je zur Hälfte an die Plus- und die Minusleitung gelegt, damit die Wendepole auch bei verschiedener Belastung der beiden Netzhälften ordnungsgemäß arbeiten.

Fig. 9] Die Spannung der Einankerumformer kann, wie schon früher besprochen wurde, durch Drosselspulen und Zusatztransformatoren mit drehbarem Eisenkern (s. S. 79, u und S. 62 f) geregelt werden. Die Schaltung solcher Drehtransformatoren zeigt Fig. 9a und Fig. 9b. Im allgemeinen zieht man es vor, den Drehtransformator niederspannungsseitig einzubauen; dann erhält man das Schaltungsschema von Fig. 9a, wo der Drehtransformator zwischen Anlaßschalter und Schleifringe geschaltet ist. Ist man aus besonderen Gründen genötigt, den Drehtransformator auf der Hochspannungsseite einzubauen, so ist nach Fig. 9b zu schalten. Die zu den Wicklungen des Zusatztransformators parallel liegenden Kondensatoren dienen zum Schutze der Wicklungen gegen Überspannungen.

Fig. 10] Die Fig. 10a und 10b zeigen Schaltungen zum Schutze gegen Übertritt von Hochspannung in den Verbraucherstromkreis. Solche Schutzschaltungen sind nach den Vorschriften des V.D.E. immer nötig, wenn die Verbraucherspannung unterhalb 1000 Volt liegt. In Fig. 10a besteht die Schutzeinrichtung in einer Spannungssicherung und in Fig. 10b in einer Funkenstrecke mit Vorschaltwiderstand. In beiden Fällen wird die Anlage beim Auftreten einer Überspannung von bestimmter Höhe geerdet.

Zweiter Teil

Schaltungsschemata ausgeführter Anlagen

Die im Vorangegangenen durchgeführte systematische Behandlung der Schaltungsschemata von Wechselstromanlagen bedarf einer Ergänzung durch die Darstellung von praktischen Schematen. Eine solche Ergänzung ist jetzt noch nötiger, als sie in Band I dieses Buches war, denn wir haben uns bei der Behandlung der Wechselstromschemata von vornherein (siehe S. 1) zu einer noch strengeren systematischen Behandlung der Schemata und ihrer grundlegenden Einzelheiten veranlaßt gesehen, und es hat infolgedessen auch — im Gegensatze zu Band I — abgesehen von den Normalschematen noch kein Schema gebracht werden können, das für eine, wenn auch einfache Anlage vollständig genügte.

Wir werden bei den Schematen der praktischen Anlagen wieder zahlreiche Abänderungen und Ergänzungen gegenüber dem bisher Behandelten beobachten, und zwar in noch größerem Umfange als bei den Gleichstromanlagen. Dazu trägt schon die Tatsache bei, daß in Wechselstromanlagen außer dem Wechselstrom immer noch Gleichstrom erzeugt wird, der auch zu mancherlei Hilfsschaltungen mit herangezogen zu werden pflegt. Auch der Umstand, daß wir es bei Wechselstromanlagen häufig mit sehr großen Anlagen und demgemäß großen Maschinenhäusern zu tun haben, deren Überwachung von der Schaltwand aus schwierig ist, führt zu Besonderheiten des Schaltungsschemas und hat z. B. die Ausbildung jener Hilfsschaltungen gefördert. Schließlich sind gewisse Ergänzungen auf die Verwendung der hohen Spannungen, andere darauf zurückzuführen, daß die Energie meist in oberirdischen Leitungen fortgeleitet wird.

Ein erheblicher Unterschied zwischen den Schaltanlagen für Wechselstrom- und solchen für Gleichstromwerke besteht in der Ausführung: Während man bei Gleichstrom selten über einfache Schaltwände hinauskommt, hat man bei Wechselstrom meistens Schalträume, häufig sogar ganze Schalthäuser; dazu hat das durch die hohe Spannung gebotene Auseinanderziehen der Schaltanlage geführt. Bestimmt somit das Schaltungsschema die Ausführungsart der Schaltanlage wesentlich, so übt umgekehrt auch die Art der Ausführung einen Einfluß auf das Schaltungsschema aus. Es ist deshalb zweckmäßig, in den folgenden Tafeln auch einige Ausführungen von Schaltanlagen zu zeigen.

In allen Tafeln des folgenden praktischen Teils ist, wie in Band I, durch passende Beschriftung der Einzelheiten in den Figuren auf die Darstellung in den vorangegangenen Tafeln des systematischen Teils Bezug genommen.

Tafel 16]

Abschnitt I

Einfache Anlagen allgemeineren Charakters

A. Energieverteilungsanlagen mit mäßiger Spannung

Fig. 1] Schaltstation der Röchlingschen Eisen- und Stahlwerke in Völklingen (Brown, Boveri & Co.)

Drehstrom 500 Volt, 50 ~

Die im Schaltungsschema (Fig. 1a) in der Ansicht und in Schnitten (Fig. 1b bis 1d) gezeichnete Schaltstation hat den Zweck, die von dem Kraftwerk des Hüttenwerkes der Gebr. Röchling mit einer Spannung von 500 Volt gelieferte Energie in das Hüttenwerk weiter zu verteilen, und die Aufgabe, die erforderlichen Überstromschutzvorrichtungen und Meßinstrumente aufzunehmen.

Die Energie kommt vom Kraftwerk in zwei parallel geschalteten Kabeln und wird von den Sammelschienen in ebenfalls zwei Kabeln weitergeführt. Von den beiden ankommenden und abgehenden Kabeln ist immer je nur eines in dem Schaltungsschema gezeichnet, das andere nur angedeutet.

Es geschah das, um Platz zu sparen, und durfte geschehen, weil die beiden ankommenden und abgehenden Leitungen jeweils für sich in vollkommen gleicher Weise an die Sammelschienen angeschlossen sind. Die Sammelschienen sind einfache Sammelverteilungsschienen und sind als Doppelsammelschienen ausgebildet, d. h. außer der normalerweise in Betrieb befindlichen Schiene ist noch eine Ersatzschiene (s. S. 123,m) vorhanden, die in Betrieb genommen wird, wenn an der ersteren zu arbeiten ist. Die Trennsstücke in der Leitungsverzweigung kurz vor und hinter den Sammelschienen sind auf dem Schaltungsschema in solcher Stellung gezeichnet, daß die untere Schiene den Charakter der Betriebsschiene, die obere den der Ersatzschiene hat.

Verfolgt man das Schaltbild im einzelnen, so gelangt man, beim ankommenden Kabel beginnend, über Trennsstücke zu zwei Stromwandlern. Die Stromwandler sind zu ihrem eigenen Schutze und zum Schutze der ganzen Anlage gegen Überspannungen durch Ohmsche Widerstände überbrückt (s. S. 111,o). Ihre Sekundärwicklungen, deren einer Pol geerdet ist, speisen die Stromspulen eines später noch zu besprechenden Stromrichtungsrelais. Hinter den Stromwandlern zweigen über Sicherungen Leitungen zu zwei Spannungswandlern ab. Die Spannungswandler sind in offener Dreieckschaltung hintereinander geschaltet und auf der Sekundärseite ist der Mittelpunkt geerdet. An ihnen liegen die Spannungsspulen des Energierichtungsrelais und ein Spannungsmesser. Auch niederspannungsseitig sind, wie das immer sein muß, Sicherungen eingebaut. Von der Abzweigstelle zu den Spannungswandlern gelangt man zu dem von Hand und selbsttätig ausschaltbaren Hauptschalter. Hinter dem Ölschalter verzweigt sich die Leitung und führt über je drei Trennstücke zu den beiden Sammelschienen. Die Trennsstücke gestatten es, die eine oder die andere Schiene auszuwählen.

Zwischen dem zweiten ankommenden (nur angedeuteten) und dem ersten abgehenden Kabel ist auf den Sammelschienen und auch auf der Schalttafel Platz für ein drittes ankommendes Kabel gelassen, so daß also die Anlage erweiterungsfähig ist. Solch eine Ausdehnungsmöglichkeit pflegt man beim Entwerfen neuer Anlagen meistens offen zu lassen. Eine Ausnahme können gewisse Wasserkraftwerke machen, die im ersten Ausbau schon die ganze vorhandene Wasserkraft ausnützen, so daß eine spätere Vergrößerung von vornherein ausgeschlossen ist.

Die abgehenden Kabel sind in ähnlicher Weise wie die ankommenden geschaltet. Von den Sammelschienen ausgehend kommt man wieder über die bekannte Leitungsverzweigung mit Trennstücken zu dem Hauptschalter, der ebenfalls selbsttätig und von Hand ausschaltbar ist. Dieser Schalter ist, wie auf dem Schema angedeutet ist, zum Schutze der abgehenden Kabel als Vorkontakt-Schutzschalter ausgebildet (s. S. 108,m). Hinter dem Schalter liegt in dem mittleren Strange ein Stromwandler, an dessen Sekundärseite ein Strommesser angeschlossen ist. Kabelendverschluß und Kabel werden wie beim ankommenden Kabel über Trennstücke erreicht. Daß bei den abgehenden Kabeln nur in einem Strange der Strom gemessen wird, läßt darauf schließen, daß alle drei Stränge im normalen Betriebe stets gleich belastet sind. — Das zweite abgehende Kabel ist ebenso wie das erste geschaltet. Neben dem zweiten Kabel ist wiederum wie bei den ankommenden Kabeln an den Sammelschienen und auf der Schalttafel Platz für ein weiteres Kabel gelassen.

Die Ölschalter in den abgehenden Kabeln sind einfache Selbstschalter, die auslösen, wenn eine bestimmte Stromstärke überschritten wird. Sie werden ohne Zwischenschaltung von Relais und Stromwandlern von dem Strome unmittelbar beeinflußt. Das an den Schaltern gezeichnete Handrad soll andeuten, daß die Schalter auch von Hand auslösbar sind. Durch diese Schalter sind die Schaltanlage und das Kraftwerk gegen Kurzschlüsse und starke Erdschlüsse jenseits dieser Schalter geschützt. Einen anderen Überstromschutz haben die ankommenden Kabel. Sie werden durch Energierichtungsrelais zum Auslösen gebracht, die den Zweck haben, bei Kurzschlüssen oder Erdschlüssen in einem der beiden parallel geschalteten Kabel oder den Leitungen zwischen Kabelendverschluß und Ölschalter nur das kranke Kabel abzuschalten (s. S. 120,o). Die Richtungsrelais sind nach dem System von Voigt & Haeffner gebaut (s. Tafel 13, Fig. 6 und S. 118).

Die kurz vor und hinter den Kabelendverschlüssen liegenden Trennstücke sollen die Möglichkeit geben, die Schaltstation für den Fall, daß einer oder mehrere der Hauptschalter versagen, spannungslos zu machen. Sie werden natürlich von Hand ausgeschaltet.

Besonderer Wert ist bei dieser Schaltstation darauf gelegt, durch Licht- und Schallzeichen stets kenntlich zu machen, in welcher Stellung sich die Schalter befinden. Zur Speisung der Lampen als Lichtzeichen und zum Betriebe der Schallzeichen dient eine eigene Gleichstromquelle, die man sich an die in der Mitte der Figur dünn gezeichneten und mit + und — versehenen Gleichstromsammelschienen angeschlossen denken muß. Mit den Trennstücken in den Leitungsverzweigungen vor den

Sammelschienen sind kleine Hilfsschalter gekuppelt, die je nachdem, ob die Trennungsstücke geöffnet oder geschlossen sind, verschiedene Stromkreise schließen und dadurch, wie sich bei Verfolgen der einzelnen Stromkreise leicht feststellen läßt, verschiedene, und zwar verschiedenfarbige Lampen zum Aufleuchten bringen. Der Schaltwärter hat dann zur Vermeidung von Fehlschaltungen darauf zu achten, daß nur gleichfarbige Lampen brennen. — Ähnliche Bedeutung haben die in der nächsten Umgebung der Ölschalter gezeichneten Leitungen. Wir verfolgen zunächst die gezeichneten Stromkreise. Wir gehen aus von der links und zunächst den Ölschaltern gezeichneten, von der Plus-Schiene ausgehenden Leitung und gelangen zu einem Punkte, wo sich die Leitung in zwei Leitungen verzweigt, dann, die beiden parallel liegenden Leitungen verfolgend, zu einem doppelpoligen Schalter *I* und um den Ölschalter herum zu einem zweiten zweipoligen Schalter *II*, der in Reihe mit dem ersten liegt. Von dort aus verfolgen wir die linke der beiden Leitungen weiter und gelangen über eine Lampe *a* zur Minus-Schiene. Die rechte Leitung führt zu einer dritten mit *H* bezeichneten Schiene, an deren rechtem Ende man, ihr entlang gehend, eine Hupe erkennt, die mit dem einen Pol an der *H*-Schiene, mit dem andern an der Minus-Schiene liegt. Kurz vor dem rechten Pole des Schalters *II* führt außerdem eine Leitung über eine Lampe *b* zur Minus-Schiene. Praktisch ist die Einrichtung nun folgendermaßen getroffen: Ist der Ölschalter eingelegt und die Anlage im ordnungsmäßigen Betriebe, so ist die Schalterstellung die in dem linken ankommenden Kabel gezeichnete: Hilfsschalter *I* ist offen, Hilfsschalter *II* geschlossen. Die Lampen *a* und *b* leuchten nicht, und die Hupe ist nicht in Tätigkeit. Löst nun der Hauptölschalter aus, so ist die Schalterstellung die im rechten abgehenden Kabel gezeichnete; *I* und *II* sind geschlossen, die Lampen *a* und *b* leuchten auf, die Hupe ertönt. Die Kupplung zwischen Ölschalter und Handrad ist nun so getroffen, daß beim selbsttätigen Ausschalten des Ölschalters das Handrad nicht mit auf seine »Aus«-Stellung zurückgedreht wird. Vielmehr muß es der Schaltwärter, wenn die Hupe tönt, zurückdrehen. Dabei wird Schalter *II* geöffnet, Schalter *I* bleibt geschlossen. Die Lampe *a* erlischt, und die Hupe wird zum Schweigen gebracht. Wird der Schalter wieder eingelegt, so ist die Schalterstellung wieder die im linken Kabel gezeichnete, und die Lampe *b* ist ausgeschaltet. Die Lampe *a* ist auf der Schalttafel angebracht (s. Fig. 1b) und zeigt also zusammen mit der Hupe an, wenn der Ölschalter selbsttätig ausgelöst hat. Die Lampe *b* befindet sich in den Schaltzellen, wo die Trennstücke untergebracht sind, die das eine oder andere Schienensystem auswählen. Ihr Nichtleuchten ist ein Zeichen dafür, daß der Ölschalter eingeschaltet ist, die Trennstücke also unter Spannung stehen. Hätte man sie, wie es häufig zu finden ist, so geschaltet, daß sie aufleuchtete, wenn die Schalter unter Spannung stehen, so würde in dem im Laufe der Zeit öfters vorkommenden Falle ihres Durchbrennens ihr Nichtleuchten der Bedienungsmannschaft vortäuschen, die Trennstücke stünden nicht unter Spannung. Unglücksfälle könnten also beim Betreten der Zelle leicht vorkommen.

In Fig. 1b bis 1d ist die Schaltanlage in der Ansicht und in zwei senkrecht zu einander stehenden Schnitten dargestellt. Fig. 1b zeigt die Vorderansicht eines »Feldes« der Schalttafel. Zu jedem Kabel gehört ein bestimmtes Feld und hinter jedem Felde eine Zelle, in der nur die zum betreffenden Kabel gehörigen Teile der Schalteinrichtung untergebracht sind. Die ganze Schalttafel besteht also aus sechs Feldern, die man sich nach links neben das in Fig. 1b gezeichnete Feld angereiht denken muß. Zwei von den vier Feldern sind frei, die zugehörigen Zellen leer. Sie sind für die schon oben erwähnte Erweiterung vorbehalten. Der gezeichnete Teil der Schalttafel und die in zwei Schnitten gezeichnete Zelle gehört dem ersten ankommenden Kabel zu. Die Zeichnung enthält im allgemeinen nur die Führung der Hochspannungsleitung, da die Leitungsführung der Niederspannung führenden Teile kein besonderes Interesse bietet.

Fig. 1c zeigt die in Fig. 1b von vorn dargestellte Zelle von hinten, vom Bedienungsgang aus, nach Wegnahme der schützenden Gitter. Fig. 1d endlich zeigt dieselbe Zelle in einer Schnittebene, die senkrecht zu der vorigen steht.

Am besten eignet sich zum Vergleiche mit dem Schaltungsschema und zum Verfolgen der Leitungen Fig. 1d. Das im Erdboden ankommende Kabel wird an der rechten Wand emporgeführt und endigt kurz unterhalb der Decke im Kabelendverschluß. Von hier führt die Leitung der Decke entlang über Trennstücke, die von dem Gange darunter aus ausschaltbar sind, zu den beiden Stromwandlern und von hier aus abwärts zum Ölschalter. Zwischen Ölschalter und Stromwandler zweigt eine Leitung ab und geht über Sicherungen zum Spannungswandler. Von den Stromwandlern ab ist der Leitungsverlauf, allerdings zuweilen von den eingebauten Apparaten verdeckt, auch in Fig. 1c zu verfolgen. Vom Ölschalter ist die Leitung senkrecht nach oben zu den Durchführungen geführt, die die Decke zum zweiten Stockwerk durchbrechen. In diesem Stockwerk sind die Sammelschienen untergebracht, die nach Verzweigen der Leitung über Trennstücke erreicht werden. — Auf der Schalttafel — man vergleiche dazu Fig. 1b und Fig. 1d — bemerkt man unten das zum Ein- und Ausschalten des Ölschalters gehörige Handrad, darüber ein kleines Viereck, auf dem abzulesen ist, zu welchem Kabel das Feld gehört, darüber die Signallampe, die zusammen mit der Hupe das Auslösen des Schalters anzeigt; dann folgt das Stromrichtungsrelais und darüber der Spannungsmesser. Auf den den Kabeln zugehörigen Feldern fehlt das Relais und statt des Spannungsmessers ist ein Strommesser eingebaut.

Zum Schutze gegen Ölschalterexplosionen ist der Ölschalterkessel in einen explosionssicheren, von außen durch eine Klappe zugänglichen Raum versenkt. Diese Klappe ist so gebaut und geschlossen, daß sie im Falle einer Explosion leicht abfliegt und so gleichsam als Sicherheitsventil wirkt. Im Boden dieses Raumes ist eine Öffnung, durch die das Öl bei einer Explosion einem Sammelbehälter zufließen kann. Alle Hochspannung führenden Teile sind so hoch angebracht, daß sie entweder von den Bedienungsgängen aus ohne Leiter nicht erreicht werden können oder durch Gitter vor Berührung geschützt sind. Alle Apparate sind hinter dem leicht entfernbaren Gitter so aufgestellt, daß sie nach dessen Wegnahme ohne Mühe zugänglich sind.

Die übrigen nicht gezeichneten Zellen sind genau so eingerichtet, wie die gezeichnete. Alle Apparate sind an der gleichen Stelle aufgestellt und die Leitungsführung ist, von einzelnen kleinen Verschiedenheiten abgesehen, die gleiche.

Fig. 2. Wasserkraftwerk Ohrnberg (Brown, Boveri & Co.)
Drehstrom, 15 000 Volt, 50 ∿

Das in Württemberg bei Ohrnberg gelegene, 1922/23 in Betrieb genommene Kraftwerk nützt die Wasserkraft der Kocher, eines Nebenflusses des Neckars, aus. Es ist ein Spitzenkraftwerk und arbeitet zusammen mit einer Dieselanlage in Möglingen. Diese Dieselanlage deckt die dauernd vorhandene Grundbelastung. Das Wasserkraftwerk wird nur zur Deckung der Spitzenbelastung herangezogen und arbeitet täglich nur einige Stunden. In Francisturbinen wird ein Gefälle von im Mittel 9 m ausgenützt. Die dabei jährlich erzeugte Energiemenge beträgt rund 5,3 Millionen kWh.

Zwei Generatoren, von denen im Schaltungsschema nur einer ausführlich gezeichnet ist, von 750 kVA Leistung und 3150 Volt Spannung arbeiten mit einem $\cos \varphi = 0,65$ parallel mit einer von dem Dieselkraftwerk Möglingen kommenden Freileitung auf die Sammelverteilungsschienen mit Ersatzschienen. Von hier aus führen drei Leitungen in das Netz und eine als Kabel zu den Verbrauchern im Kraftwerk. Die von Möglingen kommende Leitung ist dauernd angeschlossen, die Generatoren im Kraftwerk dagegen nur zu Zeiten höherer Belastung.

Wir verfolgen von den Generatoren ausgehend das Schema. Die Generatoren werden von besonderen mit ihnen zusammengekuppelten Erregermaschinen erregt. In der gezeichneten Figur ist nur die Erregerwicklung des Generators angedeutet, wie überhaupt in der Figur, um sie übersichtlich zu gestalten, nur das Wichtigste gezeichnet ist. Im einzelnen ist die Erregermaschine und die Erregung in der auf Tafel 1, Fig. 1 dargestellten Weise geschaltet. Durch einen einfachen Umschalthebel ist es möglich, die Erregerwicklung des Generators auf eine (nicht gezeichnete) Batterie umzuschalten, was dann zu geschehen hat, wenn aus irgendwelchen Gründen die Erregermaschinen ausfallen. Ein in den Stromkreis Batterie-Erregerwicklung geschalteter Widerstand erlaubt eine unmittelbare Regelung des Erregerstroms im Erregerkreise der Wechselstrommaschine. Vom Generator führt ein Kabel aus dem Maschinenraum in das Schalthaus, und zwar ohne Zwischenschaltung eines Schalters zu dem in Stern-Stern geschalteten Transformator, wo die Generatorspannung von 3150 Volt auf die für die Fernübertragung gewählte Spannung von 15000 Volt erhöht wird. Von dort aus gelangt man über Spannungswandler und Stromwandler zum Hauptölschalter, der als Schutzschalter ausgebildet ist (s. S. 108,m). Hinter diesem verzweigt sich die Leitung und erreicht über die üblichen Trennstücke die beiden Sammelschienensysteme.

Die von Möglingen ankommende Leitung enthält Trennstücke, Drosselspule und Transformator. Der Transformator erhöht die Spannung von 3000 Volt auf 15000 Volt und ist beiderseitig durch Ölschalter abschaltbar. Der Anschluß an die Sammelschienen ist der gleiche wie bei den Generatoren.

Von den drei abgehenden Leitungen sind die nach Öhringen-Neckarsulm und Öhringen führenden ausführlich gezeichnet, die nach Künzelsau führende nur durch ein Rechteck angedeutet. Sie enthalten Ölschalter, Strom- und Spannungswandler und Drosselspulen, auf deren Bedeutung im einzelnen weiter unten eingegangen werden wird. Die Trennstücke ermöglichen wieder ein Abschalten des Werkes von den Freileitungen für den Fall, daß die Hauptschalter versagen oder daß zwischen Hauptschalter und Trennstücke Reparaturen vorgenommen werden sollen. In diesem Falle ist natürlich auch der Hauptölschalter der Leitung geöffnet. Neben den Freileitungen ist noch ein kleiner Stationstransformator über Schmelzsicherungen an die Sammelschienen gelegt, in dem die Spannung von 15000 Volt auf 220 Volt Leitungsspannung herabgesetzt wird. Durch Ausführen des Nulleiters steht außerdem die Strangspannung von rund 120 Volt zur Verfügung.

Alle Schalter sind so ausgebildet, daß sie sowohl von Hand als durch elektrische Fernauslösung von der Schalttafel aus auslösbar sind. Verschiedenfarbige Lampen, die nicht gezeichnet sind, zeigen an, ob die Schalter ein- oder ausgeschaltet sind. Die Generatorschalter werden von (ebenfalls nicht gezeichneten) Maximalrelais und Richtungsrelais gesteuert. Die vom Generatorstrom unmittelbar beeinflußten Maximalrelais lösen aus, wenn der Strom eine bestimmte Größe erreicht, die den Generatoren schädlich werden könnte. Die Richtungsrelais, deren Stromspulen über die Stromwandler (ähnlich wie in Fig. 1 a) gespeist werden, sollen die Schalter zum Auslösen bringen, wenn zwischen Generator und Ölschalter ein Kurzschluß auftritt. Sie lösen, wenn sich die Richtung der Energielieferung umkehrt, nicht unmittelbar die Ölschalter aus, sondern bringen Zeitrelais zum Ablaufen, die ihrerseits nach einiger Zeit den die Auslösung der Schalter unmittelbar herbeiführenden Hilfsstromkreis schließen. Alle anderen im Kraftwerke vorkommenden Ölschalter sind einfache Maximalschalter. Von besonderer Bedeutung ist der ebenfalls als Ölschalter mit Maximalauslösung ausgebildete (S. 125,m zum erstenmal erwähnte und kurz erläuterte) Kupplungsschalter, der im Schaltungsschema an den Sammelschienen links zu erkennen ist. Er gewinnt dann Bedeutung, wenn man den Betrieb in Gruppen getrennt führen will, also z. B. die Leitung nach Öhringen nur von der Freileitung von Möglingen aus, die Leitungen nach Öhringen-Neckarsulm und nach Künzelau nur von den Generatoren des Wasserkraftwerkes aus speisen will. Dann wird man vielleicht bei offenem Kupplungsschalter die beiden letztgenannten Leitungen und die Generatoren auf die unteren, die Fernleitung nach Möglingen und die Leitung nach Öhringen auf die oberen Schienen schalten. Will man nun von dem Gruppenbetriebe wieder zum gemeinsamen Betriebe übergehen, so braucht man nach vorherigem Synchronisieren nur den Kupplungsschalter einzuschalten und kann dann, um nur eine Schiene unter Spannung zu haben, ohne Schaltlichtbögen befürchten zu müssen, die zugehörigen Trennstücke öffnen und schließen. Die Maximalauslösung des Kupplungsschalters ist beim Parallelschalten nach dem Synchronisieren dadurch wertvoll, daß sie beim unvorsichtigen Synchronisieren den Schalter herauswirft. Auch beim Gruppenbetriebe kann der Kupplungsschalter geschlossen bleiben. Dann wird durch ihn von Sammelschiene zu Sammelschiene ein gewisser Ausgleichstrom fließen. Auch in diesem Falle gewinnt die Maximalauslösung Bedeutung. Wenn nämlich aus irgendeinem Grunde die Energielieferung von Möglingen ausbleibt — womit man bei einer Freileitung rechnen muß —, so kann die Belastung in Zeiten starker Stromentnahme für das Werk in Ohrnberg zu groß werden. Wenn nun das Maximalrelais des Kupplungsschalters diesem Fall entsprechend eingestellt ist, so wird dieser beim Überschreiten einer gewissen Stromstärke auslösen, schon bevor die Maximalrelais der Generatorschalter ansprechen. In dem eben angenommenen Falle wird also die Leitung nach Öhringen abgeschaltet, die anderen beiden Leitungen dagegen bleiben in Betrieb, und die Abnehmer merken nichts von der Betriebsstörung.

Die Synchronisiereinrichtung, die auf dem Schaltungsschema links unten ohne Zuführungsleitungen dargestellt ist, entspricht dem Symbol **MaS, D, STg, MTb, Sg, Lg**. Die Auswahl der Schienensysteme ist dadurch gesichert, daß die Synchronisierleitungen jeweils über Schalter geführt sind, die mit den Trennmessern in den Leitungsverzweigungen vor den Sammelschienen gekuppelt sind. Der Synchronisierstromkreis ist dann nur in dem Fall geschlossen, daß die zu synchronisierenden Einheiten beide an der gleichen Sammelschiene bzw. dem zugehörigen Synchronisiertransformator liegen. Synchronisiert wird mit einem Spannungmesser, zu dem zwei Synchronisierlampen parallelgeschaltet sind. Ein parallel liegender Frequenzmesser mit zwei Anzeigevorrichtungen gestattet die Geschwindigkeit der parallel zu schaltenden Maschinen zu vergleichen. Das Schließen der Synchronisierkreise erfolgt durch zweipolige Stecker, die in je zwei der unterhalb der zum Synchronisieren dienenden Instrumente gezeichneten Kontakte eingeführt werden. Die Mittelpunkte bzw. jedesmal der eine Pol aller Spannungswandler sind durch eine geerdete Leitung, über die sich alle Synchronisierkreise schließen, verbunden. Zum Vergleiche der Spannung beim Synchronisieren dient ein in der Nähe der Synchronisiereinrichtung angebrachter Spannungsmesser mit Vielfachumschalter. An ihm können sämtliche Spannungen, sowohl die der Generatoren als die der Leitungen, abgelesen werden.

Außer an diesem Spannungsmesser ist die Generatorspannung auch noch an einem besonderen, in gleicher Weise, aber dauernd angeschlossenen Spannungsmesser ablesbar. Außerdem sind je ein Strommesser, ein gewöhnlicher und aufschreibender Leistungsmesser, ein Zähler und ein cos φ-Messer vorhanden. Die abgehenden Leitungen enthalten in jedem Strange einen Strommesser, an die ankommende Leitung sind ein Zähler und ein aufschreibender Leistungsmesser geschaltet. Alle Strom- und Spannungsspulen sind an die Sekundärseiten der zugehörigen Spannungs- und Stromwandler angeschlossen. Unmittelbar vom Primärstrom oder von der Primärspannung wird kein Meßinstrument beeinflußt.

Zum Schutze der Anlage gegen Überspannungen ist an jede Sammelschiene ein Sternschutz, also in Stern geschaltete Hörnerableiter mit Widerständen, geschaltet (s. S. 109, o). Die gleiche Schutzvorrichtung ist außerdem noch an der von Möglingen kommenden Leitung hinter der Drosselspule angebracht. Sie hat den Zweck, durch die Drosselspule vordringende Überspannungen unschädlich zu machen, bevor sie empfindlichere Teile der Anlage erreichen. — In alle Freileitungen sind Drosselspulen eingebaut (s. S. 110, u). Ebenso wie bei der vorher (Fig. 1) besprochenen Anlage sind alle Stromwandler und die Stromspulen der (nicht gezeichneten) Maximalrelais durch Ohmsche Widerstände überbrückt.

An jede Schiene ist eine Erdschlußprüfeinrichtung gelegt, die genau der in Tafel 11, Fig. 20 dargestellten entspricht. — Die nicht gezeichnete, schon oben erwähnte Batterie versieht die Hilfsstromkreise und gegebenenfalls die Erregung der Maschinen mit Strom und steht auch zur Beleuchtung zur Verfügung. Sie wird durch eine eigene, von einem Asynchronmotor angetriebene Lademaschine aufgeladen.

Die Anlage nimmt entsprechend ihrer Größe einen viel größeren Raum ein, als die vorher besprochene Anlage der Gebr. Röchling. Um alle Transformatoren, Apparate und Leitungen ordnungsgemäß unterzubringen, war es nötig, ein eigenes Schalthaus zu bauen. Fig. 2b zeigt dieses Schalthaus im Schnitt. Den Maschinenraum hat man sich hinter der Bildebene direkt an das Schalthaus angebaut zu denken. — Auch hier sind wieder alle zu einer Leitung oder einem Generator gehörigen Schalter, Lampen, Meßinstrumente usw je zusammen auf einem Felde der Schalttafel oder des Schaltpultes angebracht und dementsprechend auch die Transformatoren und Stromwandler. An Hand von Fig. 2b läßt sich die Leitungsführung und die Aufstellungsweise der Transformatoren und Apparate sowohl für die Generatoren als für die Freileitungen erkennen.

Der in dem Anbau rechts aufgestellte Transformator ist der den Generatoren zugehörige. Im Boden der Transformatorzelle ist ähnlich wie in Fig. 1d eine Abflußöffnung zu erkennen. Durch sie soll bei einer Explosion, oder wenn aus anderen Gründen das Öl aus dem Transformatorkessel ausfließt, das Öl in den unter der Zelle befindlichen Raum abfließen. Ein rechts unten gezeichnetes Rohr zeigt, in welcher Richtung das ausfließende Öl weiterfließt, um in den großen, allen Transformatoren gemeinsamen Ölsammelbehälter zu gelangen.

Die Niederspannungsseite des Transformators ist nicht erkennbar. Das aus dem Maschinenhaus kommende Kabel ist im Keller verlegt und endet seitlich an der Wand, in der Figur verdeckt durch den Transformator, in einem Kabelendverschluß. Von der Hochspannungsseite des Transformators aus wird die Leitung auf Stützisolatoren an der Wand empor durch eine Durchführung zu einem Raum geführt, in dem Stromwandler, Spannungswandler und Ölschalter aufgestellt sind. Gleich hinter der Durchführung verzweigt sich die Leitung. Ein Teil führt nach unten über die Sicherungen zum Spannungswandler, die Hauptleitung wird nach oben zum Stromwandler, von da der Decke entlang und dann nach unten zum Ölschalter geführt. Die (nur scheinbar) kurz vor dem Stromwandler nach oben durch eine Durchführung abzweigende Leitung werde zunächst außeracht gelassen. Der Bedienungsgang für die Ölschalter befindet sich links. Er ist durch festes Mauerwerk von den spannungführenden Teilen der Anlage getrennt. Ein zweiter Gang, allseitig durch Schutzgitter abgegrenzt, führt zwischen Ölschalter und Spannungswandler mitten durch die Anlage. Im zweiten Obergeschosse, in das die Leitung vom Ölschalter senkrecht hochgehend geführt wird, befinden sich, auch wieder allseitig durch Gitter abgeschlossen, die beiden Sammelschienen.

Wir wissen aus dem Schaltungsschema, daß zu den Freileitungen ganz ähnliche Apparate gehören, wie zu den Anschlüssen der Generatoren. Diese Apparate sind jeweils an derselben Stelle aufgestellt und in derselben Weise angeschlossen, wie die gezeichneten, und zwar in Zellen, die hinter den in der Figur dargestellten liegen. Nur im zweiten Obergeschoß unterscheidet sich der zu den Leitungen gehörende Teil der Schaltanlage von dem zu den Generatoren gehörenden. Um auch hier die Leitungsführung zu zeigen, ist das zweite Obergeschoß in einer anderen Ebene, nämlich durch die zu den Freileitungen gehörenden Zellen geschnitten. An den Sammelschienen in der Mitte ändert sich dabei nichts, da diese bei jedem Schnitte quer durch das Schalthaus die gleiche Ansicht bieten.

Von der Freileitung kommend, gelangt man über den Freileitungsisolator durch eine Durchführung hindurch ins Innere des Schalthauses. Dort führt die Leitung über Trennmesser zur Drosselspule und von hier durch die Deckendurchführung in das zweite Stockwerk. Hier ist nun der Verlauf der Leitung verschieden, je nachdem man der ankommenden Leitung von Möglingen oder den weggehenden Leitungen nachgeht. Die ankommende Leitung verläuft senkrecht nach unten zu ihrem ersten Ölschalter, der an der Stelle steht, wo im gezeichneten Schnitt der Spannungswandler des Generators zu erkennen ist. Von hier geht sie in die Transformatorzelle zum Transformator, auf dem gleichen Wege, aber wegen der höheren Spannung jetzt auf größeren Stützisolatoren als beim Ankommen verlegt, zurück und folgt in ihrer Verlegungsart genau dem Verlaufe der besprochenen, von dem Generatortransformator kommenden Leitung. Die weggehenden Freileitungen, die wir jetzt in der umgekehrten Richtung des Energieverlaufes betrachten, verlaufen von der Durchführung unterm Dach aus wie die von Möglingen ankommende Leitung. Unterhalb der ins erste Obergeschoß hinabführenden Durchführung schicken sie nur eine dünne Abzweigleitung zum Spannungswandler und biegen selbst sofort ab, um in der im Schnitt gezeichneten Weise, also genau wie alle anderen Leitungen, über Stromwandler und Ölschalter die Sammelschienen zu erreichen.

Zu erwähnen bleiben noch die Hörnerableiter im zweiten Obergeschoß links, die auf ihren zur besseren Abkühlung in einer Steinmasse gelagerten Widerständen angebracht sind. Von ihnen führen Leitungen an der Wand empor und der Decke entlang zu den Sammelschienen oder der ankommenden Freileitung. Wie diese Leitungen in ihrem letzten Teile an die Sammelschienen oder die ankommende Freileitung geführt sind, ist nicht mehr gezeichnet. — In dem leeren Raume im Erdgeschosse neben den Transformatoren ist die Batterie und das Ladeaggregat nebst Zubehör untergebracht.

Tafel 17]

Fig. 1] Drehstromanlage der Firma Heinrich Lanz in Mannheim
Drehstrom, 3000 und 225 Volt, 50 ∿

Ausbau 1910. In Bd. I waren auf S. 123ff. die Schaltungsschemata der Gleichstromzentralen der Firma Heinrich Lanz in Mannheim beschrieben und hinzugefügt, daß auch Drehstrom erzeugt werde; es soll jetzt das Schaltungsschema der Drehstromanlage beschrieben werden, deren Hauptkraftwerk sich im selben Raum mit dem Gleichstrom-Hauptkraftwerk befindet.

In dem Hauptkraftwerk sind drei Generatoren zu je 175 kW und zwei zu je 500 kW, alle zu 3000 Volt, aufgestellt. Sie werden von Lokomobilen der Firma getrieben. Die Erregerenergie wird unter 220 Volt Spannung von dem Gleichstromwerk geliefert; an die Gleichstromleitungen sind auch die Hilfsstromkreise für die selbsttätigen Ausschalter angeschlossen. Die Schalter werden bei Überstrom unter Vermittlung eines Zeitrelais ausgeschaltet, das ausführlich gezeichnet ist. Bemerkenswert ist hier noch eine Kontrollampe KL, die mit dem Ölschalter gleichzeitig aus- und eingeschaltet wird. Die von den Schienen abgehenden beiden Kabelleitungen laufen bis zu allen Verbrauchsstellen parallel.

Die Kabel führen zunächst nach dem 150 m entfernten »Transformatorenraum, Abteilung C«. In diesem Raume wird die Spannung in zehn, auch sekundär parallelgeschalteten Transformatoren auf 225 Volt für Kraftabgabe herabgesetzt. Die Sekundärwicklungen sind an den Klemmen mit dem in Tafel 12, Fig. 27, gezeichneten Schutz gegen den Übertritt der Hochspannung versehen und am Sternpunkte die schon erwähnte Kontrollampe angebracht.

Die Kabelleitungen führen weiter zu dem 550 m entfernten »Verteilungs- und Transformatorenraum, Abteilung B« (der ungefähr in der Mitte liegende Kabelschacht ist fürsorglich für eine dort später zu erwartende Abzweigung eingebaut). Hier wird die Spannung in zehn Transformatoren ebenfalls auf 225 Volt herabgesetzt, und zwar sind teilweise Motoren, teilweise asynchrone Generatoren angeschlossen, welch letztere zur Belastung der in den »Einlaufstationen« zu prüfenden Lokomobilen dienen. Die Fortleitung geschieht von drei Verteilungsschienen aus. Die Leistung jeder dieser drei Gruppen wird für sich gemessen. Für die hierzu dienenden Niederspannungs-Leistungsmesser sind die Vorschaltwiderstände nach Tafel 11, Fig. 11 eingeschaltet; die in Klammer beigeschriebenen Zeichen W_1, W_2 und W_3 weisen auf die gleichbenannten Instrumente, zu denen die Widerstände gehören, hin; in derselben Weise sind die Stromwandler bezeichnet, an die die Stromspulen der Leistungsmesser angeschlossen sind. Die Transformatoren haben dieselbe (jetzt aber nicht gezeichnete) Schutzvorrichtung wie die in dem vorher erwähnten Transformatorenraume aufgestellten. Die Belastung der zu prüfenden Lokomobilen mit asynchronen Generatoren hat sich zur Wiedergewinnung der aufgewendeten Arbeit als besonders vorteilhaft erwiesen.[1]) Der einzige Nachteil, nämlich der, daß die Bremsstation starke Blindströme, und zwar voreilende, erfordert, und diese aus dem Kraftwerke entnommen werden müssen, ist durch Aufstellung eines synchronen Motor-Generators beseitigt, der, in passender Weise erregt, den von den asynchronen Generatoren geforderten Blindstrom liefert.

Zu diesem Motor-Generator in der »Umformeranlage Abteilung B« führt, wie das Schema zeigt, die Leitung von den Schienen aus, also unter Hochspannung, weiter; die durch sie geleitete Leistung wird in einem Instrumente W_4 gemessen, für dessen Spannungsspule ein Spannungswandler (W_4) angebracht ist. Diese Umformeranlage bietet in bezug auf ihr Wechselstrom-Schaltungsschema nichts Erwähnenswertes, da die Einzelheiten nur Wiederholungen der in der Hauptzentrale vorhandenen Schalteinrichtungen sind. Der oben im Schema gezeichnete, aus dem Synchronmotor und zwei Gleichstromgeneratoren bestehende Motor-Generator ist derselbe, der in Bd. I auf Tafel 24 rechts unten dargestellt ist. Wir erkennen aus jener Zeichnung, daß der Motor-Generator von der Gleichstromseite aus durch einen Flüssigkeitsanlasser angelassen wird. Vor dem Einschalten auf der Drehstromseite muß natürlich erst auf die Schienen im Verteilungs- und Transformatorenraume synchronisiert werden; dazu dient die Synchronisiervorrichtung in der Umformeranlage. Bei gewöhnlichem Betriebe ist der Motor-Generator so eingestellt, daß er leerlaufend von beiden Netzen als Motor getrieben wird und dabei den für die Einlaufstation erforderlichen Blindstrom liefert. Da er ziemlich große Massen enthält, ist er nun außerdem imstande, Belastungsstöße auszugleichen; und schließlich kann er bei einer Betriebsstörung an einem Gleichstrom- oder einem Drehstromgenerator das in seiner Leistung verminderte Kraftwerk unterstützen, also die in Bd. I auf S. 112 ausgesprochene Aufgabe erfüllen. Ein zweiter, später im Hauptkraftwerk aufgestellter (nicht gezeichneter) Motorgenerator von 300 kW wurde durch die Vergrößerung der Einlaufstationen, in der jetzt etwa 40 asynchrone Generatoren stehen, notwendig.

Fig. 2 u. Deckbl.] Änderungen seit 1910. Ein Blick auf das die Änderungen des ursprünglichen Schaltungsschemas enthaltende Deckblatt zeigt, daß sich die Anlage der Firma Heinrich Lanz stark geändert hat. Die Leistung des Kraftwerkes ist von ursprünglich 1525 kW auf 3000 kVA angewachsen. Außerdem ist noch das städtische Netz der Stadt Mannheim zur Energielieferung herangezogen worden.

Einen vollständigen Überblick über die gesamte Anlage bietet das in Fig. 2 in einpoliger Darstellung gezeichnete Schema, während das Deckblatt in strenger Anlehnung an das frühere Schaltungsschema besonders interessierende Einzelheiten des neuen Ausbaus bringt.

Die Anzahl der Generatoren im Hauptkraftwerk ist unverändert geblieben, aber alle Maschinen wurden im Laufe der Zeit durch größere ersetzt. Ihre Schaltung ist dabei nur insofern geändert worden, als jetzt der Erregerstrom von einem besonderen Erregerumformer geliefert wird. Der Anschluß an das städtische Netz von 4000 Volt Spannung ist rechts neben die Generatoren gezeichnet. Zur Herabsetzung der Spannung auf die Hauptschienenspannung von 3000 Volt dienen vier Transformatoren zwischen Ölschaltern, die auf der Oberspannungsseite zur selbsttätigen Auslösung eingerichtet sind. Die Meßgeräte sind die üblichen. Zum Zuschalten des Netzes wird die alte, entsprechend ergänzte Synchronisiervorrichtung benützt. Von den Schienen, auf die die Transformatoren arbeiten, führen keine Abzweigungen weg. Sie werden vielmehr durch einen Ölschalter mit den älteren Hauptschienen gekuppelt. Von hier aus wird, wie ein Blick auf Fig. 2 zeigt, den verschiedensten Werkstätten, Schmiede, Gießerei usw, die Energie in Kabeln zugeführt.

Drei Kabel, statt der früheren zwei, verbinden die Hauptschienen mit den Schienen des Transformatorenraumes, Abteilung C, und führen von da aus weiter zum Transformatorenraum, Abteilung B, an die sich schon früher die gleichzeitig zur Phasenkompensation benützte Umformanlage, Abteilung B, anschloß. Während aber früher der Drehstrommotor des Umformersatzes mit 3000 Volt gespeist wurde, ist er jetzt an die Schienen von 220 Volt angeschlossen. Der Vorteil gegen früher ist dabei der, daß jetzt auch die Transformatoren, Abteilung B, von dem zur Erregung der asynchronen Generatoren nötigen Blindstrom entlastet sind, also in größerem Maße zur Nutzarbeit zur Verfügung stehen.

Von den zahlreichen Anschlüssen an die Oberspannungsschienen im Verteilungs- und Transformatorenraume, Abteilung B, ist als besonders bemerkenswert der Anschluß zweier Quecksilber-

---

[1]) Siehe E. Kaufmann, »Ein neues Verfahren zur Nutzbarmachung der Bremsleistung eines Prüffeldes für Kraftmaschinen«, Z. d. V. D. I., Bd. 51, 1907, S. 1628.

dampfgleichrichter ausführlich gezeichnet. Die Anlage dient zur Unterstützung des zuletzt erwähnten Umformersatzes, der den gesteigerten Ansprüchen nicht mehr genügte und mit diesem zusammen Strom in die Kesselschmiede abgibt. Wir verfolgen den einen der beiden völlig gleichen Anschlüsse, von den für die Gleichrichteranlage angebrachten besonderen Hochspannungsschienen aus. Der Strom geht durch Schmelzsicherungen, einen Stromwandler und einen Maximal- und Rückstrom-Ölschalter in den Zusatztransformator. Die Spannung wird nie unmittelbar von diesem geregelt, sondern mit Hilfe eines Regeltranformators, der für beide Zusatztransformatoren bestimmt ist und bei Bedarf für beide Gleichrichter gleichzeitig benutzt werden kann. Die Parallelschaltung der Gleichrichter mit den Generatoren verlangt eine besonders sorgfältige Spannungsregelung. Stehen die Schleifkontakte am Regeltransformator in der Mitte, so ist die Zusatzwicklung des Zusatztransformators kurzgeschlossen und die Zusatzspannung gleich Null. Durch Bewegen der Kontakte nach der einen oder anderen Richtung (s. S. 60,u) wird eine Zusatzspannung von $\pm$ 322 Volt hinzugefügt. — Der Haupttransformator ist aus bekannten Gründen (s. S. 92,m) sekundär sechsphasig geschaltet, der Gleichrichter hat dagegen 12 Anoden, die je über eine Anodendrosselspule (s. S. 93) paarweise mit einer Klemme des Transformators verbunden sind. In der Kathodenleitung mißt ein Strommesser den dem Gleichrichter entnommenen Strom. Der Belastungswiderstand *BW* wird nur beim Anlassen benutzt (vgl. hierzu S. 91, o). Der kleine Umformersatz liefert den für die Zündung nötigen Gleichstrom. Die Zündvorrichtung im Innern des Zylinders ist nicht gezeichnet; sie ist ähnlich der auf S. 170 (Elektrizitätswerk Heidelberg) näher beschriebenen. Ebenso erfolgt die Erregung auf die gleiche Weise, wie dort durch einen Einphasentransformator. Das im Stromkreise der Hilfsanode liegende Meßinstrument V_0 ist ein Vakuumanzeiger, der in Volt geeicht ist und den Spannungsabfall anzeigt. Bewegt sich der Zeiger über einen roten Strich (hier 110 Volt), so ist das Vakuum gut, bleibt er dagegen unterhalb dieser Spannung, so muß die Pumpe in Tätigkeit gesetzt werden. Der zwischen der Kathodenleitung des linken und Anodenleitung des rechten Gleichrichters geschaltete Spannungsmesser ermöglicht es, festzustellen, ob die beiden Gleichrichter parallel oder hintereinander geschaltet sind.

In der Mitte des Schemas unten sind die Schienen der Gleichrichter und die Umschalter sowohl für die Gleichrichter als für die Generatoren des Umformersatzes gezeichnet, mit denen die Gleichrichter und Generatoren für sich parallel *P* oder hintereinander *H* geschaltet werden können. So verbunden, werden sie mit einem fünften Umschalter entweder zur Dreileiterschaltung an die drei oder in Parallelschaltung an die zwei Leiter eines Kabels angeschlossen.

Tafel 18]

B. Anlagen für Energieübertragung auf weite Entfernung mit hoher Spannung

Anlage der Chile Exploration Co. in Tocopilla und Chuquicamata (Siemens-Schuckert-Werke 1916)

Drehstrom 110 000 Volt, 50 ∿

Die in der Überschrift genannte Firma betreibt die Ausbeutung von Kupferbergwerken, die im Norden von Chile in Chuquicamata in einer unwegsamen Gebirgsgegend 2900 m über dem Meeresspiegel gelegen sind. Zur Gewinnung des kupferhaltigen Gesteins, zu seiner Aufbewahrung und zur Gewinnung des reinen Kupfers auf elektrolytischem Wege sind große Energiemengen nötig, die mangels Kohle und geeigneter Wasserkräfte in der Nähe der Bergwerke sowie brauchbarer Zufahrtsstraßen von weither zugeleitet werden müssen.

Zur Erzeugung der nötigen Energiemengen wurde 140 km von den Bergwerken entfernt am Stillen Ozean bei Tocopilla ein eigenes Dampfkraftwerk errichtet. Maßgebend für die Lage des Kraftwerkes am Meere war der Umstand, daß hier das nötige Brennmaterial, Öl, dem Kraftwerke auf dem billigen Seewege zugeführt werden konnte.

Fig. 1] Der Hauptteil von Tafel 18 stellt in Einstrichart das Schaltungsschema des Kraftwerkes Tocopilla und des Empfängerwerkes Chuquicamata dar; die Nebenfiguren zeigen Schnitte durch die Schalthäuser der beiden Werke.

Das Kraftwerk Tocopilla

Allgemeiner Überblick. Wir beginnen mit der Betrachtung des Schaltsystems des Kraftwerkes Tocopilla, das etwa die untere Hälfte der Doppeltafel einnimmt. Ein allgemein orientierender Blick auf das Schaltungsschema lehrt uns folgendes: Zur Energieerzeugung dienen vier Drehstromgeneratoren von 10000 kVA Leistung, 5000 Volt Leitungsspannung und 1500 Umdrehungen in der Minute. Zwei von ihnen (I und II) sind ausführlich gezeichnet, zwei (III u. IV), einer in der Mitte und einer ganz rechts durch Rechtecke angedeutet. Die Generatoren arbeiten parallel auf Sammelverteilungsschienen mit Ersatzschienen (Doppelsammelschienen s. S. 123,m). Von hier führen Leitungen zu vier in Stern-Stern geschalteten Transformatoren von 10000 kVA Leistung, in denen die Generatorspannung von 5 auf 110 kV erhöht wird. Die Transformatoren arbeiten sekundär auf ein Höchstspannungsschienensystem, von dem zwei Fernleitungen nach dem Kupferbergwerk abgehen. Zwischen den Generatoren III und IV sind zwei Transformatoren zu erkennen, die auf ein eigenes Einfachsammelschienensystem arbeiten. Von diesem gehen auf der einen Seite mehrere Leitungen aus, die zu den einzelnen Verteilungsstellen für den Eigenbedarf im Kraftwerk selbst führen. Die oberhalb von ihnen gezeichneten, an den gleichen Schienen liegenden Maschinensätze dienen zur Gleichstromerzeugung.

Generatoren, Transformatoren, Schienen. Die Drehstromturbodynamos werden von Zoellyschen Dampfturbinen von je 12500 kVA Leistung angetrieben. Die mit ihnen auf einer Achse sitzenden Erregermaschinen von 42 kW Leistung und 220 Volt Spannung sind Doppelschlußmaschinen. Der Erregerstrom kann, wie auf Tafel 1, Fig. 4, durch Widerstände im Erregerkreise der Turbodynamos und der Erregermaschine geregelt werden. Die Größe des Erregerstromes wird an einem Strommesser abgelesen. Zum Konstanthalten der Spannung dienen Schnellregler (und zwar solche nach dem System der Siemens-Schuckert-Werke). Zu welchen Spulen und Kontakten des Schnellreglers die einzelnen Leitungen führen, kann bei einem Vergleich mit dem Schema des dargestellten Reglers (Tafel 7, Fig. 6) erkannt werden. Der neben die Erregung gezeichnete kleine Gleichstrommotor dient zum Regeln der Drehzahl der Dampfturbine. Er liegt, wie die Zeichen + und — andeuten, an den Gleichstromschienen des Kraftwerkes; seine Drehrichtung ist mit Hilfe des oberhalb von ihm gezeichneten doppelpoligen Schalters umschaltbar. Wo es der Deutlichkeit halber nötig war, so z. B. bei der eben besprochenen Erregerschaltung und auf dem übrigen Teil der Tafel noch öfters, wurde die Einstrichart der Darstellung verlassen.

Von dem Generator aus gelangt man, die zu dem Sammelschienen führende Leitung verfolgend, zum Hörnerableiter, der später zusammen mit den übrigen Überspannungsschutzeinrichtungen besprochen werden soll. Hinter dem Hörnerableiter zweigt eine Leitung ab, die über Sicherungen zu zwei hochspannungsseitig parallel geschalteten Spannungswandlern geht. Er speist die auf Tafel 7, Fig. 6 mit S_w bezeichnete Spule des Reglers. Der andere Spannungswandler dient zum Synchronisieren und liefert die Spannung für die Spannungsspulen der Meßinstrumente. Über den Hauptüberstromschalter mit Selbstauslösung kommt man zu Stromwandlern, an die die Stromspulen der Meßinstrumente angeschlossen sind. Die Doppelsammelschienen werden über Trennstücke, die eine Auswahl der Schienensysteme gestatten, erreicht. Auf die mit dem Trennstücke gekuppelten kleinen Schalter wird bei der Beschreibung der Synchronisierschaltung eingegangen werden.

Die zu jedem Generator gehörigen Meßinstrumente sind ohne ihre Anschlußleitungen gezeichnet. Jeder Generator besitzt in gleich angeschlossener Weise Strommesser, cos φ-Messer, gewöhnliche und aufschreibende Leistungsmesser und Zähler. Zum Messen der Spannung dienen zwei links unten gezeichnete Spannungsmesser mit vielpoligem Umschalter.

Die Haupttransformatoren, auf die man, von den Unterspannungsschienen aus weiterschreitend und dabei einen Stromwandler mit Strommesser passierend, trifft, sind beiderseitig durch Ölschalter abschaltbar. Von diesen beiden Schaltern ist der unterspannungsseitig liegende als gewöhnlicher Ölschalter mit Selbstauslösung ausgebildet, der oberspannungsseitig liegende dagegen besteht aus einfachen, zweipolig abschaltenden Trennstücken, die sich von den allgemein gebräuchlichen Lufttrennstücken nur dadurch unterscheiden, daß der Funke in Öl unterbrochen wird. Unmittelbar hinter den Hochspannungsklemmen des Transformators liegt zum Schutz des Transformators vor Überspannungen eine Drosselspule. Der Anschluß an die Sammelschienen für 110 kV ist wieder der übliche.

Sowohl das Unter- wie das Oberspannungssammelschienensystem besitzen Kupplungsschalter, die bei Gruppenbetrieb und wenn während des Betriebes die Schienensysteme gewechselt werden sollen, benutzt werden (über sein Wesen und seine Bedeutung s. S. 122 und S. 125,m). Von den Oberspannungsschienen gehen zwei Fernleitungen aus, die sich aber nach 9 km in einer Freiluftstation zu einer Leitung vereinigen. Der Grund dafür, daß man die Leitung auf eine kurze Strecke als Doppelleitung ausgeführt hat, ist der, daß in der Nähe der Küste die vom Meere aufsteigenden Dämpfe Salz enthalten, das sich als feiner Staub auf den Isolatoren der Freileitung niederschlägt. Dadurch wird die Isolierfähigkeit der Isolatoren mit der Zeit erheblich herabgesetzt und man ist genötigt, sie von Zeit zu Zeit abzuwaschen. Sobald das nötig wird, wird die zu reinigende Leitung abgeschaltet und der Betrieb mit der anderen parallel verlaufenden Leitung aufrecht erhalten. In die abgehenden Leitungen sind kurz hinter den Oberspannungsschienen die mit Selbstauslösung versehenen als Vorkontakt-Schutzschalter ausgebildeten Hauptölschalter eingebaut. Hinter ihnen folgt ein Stromwandler mit einem Strommesser. Über Drosselspulen und Trennstücke führt die Leitung weiter zu drei Strommessern, die im Gegensatz zu dem ersten nicht auf der Schalttafel, sondern in der zur Leitung gehörigen Zelle aufmontiert sind. Sie werden direkt von dem Strome der Oberspannung durchflossen. Hinter ihnen zweigt noch über Trennstücke der Überspannungsschutz ab, dann geht die Leitung ins Freie. Ein besonders ausgebildeter, die Leitung berührender Schalter bietet die Möglichkeit, sie zu erden.

Synchronisiereinrichtung. Die Synchronisiereinrichtung, die in der Zeichnung den größten Teil des Raumes unter den Unterspannungsschienen bis zu den drei dünn gezeichneten Synchronisierschienen einnimmt, entspricht dem Symbole MaM, D, Sb, Lg, MTb, Auswahl signalisiert, das sich auf keiner der für die Synchronisierschaltungen gezeichneten Tafeln genau wieder findet. Die zum Synchronisieren dienenden Instrumente sind an das linke Ende der Synchronisierschienen angeschlossen gezeichnet. Der Frequenzmesser hat zwei Anzeigevorrichtungen. Im übrigen erklären sich die Instrumente von selbst. Die notwendigen Schaltungen werden durch zweipolige Stecker vorgenommen, die in dreipolige Elemente eingeführt werden. Von diesen Steckern sind überhaupt nur zwei vorhanden, und zwar zwei verschiedene, wie sie in der Zeichnung liegend dargestellt sind. Man erkennt, daß der kleinere Stecker nur in Paare der oberen Löcher eingesteckt werden kann, denn das Einstecken in die unteren wird durch den Mittelstift, dem hier kein Loch gegenübersteht, verhindert. Der große Stecker dagegen stellt metallischen Kontakt nur in einem oberen und einem unteren Loche des Schaltelementes her; das mittlere bleibt bei der Schaltung ganz außer Betracht. Maschine I arbeite auf die unteren Schienen. Das linke Trennstück ist also, wie gezeichnet, geschlossen; der Ölschalter, wie nicht gezeichnet, ebenfalls. Die Lampe S_u leuchtet. Der Schaltwärter schließt das linke Trennstück des Generators II und überzeugt sich von der Richtigkeit dieser Schaltung durch das nunmehrige Leuchten der zum Generator II gehörigen Lampe S_u. Die beiden Stöpsel sind nun je in eine rechte Lochreihe des Schaltelementes zu stecken. Dabei ist es gleichgültig, ob der kleine Stecker bei Generator I und der große bei Generator II verwendet wird oder umgekehrt. Hierdurch ist die Synchronisiereinrichtung richtig angeschlossen und die Synchronisierung geht ihren normalen Gang. Würde man die Stecker oder einen derselben in die linke Lochreihe des Schaltelementes gesteckt haben, so würde die Synchronisiereinrichtung nicht eingeschaltet sein, weil das zugehörige Trennstück offen ist.

Überspannungsschutz. Zum Schutze der Anlage gegen Überspannungen sind an die Freileitungen Drosselspulen und kurz vor Austritt aus dem Kraftwerk in Stern geschaltete Hörnerableiter gelegt.

Zum Abführen statischer Ladungen dienen zwei Erdungsdrosselspulen ED, die an den Sammelschienen für 110 kV liegen. Strommesser in ihrem Stromkreise messen die Größe des Erdschlußstromes, und an den an eine Sekundärwicklung gelegten Spannungsmessern läßt sich die Schienenspannung gegen die Erde ablesen. Parallel zu diesen Erdungsdrosselspulen liegen in Stern-Dreieck geschaltete Hörnerableiter, die natürlich empfindlicher eingestellt sind als die in die Freileitung eingebauten. Ein dritter Satz von Hörnerableitern, der wie die bisherigen geschaltet ist, läßt sich wahlweise an das eine oder andere Sammelschienensystem anschließen. Gegen etwaige über die Sammelschienen für 110 kV vordringende Überspannungen sollen die vor die Transformatoren geschalteten Drosselspulen einen Schutz bieten, und ein besonders fein eingestellter an die Generatorleitung gelegter Sterndreieckschutz, aus Hörnerableitern und Relaishörnerableitern bestehend, soll den letzten Rest der von der Oberspannungsseite vordringenden oder sonstwie entstehenden Überspannungen unschädlich machen.

Neben- und Hilfsbetriebe. Wir betrachten nun den bis jetzt nur flüchtig gestreiften, zwischen den nur angedeuteten Generatoren III und IV liegenden Teil des Schaltschemas. Von den Sammelschienen, die in dem betrachteten Teile beiderseitig durch Trennstücke abschaltbar sind, ausgehend, gelangen wir über Trennstücke zu Spannungs- und Stromwandlern, die Strom und Spannung für die daneben angedeuteten Strommesser und Zähler liefern, und dann über einen Vorkontakt-Schutz-Ölschalter mit Selbstauslösung zu zwei Transformatoren von 1500 kVA. In diesen wird die Generatorspannung auf 535 Volt herabgesetzt und steht zur Verteilung in die einzelnen Werkstätten zur Verfügung. Da die Spannung der Generatorsammelschienen erheblich schwankt, war es nötig, zwischen den Schienen für 5000 Volt und denen für 500 Volt noch Regeltransformatoren (nach Tafel 7, Fig. 11) einzubauen. Die Sammelschienen für 500 Volt werden über einen weiteren selbsttätigen Ölschalter und Trennstücke erreicht. Die von diesen Schienen auf der Figur nach unten abgehenden, in die einzelnen Arbeitsräume führenden Leitungen bieten nichts Besonderes. Trennmesser, Ölschalter und Stromwandler sind in der üblichen Weise angeschlossen. Da die Spannung von 500 Volt für die Beleuchtung noch zu hoch ist, wird sie in einem kleinen Transformator von 60 kVA weiter auf 110 Volt herabgesetzt. Die zu den eigentlichen Beleuchtungskreisen führenden Leitungen gehen von einer eigenen Sammelschiene aus.

Ebenfalls von den Sammelschienen zu 500 Volt; und in gleicher Weise wie die in die Werkstätten führenden Leitungen mit Trennmesser, selbsttätigem Ölschalter und Stromwandler versehen, zweigen Leitungen zu zwei Asynchronmotoren von 22 PS Leistung ab. Diese treiben Gleichstrom-Nebenschlußgeneratoren an, die als Lademaschinen für die Batterie dienen. Die Spannung der Gleichstrommaschinen kann mittels Nebenschlußregler in den Grenzen 110 bis 160 Volt geregelt werden. Welche Schalter beim Laden der Batterie einzulegen sind, ist beim Verfolgen der Stromkreise leicht festzustellen. Ein Maximal- und Rückstromschalter schaltet die Maschine selbsttätig ab, wenn sich die Stromrichtung beim Laden umkehrt. Beide Gleichstrommaschinen sind auf die Sammelschienen zu 110 Volt schaltbar. Wenn die eine Maschine die Batterie auflädt, arbeitet die andere auf die Sammelschienen. Die Gleichstromenergie dient zum Speisen der verschiedenen Signallampen, der Notbeleuchtung und zum Fernantrieb der Ölschalter, ferner zum Speisen der oben erwähnten kleinen Hilfsmotoren, die zum Regeln der Drehzahl der Dampfturbinen dienen.

Über Schalter und Schaltungen. Alle Ölschalter des Kraftwerkes, auch die Öl-Trennstücke haben elektrischen Fernantrieb und können von der Schalttafel aus bedient werden. Außerdem sind sie natürlich auch von Hand ausschaltbar. Dazu dient ein ausrückbares Handrad. Beim selbsttätigen Auslösen spricht ein vom Überstrom direkt beeinflußtes Relais an, das mit einem Zeitverzögerungswerk mechanisch verbunden ist. Dieses Relais schließt einen Gleichstromkreis, in dem ein Drehmagnet das Auslösen des Schalters bewirkt. Die Zeitstaffelung der einzelnen Schalter ist so gewählt, daß zuerst die Schutzschalter der Haupttransformatoren auslösen. Sämtliche Schalter, sowohl die Öl-, wie die Trennstücke, sind mit Signallampen versehen, die die Stellung der Schalter anzeigen. Außerdem sind in allen Schaltzellen, in denen Hochspannung führende Leitungen verlegt oder Apparate aufgestellt sind, Sicherheitslampen angebracht, an denen zu erkennen ist, ob die Zelle unter Spannung steht oder nicht. Damit der Schaltwärter einen ständigen Überblick über den Schaltzustand der Anlage hat, ist im Schaltraum ein Schaltbild angebracht, in dem kleine Signallampen die Stellung der einzelnen Schalter anzeigen. Der Stromkreis dieser Signallampen wird über kleine mit den einzelnen Schaltern mechanisch gekuppelte Schaltwalzen geschlossen.

Erdung. Alle nicht spannungführenden Teile der Schaltanlage sind geerdet, und zwar durch Leitungen, die mit einer außerhalb des Schalthauses im Erdboden verlegten mehrfachen Ringleitung verbunden sind. Die Leitungen sind so bemessen, daß sie auch die stärksten Ströme, ohne zu schmelzen, zur Erde abführen können.

Das Empfängerwerk Chuquicamata

Freileitungen, Haupttransformatoren und Schienen. Die ankommenden Freileitungen sind in gleicher Weise, nur in einer etwas anderen Reihenfolge der Instrumente an die Sammelschienen für 110 kV angeschlossen wie im Kraftwerk Tocopilla. Die Schienen unterscheiden sich von den Schienen gleicher Spannung in Tocopilla nur dadurch, daß der eine Hörnerableitersatz, der an beide Schienen angeschlossen werden kann, wegfällt. Die vier Transformatoren, von denen dieses Mal nur zwei gezeichnet, die anderen durch ein Rechteck angedeutet sind, haben ebenfalls die Größe von 10 000 kVA, transformieren die Spannung auf 5000 Volt und sind ober- und unterspannungsseitig auf Sammelschienen parallel geschaltet. Erst von den Unterspannungsschienen ab hat das Schaltbild ein wesentlich anderes Aussehen. Hier bekommt die Anlage den Charakter eines Umformerwerkes.

Umformer. Zur elektrolytischen Gewinnung des Kupfers sind nämlich, wie schon erwähnt, sehr große Gleichstromenergiemengen nötig. Die ungeheure Stromstärke von 74000 Amp, die zum Betriebe elektrolytischer Bäder verlangt wird, wird in einer Reihe von parallel geschalteten Gleichstrommaschinen, die von Drehstrommotoren angetrieben werden, erzeugt. Die Schaltung der vier Asynchronmotoren und drei Synchronmotoren, von denen jeder zwei auf gleicher Welle sitzende Gleichstrommotoren antreibt, ist die übliche. Je einer der genannten Motoren ist in der Figur gezeichnet, die anderen wieder durch Rechtecke angedeutet. Hier ist darauf zu achten, daß zuweilen vor allem bei der Darstellung des Gleichstromteiles die Einstrichart verlassen werden mußte. Dort, wo die Leitungsführung wieder einfach ist und keine Irrtümer entstehen können, sind die beiden Leitungen wieder zu einer einzigen zusammengeführt. Der Übergang von der einen zur anderen Darstellungsart kann gelegentlich Schwierigkeiten machen, aber der Leser wird sich bei sorgfältiger Betrachtung doch immer leicht zurechtfinden. Die Gleichstromgeneratoren sind gewöhnliche Nebenschlußmaschinen. Ihren Erregerstrom beziehen sie von eigenen Erregerschienen, die von Erregerumformern gespeist werden. In die Zuleitungen zu den Drehstrommaschinen und die von den Gleichstrommaschinen weggehenden Leitungen sind selbsttätige Schalter eingebaut, von denen die zu den Drehstrommaschinen gehörigen als Schutzschalter ausgebildet sind. Alle Drehstrommotoren leisten 2700 kVA bei 5000 Volt, die Gleichstromgeneratoren 1250 kW bei 235 Volt Spannung. Die Synchronmotoren werden gleichstromseitig angelassen. Dazu dienen eigene Anlaßschienen, an die die Gleichstrommaschinen über selbsttätige Schalter angelegt werden. Die zum Synchronisieren der Synchronmotoren nötige Synchronisiereinrichtung ist nicht gezeichnet.

Anlaß- und Erregerformer. Die Anlaßschienen erhalten ihren Strom von den gleichen Umformern, die auch die Erregerenergie liefern. Vorhanden sind drei Umformer, bestehend aus Asynchronmotoren von 300 kW und Gleichstromgeneratoren von 250 kW; einer davon ist gezeichnet. Ihre Schaltung zeigt nichts Besonderes. Der Umschalter U erlaubt es, die Gleichstromgeneratoren als fremdoder selbsterregte zu schalten. Die Drehstrommotoren sind wieder über selbsttätige Ölschutzschalter, die Gleichstrommaschinen über gewöhnliche selbsttätige Höchststromschalter an die zugehörigen Schienen angeschlossen. Ein Umformersatz, bestehend aus Drehstrommotor und Gleichstromgenerator, genügt zum Anlassen eines der Hauptumformersätze. Zu diesem Zwecke kann die Spannung des Gleichstromgenerators des Anlaßumformers auf Null herabgesetzt werden, ähnlich wie es in Band I, Tafel 4, Fig. 11 gezeigt ist.

Nebenbetriebe. Sechs Transformatoren von je 1000 kVA Leistung dienen dazu, die Spannung weiter auf 530 Volt herabzusetzen. Drei von ihnen sind im Hauptwerk, drei in einem Nebenwerk aufgestellt. Einer der drei ersten ist im Schaltbilde ganz rechts gezeichnet, er arbeitet niederspannungsseitig zusammen mit den anderen beiden Transformatoren auf ein Sammelschienensystem, von dem die Energie in Leitungen oder Kabeln weitergeleitet wird. In das Nebenwerk, in dem die drei übrigen Transformatoren von 1000 kVA aufgestellt sind, führen die beiden ganz rechts an den Sammelschienen für 500 Volt gezeichneten in der Figur nach unten führenden Leitungen. Die den Transformatoren entnommene Leistung wird in die Werkstätten und den Gewerbebetrieb verteilt. Eine zu einem Pumpwerk führende, etwas weiter links gezeichnete soll der Vollständigkeit halber erwähnt werden. Die Leitung ist eine Freileitung; in sie ist als Überspannungsschutz eine Drosselspule und ein Sterndreieckschutz eingebaut.

Die Signalvorrichtung und die Fernauslösung der Schalter ist im allgemeinen die gleiche wie in Tocopilla.

Fig. 2] Das Werk ist so eingerichtet, daß die Schaltanlage für 5000 Volt in einem an das Kraftwerk angebauten Hause untergebracht ist; Schaltpult und Schalttafel sind dabei so gelegen, daß von ihnen aus alle Maschinen überblickt werden können. Für die Schaltanlage von 110 kV ist, getrennt vom Kraftwerk, ein eigenes Gebäude errichtet.

Fig. 2a zeigt einen Schnitt durch dieses Schalthaus in vertikaler, Fig. 2b in horizontaler Richtung. Auch hier ist nur der Verlauf der Hochspannungsleitung gezeichnet, und zwar vom Hochspannungstranformator aus bis zur Durchführung zur Freileitung.

Fig. 2b ist nur ein Ausschnitt aus der gesamten Schaltanlage. Man hat sich nach unten noch eine Reihe weiterer Zellen ähnlich wie in Fig. 3b angeschlossen zu denken, von denen drei die zu den drei übrigen Haupttransformatoren und eine die zu den Kupplungsschaltern gehörenden Apparate enthalten. Hintereinanderliegende Räume enthalten wie bei früher beschriebenen Anlagen gleiche Apparate. Wir betrachten Fig. 2a von rechts aus. Der erste Raum stellt eine Halle dar, durch die die Transformatoren eingefahren werden. Links vorn schließt sich ein Raum an, in dessen rechter Hälfte die Haupttransformatoren HT, in dessen linker die zugehörigen Drosselspulen D und Öltrennstücke OT untergebracht sind. Das Erdgeschoß enthält die Ölkühlvorrichtung für das Transformatorenöl. Das nächst anschließende Haus, das größte von allen, enthält in seiner rechten, etwas kleineren Hälfte die Sammelschienen mit Zubehör, in seiner linken Ölschalter und Drosselspulen. Das Haus am weitesten links enthält die zur Freileitung gehörigen Apparate, im Obergeschoß Trennstücke, im Erdgeschoß Hörnerableiter und Ölwiderstände. Unter allen ölenthaltenden Apparaten sind Gruben geschaffen, in die das Öl bei Explosionen oder Bränden abfließen kann. Durch Öffnungen im Boden dieser Gruben wird das ausfließende Öl einem Ölsammelbehälter durch Rohrleitungen, zugeführt. Die Leitungsführung ist außerordentlich einfach; das drückt sich besonders deutlich in dem Aufriß Fig. 2b aus.

Fig. 3] Schnitte in horizontaler und vertikaler Richtung durch die gesamte Anlage, Maschinenhaus und Schalthaus, zeigen die Fig. 3a und 3b. Beide Figuren mußten in etwas kleinerem Maßstabe gezeichnet werden als Fig. 2a und 2b. Die äußere Gruppierung der einzelnen Häuser ist im großen ganzen die gleiche wie in Tocopilla. Nur war man in Chuquicamata genötigt, wegen der höheren Lage des Kraftwerkes, also wegen des bedeutend gringeren Luftdruckes, größere Isolatoren und größere Leitungsabstände zu nehmen, wodurch die ganze Schaltanlage etwas umfangreicher wurde.

Von rechts nach links in Fig. 3a die Anlage durchschreitend, kommt man zuerst in den Maschinensaal. Links neben ihm ist in einem Gebäude, das ebenso lang ist als der Maschinenraum, die Schaltanlage für 5000 Volt untergebracht. Hier ist der Schnitt in Fig. 3a so durch dieselben gelegt, daß die zu den Hauptumformern gehörigen Leitungen und Apparate zu sehen sind. Im rechten Teile des Hauses steigt aus dem Keller das von den Maschinen kommende Kabel hoch. Vom Kabelendverschluß führt die Leitung über Strom- und Spannungswandler durch eine Decke zum Ölschalter *OS*, hinter dem sich die Leitung zu den beiden Sammelschienen verzweigt. Bei diesen ist bemerkenswert, daß das eine System genau in der Mitte des Hauses verläuft, das andere in zwei unter sich verbundene Teile geteilt ist, die in gleicher Höhe mit dem ersten System etwa senkrecht über den Ölschaltern liegen. Die Trennstücke in den Abzweigungen zu den Sammelschienen sind, um die Zeichnung nicht zu sehr zu belasten, weggelassen. Vom linken Teil der Sammelschienen führt die Leitung weiter über Ölschalter, Hörnerableiter mit Ölwiderstand (nur Ölwiderstand *OW* und das Trennstück sind gezeichnet) hinüber in das Transformatorenhaus zum Transformator. Von hier ab bildet die Anlage — der Schnitt ist durch die zu den Freileitungen gehörenden Zellen gelegt — für uns nichts Neues mehr. Die einzelnen Zellen reihen sich ebenso wie im Schalthause von Tocopilla hintereinander, und auch die Reihenfolge ist die gleiche. Nur die Bauweise der Häuser und die Leitungsverteilung ist etwas anders.

Der Grundriß läßt außer dem Beschriebenen noch die Aufstellung der Schalttafel und zweier Ladeumformer erkennen, die in der Beschreibung des Schaltungsschemas nicht erwähnt sind.

Tafel 19]
Energieübertragung von Moosburg nach München; Uppenborn-Kraftwerk, Transformatorstation Hirschau (Siemens-Schuckert-Werke)
Drehstrom, 50000 Volt, 50 ~

Ausbau 1910. Zur Versorgung Münchens mit elektrischer Energie im Drehstromsystem sind drei Kraftwerke vorhanden, das Kraftwerk Isartalstraße, das mit Dampf, und die Wasserkraftanlage Süd und das Uppenborn-Kraftwerk, die beide mit Wasser arbeiten. Die drei Werke speisen ein Drehstromnetz von 5000 Volt, und zwar die ersteren beiden unmittelbar, das Uppenborn-Kraftwerk dagegen liefert seine Energie unter einer Spannung von 50000 Volt nach dem etwa 53 km entfernten Transformator-Unterwerk Hirschau. Das Hochspannungsnetz mit den Kraftwerken, der Transformatorstation und den Umformerwerken, die den Drehstrom durch Motor-Generatoren in Gleichstrom umformen und in ein Kabelnetz abgeben, ist in dem in der Mitte von Tafel 19 gezeichneten Lageplan skizziert. Das in diesen Plan mit eingezeichnete Muffat-Kraftwerk ist ein Gleichstromkraftwerk und nur in seiner gleichzeitigen Eigenschaft als Umformerwerk aufgenommen.

Die Energieübertragung vom Uppenborn-Kraftwerk nach der Hirschau war die erste Anlage in Deutschland, die mit der hohen Spannung von 50000 Volt betrieben wurde.[1] Die zu übertragende Leistung von ungefähr 4000 kW wird in drei Drehstromgeneratoren zu je 1400 kVA unter 5000 Volt Spannung bei 50 Perioden erzeugt, in zwei nur primär parallel geschalteten Transformatoren auf 50000 Volt umgesetzt und mit dieser Spannung in zwei völlig getrennten, auf besonderen Gestängen geführten Leitungen nach der Transformatorstation in der Hirschau übertragen, wo die Spannung wiederum in zwei nur sekundär parallel geschalteten Transformatoren auf 5000 Volt herabgesetzt wird. Das Schaltungsschema für die Anlage ist auf Tafel 19 gezeichnet; der in dem unteren Teil der Tafel (im Schaltungsschema des Uppenborn-Kraftwerkes) rechts liegende, durch einen Ölschalter in den Schienen abgetrennte Teil hat zunächst außer Betracht zu bleiben.

---

[1] Eine Beschreibung der Anlage findet sich in den »Elektrischen Kraftbetrieben und Bahnen« 1908, S. 314 usw. Das in dieser Beschreibung abgebildete Schaltungsschema weist in der Synchronisierschaltung einen Fehler auf.

Die Schienen sind einfache Sammelschienen. Die drei Generatoren sind in allen Einzelheiten der Schaltung völlig gleich behandelt; in ihren Anschlußleitungen liegen Spannungs- und Stromwandler für den Zähler, danach folgen ein Spannungswandler für die Synchronisiervorrichtung, ein Ölschalter und vier Stromwandler für Strom- und Leistungsmesser und für die Maximal- und Rückstromrelais. Bis auf die ersten Spannungs- und Stromwandler liegen die eben genannten Apparate in einer Strecke der Anschlußleitung, die, wie das Schema erkennen läßt, durch besonders geartete Schaltstücke vom Generator einerseits und den Schienen anderseits abtrennbar ist: Die Apparate befinden sich in einem Schaltwagen. Ein derartiger Schaltwagen, aber ein für einen anderen Teil der Anlage bestimmter, ist in der Nebenfigur rechts, mitten, gezeichnet und wird später beschrieben werden. Natürlich müssen alle Leitungen, die aus dem Schaltwagen heraus zum festen Teile der Schaltanlage führen, an der Grenze zwischen beiden Teilen lösbar sein; für die Hilfsleitungen, die zu den Relais führen, und die Leitungen für die Meß- und Synchronisierstromkreise sind zu diesem Zwecke, wie aus dem Schema ersichtlich, kleine einpolige Schalter angebracht.

Bei der Betrachtung der Meßschaltungen ist auf die an der Sekundärseite des Schienentransformators für die Synchronisiervorrichtung angeschlossenen Widerstände zu achten, durch die der Sternpunkt für die Spannungsspulen der Leistungsmesser hergestellt ist, wie es in der Beschreibung zu Tafel 11, Fig. 11, auf S. 19 ergänzend angegeben war. (In der Figur findet sich dieser Widerstand ziemlich dicht unter den Schienen in der Mitte der Zeichnung; die Verbindung des Sternpunktes mit den Leistungsmessern ist durch einen Pfeil und das Zeichen o an diesen Instrumenten und am Widerstande angedeutet.) Es ist ferner der links daneben gezeichnete Doppelspannungsmesser, der die Schienen- und die Maschinenspannungen mißt, zu erwähnen.

Die Ölschalter können elektrisch sowohl aus- als eingeschaltet werden, und zwar ausgeschaltet außer durch das Relais auch durch den (dreipoligen) neben der Erregermaschine gezeichneten Schalter, der zu diesem Zwecke nach links zu stellen ist. Wird der Schalter dagegen nach rechts gestellt, so wird die Einschaltspule unter Strom gesetzt.

Die Erregung der Generatoren kann sowohl von den einzelnen Doppelschlußmaschinen als auch von der für die Hilfsstromkreise benützten Gleichstromquelle geliefert werden. Besondere Leitungen oder Schalter zum Anschluß an diese Gleichstromquelle sind nicht vorhanden; die Verbindung muß erforderlichenfalls erst hergestellt werden.

Links neben der Erregerschaltung bemerken wir drei kleine Gleichstrommaschinen mit nicht ganz einfach aussehenden Schalteinrichtungen. Alle drei Maschinen sind Motoren. Die zwei kleineren dienen zum Antriebe von Regelvorrichtungen, was durch das Wort »Regul.« angedeutet ist. Von diesen bedient der der Erregerschaltung nächstliegende, ein Hauptschlußmotor, der durch einen Umschalter umgesteuert wird, den Regelwiderstand für den Erregerstromkreis; die beiden kleinen Ausschalter im Ankerstromkreise werden von selbst geöffnet, wenn der Regelhebel an den Grenzen des Regelweges angelangt ist. Durch den zweiten Motor wird die Regelvorrichtung des Servomotors verstellt und damit die Geschwindigkeit der Turbinen geändert. Es ist ein Nebenschlußmotor, der ebenfalls mit zwei Ausschaltern zur selbsttätigen Unterbrechung und einem Umschalter ausgestattet ist. Hätte der Umschalter nur die drei rechten und die drei mittleren festen Kontakte, wobei dann die Erregerwicklung bis zum mittleren Kontakte links zu führen wäre, so würden diese sechs Kontakte genügen, um den Motor umzusteuern, zur Ausschaltung des Erregerstromkreises aber müßte noch ein besonderer Schalter vorhanden sein. Der gewählte Umschalter macht den besonderen Ausschalter überflüssig; und da der mittlere Hebel so eingerichtet ist, daß er vor den beiden andern Hebeln den Kontakt öffnet, so wird der Motor abgeschaltet, während zum Ausgleich der Selbstinduktion der aus Erregerwicklung, Anker, Schiene, Erregerwicklung bestehende Stromkreis noch eine Weile geschlossen bleibt. (Statt des projektierten, eben beschriebenen Nebenschlußmotors ist später ein Hauptschlußmotor verwendet worden, so daß von dem Umschalter nur zwei Kontaktreihen, wie bei dem nebenstehenden, benützt werden.) Der dritte Motor, ein Nebenschlußmotor, dient zur Bewegung der Schützen. Dieser erheblich größere Motor, der mit schwerer Last anzulaufen hat, ist nicht nur mit einem Anlaßwiderstande (Umkehranlasser) ausgerüstet, sondern es ist auch noch ein selbsttätiger Maximalausschalter in seinen Stromkreis eingeschaltet, weil es leicht vorkommen kann, daß der Anlaßstrom des stark belasteten Motors einen zu hohen Wert erreicht. Um die Stellung der Schützen leicht erkennen zu lassen, ist mit dem Motor eine elektromechanische Einrichtung verbunden, durch die bei jeder Umdrehung des Motors das Zahnrad eines Klinkenwerkes um einen Zahn im einen oder anderen Sinne weitergedreht wird. Das Zahnrad treibt auf eine einen Zeiger bewegende Zahnstange.

Die Synchronisiervorrichtung ist vom Charakter **MaS, STg, MTb, Sg, Lg,** und zwar in der umständlichen, in Tafel 3, Fig. 13 und 14 gezeichneten Form. Die kleinen einpoligen Schalter unmittelbar hinter den Maschinentransformatoren bilden, wie schon erwähnt, den lösbaren Übergang vom Schaltwagen zum festen Teile der Schaltanlage und haben mit der Synchronisiervorrichtung nichts weiter zu tun. Der gemeinsame Synchronisierschalter ist in der Mitte des Schaltungsschemas gezeichnet und besteht in den dreimal vier Kontaktknöpfen mit den diesen Knöpfen benachbarten ringförmigen drei Schienenstücken; die innen liegenden zweimal drei Schienenstücke sind also vorläufig nicht zu beachten. Der Schalter ist natürlich durch drei die Kontaktknöpfe mit den benachbarten Schienen verbindende Schleifkontakte ergänzt zu denken; er entspricht, soweit er bis jetzt beschrieben ist, genau dem auf Tafel 3, Fig. 14 gezeichneten Schalter. Die dreimal zwei inneren Schienen des Schalters sind ebenfalls von je einem Schleifkontakt überbrückt und dienen so als dreipolige Ausschalter zwischen dem Schienentransformator und den auch im Vorbilde auf Tafel 3 mit *a*, *b* und *c* bezeichneten Primärwicklungen des besonderen Tranformators für die Synchronisierlampen.

An das behandelte Schaltungsschema schließt sich nun rechts das Schema für eine Anlage an, die im allgemeinen getrennt von der Hauptanlage betrieben wird. Der Drehstromgenerator zu 210 kVA ist genau so geschaltet wie die Generatoren der Hauptanlage. Weiter ist ein asynchroner Drehstromgleichstrom-Motorgenerator mit Kurzschlußanker angeschlossen, der in Verbindung mit einer Akkumulatorenbatterie die Gleichstromquelle für das Werk, nämlich dessen Beleuchtung, einige Motoren und die schon erwähnten Hilfsstromkreise der Schaltanlage darstellt. Der Motorgenerator wird nach dem schon auf S. 77 in der Beschreibung zu Tafel 9, Fig. 1 angegebenen Verfahren von der Gleichstromseite aus, und zwar von der ganzen Batterie, wie es in Band I auf S. 23 erwähnt ist, angelassen. Das Gleichstromschema bietet im übrigen nichts Besonderes. Die abgetrennte Drehstromanlage arbeitet unter 5000 Volt Spannung auf eine Leitung nach dem nahen Moosburg. Die in diese Leitung eingeschalteten Schalt- und Meßapparate sind, gerade so wie die in die Anschlußleitungen der Generatoren und des soeben erwähnten asynchronen Motorgenerators, in einem Schaltwagen untergebracht.

Dasselbe gilt von den Apparaten in den Freileitungen nach der Transformatorstation Hirschau. Alle diese Apparate liegen in der Niederspannungsseite der Leitungen; in der Hochspannungsseite liegen keine mehr, abgesehen von den für Überspannungs- und Blitzschutz nötigen Apparaten und Schaltern. Von den für den Überspannungsschutz dienenden Apparaten haben wir den Wasserstrahlerder schon in der Beschreibung zu Tafel 12, Fig. 29, kennen gelernt; doch ist er hier gleichzeitig für den Ausgleich der Überspannungen zwischen den Leitungen ausgebildet. Es sind Hörnerableiter mit Wasserwiderständen in Stern geschaltet, und der Sternpunkt mit dem primären Sternpunkt des Transformators verbunden. In die eine Abzweigleitung kann ein Strommesser eingeschaltet werden, der bei der Einregelung der Wasserstrahlen durch Änderung der Düsenöffnung beobachtet wird; er soll etwa 0,1 Amp zeigen. Weiter folgen zum Schutze gegen Überspannung und Blitzschläge Drosselspulen und dann eine Vereinigung von Drosselspulen und Hörnerableiter; die Stufendrosselspulen können hier durch (in der ursprünglichen Leitungsrichtung gezeichnete) Umgehungsleitungen und Trennstücke zur regelmäßigen Prüfung so abgeschaltet werden, daß die Leitung dabei doch in Betrieb bleiben kann. Hinter Trennstücken und Erdungsschaltern folgt der Grobschutz. Außer diesem Überspannungsschutze sind noch Schutzeinrichtungen an den Schienen vorhanden, und zwar für jede der beiden Anlagen eine; sie sind hier als einfache, in Dreieck und in Stern geschaltete Hörnerableiter gezeichnet, bestehen jedoch in Wirklichkeit in den sehr empfindlichen Relais-Hörnerblitzableitern der Siemens-Schuckert-Werke mit Hilfsfunkenstrecke, Teslatransformator und Kondensatoren (s. Tafel 12, Fig. 33).

Die Anlage ist so entworfen, daß alle unter Strom erfolgenden Schaltungen auf der Niederspannungsseite (5000 Volt) vorgenommen werden; und die Schaltanlage ist so gebaut, daß alle Regelungen, Schaltungen und Beobachtungen von Instrumenten, die zur Parallelschaltung und Belastungsverteilung der Generatoren nötig sind, von dem dem Maschinensaal zugewandten Schalttafelwärter ausgeführt werden können. Die hierzu nötigen Apparate, Schalter und Instrumente sind nämlich, soweit sie nicht an den Maschinen oder, wie die Synchronisierlampen und der Doppelspannungsmesser, an der dem Maschinenwärter zugekehrten Wand des Maschinensaals angebracht sind, auf einem Schaltpulte vereinigt. In dem gezeichneten Schaltungsschema ist das dadurch ausgedrückt, daß alle diese Apparate und Instrumente so nahe beieinander gezeichnet sind, wie es die Rücksicht auf die Klarheit der Darstellung zuläßt; es sind dies der Umkehranlasser für den Schützenmotor, die Umschalter für die beiden anderen Regelmotoren und der Umschalter für die Ein- und Ausschaltung des Ölschalters, ferner Strom- und Leistungsmesser für den Drehstromgenerator und der Strommesser für den Erregerstrom, schließlich der Maximalausschalter für den Schützenmotor und der Schützenstandsanzeiger. Die übrigen Apparate sind, wie schon erwähnt, zum größten Teile auf einem Schaltgerüst untergebracht, das im wesentlichen aus nebeneinanderstehenden Schaltwagen besteht. Zur näheren Erläuterung ist einer der Schaltwagen in einer Nebenfigur in Seitenansicht dargestellt. Es ist das der Schaltwagen für die nach Moosburg abgehende Leitung. Der Schaltwagen läuft auf Schienen, die sich im Schaltgerüst etwa in mittlerer Höhe befinden; er stellt sich in der Zeichnung als ein von Winkeleisen fast quadratisch umgrenzter Teil mit nach oben und unten weit überragender vorderer Abschlußwand dar. Die hohe Lage des Wagens verlangt zum Herausfahren einen vor die Schaltwand gestellten Transportwagen. Von den über dem Schaltgerüst liegenden Schienen für 5000 Volt führen die Leitungen zu den zu Steckkontakten ausgebildeten Trennstücken zwischen dem festen Teile des Schaltgerüstes und dem Schaltwagen. Von da aus geht es in die zwei Stromwandler für die Relais, durch den Ölschalter OS und durch die unteren Trennstücke in die Fernleitung. Auf der Zeichnung sind weiter die an der Vorderwand des Schaltwagens angebrachten Relais Rl, der Strommesser A und der Auslösemagnet zu erkennen, ferner das Handrad (OS) für den Ölschalter, und unten, an der Grenze zwischen Schaltwagen und Schaltgerüst, die Schalter, die, wie oben schon gesagt ist, beim Herausfahren des Wagens die Leitungen der Hilfs-, Meß- und Synchronisierstromkreise unterbrechen. An der Innenwand ist der Stromwandler StW für den Strommesser zu sehen. Die Gerüste der anderen Schaltwagen sind genau so ausgeführt; Platz zur Unterbringung der bei diesen noch hinzukommenden Apparate und Instrumente ist hinreichend vorhanden.

Die Fernleitungen führen nach der etwa 53 km entfernten Transformatorunterstation in der Hirschau; etwa in ihrer Mitte liegt ein »Schalt- und Blitzschutzhaus«, in dem die Leitungen zur leichteren Auffindung von Fehlern getrennt und außerdem an Erde gelegt werden können. Zum Blitzschutz dienen Hörnerableiter mit Ölwiderständen; — strömendes Wasser zur Herstellung von Wasserwiderständen, wie im Kraftwerk, steht hier nicht zur Verfügung.

In dem Unterwerk Hirschau wird die Schaltung erst an der Niederspannungsseite der Transformatoren etwas anders als im Uppenborn-Kraftwerk: die Einrichtung zur selbsttätigen Ausschaltung der Ölschalter bei Überstrom arbeitet lediglich mit Wechselstrom; die Schalter sind sehr empfindliche Maximalausschalter. Eine kleine Neuerung erblicken wir in den Ölwiderständen an den Ölschaltern, durch die diese Schalter zu den auf S. 108,m, erwähnten »Schutzschaltern« geworden sind; die Ölwiderstände dienen dazu, einen beim Einschalten etwa auftretenden Stromstoß zu mildern und so die Gefahr der Überspannungen zu verkleinern.

Der an die Schienen angeschlossene Überspannungsschutz ist derselbe wie im Uppenborn-Kraftwerk, bloß hier etwas ausführlicher gezeichnet. Von den Schienen führen drei Leitungen in die Stadt zu den Umformerwerken, nämlich, wie der Lageplan erkennen läßt, zwei zum Unterwerk im Muffat-Kraftwerk und eine zum Unterwerk in der Arcisstraße. Zwei weitere Anschlüsse, einer an der linken und einer an der rechten Seite der in der Mitte teilbaren Schienen, führen zu einer kleinen Transformatorstation im Hause selbst, von der aus zwei Pumpenmotoren und ein asynchroner Motor-Generator gespeist werden. Die kleine, sich an den letzteren anschließende Gleichstromanlage mit 30 Volt Betriebsspannung dient zur Hausbeleuchtung.

Die Schaltanlage des Unterwerkes besteht eigentlich nur aus Schaltwagen, die ähnlich eingerichtet sind wie die im Uppenborn-Kraftwerk, aber dadurch bequemer zu handhaben sind, daß sie bis auf den Boden reichen und auf in diesen eingelassenen Schienen herausgezogen werden können.

Die in der Mitte des Schemas gezeichnete Synchronisiervorrichtung ist eine einfache Hellschaltung nach Tafel 2, Fig. 1b, nur ergänzt durch einen Hartmannschen »Synchronisator«, wie er auf S. 9 in der Fußnote erwähnt war. Dieser Apparat besteht in drei Kämmen mit Zungen, die elektromagnetisch in Schwingungen versetzt werden können, und zwar schwingt jedesmal diejenige Zunge mit größter Amplitude, deren Eigenschwingung dieselbe Frequenz hat wie der Wechselstrom, der die erregende Spule durchfließt. Von den drei Kämmen dienen zwei zur Angabe der Frequenz der zu synchronisierenden Teile der Anlage, der dritte, der von jeder der beiden Teilanlagen aus erregt wird, zur Anzeige des Synchronismus. Die Synchronisiervorrichtung wird nur dann benutzt, wenn eine größere Betriebsstörung vorgekommen ist: Nehmen wir an, in der in Betrieb befindlichen Fernleitung Moosburg-Hirschau — es sei die im Schema links gezeichnete — habe ein Kurzschluß stattgefunden; dann werden die sehr empfindlichen Maximalausschalter der Freileitung ausgeschaltet; danach werden die Ölschalter der drei von dem Unterwerk abgehenden Leitungen, wenn sie nicht unter der Wirkung des Kurzschlusses auch schon geöffnet waren, von Hand ausgeschaltet. Die nächste Folge wird im allgemeinen die selbsttätige Abschaltung der jetzt überlasteten beiden anderen Kraftwerke, Isartalstraße und Wasserkraftanlage Süd sein. Diese beiden Werke werden nun zuerst wieder an das Netz angeschlossen. Um dann, nach Umschaltung des Uppenborn-Kraftwerkes auf die gesunde, im Schema rechts gezeichnete Freileitung, auch dieses Werk wieder in Betrieb nehmen zu können, muß es mit dem Netze wieder in Synchronismus gebracht werden. Zu diesem Zwecke wird der linke Teil der Schienen durch die eine Leitung an das Hochspannungsnetz, der rechte Teil an die vom Uppenborn-Kraftwerk kommende Freileitung angeschlossen, nachdem der in der Regel geschlossene, die beiden Schienenhälften trennende Ölschalter geöffnet ist. Der Schaltwärter im Uppenborn-Kraftwerk wird nun von der Hirschau aus telephonisch angewiesen, wie er seine Maschinen einzuregeln hat. Sobald Spannung und Frequenz den richtigen Wert erreicht haben und Synchronismus vorhanden ist, wird in der Hirschau parallel geschaltet.

Deckblatt zu Tafel 19]

Änderungen seit 1910. Die Schaltung des Uppenborn-Kraftwerkes hat sich seit Erscheinen der ersten Auflage dieses Buches nicht geändert. — Das Unterwerk Hirschau dagegen hat einige wichtige Ergänzungen erfahren, die auf dem Deckblatte dargestellt sind. Die wichtigste ist der Anschluß an ein neues Kraftwerk, das nicht weit von München gelegene Amperwerk, das die Wasserkraft des Amperflusses ausnützt. Die von diesem Werke unter einer Spannung von 20000 Volt gelieferte Energie passiert in der üblichen Weise Ölschalter und Drosselspulen und verzweigt sich von kleinen Sammelschienen aus in zwei völlig gleiche Zweige, von denen je einer an einer der trennbaren Hälften der Hauptsammelschienen angeschlossen ist. Jeder Zweig enthält Ölschalter, Transformator und zwei Zähler, von denen jeder die Energie in einer Richtung mißt. Der Überspannungsschutz besteht in Kondensatoren (s. S. 110, m).

Die früher allein vorhandenen zwei Transformatoren, die vom Uppenborn-Kraftwerk gespeist werden, wurden durch einen dritten ergänzt, der zur Reserve dient. Zu den drei früheren Abzweigungen von den Hauptschienen ist noch eine hinzugekommen, nämlich eine Anschlußleitung, die sich unmittelbar hinter ihrem Ölschalter in die Anschlußleitung nach dem Eisbachkraftwerk und nach den Werken von Maffei verzweigt. Der Zusammenschluß der beiden Enden der Hauptsammelschienen zu einem Ringe durch die auf der alten Tafel ganz oben gezeichneten drei Leitungen ist jetzt beseitigt. — Rechts oben ist noch eine andere Änderung zu erkennen: Die Transformatoren von 5000/110 Volt, die die Pumpenmotoren und den Umformer für die Beleuchtungsanlage der Station speisen, sind auf andere Weise wie früher, nämlich erst durch Vermittlung besonderer Sammelschienen, von denen aus noch eine Fernleitung zum Herzogpark führt, angeschlossen. In den neueren Teilen der Anlage hat man auf die Ausführung der Schaltanlage mit Schaltwagen verzichtet, weil sich diese nicht recht bewährt hatten.

Grundsätzliche Änderungen sind, wie man sieht, in der Schaltanlage nicht vorgenommen worden, was als Zeichen dafür betrachtet werden kann, daß die ursprüngliche Anlage den an sie gestellten Anforderungen genügt hat.

Tafel 20]

Das Murg- und Schwarzenbach-Werk der Badischen-Landes-Elektrizitätsversorgung A.-G. (Badenwerk)[1])

Drehstrom, 110000 Volt (und 22000 Volt und 3000 Volt), 50 ∿

Allgemeiner Überblick. Das Badenwerk dient zur Versorgung des Landes Baden mit elektrischer Energie, die aus zwei Wasserkräften, der der Murg und der des Schwarzenbaches gewonnen wird. An den Landesgrenzen ist es an die Netze der benachbarten Länder angeschlossen. Das Murgwerk wurde Ende 1918 in Betrieb gesetzt; das Schwarzenbachwerk ist, obwohl noch nicht ganz fertiggebaut, 1924 in Betrieb genommen worden. Das erstere sammelt das Wasser 8 km oberhalb Forbach in einem Tagesspeicher von rd. 360000 m³ Nutzinhalt, der sein Wasser unter einem mittleren Nutzgefälle von 145 m abgibt, während das Schwarzenbachwerk mit einem 15000000 m³ fassenden, etwa 2 km entfernten Staubecken den Jahresausgleich herbeiführen und dadurch die Nachteile der starken Schwankungen im Wasserzufluß der Murg aufheben soll; das Nutzgefälle dieses Werkes ist 365 m. Die Energie beider Wasseranlagen wird in einem gemeinsamen Kraftwerke in elektrische Energie umgesetzt.

---

[1]) Unter Benutzung eines Vortrages des Herrn Dipl.-Ing. Ernst Hanauer.

Der Betrieb wird sich nach vollständiger Inbetriebsetzung des Schwarzenbachwerkes so gestalten, daß zunächst das Wasser der Murg aus dem Tagesbecken entnommen und das Schwarzenbachwasser erst in Anspruch genommen wird, wenn das Murgwasser nicht mehr ausreicht. In den Zeiten besonders niedrigen Bedarfs aber, also in der Nacht, wo es vorkommen kann, daß selbst die Murg zuviel Wasser liefert, braucht man dieses nicht nutzlos über das Wehr laufen zu lassen. Es ist vielmehr eine Einrichtung getroffen, durch die dieses überschüssige Wasser in das hochgelegene Schwarzenbachbecken gepumpt werden kann. — Außer den beiden Wasserkraftwerken mit ihrem gemeinsamen elektrischen Kraftwerk in Forbach stehen zur Versorgung der an die Verteilungsnetze angeschlossenen Abnehmer noch einige Kohlenkraftwerke zur Verfügung. Es sind dies die Kraftwerke der Städte, die schon vor der Erbauung der Wasserkraftwerke Elektrizitätswerke besaßen und jetzt hauptsächlich vom Badenwerk versorgt werden, also in erster Linie die Werke in Karlsruhe, Mannheim und Rheinau. Diese unterstützen das Badenwerk allerdings nur selten; die beiden letzteren Kraftwerke versorgen im allgemeinen ihre eigenen großen Netze.

Ein drittes Wasserkraftwerk verdankt seine Existenz der Forderung, daß den unterhalb der Werke liegenden Wasserkraftanlagen, Mühlen, Sägemühlen usw, das Murgwasser mit derselben Menge gleichmäßig zufließen soll, wie es dem Tagesausgleichsbecken zufließt. Es mußte deshalb unterhalb des Hauptwerkes ein Ausgleichbecken geschaffen werden, wodurch weitere Energie gewonnen werden konnte.

Die Spannung der Generatoren beträgt im Hauptwerke 10 000 Volt und wird für die Speisung der Überlandleitungen nach Karlsruhe, Mannheim, bis zur Verbindung mit dem Pfalzwerk nördlich und der Schweiz südlich (später auch nach Württemberg) auf 110 000 Volt, und zur Versorgung näherer Umgebung bis etwa Kehl auf 22 000 Volt erhöht. Die unmittelbare Nachbarschaft, insbesondere Forbach, und auch das eigene Werk erhält die elektrische Energie unter einer Spannung von 3 000 Volt, die aber nicht im Hauptwerk, sondern im Niederdruckwerk, und zwar ohne Transformierung, aus den Generatoren gewonnen wird.

Generatoren, Transformatoren, Schienen. Im Hochdruckwerk stehen fünf Drehstromgeneratoren zu je 5000 kVA Leistung und einer Spannung von 10000 Volt. Die zugehörigen Turbinen, Francisturbinen, werden aus dem Wasser der Murg gespeist. Bei der Erweiterung der Anlage durch das Schwarzenbachwerk sind in einem Anbau des Krafthauses zwei weitere Generatoren von je 23 000 kVA Leistung hinzugekommen. In einem dritten Ausbau sollen noch zwei Generatoren und zwei Transformatoren aufgestellt werden, die auf Tafel 20 durch strichpunktierte Rechtecke angedeutet sind. Sechs von diesen Generatoren arbeiten auf gemeinsame Sammelschienen, und zwar auf ein Doppelschienensystem, auf dessen beide Schienen in bekannter Weise durch Trennstücke umgeschaltet werden kann. Die untere Schiene ist auf Tafel 20 aus später mitgeteilten Gründen als Schiene für die ungeregelte, die obere als Schiene für die geregelte Spannung bezeichnet. An diese Schienen sind links drei Transformatoren von 5 000, 2 000 und 5 000 kVA Leistung angeschlossen. Rechts zweigen die Zuleitungen zu zwei Transformatoren von je 10000 kVA Leistung und einer Oberspannung von 110000 Volt ab. In beiden Fällen werden die Oberspannungsleitungen zu Doppelschienen geführt. An den Schienen von 110000 Volt liegt nun noch der siebente Generator, ein Generator von 23 000 kVA Leistung, dessen Turbine wie die des schon erwähnten gleich großen Generators, ihr Wasser aus dem Schwarzenbachbecken erhält. Der Transformator für diesen Generator liegt unterspannungsseitig nicht an den Sammelschienen, sondern bildet mit seinem Generator eine Einheit, entsprechend den Ausführungen auf S. 123, u. Der Generator kann aber außerdem auch an die Sammelschienen gelegt werden.

In bezug auf die abgehenden Leitungen zeigt das Schaltungsschema ohne weiteres alles Wissenswerte. Bemerkenswert sind an den abgehenden Leitungen für 22000 Volt die Vermittlungsschienen (s. Seite 123) und zwar Doppelschienen. Doppelschienen sind gewählt, weil aus bautechnischen Gründen die Ausführungsleitungen ein Stück weit in Form von Kabeln geführt werden mußten, mit deren gelegentlicher Beschädigung gerechnet werden muß. Die Schienen sind durch Trennstücke in Stern-Verbindung an die Leitungen angeschlossen und ermöglichen eine Vermittlung in dem Sinne, daß z. B. die Energie nach Gernsbach durch das Kabel der Teinacher Leitung geführt werden kann, wenn das Gernsbacher Kabel außer Betrieb gesetzt sein sollte. In derselben Weise kann verfahren werden, wenn ein Ölschalter beschädigt ist. Welche Verbindungen in einem solchen Falle durch die Trennstücke ausgeführt werden müssen, ist leicht zu erkennen.

Die zwei Generatoren im Niederdruckwerk von je 650 kVA Leistung und 3000 Volt Spannung, arbeiten zunächst parallel auf ein Sammelschienensystem, das durch zwei Transformatoren von 500 und 1200 kVA mit den Schienen des Hauptwerkes für 10000 Volt verbunden werden kann; die Transformatoren stehen im Hauptwerk. Die Verteilungsschienen des Niederdruckwerkes sind mit den Sammelschienen durch einen Steg verbunden, in den ein Regeltransformator von 150 kVA Leistung eingeschaltet ist, der aber durch eine Kurzschlußleitung ausgeschaltet werden kann. Durch ihn kann die Spannung an den Verteilungsschienen konstant gehalten werden, auch wenn die Spannung an den Sammelschienen schwankt.

Synchronisiervorrichtung. Die Synchronisiervorrichtung ist nur angedeutet, sie entspricht dem Schema **MaS, D, MTb, STg, Sg, Lg.** Außerdem ist aber noch eine in der Mitte des Schemas gezeichnete Vorrichtung zum selbsttätigen Parallelschalten vorhanden; und diese wird in der Regel benutzt, so daß man sagen kann, die erstgenannten stehen als Reserve zur Verfügung. Die Einrichtung zum selbsttätigen Parallelschalten ist in der Zeichnung durch ein Rechteck angedeutet. — Die unter dem Rechteck in einem Kreuz verbunden vier Meßinstrumente sind die bei der Synchronisierung zu benutzenden Instrumente, nämlich die Spannungsmesser zur Messung der beiden Spannungen, der Synchronisierspannungsmesser, neben dem die angedeutete Synchronisierlampe gezeichnet ist, und der Frequenzmesser. Die vier Instrumente wiederholen sich rechts oben; sie stellen dort die Synchronisiervorrichtung dar, die benutzt wird, wenn ein fernes Werk, z. B. das Karlsruher Dampfkraftwerk, auf das Forbacher Werk synchronisiert werden soll.

Erregung. Für die Erregung der älteren Generatoren, nämlich der Generatoren zu je 5000 kVA, ist im Maschinenhause des Hochdruckwerkes ein Gleichstromgenerator von 250 kW aufgestellt, der von einer Freistrahlturbine unmittelbar angetrieben wird. Zur Reserve für diesen steht im gleichen Werk ein von einem Asynchronmotor getriebener Gleichstromgenerator von ebenfalls 250 kW. Die Anlage arbeitet mit 220 Volt Spannung. Sie wird ergänzt von einer Akkumulatorenbatterie von 1090 Amperestunden; ein Zusatzmaschinensatz dient zu deren Ladung. Der Doppelsatz von Spannungs- und Strommesser in der Anschlußleitung der Generatoren ist dadurch begründet, daß die Maschinen und die Regelungsvorrichtungen räumlich voneinander getrennt sind. Der Anschluß der Erregerwicklung an die Gleichstromschienen, wie es im Schaltungsschema gezeichnet ist, dürfte aus der Zeichnung ohne weiteres klar sein. Die schematisch angedeuteten Elektromagnete an den Regelhebeln und Schaltern deuten auf Fernsteuerung. — Die Drehstromgeneratoren des Niederdruckwerkes sind in gleicher Weise erregt.

Die neuen Generatoren zu 23000 kVA werden, auch nicht aushilfsweise, von dieser Gleichstromanlage erregt, sondern von besonderen Erregermaschinen, die durch eigene Turbinen angetrieben werden. Um nicht in diesen, verhältnismäßig große Energien führenden Stromkreisen regeln, also auch große Wärmemengen in den Regelwiderständen entwickeln zu müssen, ist die Regelung Erregermaschinen zweiter Ordnung zugewiesen, also Maschinen, die den Erregerstrom für die erstgenannten Haupterregermaschinen liefern, und die als Nebenschlußmaschinen im Nebenschluß- und im Hauptschlußkreise geregelt werden; sie sind auf die Wellen der Haupterregermaschinen fliegend aufgesetzt.

Spannungsregelung. Die Generatoren im Niederdruckwerk werden nur durch Fernsteuerung geregelt. Für die Regelung der anderen Generatoren sind zwei Schnellregler vorhanden; doch können diese Maschinen auch durch Fernsteuerung geregelt werden.

Bemerkenswert ist eine Einrichtung, durch die die Spannung zwischen den beiden Schienensystemen zu 10000 Volt, von denen das eine schon oben als das geregelte, das andere als das ungeregelte bezeichnet wurde, geregelt wird. Diese durch ein Trennstück kurzschließbare Einrichtung ist in der Mitte der Zeichnung dargestellt; die Einstrichart der Zeichnung macht diese Einrichtung etwas undeutlich. Sie besteht zunächst in einem Zusatztransformator, der von der geregelten Spannung erregt wird. Hinter diesen Zusatztransformator ist ein Doppeldrehtransformator (Induktionsregler) geschaltet, der in seinem Läufer von einer dritten Wicklung des Zusatztransformators erregt wird. Der Läufer sowohl als der Ständer sind in zwei gleichen Teilen ausgeführt, wobei ihre Wellen so miteinander gekuppelt sind, daß ihre Drehmomente entgegengesetzt gerichtet sind. Nur so konnte der Gefahr einer übermäßigen mechanischen Beanspruchung auch im Falle eines Kurzschlusses bei diesem sehr großen Drehtransformator — er leistet 12000 kVA — erfolgreich entgegengearbeitet werden. Die Wicklungen des Zusatz- und Drehtransformators sind im Dreieck geschaltet, wodurch bekanntlich die dritte Oberwelle unterdrückt wird. Im Zusammenhange mit dieser Spannungsregelung soll noch einmal an die mit der letzten vergleichbaren Spannungsregelung durch einen Drehtransformator zwischen den beiden Schienen für 3000 Volt erinnert werden.

Schutzeinrichtungen. Bei der Ausführung der Anlage ist den neuzeitlichen Anschauungen entsprechend in allen Teilen auf große elektrische und mechanische Festigkeit und Zuverlässigkeit Bedacht genommen. Der frühere nach älteren Grundsätzen in unabhängigen Maximalrelais — in der Zeichnung durch das Symbol für Maximalausschalter (s. Tafel 29) angedeutet — bestehende Schutz der Generatoren ist später durch ein Differentialstromrelais $DStR$ und ein Energierichtungsrelais RR erweitert worden. Das Erdschlußrelais ER arbeitet in der aus früheren Darstellungen bekannten Weise. Die über den Differentialrelais gezeichneten Überstromregler $ÜStR$ schützen die Generatoren, indem sie das Feld schwächen und so den Dauerkurzschlußstrom begrenzen. Als Schutzvorrichtung ist noch die Einrichtung zu erwähnen, durch die eine übermäßige Erwärmung der Transformatoren gemeldet und diese auch selbsttätig ausgeschaltet werden, eine Einrichtung, wie sie schon auf S. 126,0 erwähnt ist.

Wiederum den neuzeitlichen Anschauungen entsprechend ist beim Überspannungsschutz großer Wert auf Schutzmaßnahmen vorbeugender Wirkung gelegt worden: Fast sämtliche Ölschalter sind mit Vorkontakten versehen; außerdem trägt die hohe Kapazität, die der Anlage durch die zahlreichen parallelgeschalteten Kabel verliehen ist, zum Schutze gegen Überspannungen bei. Hierauf allein konnte man sich aber natürlich nicht verlassen. Es sind deshalb die drei in getrennten Gebäuden untergebrachten Schaltanlagen mit den allgemein gebräuchlichen Schutzapparaten ausgerüstet: An die beiden Schienensysteme der Anlage für 10000 Volt ist zum Schutze gegen Überspannungen je ein Stern-Dreieckschutz mit Ölwiderständen (s. Seite 110,0) angeschlossen. Auch an die Schienen der Anlage für 22000 Volt sind zwei solche Hörnerableiter angeschlossen, die aber zum Unterschiede gegenüber den erstgenannten mittels Trennstücke an jedes der beiden Schienensysteme angelegt werden können, so daß immer ein Apparat als Reserve zur Verfügung steht. Diese Einrichtung ist getroffen, weil parallel zu den Hörnerableitern noch je eine Erdungsdrosselspule zur Abführung statischer Ladungen abzweigt, die als Primärwicklung eines Transformators ausgebildet ist, dessen Sekundärwicklung die Spannung für die wichtigen Erdschlußrelais liefert. Zur Verringerung des Erdschlußstromes dieser Anlage für 22000 Volt ist an die Sternpunkte der Transformatoren für 2000 kVA und 5000 kVA eine Drosselspule nach Petersen (s. Seite 111,u) angeschlossen. Die Anlage für 3000 Volt ist nur durch eine Erdungsdrosselspule geschützt. Sämtliche Transformatoren des Kraftwerkes haben hochspannungsseitig als Schutz Drosselspulen erhalten. Selbstverständlich können die Freileitungen geerdet werden, damit an ihnen gearbeitet werden kann.

Über Zweck und Wirkungsweise der angeführten Schutzvorrichtungen braucht hier nicht näher eingegangen zu werden, da diese auf Tafel 12 und Tafel 13, S. 106 ff. ausführlich behandelt sind.

Schalter und Schaltungen. Bei einem so großen Kraftwerke, wo manchmal sehr große Energien geschaltet werden müssen, können die Ölschalter immer eine Quelle unangenehmer Störungen sein. Es wurde deshalb auf diese große Sorgfalt verwendet. Sie wurden mit druckfesten Ölkesseln ausgerüstet und größtenteils als Dreikesselschalter ausgeführt, weil diese betriebssicherer sind. Bei den Schaltern der Transformatoren ist außerdem die Einrichtung getroffen, daß beim Herausfallen des einen Schalters auch der andere ausgelöst wird, so daß der Transformator sowohl hoch- wie niederspannungsseitig ausgeschaltet ist. Die Kupplung der beiden Schalter ist in der Zeichnung symbolisch durch die dort eingezeichnete Verbindungslinie angedeutet. — Alle Schalter können ferngesteuert werden.

Die Schienensysteme des Werkes sind mit den auf S. 125,m beschriebenen Kupplungsschaltern ausgerüstet. Unter ihnen verdient der Kupplungsschalter der Schienen für 10000 Volt, der je zwei Teile der Schienen für geregelte und der Schienen für ungeregelte Spannung in beliebiger Weise zu kuppeln gestattet, wegen der Art seines Anschlusses besondere Beachtung. Wie für jeden Betriebsfall die Schaltungen der drei Paar Trennstücke und des einen Ölschalters auszuführen sind, wird man bei sorgfältiger Betrachtung der etwa in der Mitte der Schienen gezeichneten Anordnung leicht verfolgen können.

Für den Betrieb eines solchen Werkes ist es außerdem von großer Bedeutung, daß alle Vorkommnisse möglichst rasch an einer Stelle gemeldet werden, damit von dort aus die erforderlichen Schaltungen sofort vorgenommen werden können. Zu diesem Zwecke ist das Werk mit einer neuzeitlichen und ausgedehnten Meß- und Signaleinrichtung ausgerüstet. In das Schema sind nur die Meßinstrumente eingezeichnet; ihre Verbindungen mit den Strom- und Spannungswandlern sind ohne weiteres klar. Alle diese Instrumente, außerdem diejenigen zur Messung der hydraulischen Größen, ferner die Vorrichtung zur Temperaturüberwachung, sowie die Steuerung der Fernantriebe für die Schalter und Regler, befinden sich in einem sogen. »Zentralbetätigungsraum«, der selbst wieder in telephonischer

Verbindung mit allen wichtigen Punkten des Werkes steht. Da das Anlassen und Abstellen der Maschinen im Krafthause erfolgt, während die Belastung vom Betätigungsraum aus geregelt wird, mußte im Krafthause eine Lichtsignalanlage aufgestellt werden, durch die dem Maschinenwärter Anweisungen über die Regelung der Turbinen übermittelt werden. Die Übersicht über die getroffenen Schaltungen wird dem Schaltwärter dadurch erleichtert, daß durch sogen. Schemaleisten das Schaltungsschema auf der Schaltanlage nachgebildet ist; eingebaute Signallampen geben jederzeit ein auf den ersten Blick übersehbares Bild vom Betriebszustande des Werkes. Damit aber auch der Maschinenwärter über die Belastungsverhältnisse usw unterrichtet ist, steht im Krafthause noch ein besonderer Satz der wichtigsten Meßinstrumente, wie Spannungs-, Leistungs- und Strommesser.

Neben- und Hilfsbetriebe. Von den Schienen für 3000 Volt, die vom Niederdruckwerk gespeist werden, gehen zwei Transformatoren von je 200 kVA ab, die die Spannung auf 380/220 Volt herabsetzen, und die zur Versorgung der ausgedehnten Nebenbetriebe des eigenen Werkes dienen. Ferner führt von diesen Schienen noch eine Freileitung zu dem Wasserschlosse zum Betriebe der dort aufgestellten Maschinen und Apparate.

Für die Hilfsbetriebe, wie Fernsteuerung, Betrieb der Relais, Notbeleuchtung usw steht Gleichstrom zur Verfügung. Dieser Gleichstrom wird, wie aus dem Schema zu ersehen ist, von besonderen kleineren Verteilungsschienen abgenommen, die von den Hauptgleichstromsammelschienen gespeist werden.

Tafel 21]

Das Unterwerk Scheibenhardt bei Karlsruhe
Drehstrom, 100 000 Volt, 20 000 Volt, 50 ∿

Von den Oberspannungsschienen des Murgkraftwerkes in Forbach führt, wie wir in der Beschreibung zur vorigen Tafel gesehen haben, nur eine Leitung ab, und zwar 40 km weit nach Scheibenhardt bei Karlsruhe, von wo sie 60 km weiter nach einem Unterwerk in Rheinau bei Mannheim geleitet wird. Von diesen beiden Unterwerken soll das erstere besprochen werden.

Die beiden Leitungen von Forbach und nach Rheinau sind in völlig gleicher Weise an das mit »Betriebsschienen« bezeichnete Sammelschienensystem angeschlossen. Das entspricht der Tatsache, daß auch in der Richtung von Rheinau dem Unterwerk Scheibenhardt Energie zugeführt werden kann. Über Rheinau werden nämlich noch andere Erzeugerstationen, insbesondere die Großkraftwerke der Pfalz, erreicht.

Das zweite mit »Schaltschienen« bezeichnete Sammelschienensystem ist im normalen Betriebe nicht an die Leitungen angeschlossen und ändert den Charakter des Gesamtschienensystemes nicht, was schon daraus ersichtlich ist, daß die Transformatoren nur an der Betriebsschiene liegen. Die Schaltschienen haben den Zweck, den in der Mitte gezeichneten Ölschalter (Kupplungsschalter) so anzuschließen, daß er zum Ein- und Ausschalten jeder der beiden Fernleitungen benutzt werden kann. Soll z. B. die nach Rheinau führende Leitung abgeschaltet werden, so ist folgendermaßen zu verfahren: Die Trennstücke T_2 der Rheinauer Leitung, die normalerweise immer offen sind, werden geschlossen, ebenso der Kupplungsschalter, der bisher, wie immer im gewöhnlichen Betriebe, geöffnet war. Ist das geschehen, dann können in Trennstücke T_1 der Rheinauer Leitung geöffnet werden, was offenbar ohne Öffnungsfunken geschieht, weil T_1 parallel zu dem in Reihe mit T_2 geschalteten Kupplungsschalter liegt. Nun wird der Ölschalter und nach ihm die Trennstücke T_2 geöffnet und auf diese Weise die Verbindung zwischen den beiden Fernleitungen gelöst. Ähnlich ist zu verfahren, wenn es sich darum handelt, die vom Murgwerk kommende Leitung ab- oder zuzuschalten. — Wie man sieht, kommt man mit Hilfe der Schaltschiene mit einem Schalter aus, während man ohne dieselbe zwei Schalter einbauen müßte. Dieser Vorteil würde noch mehr in Erscheinung treten, wenn noch mehr Leitungen auf das Schienensystem arbeiten würden, denn auch in diesem Falle könnte man mit nur einem Schalter auskommen. Der Vorteil, nur einen Schalter statt mehrerer zu brauchen, ist aber natürlich dadurch erkauft, daß der Schaltvorgang selbst wesentlich umständlicher geworden ist und daß leichter Fehlschaltungen möglich sind. Man wird im allgemeinen diese Einrichtung nur da treffen, wo man bestrebt ist, die Anlagekosten möglichst gering zu halten, und bereit ist, eine geringere Bequemlichkeit, Übersichtlichkeit und Sicherheit in Kauf zu nehmen.

Zwischen den Oberspannungsschienen für 100000 Volt und den Unterspannungsschienen für 20000 Volt liegen die zwei Transformatoren mit ihrem Zubehör. Der eine zu 5000 kVA, der andere zu 12500 kVA. Sie sind unterspannungsseitig mit Anzapfungen zum Ausgleich der Spannungsverluste ausgerüstet. Es können damit beim kleineren Transformator die Spannungen 20500 und 21000 Volt, beim größeren außerdem noch 22000 Volt hergestellt werden. Der hohen Spannung wegen werden dazu keine Schleifkontakte, sondern Steckkontakte verwendet, die im Bedarfsfalle bestimmte Spulen abschalten. Eine Nebenskizze links, in der die Steckkontakte schematisch in drei Lagen gezeichnet sind, erläutert die Wirkungsweise. Beiderseits der Transformatoren liegen Schutzdrosselspulen und Trennstücke. Bemerkenswert ist, daß man es an dem zuletzt aufgestellten größeren Transformator für besser befunden hat, auch die Drosselspulen an der Unterspannungsseite zusammen mit dem Transformator abschaltbar zu machen. Von diesem Transformator wird die Energie durch drei parallel geschaltete Kabel weitergeleitet. — Die Ölschalter weiter oben sind dieselben wie im Kraftwerk Forbach. Aus Sparsamkeit hat man sich damit begnügt, nur einen Ölschalter je Transformator, und zwar auf der Niederspannungsseite anzubringen. Hochspannungsseitig müssen die Transformatoren durch einfache Trennstücke zu- oder abgeschaltet werden.

Die Sammel-Verteilungsschienen für 20000 Volt sind fast zu einem Ringe zusammengeschlossen. Mitten dazwischen liegen Schienen, die wir Hilfsschienen nennen wollen; sie werden beim Synchronisieren verwendet. Von den ersteren Schienen gehen sechs Fernleitungen aus, die durch selbsttätige Ölschalter abschaltbar sind. Hinter den Ölschaltern sind die Leitungen durch Trennstücke an Vermittlungsschienen angeschlossen. Diese gestatten, eine der Fernleitungen an einen anderen Ölschalter anzuschließen, wenn der eigene etwa zur Ausbesserung außer Betrieb gesetzt werden muß. — An die Sammelverteilungsschienen sind angeschlossen: links zwei Stern-Dreieck-Schutzvorrichtungen mit Erdungsdrosselspulen und Signal-Spannungsmesser (nach Tafel 12, Fig. 30), ferner zwei Transformatoren für 20000/380/220 Volt mit Platz für einen dritten zur Deckung des eigenen Bedarfs (in der Mitte des Blattes gezeichnet); schließlich ganz rechts zwei Erdungsdrosselspulen nach Bauch (vgl. Tafel 12, Fig. 42). Zuletzt ist der Kupplungsschalter zu erwähnen, der die Hauptschienen mit den Hilfsschienen in derselben Weise verbindet, wie wir es bei dem oberspannungsseitig eingebauten Kupplungsschalter gesehen haben. Wie der Schalter in Verbindung mit der Hauptsynchronisiereinrichtung, die an die Synchronisiertransformatoren ST_1 und ST_2 angeschlossen ist, benutzt wird, möge an einem Beispiel gezeigt werden. Das Dampfkraftwerk in Karlsruhe, zu dem die zweite der sechs Fernleitungen führt und das zurzeit nicht angeschlossen ist, soll zur Energielieferung herangezogen werden. Zu diesem Zwecke werden die Trennstücke T_5 geöffnet, die Trennstücke T_4 und der Ölschalter geschlossen. Die Hilfsschienen stehen also unter der Spannung des Karlsruher Werkes, und es besteht jetzt die Aufgabe, die Hilfsschienen auf die Hauptschienen zu synchronisieren. Dies geschieht mit Hilfe der Synchronisiertransformatoren ST_1 und ST_2. Ist der Synchronismus hergestellt, dann wird der Kupplungsschalter, der Haupt- und Hilfsschienen verbindet, eingelegt, danach die Trennstücke T_5 geschlossen und zuletzt die Trennstücke T_4 und der Kupplungsschalter wieder geöffnet. Wenn man die auf die Schienen zu schaltenden Fernleitungen als Maschinen auffaßt, so entspricht die in der Zeichnung nur angedeutete Synchronisiereinrichtung dem Symbol **MaS, D, STg, MTg, Sb, Lg**. Zu beiden Seiten der Ölschalter der beiden Haupttransformatoren für 100000/20000 Volt und der Rastatter Leitung sind noch besondere Synchronisiertransformatoren ST vorhanden. Diese stellen eine Ergänzung der Synchronisiereinrichtung dar, die die Bedienung des Werkes erleichtert, aber nicht unbedingt nötig ist; an diesen Stellen muß nämlich öfters synchronisiert werden, und man möchte nicht jedesmal die ziemlich umständliche Schaltung über die Hilfsschienen vornehmen.

In bezug auf die Meßinstrumente und Meßvorrichtungen ist höchstens zu erwähnen, daß die Spannung an den Enden der von Forbach nach Rheinau kommenden Leitungen an den Kondensatorklemmen gemäß dem auf S. 96,u beschriebenen Verfahren mit statischen Spannungsmessern gemessen wird.

Abschnitt II
Anlagen besonderen Charakters (Umformerwerke)
Tafel 22]

Elektrizitätswerk Gothenburg (Schaltanlage von den Felten- & Guilleaume-Lahmeyer-Werken)

Drehstrom 6000 Volt, 25 ∿; Gleichstrom 2 × 120 Volt

Ausbau 1910. Für das von E. Wikander im Jahre 1906 im Auftrage der Stadt ausgearbeitete Projekt eines Elektrizitätswerkes für die Stadt Gothenburg mußte die Tatsache von Einfluß sein, daß schon zwei von Privatgesellschaften betriebene Elektrizitätswerke und eine Straßenbahnzentrale bestanden; es war erwünscht, einerseits die einmal vorhandene Gebrauchsspannung von 120 Volt beizubehalten, andererseits die Anlage so auszuführen, daß die Generatoren zur Unterstützung der weiter bestehenden Straßenbahnzentrale dienen könnten. Eine andere Grundlage für das Projekt gab die Forderung, daß das Werk schon vor der Betriebseröffnung der Kraftübertragung von den Trollhättafällen in Betrieb sein, nachher aber von diesen aus betrieben werden sollte, so daß die für die erste Zeit aufzustellenden Dampfmaschinen später in Reserve stünden. Für die Versorgung der Stadt wurde es für zweckmäßig erachtet, wie bisher Gleichstrom zu verwenden, für die Energieübertragung von den etwa 75 km entfernten Fällen her war natürlich Drehstrom anzunehmen, und zwar sollte die Drehstromenergie nicht nur nach der »Zentrale«, nämlich der in der ersten Zeit völlig selbständig arbeitenden Dampfzentrale, sondern außerdem nach einem rein elektrischen Unterwerk für Drehstrom-Gleichstrom-Umformung geliefert werden. Deshalb und weil für den Anschluß großer Motoren, z. B. in Fabriken und — soweit es die niedrige Frequenz von 25 Perioden in der Sekunde zuließ — auch für die allgemeine Versorgung der äußeren Stadtbezirke Drehstrom in Aussicht zu nehmen war, mußte die Zentrale so eingerichtet werden, daß sie nicht nur Drehstrom aufnehmen, sondern, wenn die Zufuhr von den Trollhättafällen versagte, außer dem Gleichstrom auch Drehstrom abgeben könnte. Die in der Zentrale aufzustellenden Drehstrommotoren mußten deshalb umgekehrt arbeiten können, also synchrone Maschinen sein.

Damit war der Charakter der Anlage im wesentlichen festgelegt: Von den Trollhättafällen wird die Energie mit einer Spannung von 50000 Volt zu einer noch auf staatlichem Gebiete liegenden Transformatorstation (vgl. die Figur rechts unten) geleitet, in der die Spannung auf 6600 Volt herabgesetzt wird. Von da führen über ein auf städtischem Gebiete liegendes Schalthaus zwei Leitungen zur Zentrale, und zwar die eine (A) unmittelbar, die andere (B) über eine Schaltstelle; die letztere Leitung dient gleichzeitig als Hochspannungs-Verteilungsleitung. Zwei weitere Leitungen (S) führen als Speiseleitungen, ohne Abzweigungen, vom Schalthaus zum Umformerwerk. Eine dritte, daneben liegende Leitung (N) dient als Verteilungsleitung. Von der Zentrale führt schließlich noch eine Leitung (U) zum Umformerwerk, eine andere (N) ins Hochspannungs-Verteilungsnetz. In der Zentrale sind zwei schnellaufende (187,5 Umdrehungen in der Minute) Dampfmaschinen von 1200 PS normaler und 1500 PS maximaler Dauerleistung aufgestellt; jede ist mit einem aus zwei Gleichstrommaschinen von 500 kW bei 240 bis 360 Volt Spannung und einer synchronen Drehstrommaschine von 1180 kVA bestehenden Maschinensatze unmittelbar, aber leicht lösbar gekuppelt, so daß der elektrische Teil bei stillstehender Dampfmaschine selbständig betriebsfähig ist.[1]

Die Gleichstromlieferung wird unterstützt durch eine Akkumulatorenbatterie von der ungewöhnlichen Größe von 12000 Amp.-Stunden bei dreistündiger Entladung (8200 Amp.-Stunden bei einstündiger Entladung), die imstande ist, bei einer Stromunterbrechung von den Trollhättafällen her den gesamten Bedarf zu decken, bis die Dampfanlage in Betrieb gesetzt ist. Die Batterie ist mit zwei Entladeschlitten und einem Ladeschlitten ausgerüstet, der aber, wie wir gleich sehen werden, nach der in Bd. I, Tafel 15, Fig. 2, angegebenen Weise (vgl. auch die zu ähnlichem Zwecke angegebene Schaltung in Bd. I, Tafel 6, Fig. 19) auch zur Entladung benützt werden kann. Die in den Außenleitungen der Batterie liegenden Ausschalter sind selbsttätige, durch ein Relais auszulösende Maximalschalter, die aber auch vermittels Druckknopf elektrisch ein- oder ausgeschaltet werden können. Das Nichtleuchten einer Signallampe bei der einen oder der anderen Stellung eines zugehörigen Umschalters (𝕬 = ausgeschaltet, 𝕰 = eingeschaltet) gibt die jeweilige Stellung des Schalters an; Aufleuchten läßt eine — beabsichtigte oder nicht beabsichtigte — Veränderung des Schaltzustandes erkennen. Den drei Zellenschalterschlitten entsprechen drei Paar Schienen, an denen anderseits drei Gruppen von Speiseleitungen liegen. Der doppelte Charakter des einen Zellenschalterschlittens als Lade- und Entladeschlitten kommt zum Ausdruck durch einpolige Umschalter (ohne Unterbrechung, »o U«), durch die die eine dieser Gruppen von der einen Entladeschiene ab auf die Ladeschiene geschaltet werden kann. Es können also, wenn nicht gerade geladen wird, drei Spannungen ins Netz geliefert werden, so daß man trotz der in den Speiseleitungen verschieden großen Spannungsverluste gleiche Spannung an den Speisepunkten haben kann. Nach den Beobachtungen im Betriebe betragen die Verluste in der einen Gruppe der Speiseleitungen 3 bis 5%, in der zweiten 8 bis 10% und in der dritten 11 bis 20%. Die Speiseleitungen, die in der Figur an die Verteilungsschienen fest angeschlossen scheinen, können je nach Bedarf leicht an die eine oder die andere Schiene geschlossen werden, wenn die im Betriebe beobachtete Speisepunktspannung dies erwünscht macht. Gleichzeitig müssen dann die Prüfdrähte auf ein anderes Paar Spannungsmesser umgeschaltet werden; um dies bequem machen zu können, liegt zwischen den Prüfdrähten und den Kontakten der Spannungsmesserumschalter ein Haupt-Linienwähler, der hier

---

[1] Eine genauere Beschreibung des Werkes, wie es bei der Inbetriebsetzung war, s. ETZ. 1910, S. 525 ff.

nicht gezeichnet ist. Die Spannungsmesser sind mit einer Schaltung zur selbständigen akustischen und optischen Anzeige zu hoher und zu niedriger Spannung ausgerüstet.

Die Gleichstromgeneratoren eines Maschinensatzes können entweder — wie es mit dem im Schema links gezeichneten Maschinensatze geschehen ist — durch zwei zweipolige Umschalter hintereinander auf die Bahnschienen geschaltet oder — wie der Maschinensatz rechts — durch Umlegung dieser Umschalter zum Einzelbetriebe bereitgestellt werden. Im letzteren Falle sind zwei zweipolige Umschalter zu benützen, um die Generatoren entweder auf die Ladeschienen oder auf die Entladeschienen zu schalten, und zwar kann der eine Generator des Maschinensatzes nur auf die Entladeschienen I, der andere nur auf die Entladeschienen II arbeiten. Durch diese Umschaltbarkeit erinnert die Anordnung etwas an das Schema von Tafel 15, Fig. 6 in Bd. I. Ein Unterschied besteht jedoch darin, daß dort die Maschinen für die halbe Batteriespannung gebaut sind und an die Außenleiter hintereinander oder für eine Hälfte parallel geschaltet werden können; hier dagegen liefern die Maschinen Außenleiterspannung und können außer an das Lichtnetz einzeln zwischen die Außenleiter auch in Reihe auf das Bahnnetz geschaltet werden. Die Erregerwicklungen der beiden Gleichstromgeneratoren sind einzeln an die Maschinen oder hintereinander schaltbar. Hierzu dienen einpolige, neben die Erregerwicklungen gezeichnete Umschalter und der doppelpolige Umschalter in der Mitte zwischen beiden Maschinen, der zur Hintereinanderschaltung nach oben zu schließen ist. Ist auf Einzelerregung geschaltet, so liegen die bekannten ›Ausschalter für induktive Stromkreise‹ in den Stromkreisen, bei gemeinsamer Erregung tritt an deren Stelle der eben erwähnte, in der Mitte liegende Umschalter. Gemeinsam erregt wird immer beim Anlassen des Motorgenerators; die in Reihe geschalteten Anker werden dabei an die Lade- oder Entladeschienen gelegt, also auf halbe Spannung geschaltet.

Wir sehen, daß die Spannung für das Dreileitersystem nur durch die Batterie geteilt wird und daß die Batterie nur als Ganzes, nicht in ihren Hälften geladen werden kann. Das erstere ist zulässig, weil bei vorübergehender Außerbetriebstellung der Batterie für die Spannungteilung eine andere, im Unterwerk aufgestellte Batterie genügt, das letztere, weil es bei der Größe des Verbrauchs nicht schwer war, die Hausanschlüsse auf die beiden Netzhälften so zu verteilen, daß die Batterie fast gleichmäßig entladen wird; durch Umschaltung der Zentralenbeleuchtung auf die eine oder andere Batteriehälfte nach Band I, Tafel 7, Fig. 16 können kleine Unterschiede noch leicht ausgeglichen werden.

Der für uns jetzt wichtigere Teil der Schaltung, das Schema für den Drehstromteil der Anlage, soll nunmehr beschrieben werden:

Die Schienenanordnung hat durch eine während der Ausführung vorgenommene Änderung, nämlich die rechts und links vollzogene Verbindung der beiden Schienensysteme, ihren ursprünglichen Charakter etwas verloren. Ohne diese Verbindungen, also jetzt noch bei geöffneten Trennstücken T_1, stellen die unteren Schienen die Betriebsschienen zweier Teilanlagen mit einer Zuführung und zwei Abzweigungen dar; die oberen Schienen sind Vermittlungsschienen zwischen den beiden Teilanlagen. Durch die seitliche Verbindung der Betriebs- und Vermittlungsschienen ist die Möglichkeit geboten, die Schienen als Ringschienen zu betreiben, was im Betriebe einige Vorteile ergeben haben mag.

Die Synchronisiervorrichtung ist dadurch eigenartig, daß Lampen, Spannungsmesser und Schalter doppelt ausgeführt sind; eine Vorrichtung soll als Reserve dienen. Die eine oder die andere wird durch das Schließen eines der beiden dreipoligen Ausschalter (die mit der Synchronisierschaltung sonst nichts zu tun haben) ausgewählt. Wir erkennen, daß die gezeichneten Stöpselschalter die gemeinsamen Synchronisierschalter **Sg** des Symbols darstellen. In der Figur sind die linken sechs Stöpsellöcher geschlossen gedacht; die gestrichelten Linien umgrenzen den nur einmal vorhandenen lösbaren Teil des Schalters (der in der Figur leider in zwei Teile getrennt gezeichnet werden mußte). Die Synchronisiervorrichtung entspricht dem Symbol **MaS, STb, MTb, Sg, Lg, SV einf.**, mit drehendem Lichtschein. Die Auswahl ist, außer durch die Schaltung an sich, die sich in diesem Punkte nach Tafel 5, Fig. 14 richtet, dadurch gesichert, daß die sechs zusammengehörigen Stöpselkontakte auf einem gemeinsamen Isolierstück befestigt sind, was bei Drehschaltern der Kupplung der beiden dreipoligen Schalter gleichkommt. Das Vorbild von Tafel 5, Fig. 14, das für **Sb, Lb** gezeichnet ist, würde sich leicht auf **Sg, Lg**, also auf die betrachtete Schaltung — der Unterschied, daß diese eine Drehstromschaltung ist, ist unwesentlich — umändern lassen; in Tafel 5, Fig. 8 ist die Schaltung ohne Transformatoren gezeichnet. Die Meßschaltung bietet nichts Besonderes. Im Anschluß an ihre Betrachtung verdient der dreipolige Erdungsschalter Erwähnung, durch den das Arbeiten an dem abgeschalteten Drehstromanker unter allen Umständen gefahrlos gemacht werden kann.

Sämtliche Ölschalter sind für elektrische Ein- und Ausschaltung eingerichtet, wobei die Ausschaltung auch selbsttätig bei zu starkem Strome erfolgt. Die Einrichtung ist nur für die Ölschalter der Synchronmaschinen gezeichnet; wir betrachten bei ihrer Erklärung das Schema der Gleichstrom-Hilfsschaltung rechts: Vom positiven Anschluß aus führt die Leitung parallel durch die beiden Schalter des Maximalrelais, durch die Spule des Zeitrelais, zum negativen Anschluß. An der positiven Leitung liegt auch der linke Kontakt des Zeitrelais, an dessen rechtem Kontakte die Spule des Auslösemagneten liegt, die anderseits mit dem einen Kontakte eines einpoligen Hilfsumschalters verbunden ist, durch den sie bei geschlossenem Ölschalter an die negative Leitung angeschlossen ist. Wird also bei geschlossenem Ölschalter durch eines der Maximalrelais der Schalter des Zeitrelais geschlossen, so zieht der Auslösemagnet seinen Anker an und der Ölschalter wird durch Federkraft geöffnet. Parallel zu dem Zeitschalter liegt der einfache Druckknopf, durch den also ebenfalls ausgeschaltet werden kann. Der andere Druckknopf ist dagegen als Einschaltdruckknopf so angeschlossen, daß bei seinem Niederdrücken die Spule des Einschaltmagneten vom Strome durchflossen wird; der Stromkreis ist dabei (in der gezeichneten Ausschaltstellung) durch den neben dem dreipoligen Hauptschalter liegenden Hilfsschalter geschlossen. Beim Niederdrücken dieses Knopfes wird gleichzeitig durch das mit ihm gekuppelte Schaltstück der Ausschaltestromkreis unterbrochen; es soll dadurch eine — durch die Konstruktion des Schalters nicht ausgeschlossene — etwaige gleichzeitige Einschaltung der Ausschalt- und der Einschaltspule verhindert werden. Schließlich ist noch die Signallampe mit ihrem Umschalter zu beachten, die ebenso geschaltet ist wie die Signallampen bei den Batterieschaltern und in derselben Weise wie jene den Schaltzustand des Ölschalters erkennen läßt.

Der Überspannungsschutz ist derselbe, wie wir ihn schon früher auf Tafel 12, Fig. 36 kennen gelernt haben.

Deckblatt zu Tafel 22]

Änderungen seit 1910. Zu den beiden Umformersätzen sind zwei weitere hinzugekommen, der eine, wie die alten, aus Synchronmotor und zwei Gleichstrommaschinen, der andere aus Asynchronmotor und einer Gleichstrommaschine bestehend. Bei den drei durch Synchronmotoren angetriebenen Umformersätzen ist die frühere Schaltung dadurch geändert, daß die Erregerwicklungen der Drehstrommaschinen nicht mehr ständig je an denselben Entladeschienen liegen, sondern auf die Plus- oder Minusschiene des Dreileitersystems umgeschaltet werden können; ein Zähler mißt die von allen drei Maschinen verbrauchte Erregerenergie. Auf dem die neue Schaltanlage darstellenden Deckblatt brauchte nur diese Umschaltung und der Zähler, das einzig Neue, gezeichnet zu werden. Die drei im übrigen gleichartigen Maschinensätze bedurften nur einer Andeutung durch gestrichelte Rechtecke, wobei das mittlere leider mehrmals überzeichnet werden mußte. Im Gegensatz zu den anderen Umformern treibt der Asynchronmotor des vierten Umformersatzes einen Gleichstrommotor mit Doppelschlußwicklung an. Eine Doppelschlußmaschine konnte deshalb gewählt werden, weil sie nur auf die Bahnschienen zu arbeiten und keine Akkumulatorenbatterie zu laden hat. Die Zuführungsleitung zu dem Asynchronmotor kann unmittelbar vor diesem durch einen besonderen Schalter kurzgeschlossen und an Erde gelegt werden. Mit diesem Kurzschluß und Erdungsschalter ist ein weiterer Schalter mechanisch gekuppelt, der beim Einlegen des Erdungsschalters den Stromkreis zum Auslösen des Ölschalters schließt. So lange der Erdungsschalter eingelegt ist, kann dann der Ölschalter nicht eingeschaltet werden, sondern fällt immer wieder heraus. In ähnlicher Weise ist ein Schalter mit der Bürstenabhebevorrichtung gekuppelt, so daß der Ölschalter nur eingeschaltet bleibt, wenn die Bürsten des Läufers aufliegen.

Die Akkumulatorenbatterie ist seit 1910 nur dadurch geändert worden, daß in die Ladeleitungen und in die zwei Paare Entladeleitungen Funkenentzieher eingebaut sind. Die Schaltung entspricht der in Band I, Ergtfl., Fig. 5 bis 9 gezeichneten Anordnung. Statt der dort benützten Drehscheibe ist hier ein Drehschalter verwendet.

Der Energiezuführung von der Wasserkraftanlage tritt eine neue Energiequelle in Gestalt eines Dampfturbogenerators von 3000 kW an die Seite, der im Jahre 1916 im Werke aufgestellt worden ist; er kann, wie auf der Tafel rechts unten zu erkennen ist, auf die beiden Schienensysteme geschaltet werden. Er dient zum Anlassen der Umformer und zur Unterstützung des Wasserkraftwerkes, aber nur in dem Sinne, daß er Energie in die Umformer liefert. Der von ihm gelieferte Strom wird sofort in Gleichstrom umgeformt und geht niemals als Drehstrom in das Drehstromnetz.

Im endgültigen Ausbau als Umformerwerk hat sich die Synchronisierschaltung insofern verändert, als jetzt drei Synchrongeneratoren, der synchrone Turbogenerator und die Fernleitung von Trollhättan synchronisiert werden müssen. Dem entsprechend sind statt der früheren zwei jetzt fünf Stöpselsätze vorhanden. Diese Synchronisierschaltung konnte natürlich auf dem Deckblatt nur angedeutet werden.

An dem Schienensystem für 6000 Volt wurde der Ring an der rechten Seite geöffnet, er kann aber durch einen Kupplungsschalter jederzeit wieder geschlossen werden.[1])

Der Anschluß der Speiseleitungen des Gleichstromnetzes ist unverändert geblieben. Eine Änderung der Schaltanlage ist hier nur insofern eingetreten, als es jetzt möglich ist, eine alte, als Reserve dienende Dampfkraftanlage in Otterhällen zur Speisung des Gleichstromnetzes in besonderen Fällen (z. B. bei einer Neuinbetriebsetzung) heranzuziehen. Hierzu dienen zwei mal vier Leitungen nebst vier Umschaltern, durch die die Leitungen an die verschiedenen Schienen angeschlossen werden können.

Tafel 23]

Fig. 1] Umformerwerk für den Straßenbahnbetrieb der Stadt Frankfurt am Main (Brown, Boveri & Co.)

Einphasenstrom 2850 Volt, 45,3 ∿; Gleichstrom 550 bis 600 Volt

Ausbau 1910. Es ist technisch und wirtschaftlich vorteilhaft, industrielle Betriebe einer Stadt nach Möglichkeit zu vereinigen, insbesondere Betriebe ähnlichen Charakters. Man pflegt deshalb Elektrizitätswerke für den Betrieb von Straßenbahnen an die Werke für allgemeine Energieversorgung anzuschließen. Bei Gleichstromanlagen kann dabei die Vereinigung, wie wir in Band I auf S. 75ff. (vgl. auch Band I, Tafel 20, Fig. 2, Tafel 22, Fig. 3, Band II, Tafel 22) gesehen haben, so weit gehen, daß auch die Generatoren für beide Betriebe benützt werden können. In Wechselstromanlagen ist man auf Umformung des Wechselstroms in Gleichstrom angewiesen, kann dann aber die gesamte Energieerzeugung in denselben Maschinen völlig gleichförmig gestalten. Da die Wechselstromzentralen in der Regel außerhalb des Hauptverkehrsgebietes liegen, pflegt man die Umformung in besonderen Unterwerken im Mittelpunkte der Stadt vorzunehmen. Eines der ersten Unterwerke dieser Art ist die der Stadt Frankfurt am Main, deren Betrieb im Jahre 1899 eröffnet wurde. Das Schaltungsschema dieses Unterwerks, wie es im Jahre 1903 nach der ersten Abänderung war, ist auf Tafel 23 in Fig. 1 abgebildet. Die Anlage ist auch dadurch bemerkenswert, daß sie Einphasenstrom umformt, was verhältnismäßig selten vorkommt.

Von der Zentrale führen zwei Speisekabel zum Unterwerk; im Notfalle kann die Energie auch durch eine im Schema nicht gezeichnete Leitung von dem nächstliegenden Speisepunkte des Hochspannungsnetzes abgenommen werden. Zwei Transformatoren von je 30 kW dienen dazu, die Spannung für den Eigenbedarf des Unterwerks auf 120 Volt herabzusetzen. Die Wechselstrommotoren — drei Motoren zu je 750 PS — werden unmittelbar mit der Hochspannung von 2850 Volt gespeist. Es sind synchrone Motoren, so daß also eine Belastung der Leitungen und Zentrale mit Blindströmen durch passende Regelung der Erregung leicht vermieden werden kann. Angelassen wird von der Gleichstromseite aus. Die Synchronisiervorrichtung entspricht dem Schema MaS, STg, MTb, Sb, Lb. Die den Synchronisierlampen parallelgeschalteten Spannungsmesser sind Teile von Doppelspannungsmessern, deren anderer Teil die Maschinen- oder die Schienenspannung anzeigt, je nach der Stellung des zu einem Umschalter ausgebildeten Synchronisierschalters.

Die drei Gleichstromgeneratoren arbeiten mit einer Pufferbatterie parallel auf die Bahnsammelschienen; die Batterie ist imstande, einen der Generatoren während einer Stunde zu ersetzen. Zum Anschluß der Erregerstromkreise, und zwar sowohl der Wechselstrom- als der Gleichstrommaschinen ist eine besondere Erregerschiene vorhanden, die durch Trennstücke, links, entweder an eine der Sammelschienen oder an die Batterie angeschlossen werden kann. Angelassen werden die Motorgeneratoren von den Sammelschienen aus; eine besondere Anlaßleitung (»Anl.-Ltg.«) ermöglicht es, daß jeder Anlaßwiderstand für jeden der drei Maschinensätze benutzt werden kann.

Zum erstmaligen Anlassen, bei der Betriebseröffnung, stand die Batterie natürlich noch nicht zur Verfügung, und es mußte deshalb noch eine andere Gleichstromquelle vorhanden sein; diese ist durch eine von einem Asynchronmotor angetriebene Maschine gegeben, die im regelmäßigen Betriebe als

---

[1]) Wegen Platzmangels auf dem Deckblatte konnten die auch jetzt noch vorhandenen Trennstücke, ganz links nicht eingezeichnet werden; sie sind durch den Buchstaben T angedeutet.

Zusatzmaschine zum Laden der Pufferbatterie dient, und außerdem als Generator für die Bogenlampen der Straßenbeleuchtung benutzt wird. Der Asynchronmotor wird mit einer Hilfswicklung angelassen, die mit 120 Volt gespeist und deren Strom durch einen eingeschalteten Kondensator in der Phase stark verschoben wird. Der Maschinensatz steht natürlich auch jetzt noch zum Anlassen bereit, für den Fall, daß einmal bei vollständig ruhendem Umformerbetriebe die Batterie nicht betriebsfähig sein sollte. Der Anker der Maschine trägt zwei Wicklungen, die hintereinander oder parallel geschaltet werden können. Die erstere Schaltung ist zu wählen, wenn die Maschine mit 600 Volt auf die Bahnschienen zum Anlassen oder auf die Verteilungsschienen für die Straßenbeleuchtung arbeiten soll; in Parallelschaltung der beiden Ankerwicklungen kann die Maschine als Zusatzmaschine zwischen die positive Sammelschiene und den positiven Pol der Batterie geschaltet werden. Außer der Anschlußleitung zu diesem Pole ist eine gleichartige Leitung zu einem Punkte der Batterie geführt, der als positiver Pol für die mit 120 Volt gespeiste Beleuchtungsanlage des Unterwerks dient. Wenn dieser, in der Regel natürlich stärker entladene Batterieteil, nachgeladen werden soll, liefert die Zusatzmaschine eine genügende Spannung, um als Lademaschine allein die Aufgabe auszuführen. Der für diesen Betriebsfall zu bildende Stromkreis wird dann bei geöffneten Schaltern zwischen Sammelschienen und Batterie durch Einlegen des zwischen den beiden Batterieschaltern gezeichneten Trennstückes hergestellt. Um die Spannung der Zusatzmaschine bequem in weiten Grenzen ändern zu können, wird ihre Erregung von einer besonderen Erregermaschine geliefert, die mit dem Motorgenerator gekuppelt ist.

Von den Verteilungsschienen für die Bahn sind 16 Leitungen abgezweigt, die zu 8 Speisepunkten der Fahrdrähte führen. Die Leitungen sind durch selbsttätige und durch Handausschalter ausschaltbar, und jede enthält einen Strommesser. Zur größeren Sicherung des Betriebes ist noch ein doppelter Reservesatz solcher Schalter und Strommesser vorhanden, durch den jede der Speisedoppelleitungen nach Einlegung eines Trennstückes an die positive Schiene angeschlossen werden kann. Zwei in die negative Schiene eingeschaltete Zähler messen die gesamte in die Bahnanlage abgegebene Energie; ihre Schaltung ist so, daß sowohl beide als auch jeder allein angeschlossen werden können. — In den Abzweigungen für die Bogenlampenkreise der Straßenbeleuchtung kehren die in Band I, Tafel I, Fig. 1 gezeichneten Stromanzeiger wieder. — Der Eigenbedarf des Unterwerks an elektrischer Energie wird, wie teilweise schon erwähnt, unter 120 Volt von den Sekundärschienen der Transformatoren und unter derselben Spannung von einem Teile der Batterie abgenommen; diese zweifache Energieversorgung mit Wechselstrom und Gleichstrom bietet eine große Sicherheit. Für Ventilationsmotoren liefert die Batterie außerdem Energie unter etwa 550 Volt Spannung.

Änderungen seit 1910. Die Anlage ist nur in unbedeutenden Einzelheiten geändert, so daß es sich nicht verlohnt, darüber genauer zu berichten, das um so weniger, als die Änderungen nicht etwa einem Bedürfnis entsprechen, das sich im Laufe des Betriebes herausgestellt hätte, sondern in Verbindung mit einem Unfall stehen, der die Anlage im Jahre 1918 betroffen hatte. Die unter dem Straßenpflaster erbaute Anlage brach zusammen und mußte als Provisorium wieder erbaut werden.

Abschnitt III

Das Elektrizitätswerk der Stadt Frankfurt am Main in geschichtlicher Entwicklung

Fig. 2] Ältestes Schaltungsschema des Elektrizitätswerks Frankfurt am Main, vom Jahre 1894 (Brown, Boveri & Co.)

Einphasenstrom 3000 Volt, 45,3 $\sim$

Eine nicht nur technisch, sondern besonders auch für die Geschichte der Elektrizitätswerke sehr bemerkenswerte Anlage bietet das Frankfurter Elektrizitätswerk. Die Geschichte dieses Werkes reicht — wenn man von weniger wichtigen Verhandlungen, etwa seit dem Jahre 1882, absieht — bis in das Jahr 1887 zurück, wo (im Januar) eine städtische Kommission mit dem Auftrage eingesetzt wurde, die technischen und wirtschaftlichen Grundlagen für die Errichtung eines Elektrizitätswerkes festzustellen. Der Beschluß, ein Elektrizitätswerk nach bestimmten vorliegenden Plänen zu errichten und es in bestimmter Weise verwalten zu lassen, wurde im Oktober 1893 gefaßt, und der Betrieb des Werkes im Dezember 1894 eröffnet. Die Zeit von der ersten Einsetzung einer Kommission bis zum Beschlusse der Errichtung fällt also in diejenige Periode der Geschichte der Elektrotechnik, in der

noch über die wichtigsten Fragen Unklarheit herrschte und Technik und Industrie, oft unter harten
Kämpfen, nach Beantwortung dieser Fragen rangen: Die Brauchbarkeit der Akkumulatoren wurde
noch angezweifelt, die Ausdehnung des Mehrleiterprinzips vom Dreileiter- auf das Fünfleitersystem
erwogen und praktisch erprobt, Wechselstrom und Gleichstrom standen sich gegenüber und als Abart
des Wechselstroms erschien der Drehstrom auf dem Plane; und sobald man den Wechselstrom oder
Drehstrom mit in Betracht zog, tauchten neue Fragen auf, wie die, wie hoch man mit der Spannung
gehen dürfe, ob man Einzeltransformatoren oder ein sekundäres Netz legen solle; ja auch die damals
noch ungelöste Frage, wie man Wechselströme von nicht sinusförmiger Kurvenform theoretisch und
technisch behandeln solle, spielte bei den Beratungen eine wichtige Rolle. All diese Gegensätze und
Unklarheiten spiegeln sich in der Geschichte des Frankfurter Elektrizitätswerkes wieder; vieles davon
kam auf der elektrotechnischen Ausstellung zum Ausdruck, die im Jahre 1891 in Frankfurt stattfand,
und die zur Klärung beitragen sollte und auch beitrug.

Bildete so die Stadt Frankfurt jahrelang gleichsam den Mittelpunkt des Kampfplatzes, auf
dem die Vertreter der verschiedenen Anschauungen kämpften, so ist es zum nicht geringen Teile auch
ihrem geschickten und vorsichtigen Vorgehen zu danken, daß die Elektrotechnik verhältnismäßig schnell
über diese Wirren hinwegkam, wie denn auch mit der Frankfurter Ausstellung und der Errichtung des
Elektrizitätswerkes ein neuer Zeitabschnitt in der Geschichte der Elektrotechnik beginnt.

Das Frankfurter Elektrizitätswerk ist eines der ersten Wechselstromwerke zur Versorgung
großer Städte in Deutschland. Es wurde für eine Leistung von 3000 PS gebaut und der volle Ausbau zu 9000 PS angenommen. Die Entwicklung des Werkes von der ersten Anlage vom Jahre 1894
bis heute ist bezeichnend für die Entwicklung der Wechselstromwerke seit jener Zeit; das gilt sowohl
allgemein als auch von den Schaltungsschematen. Es ist deshalb auch lehrreich, das Schaltungsschema dieses Werkes auf verschiedenen Stufen seiner Entwicklung kennen zu lernen. Das Schema,
wie es bei der Betriebseröffnung des Werkes war, ist in Fig. 2 abgebildet.

Die Anlage arbeitet mit Einphasenstrom von 3000 Volt Spannung, die in einem Primärnetze
verteilt wird. Durch in den Straßen — meist unter dem Pflaster — aufgestellte Transformatoren
wird die Spannung auf 120 Volt herabgesetzt und von hier aus dem Verbraucher zugeführt. Primär-
und Sekundärnetz waren in konzentrischen Kabeln ausgeführt. Diese Kabelkonstruktion zwingt
bekanntlich zur Vorsicht beim Ein- und Ausschalten von Kabeln (Einschalten zuerst Außenleiter,
Ausschalten zuerst Innenleiter); in der Schaltanlage sind deshalb Außen- und Innenleiter durch
verschiedenfarbigen Anstrich deutlich kenntlich gemacht.

Von den vier gezeichneten Generatoren zu je 522 kW ist einer erst im Jahre 1896 aufgestellt.
Die Erregermaschinen sind Hauptschlußmaschinen. Die Schienenanlage besteht aus Sammel- und
Verteilungsschienen, wobei die Verteilungsschienen zu einem Ringe zusammengeschlossen sind und
der einen Sammelstrommesser enthaltende Steg zu dem Schienenteil geführt ist, der den Ring schließt.
Ein zweiter, zu den Verteilungsschienen selbst führender Steg dient zur Aushilfe. Die Stege und die
die linken und rechten Schienenhälften verbindenden Schienenstücke sind, ihrer Ausführung in der
Schaltanlage entsprechend, winklig gezeichnet. Die Verteilungsschienen sind durch Trennstücke in
drei Abschnitte geteilt, von deren jedem drei Speiseleitungen nach weit auseinander liegenden Gebieten
des Netzes führen. Muß also ein Schienenstück und damit eine Anzahl von Speisepunkten außer Betrieb
gesetzt werden, so bleibt, da die benachbarten Speisepunkte in Betrieb sind, die Energiezufuhr ins
Netz doch ohne nennenswerte Störung. Die von den Speisepunkten zurückkommenden Prüfdrähte
führen zu Umschaltern, mit deren Hilfe diese Leitungen entweder zur Messung der mittleren Spannung
an ein elektromagnetisches oder zur Messung der Einzelspannungen an ein elektrostatisches Instrument
angeschlossen werden können. Die Synchronisierschaltung weicht von dem in die Figur eingeschriebenen Vorbilde **MaS, H, STg, MTb, Sg, Lg** etwas ab. Die Meßanordnung ist auffallend einfach.

Schaltungsschema des Elektrizitätswerks Frankfurt a. M. vom Jahre 1898

Eine Änderung des Schaltungsschemas wurde nötig, als man im Jahre 1898 daranging,
eine elektrische Straßenbahn durch ein an das Elektrizitätswerk angeschlossenes Umformerwerk
zu betreiben. Die Zentrale war inzwischen, in den Jahren 1897 und 1898, durch Aufstellung von zwei
Generatoren von je 1033 kW erweitert worden, um dem wachsenden Verbrauch im Netze gerecht werden
zu können. Der Straßenbahnbetrieb erforderte die Aufstellung von zwei weiteren Generatoren von je
1033 kW; mit deren Aufstellung im Jahre 1900 hatte die Zentrale den im ursprünglichen Projekte

angenommenen vollen Ausbau erreicht. Außerdem war für den Straßenbahnbetrieb ein Umformerwerk im Mittelpunkte der Stadt erbaut worden; das Schaltungsschema dieses Unterwerks haben wir
auf Tafel 23, Fig. 1 kennen gelernt. Die hauptsächlichsten Änderungen des Schaltungsschemas der
Zentrale bestehen in folgendem: Für die beiden Betriebe, den Licht- und den Bahnbetrieb, sind zwei
Teilanlagen, jede aus Sammel- und Verteilungsschienen bestehend, gebildet, wobei die Generatoren
auf die zu Einzelwahlschienen ausgebildeten Sammelschienen umschaltbar sind, aber auch gleichzeitig
auf beide Schienensysteme geschaltet werden können, so daß dann die beiden Teilanlagen vereinigt
sind. Die Erregermaschinen der neueren Generatoren sind Nebenschlußmaschinen nach Tafel 1, Fig. 1.
Die Meßschaltung ist im wesentlichen beibehalten, die Synchronisierschaltung den Bedürfnissen entsprechend geändert, doch nicht so, daß die Auswahl des Schienensystems gesichert wäre.

Die Änderungen sind so einfach und zudem das geänderte Schema dem folgenden so ähnlich,
daß es nicht gezeichnet zu werden brauchte.

Tafel 24]

Schaltungsschema des Elektrizitätswerks Frankfurt a. M. vom Jahre 1902

Als im Jahre 1902 wiederum eine Erweiterung des Werkes nötig geworden und eine Turbodynamo
von 3200 kW Leistung aufgestellt und dazu das Werk durch eine aus Motor-Generatoren und einer
Akkumulatorenbatterie bestehende Gleichstromanlage ergänzt war, war man wegen Platzmangels
an der alten Schaltanlage, im südlichen Teile des Werkes, genötigt, eine neue, an der Ostwand, zu er-
bauen, die für die Turbodynamo und die übrigen genannten neuen Einrichtungen dienen sollte. Die
alte Anlage, Schaltanlage I, wurde dabei wieder umgebaut und die Einrichtung so getroffen, daß sich
die beiden Anlagen bequem gegenseitig unterstützen konnten. Der Betrieb war so gedacht, daß der
Netzbedarf zunächst von der Turbodynamo gedeckt, der Bahnbetrieb dagegen von der alten Anlage
geleistet werden sollte.

Von den beiden Schaltungsschematen betrachten wir zunächst das obere, das Schema für die
Schaltanlage I, das dem vorbeschriebenen (nicht gezeichneten vom Jahre 1898) ähnlich ist. Die
Teilung in zwei Teilanlagen, für das Lichtnetz und den Bahnbetrieb, ist beibehalten, ebenso die Möglichkeit, die Generatoren auf das eine oder das andere Schienensystem oder auf beide gleichzeitig zu
schalten. Sammel- und Verteilungsschienen sind durch Stege so zusammengeschlossen, daß sie einen
Ring bilden. Die Figur stellt in bezug auf die Generatoren die eine Hälfte des Schaltungsschemas
dar, denn sie zeigt nur vier von acht Generatoren; die kurzen, von Trennmessern begrenzten Stücke
der Sammelschienen rechts liegen genau in der Mitte des Schemas; an ihnen sind die Außenleiter des
Netzes geerdet. Diese Erdung war nötig geworden, um die im Sommer 1899 sehr häufig gewordenen
Durchschläge der Außenisolation, die bei vorübergehender Erdung des Innenleiters eintraten, unmöglich zu machen; in die Erdungsleitung ist ein Widerstand eingeschaltet, der so bemessen ist, daß auch
bei völligem Erdschluß des Innenleiters der Strom nur so groß werden kann, daß die stärkste der Innen-
leitersicherungen gerade schmilzt. In jeden der die Sammel- und die Verteilungsschienen verbindenden
Stege ist (außer Trennstücken) ein Zähler und die Nebenschließung zu einem Strommesser geschaltet.
Als Besonderheit der Meßschaltung verdient noch ein Frequenzmesser Erwähnung, bei dem die auf
zu niedrige (44 $\sim$) oder zu hohe (46,5 $\sim$) Frequenz ansprechenden schwingenden Zungen einen Hebel
umwerfen, der einen Stromkreis für optische und akustische Anzeige schließt; von den beiden Lampen
ist die eine (r) rot, die andere (g) grün gefärbt. Schließlich sei noch auf eine zwischen den Generatoren
von 1033 kW und 522 kW gezeichnete Schaltvorrichtung hingewiesen, durch die die Schienen, wenn
an ihnen gearbeitet werden soll, kurzgeschlossen und an Erde gelegt werden können.

Die nur scheinbar umständliche Synchronisiervorrichtung entspricht für zwei benachbarte
Generatoren dem Symbol **MaS, STg dopp., MTb, Sg, Lg**, ist also bis auf die durch die Verdoppelung der
Schienen notwendig gewordene Ergänzung beibehalten, wie sie in dem Schema der ersten Anlage,
Tafel 23, Fig. 2, war. Die Schaltung stimmt mit der ersten auch insofern überein, als sie sich für je
zwei Generatoren wiederholt, wodurch sich das Symbol für Generatoren, die nicht zu einer Gruppe
gehören, in **Sb, Lb** abändert. Die Schienentransformatoren, also die Schienensysteme, auf die synchronisiert werden soll, werden durch den Umschalter SU_1, wie er zu gleichem Zwecke auf Tafel 5, Fig. 2
und in späteren Figuren verwendet ist, ausgewählt. Die gesamte Synchronisiervorrichtung wiederholt
sich nun für die vier nicht gezeichneten Generatoren in der rechten Hälfte des Schaltungsschemas. Betrachtet man zwei zu verschiedenenen Hälften gehörige Generatoren, so ist also für diese die Synchroni-

sierschaltung auf **STb** abgeändert. Von der Synchronisierschaltung für die rechte Hälfte sind die Schienentransformatoren und der Umschalter SU_2 noch mitgezeichnet, so daß erkannt werden kann, daß und wie die Schienentransformatoren der rechtsseitigen Hälfte zum Synchronisieren der linksstehenden Generatoren benutzt werden können, und umgekehrt. — Der Synchronisierspannungsmesser ist, wie in dem Schema von Tafel 23, Fig. 1, mit einem Spannungsmesser für Messung der Schienen- oder Maschinenspannung zu einem Doppelinstrumente vereinigt. Der unmittelbar darunter gezeichnete Umschalter schaltet den Spannungsmesser auf die Schienen oder eine der beiden Maschinen um.

Von den »Verteilungsschienen für Licht« führen vier Verbindungsdoppelleitungen zur linken Seite, vier Verbindungsleitungen zur rechten Seite der Schienen der Schaltanlage II. Durch diese Leitungen wird die in den Dampfdynamos erzeugte Energie über die Schaltanlage II in das Netz geleitet, für den Fall, daß die Turbodynamo für den Netzbetrieb allein nicht ausreicht oder außer Betrieb gesetzt ist. Von den »Verteilungsschienen für die Bahn« führen zwei Verbindungsleitungen zur rechten, zwei zur linken Schienenhälfte der Schaltanlage II. Durch diese Kabel wird die Energie von der Turbodynamo über die Schaltanlage I durch die zwei, schon früher (S. 154, m) genannten zwei Speisekabel »zum Umformerwerk« für die Bahn geleitet. Die zwei letzten Anschlüsse sind ebenfalls zur Energieversorgung der Bahn bestimmt.

Das Schema der Schaltanlage II an der Ostseite des Maschinenhauses ist leicht zu übersehen: Die obere Hälfte der zu einem Ringe ausgebildeten Schienen haben wir im Anschluß an das vorige Schaltungsschema schon kennen gelernt; nur von diesen Schienen aus wird Energie unmittelbar in das Lichtnetz geleitet, und zwar durch zwölf Speiseleitungen. Umgekehrt muß, wie wir gesehen haben, die von hier aus etwa für den Bahnbetrieb abgegebene Energie erst über die Schaltanlage I geleitet werden. — In bezug auf die Schaltung des großen Turbogenerators ist beachtenswert, daß der von ihm abgegebene Strom auch an der Schaltanlage I beobachtet werden kann. Die Erregung wird durch einen Widerstand im Haupterregerkreise vermittelst eines kleinen Gleichstrommotors von der für die Instrumente und Apparate des Turbogenerators aufgestellten Schaltsäule aus geregelt. — Synchronisierschaltung und Meßschaltung sind durch die in die Zeichnung eingeschriebenen Hinweise hinreichend erklärt.

Zur Lieferung des Gleichstroms für die Erregung, für die Notbeleuchtung der Zentrale und einige andere, nebensächliche Zwecke ist eine Gleichstromanlage geschaffen, die aus zwei asynchronen Motor-Generatoren und einer Akkumulatorenbatterie besteht; jeder Motor-Generator vermag die ganze Erregerenergie für den Turbogenerator zu liefern. Die an die Hochspannungsschienen angeschlossenen Motoren werden mit einer von 120 Volt Spannung gespeisten Hilfswicklung angelassen, in der der Strom durch Drosselspulen in der Phase stark verschoben ist. Die Akkumulatorenbatterie mußte zur größeren Sicherheit des Betriebes aufgestellt werden. Es können nämlich vorübergehende Störungen im Netze vorkommen, die die Zentrale so weit in Mitleidenschaft ziehen, daß die Umformer außer Betrieb kommen. Wären sie die einzigen Gleichstromquellen, so würde damit auch der Turbogenerator betriebsunfähig werden und auch nicht wieder in Betrieb genommen werden können, während doch die Störung im Netze, also die Ursache der Betriebsunterbrechung, längst vorüber ist. Die Batterie hilft über solche Störungen hinweg und liefert jederzeit die Erregung für den nach einer — absichtlichen oder unabsichtlichen — Betriebspause wieder in Betrieb zu nehmenden Turbogenerator. Die Zusatzmaschine wird ebenfalls von einem asynchronen Motor, aber einem solchen für 120 Volt, getrieben. Die Zellenschalterschlitten werden in derselben Weise wie oben der Regelschlitten für den Erregerwiderstand der Turbodynamo durch Elektromotoren, und zwar von der Hauptschalttafel aus gesteuert.

Zur Erleichterung der Verständigung zwischen Schaltanlage I und Schaltanlage II sind die beiden Anlagen durch einen Kommandoapparat und lautsprechende Telephone miteinander verbunden.

Tafel 25]

Schaltungsschema des Elektrizitätswerks Frankfurt a. M. vom Jahre 1908

Es ist bezeichnend für die Steigerung des Bedarfs an elektrischer Energie in großen Städten, daß das im Jahre 1893 projektierte Werk, dessen voller, in späterer Zeit zu erwartender Ausbau zu einer Leistung von 9000 PS angenommen war, schon 8 Jahre nach der Betriebseröffnung in seiner Leistungsfähigkeit um die Hälfte über diesen Wert hinaus vergrößert werden mußte. Ebenso ist es bezeichnend für die Entwicklung der Technik, daß diese Erweiterung ohne beträchtliche Vergrößerung des Maschinenhauses vorgenommen werden konnte. In dieser Richtung ging die Entwicklung weiter: Mit

Ende des Betriebsjahres 1907/08 war die Gesamtleistung des Werkes auf 18354 kW angewachsen, und das Maschinenhaus hatte nicht weiter vergrößert zu werden brauchen. Die Vergrößerung der Leistung war möglich geworden durch die Aufstellung von drei Dampfturbinen zu je 3500 kW an Stelle von drei der ersten Dampfdynamos zu 522 kW. Gleichzeitig war die Schaltanlage umgebaut worden. Der Umbau erstreckte sich sowohl auf die Schaltanlage I als besonders auch auf die Schaltanlage II; das neue Schaltungsschema ist nicht so sehr durch die Ergänzungen bemerkenswert, die durch die Aufstellung von drei Maschinen nötig wurden, als vielmehr durch die Einrichtung der elektrischen Fernsteuerung und Fernschaltung. Wir betrachten zunächst das auf Tafel 25 gezeichnete Schema der Schaltanlage II:

Die das Schema oben abschließenden Ringschienen sind identisch mit den im unteren Schema auf der vorigen Tafel gezeichneten. Die Umformeranlage, die in jenem Schema den größten Teil einnahm, hat sich nicht geändert und ist deshalb hier weggelassen. Der dort gezeichnete Turbogenerator zu 3200 kW kehrt auch jetzt, an der rechten Seite des Schemas, wieder. Wir bemerken hier durchgreifende Änderungen im Schaltungsschema, das wir vom Generatoranker aus verfolgen wollen: Die sekundären Leitungen b, c, d der drei hintereinander geschalteten Stromwandler und die Leitungen e des darauffolgenden Spannungswandlers führen zu einem Strom-, einem Leitungsmesser und einem Maximal- und Rückstromrelais mit Zeiteinstellung ZR. Die Leitungen f eines weiteren Spannungswandlers verzweigen sich nach mehreren Stellen und müssen in Verbindung mit anderen Einrichtungen, insbesondere der Synchronisiervorrichtung, betrachtet werden. Es sind zwei Schienentransformatoren, ST_1 und ST_2, für die Synchronisiervorrichtung vorhanden, außerdem noch, wie wir schon im oberen Schema der vorigen Tafel gesehen haben, in Schaltanlage I vier Schienentransformatoren; alle sechs liegen mit dem Innenleiterpol an der einen, der unteren Synchronisierschiene, mit dem Außenleiterpol lassen sie sich durch den Umschalter U_s auf die obere schalten. Man kann die mit den Synchronisierschienen in Verbindung stehenden vier Turbogeneratoren somit auf Schaltanlage I oder auf Schaltanlage II synchronisieren. An die untere Synchronisierschiene, also den gemeinsamen Innenleiterpol der Schienentransformatoren, ist von jedem Generator der Außenleiterpol eines Spannungswandlers angeschlossen, und zwar durch eine der vorhin schon betrachteten beiden Leitungen f. Dieser Spannungswandler ist der Maschinentransformator des Symbols **MTb**; mit seinem anderen Pole ist er durch die andere Leitung f zu einem Schalter S geführt, mit dem die Synchronisierlampen und parallel dazu der eine Teil eines Doppelspannungsmessers zwischen diesen Pol (den Maschinen-Innenleiterpol) und die obere Synchronisierschiene (den Schienen-Außenleiterpol) geschaltet werden können. Wir haben also eine Hellschaltung vor uns, die sich für alle Generatoren wiederholt; ihr Vorbild finden wir auf Tafel 2 in Fig. 7.

Der soeben erwähnte Doppelspannungsmesser mißt außer der Synchronisierspannung noch die Maschinenspannung oder, nach Umlegung eines Umschalters, die Sammelschienenspannung. Von den Synchronisierlampen und den Synchronisierschienen an dieser Stelle des Schemas führen drei Leitungen a zu einer Stelle, wo sechs zu drei Steckkontakten gehörige Kontakte angebracht sind; in der Ausführung befinden sich diese Kontakte in der Nähe des Ölschalters. Durch Einschaltung von Spannungsmessern mit Hilfe dieser Steckkontakte können hier, wie aus dem Schema leicht zu erkennen ist, Maschinen-, Schienen- und Synchronisierspannung gemessen werden, so daß beim Versagen der Fernschaltung der Synchronismus an dem am Maschinenfundament angebrachten Ölschalter beobachtet und die Maschinen von Hand parallel geschaltet werden können. Es ist noch die von der Leitung f abgehende und zum Zeitrelais ZR führende Abzweigung zu beachten; durch sie wird eine Spule des Zeitrelais an den Maschinentransformator gelegt, so daß dieses Relais jetzt außer vom Strome auch von der Spannung beeinflußt wird, wie es bei einem Maximal- und Rückstromrelais der Fall sein muß.

Die Leitungen g, h, i, k gehören zur Fernschalteinrichtung des Ölschalters. Der kleine Hauptstrommotor dient dazu, die den Ölschalter bewegende Spiralfeder anzuspannen und dauernd unter mechanischer Spannung zu halten. Hat nämlich die in dem Viereck zu denkende Spiralfeder in ihrer Spannung beträchtlich nachgelassen, so legt sich der nach unten herausragende Hebel aus der gezeichneten Ruhelage nach rechts um, wodurch der Hauptschlußmotor eingeschaltet und die Spiralfeder wieder gespannt wird, bis sich der Hebel in seine Ruhelage zurückbewegt. Hierdurch wird der positive Pol der Batterie an die Leitung h angeschlossen, der negative dagegen liegt immer außer an dem Motor auch an dem Verbindungspunkte zweier Federkontakte und zweier Elektromagnete. Wird durch Schließen des linken Druckknopfkontaktes (z. B. in der Zeichnung rechts unten) der linke Elektromagnet eingeschaltet, so wird der Ölschalter durch die Federkraft der Spiralfeder geschlossen; denn der eingezogene Anker des Elektromagneten gibt eine Hemmung frei. In der neuen Stellung wird aber der Schalter durch den Anker des anderen Elektromagneten festgehalten. Durch Schließen des rechten Druckknopfes kann dann der Ölschalter geöffnet werden; ebenso wird er geöffnet werden, wenn das Zeitrelais seine Kontakte schließt. Durch die schon erwähnten Federkontakte (z. B. im Schema rechts oben) werden gleichzeitig zwei Lampen (rechts unten, neben den Druckknöpfen) so ein- und ausgeschaltet, daß immer eine der beiden Lampen brennt und dadurch die Schaltstellung des Ölschalters angezeigt wird.

In der Erregerschaltung, die der empfindlicheren Regulierbarkeit wegen nach dem Schema von Tafel 1, Fig. 4, also mit Regelwiderständen im Hauptstrom und im Erregerstrom der Erregermaschine, ausgeführt ist, wird in der Regel im Hauptstrom geregelt, und zwar von Hand oder (wie meistens) durch Fernsteuerung mit Hilfe eines Nebenschlußmotors. Zu diesem Zwecke führen von dem Regelwiderstande und dem Motor fünf Leitungen zu der Schaltsäule des Generators, nämlich die Leitungen A_l (Anker links), A_r (Anker rechts) und N (Nebenschluß-Erregerwicklung). Durch Schließen der Kontakte C_1 und C_2 wird der Motor für den einen oder den anderen Drehsinn an die Batterie angeschlossen. In den Leitungen A_r liegen Schalter, die selbsttätig geöffnet werden, wenn der Gleitkontakt des Regelwiderstandes seine Grenzstellungen erreicht hat. Die Stellung des Gleitkontaktes wird durch einen elektrischen Signalapparat nach der Schaltsäule gemeldet. Hierzu dienen die Leitungen o und p und der Kontaktstellungszeiger Z.

Rechts neben den zum Strommesser für den Erregerstrom führenden Leitungen n sind drei mit m bezeichnete Leitungen zu erkennen, durch die zwei Elektromagnete durch einen Umschalter abwechselnd eingeschaltet werden können; diese Magnete wirken auf ein nicht gezeichnetes Klinkenwerk, mit Hilfe dessen der Regler der Dampfturbine verstellt wird, so, daß auch die Geschwindigkeit der Dampfturbine von der Schaltsäule aus geregelt werden kann.

Die Schaltung der mittleren Turbodynamo ist genau dieselbe, die der links eingezeichneten weicht nur in einigen Einzelheiten unwesentlich davon ab. Die vierte Turbodynamo ist nur noch durch ihren Anschluß an die Schienen angedeutet. Seit Herbst 1909 ist noch eine fünfte Turbodynamo von 3500 kW in Betrieb, die an Stelle der letzten von den vier alten Dampfdynamos von 522 kW (siehe S. 156) aufgestellt wurde. Die drei letztgenannten Turbodynamos liegen nicht an den Hauptsammelschienen, sondern an Sammelschienen, die an den Fundamenten entlang geführt sind, und die einerseits (durch eine Verbindungsleitung) in der Schaltanlage I an die Bahn- oder die Lichtsammelschienen, anderseits in der Schaltanlage II selbst an die Hauptsammelschienen, und zwar, wie das Schema auf Tafel 25 erkennen läßt, an deren rechten oder deren linken Teil angeschlossen werden können.

Gleichzeitig mit dem Umbau der Schaltanlage II wurde auch die Schaltanlage I umgebaut, und zwar durch Einrichtung derselben Fernsteuerung, so daß Anlage I von Schaltanlage II aus bedient werden kann; dabei soll aber auch ihre Bedienung von Schaltanlage I aus, ebenfalls durch elektrische Fernsteuerung, möglich bleiben. Es sind zu diesem Zwecke Druckknopfsteuerungen zur Schaltung des Ölschalters und zur Verstellung des Reglers der Dampfmaschinen sowohl in Schaltanlage I als in Schaltanlage II vorhanden. Die Erregung wird von Hand geregelt, und zwar kann an zwei hintereinander geschalteten Regelwiderständen geregelt werden, die ebenfalls auf die beiden Anlagen verteilt sind. Die Synchronisiervorrichtungen sind gleichfalls verdoppelt.

Bei einem Überblick über die hiermit behandelten Schaltungsschemata des Frankfurter Elektrizitätswerkes springen die Haupteigentümlichkeiten der Schaltungsschemata für Wechselstromanlagen gegenüber denen für Gleichstromanlagen in die Augen. Zunächst zeigt sich in dem ältesten Schema vom Jahre 1894 (Tafel 23, Fig. 2), daß auch große Werke mit einem sehr einfachen Schaltungsschema auskommen können. In einer Gleichstromanlage derselben Größe und Bedeutung würde das Schema zweifellos viel umständlicher gewesen sein. Dieser Unterschied kommt hauptsächlich durch das Fehlen von Akkumulatoren und durch die Anwendung des einfachen Zweileitersystems in der Wechselstromanlage zustande. Verwickelter wird das Schema erst durch die Aufstellung von Motor-Generatoren und durch die Anfügung eines Umformerwerkes für Bahnbetrieb. Dazu kommen die mehr und mehr ausgebildeten Hilfsschaltungen, die nötig werden, um die umfangreiche Anlage von einer Stelle aus steuern zu können. Das letzte Schema, Tafel 25, zeigt, wie gerade durch diese Hilfsschaltungen auch die Schemata für Wechselstromanlagen umständlich werden können, während sie in ihren Grundzügen die ursprüngliche Einfachheit beibehalten.

Tafel 26]

Fig. 1] Elektrizitätswerk Frankfurt a. M. Übersicht über die Schaltanlagen (Änderungen seit 1908)

Durch den Ausbau bis zum Jahre 1908, wie er auf den Tafeln 23 bis 25 dargestellt ist, ist die aus mehreren Teilen zusammengesetzte Anlage ziemlich unübersichtlich geworden. Um diesen auch in der vorangegangenen Beschreibung fühlbaren Mangel zu beseitigen, schien es zweckmäßig, den Zusammenhang der Anlage in ihren Teilen in einer übersichtlichen Skizze darzustellen. An diese Darstellung, die sich in Tafel 26, Fig. 1 befindet, läßt sich die Beschreibung der wichtigsten Änderungen leicht anknüpfen.

Die Anzahl der Maschinen hat sich nicht verändert. Der letzte der vier zuerst aufgestellten Generatoren von 522 kW ist durch einen solchen von 3500 kW ersetzt worden. An Stelle der Maschinen Nr. 5 und 7[1]) von früher 1033 kW wurde je ein Maschinensatz, bestehend aus einer Wechselstrommaschine von 6000 kW und einer Gleichstrommaschine von 1500 kW aufgestellt. Die Gleichstrommaschinen liefern Strom von 600 Volt für den Bahnbetrieb und arbeiten über eine besondere in einem neu errichteten Anbau untergebrachte, nur für Gleichstrom dienende, nicht gezeichnete Schaltanlage III parallel zu dem auf S. 154 beschriebenen Umformerwerk. Von den neun Maschinen werden jetzt sieben durch Dampfturbinen angetrieben. Die zu diesen Maschinen gehörenden Schalteinrichtungen befinden sich alle in der Schaltanlage II. An Schaltanlage I sind nur die als einzige noch durch Kolbendampfmaschinen angetriebenen Generatoren 6 und 8 von je 1033 kW angeschlossen geblieben. Sie dienen nur als Reserve.

Die beiden Schaltanlagen II und I sind durch vier Bahn- und vier Netzkabel miteinander verbunden. — Kleine Änderungen wurden an der Synchronisiereinrichtung vorgenommen. Von den zwei zu jedem Maschinensatz gehörigen Synchronisierlampen ist eine in Schaltanlage II und eine am Maschinenfundament angebracht, so daß die Maschinen von Hand parallel geschaltet werden können, wenn die Fernsteuerung versagt. Für die Maschinen 1, 2 und 4 ist außerdem die Einrichtung getroffen, daß sie auch von Schaltraum I aus synchronisiert werden können. Eine Ausnahme machen wiederum die Maschinen 6 und 8. Bei diesen fallen die Synchronisierlampen am Maschinenfundament weg. Dafür besitzt jede Maschine je einen besonderen Synchronisiersatz in Schaltanlage I und II. Sie können also von beiden Anlagen aus parallel geschaltet werden. — Eine weitere Änderung besteht darin, daß die Schmelzsicherungen in den Innenleitern der Kabel durch einpolige Ölschalter mit Maximalauslösung ersetzt wurden.

Ferner ist in die einzelnen Kabel die in der kleinen Nebenfigur 1a gezeichnete Fehlermeldevorrichtung geschaltet. Ihre Wirkungsweise ist folgende: Die Sekundärwicklungen zweier in den Innen- und den geerdeten Außenleiter geschalteten Stromwandler liegen in Reihe. Parallel zu ihnen ist ein Relais R geschaltet. Im normalen Betriebe wird das Relais von zwei entgegengesetzt gerichteten Strömen durchflossen und ist daher stromlos. Bei einem Erdschluß im Kabel überwiegt die Stromstärke im Innenleiter, das Relais spricht an und löst eine Signalvorrichtung aus, dadurch dem Schaltwärter den Erdschluß anzeigend.

Zur Verständigung zwischen Schalt- und Maschinenraum ist in der Schaltanlage II eine Tafel mit den Zahlen 0 bis 9 angebracht, die durch grüne oder rote Lampen von hinten beleuchtet werden. Soll eine Maschine z. B. zugeschaltet werden, so schaltet der Schaltwärter die grüne Lampe hinter der entsprechenden Zahl ein und setzt eine Glocke in Tätigkeit, welche der Maschinenwärter als Antwort abstellt. Ist die Maschine angelassen und zum Belasten bereit, so schaltet der Maschienwärter die an der betreffenden Maschine befindliche grüne Lampe und die Glocke ein, welch letztere der Schaltwärter dann als Antwort abzuschalten hat. Die Beleuchtung der Zahl 0 in Verbindung mit dem Glockenzeichen fordert den Maschinenwärter auf, auf die Schaltbühne zu kommen.

Fig. 2] Umformeranlage des Schauspielhauses Frankfurt am Main (Brown, Boveri & Co)

Einphasenstrom, 3000 Volt, 45,3 ∿; Gleichstrom, 2 × 120 Volt

Im Anschluß an die auf Tafel 23 bis 25 gebrachten Schaltungsschemata des Frankfurter Elektrizitätswerkes soll das in Fig. 2 gezeichnete Schaltungsschema des Umformerwerks für das neue Frankfurter Städtische Schauspielhaus betrachtet werden. Das Schaltungsschema ist durch den Charakter

---

[1]) Die Nummern sind diejenigen, mit der die Maschinen im Elektrizitäts-Werk Frankfurt bezeichnet sind.

der Anlage und die Art der Umformer bemerkenswert. Die Umformer sind Motor-Generatoren, deren Wechselstromteil in asynchronen Einphasenmotoren für unmittelbaren Anschluß an die Hochspannung (3000 Volt) besteht. Gleiche Motoren sind schon auf Tafel 23 in Fig. 1, desgleichen, aber mit Drosselspulen in dem beim Anlassen einzuschaltenden Hilfszweige, auf Tafel 24 in Schaltanlage II vorgekommen; die Spannung für diese Hilfszweige beträgt wiederum nur 120 Volt. Die größere Kapazität der Kondensatoren für die beiden größeren Motoren wird durch Parallelschaltung zweier Kondensatoren geliefert; diese beiden Kondensatoren werden als Einheit entweder für den einen oder für den anderen Motor benützt.

Die beiden größeren Motor-Generatoren arbeiten mit ihren Gleichstrommaschinen auf die Außenleiter eines Dreileitersystems, der kleinere besteht in seiner Gleichstromseite aus zwei auf die beiden Systemhälften arbeitenden Maschinen, die die Batteriehälften für sich zu laden gestatten und die Spannung auch bei abgeschalteter Batterie richtig teilen. — Zur größeren Betriebssicherheit sind für die beiden größeren Motorgeneratoren Anlaßwiderstände *AW* eingebaut, die es ermöglichen, auch von der Gleichstromseite aus anzulassen. — Die in das Schauspielhaus abgegebene Energie wird durch zwei in die Außenleiterschienen eingeschaltete Zähler gemessen. Da auch die zum Umformerwerk zugeführte gesamte Wechselstromenergie durch einen Zähler unmittelbar hinter dem Hausanschluß gemessen wird, so läßt sich der Arbeitswirkungsgrad der Gesamtanlage leicht feststellen.

Mit der Umformung der aus dem Wechselstromnetze der Stadt entnommenen Energie ist nicht nur die Absicht verbunden, den für die elektrische Anlage des Schauspielhauses wertvolleren Gleichstrom zu gewinnen, sondern auch die Möglichkeit, die Energie in Akkumulatoren bequem aufzuspeichern, und zur Verbilligung der Versorgung auszunützen; der an das Elektrizitätswerk Fankfurt zur zahlende Preis für die Kilowattstunde ist nämlich in den Wintermonaten in der Zeit von 5 bis 9 Uhr nachmittags höher als zu den übrigen Stunden. Es wird deshalb auch immer nur in der Zeit zwischen 8 Uhr vormittags bis 1 Uhr mittags geladen. Dieselbe Absicht wurde in den Anlagen erreicht, deren Schaltungsschema in Band I Tafel 24, Fig. 2 wiedergegeben ist.

Abschnitt IV

Einige Anlagen besonderer Art

Fig. 3] Kraftwerk für Hüttenbetrieb: Elektrizitätswerk der Zeche Shamrock III/IV der Bergwerks-Gesellschaft Hibernia in Herne i. W. (Voigt & Haeffner)

Drehstrom, 1000 und 5000 Volt, 50 ~

Die Verwendung elektrischer Energie in Bergwerken hat mit der Zeit einen sehr großen Umfang angenommen, und es haben sich gewisse Normen herausgebildet. Als Betriebsspannung sind 500 oder 1000 Volt üblich geworden, Spannungen, mit denen man noch Motoren unter Tag betreiben kann. Für den Anschluß ferner gelegener Zechen ist diese Spannung zu niedrig; man wählt für solche Fälle in der Regel die Spannung von 5000 Volt. Die niedrige und die hohe Spannung findet man bei den Zechen des rheinisch-westfälischen Industriegebietes sehr häufig in derselben Zentrale. Damit sich die Zechen auf möglichst einfachem Wege gegenseitig unterstützen und so den schon in der Beschreibung zur vorigen Figur erwähnten wirtschaftlichen Vorteil genießen können, hat man die Spannung von 5000 Volt ziemlich allgemein als Normalspannung für solche Anlagen eingeführt. Ein Beispiel solcher miteinander zusammenhängender Anlagen bieten die Anlagen, die die Bergwerks-Gesellschaft Hibernia in Herne in Westfalen auf ihren verschiedenen Zechen erbaut hat. In Fig. 3 ist das Schaltungsschema für die Zeche Shamrock III/IV gezeichnet, und zwar sind darin gleichartige Teile immer nur einmal gezeichnet, einige für uns jetzt unwesentlichere Einzelheiten, wie z. B. die Erregerschaltung, aber ganz weggelassen. Besonders ausführlich ist dagegen die Vorrichtung zur selbständigen Parallelschaltung der verschiedenen Anlagen dargestellt.

Für den Eigenverbrauch der Zeche Shamrock III/IV sind zwei Generatoren von 600 kW Leistung bei einer Spannung von 1000 Volt aufgestellt; für eine zweite Anlage zu 5000 Volt Spannung ist ein Generator von 1800 kW Leistung vorhanden. Beide Anlagen stehen durch zwei Transformatoren in Verbindung. Von den Schienen für 5000 Volt führen, wie auf der Tafel genauer angegeben ist, vier Leitungen zu den Kraftwerken zweier anderer Zechen der Bergwerks-Gesellschaft Hibernia, und zwei zu einer Zeche, die kein eigenes Kraftwerk hat, aber auch noch von anderen Kraftwerken der Gesellschaft aus Energie erhalten kann. Dieser verschiedene Charakter der Anschlüsse begründet die Verschiedenheit der Schalteinrichtungen: Die zu der Zeche mit eigenem Kraftwerk führenden Leitungen müssen, ebenso wie der Generator im gezeichneten Schema, an die Synchronisier- und Parallelschaltungsvorrichtung angeschlossen werden. Bei den anderen Leitungen ist dies nicht nötig. Bei diesen soll aber Rückstrom zur Zentrale Shamrock III/IV, der von anderen Zentralen über die Zeche Westfalen kommen könnte, ausgeschlossen werden. In dieser Beziehung ähneln diese Anschlüsse also dem Generatorenanschluß, und wir finden deshalb bei den Generatoranschlüssen sowohl wie bei den zur Zeche Westfalen führenden Leitungen Rückstromrelais RR. Andere Übereinstimmungen und Verschiedenheiten der Hilfsschaltungen werden sich bei der folgenden Betrachtung ergeben, die wir zunächst an der Schaltung des Generators anstellen.

Die neben dem Ölschalter gezeichneten Spulen sind die Ausschaltspule (oben) und die Einschaltspule (unten) dieses Schalters; ihre Anker muß man sich in irgendeiner Weise mit dem Ölschalter in Verbindung denken, sie sind in der dem geöffneten Ölschalter entsprechenden Lage gezeichnet. In dieser ist durch den Anker der Ausschaltspule eine Unterbrechungsstelle im Einschaltstromkreise geschlossen. Umgekehrt würde nach vollzogener Einschaltung eine Unterbrechungsstelle im Ausschaltstromkreise durch den Anker der Einschaltspule geschlossen sein. Im letzteren, also dem nicht gezeichneten Falle, kann die Ausschaltspule durch zwei Schalter an die Gleichstromschienen angeschlossen werden, nämlich durch das Zeitrelais und durch den Druckknopf Cl, wobei das Zeitrelais durch die Maximalrelais MR oder das Rückstromrelais RR in Tätigkeit gesetzt wird. In der gezeichneten Stellung dagegen kann nur der Druckknopf S — oder andere parallel dazu liegende Schalter der Synchronisiervorrichtung, die vorläufig nicht weiter betrachtet werden soll — den Ölschalter schließen. Die im Schema gezeichneten Glühlampen sind die Kontrollampen, die die Stellung des Ölschalters anzeigen; die rechte Lampe kann nur bei geöffnetem Ölschalter leuchten, die linke nur bei geschlossenem.

Die vier Abzweigungen zu den beiden anderen Zentralen sind mit derselben Hilfsschaltung ausgestattet; nur enthalten sie, weil sie zur Energielieferung nach beiden Richtungen dienen, kein Rückstromrelais. Die Abzweigungen nach der Zeche Westfalen zeigen eine Verschiedenheit in dem schon erwähnten Fehlen des Anschlusses an die Synchronisier- und Parallelschaltevorrichtung und in der Einwirkung des Rückstromrelais auf den Ölschalter: Während der Rückstromrelaisschalter im Generatoranschluß geradeso wie die Schalter der Maximalrelais mittelbar, durch das Zeitrelais hindurch, auf die Ausschaltspule wirkte, schließt der Relaisschalter hier den Stromkreis der Ausschaltspule unmittelbar; bei dieser sofortigen und unmittelbaren Abschaltung durch den Rückstrom hätte also das Relais einen stärkeren Strom zu führen. Da dieser stärkere Strom die Relaiskontakte gefährden würde, ist parallel dazu noch der Schalter eines »Sicherheitsrelais«, SiR, gelegt, der sich beim Ansprechen des Rückstromrelais von selbst einschaltet.

Die Hilfsschaltungen zu den beiden anderen mit 1000 Volt arbeitenden Generatoren und zu den Transformatoren sind durch die vorangegangenen Beschreibungen mit erklärt.

Die im mittleren Teile des Schemas gezeichnete Hifsschaltung stellt das vollständige Schema einer Einrichtung zum selbsttätigen Parallelschalten nach Vogelsang dar. Die Einrichtung erscheint hier in einem Beispiel, das für ihre Anwendung typisch ist, nämlich in einer industriellen Anlage, die zum Energieaustausch mit fernliegenden Anlagen parallel geschaltet werden soll. — Um das scheinbar verwickelte Schema leichter verstehen zu können, betrachten wir vorläufig nur das, was davon zu den eigentlichen Synchronisierstromkreisen gehört; alles das befindet sich unterhalb des mit SpR bezeichneten Spannungsrelais und erschöpft sich in dem Synchronisier-Spannungsmesser mit parallel geschailteten Glühlampen L, L, den drei Umschaltern U_0, U_1, U_2 und den von diesen zu den Synchron sier-Transformatoren führenden Leitungen. Die beiden Umschalter U_1 und U_2 sind völlig gleich; jeder bedient eine der beiden Anlagen. Von den drei Teilen jedes Umschalters stellen die beiden unteren je einen doppelpoligen gemeinsamen Umschalter $\mathbf{Sg}$ der Synchronisierschaltung dar, mit denen die besonderen Maschinentransformatoren $\mathbf{MTb}$ durch die Synchronisierlampen hindurch auf den gemeinsamen Schienentransformator — für jede Anlage ist einer vorhanden — geschaltet werden können. Da für die beiden Anlagen nur ein Paar Synchronisierlampen vorhanden ist, muß dieses auf jeden der Synchronisierschalter umschaltbar sein. Hierzu dient der Umschalter U_0, und zwar mit seiner unteren und seiner rechten Sektorschiene. Hiernach erkennt man die beiden Synchronisierschaltungen als solche nach dem Schema $\mathbf{MaS}$, $\mathbf{STg}$, $\mathbf{MTb}$, $\mathbf{Sg}$, $\mathbf{Lg}$. Die noch nicht erwähnten dritten Sektorschienen jedes der drei Umschalter gehören zur Einrichtung für die selbsttätige Parallelschaltung; so führt z. B.

die oberste der von links, also vom zweiten Anschluß kommenden Leitungen über die obere Sektor-schiene des Umschalters U_1 und der linken des Umschalters U_0 in den oberen Teil des Schemas.

Vor der Betrachtung dieses Teiles wird man gut tun, die auf S. 29,m gegebene Erklärung der »Einrichtung von Vogelsang« zu lesen. Gleiche Teile des Schemas, die mit dem dort beschriebenen über-einstimmen, sind mit denselben Zeichen versehen; wir erkennen also, daß in gleicher Weise wie dort das Spannungsrelais SpR parallel zu den Synchronisierlampen geschaltet ist, und daß einerseits der elektromagnetische Schalter R, anderseits die Glühlampen r, g, w, und ferner die Schalter A und S und dazwischen das Zeitrelais ZR geradeso vorkommen wie in der einfacheren Schaltung auf Tafel 4, Fig. 5. Die Abweichungen in bezug auf die Stromwege hängen mit der wichtigsten Neuerung, dem Synchronisierrelais SR, und den dazugehörigen Hilfsrelais SR' und SR'' zusammen. Das Synchronisier-relais SR stellt nur insofern eine Neuerung gegenüber dem früher angewendeten gleichbenannten Relais dar, als in jenem der elektromagnetischen Zugkraft der Spule eine mechanische Kraft entgegenarbeitet, in der neueren Schaltung dagegen wiederum eine elektromagnetische Kraft. Wegen der Konstanz der Gegenkraft im ersten Falle war die Wirkung des Relais von der Größe der Schienen- und Maschinen-spannung abhängig, was gerade für Bergwerkszentralen, in denen sich die selbsttätige Parallelschaltung eingeführt und bewährt hatte, in denen aber starke Spannungsschwankungen unvermeidlich sind, als störend empfunden wurde. Bei diesem neueren Synchronisierrelais[1] steht nun die Gegenkraft mit der Synchronisierspannung in einer solchen Beziehung, daß sie bei Synchronismus unter allen Umständen der durch die Synchronisierspannung hervorgerufenen Kraft gleich ist. Das wird dadurch erreicht, daß das Gegengewicht durch die elektromagnetischen Zugkräfte zweier Spulen geliefert wird, von denen die eine an den Generator, die andere an die Schienen angeschlossen ist, und die ihre Wir-kung unabhängig voneinander auf magnetisch getrennte und nur mechanisch verbundene Eisenkerne ausüben; auf die ursprüngliche, in der Figur links gezeichnete Spule wirkt also die graphische Summe der beiden Spannungen, auf die rechts gezeichneten die Summe der Effektivwerte. Das Relais unter-scheidet sich außerdem noch von dem älteren dadurch, daß es mit seinem Anker nicht unmittelbar den Stromzweig für das Zeitrelais schließt, sondern erst durch ein Hilfsrelais SR' hindurch. Wir bemer-ken nun weiter, daß das Zeitrelais erst dann denselben Stromkreis wie im alten Schema schließt, wenn auch ein zweites Hilfsrelais SR'' seinen Anker angezogen hat. Das ist aber nur dann der Fall, wenn das Synchronisierrelais SR mit seiner Zunge die zuerst berührte Blattfeder auch noch mit der zweiten in Berührung gebracht hat, und zwar nur, solange diese Berührung besteht. Das erste aber, was bei schwindendem Synchronismus eintreten wird, ist, daß gerade diese Verbindung gelöst werden wird. Wir haben es also mit einer Einrichtung zu tun, durch die in sehr sinnreicher Weise erreicht wird, daß nur bei wachsendem Synchronismus, niemals bei abnehmendem, parallel geschaltet wird. (Die parallel zu den Spulen der Relais SR' und SR'' liegenden Glühlampen stellen stromschwächende Nebenschlie-ßungen dar.) — Damit die synchronisierte Maschine wirklich parallel geschaltet werde, muß also sowohl der Schalter des Zeitrelais als der von SR'' geschlossen sein; diese beiden Schalter (dazu natürlich auch der parallel zu ihnen liegende Sicherungsschalter S und der Schalter A) sind demnach die anderen Schalter, von denen oben gesagt war, daß sie neben dem Druckknopfe $\mathfrak{e}$ liegen. Sobald nun parallel geschaltet ist, ist, wie wir bei der Einschaltung durch den Druckknopf $\mathfrak{e}$ gesehen haben, der Einschalte-stromkreis unterbrochen; damit läßt aber die Spule s am Schalter A ihren Anker fallen. Wir haben darin den auf S. 29,m flüchtig erwähnten Vorgang zur selbsttätigen Ausschaltung von A.

Überblicken wir nach diesen Betrachtungen noch einmal die Synchronisiervorrichtung, so erkennen wir, daß mit dem Schalter U_0 die Auswahl der Schienen, also der Anlage, getroffen wird. Da die beiden Anlagen im normalen Betriebe immer durch wenigstens einen der beiden Transformatoren miteinander in Verbindung sind, so ist es im allgemeinen gleichgültig, auf welches Schienensystem synchronisiert wird, und der Umschalter U_0 scheint überflüssig zu sein. Kommen aber einmal beide Transformatoren außer Betrieb, so wird er nötig. Für diesen Fall fehlt noch der Anschluß der Transfor-matoren an die Synchronisiervorrichtung; er kann aber entbehrt werden, da man in einem solchen Not-falle folgendermaßen verfahren kann: Die Stromquellen einer Anlage werden alle abgeschaltet, einer der Transformatoren oder beide werden auf beiden Seiten eingeschaltet, so daß die Schienen der außer Betrieb gesetzten Anlage unter Spannung stehen. Ist hiernach eine der abgeschalteten Elektrizitäts-quellen in der gewöhnlichen Weise wieder synchronisiert und parallel geschaltet, so ist die Verbindung der beiden Anlagen in der früheren Weise wieder hergestellt.

---

[1] D. R. P. 162467 (Voigt & Haeffner).

Änderungen seit 1910. Änderungen grundlegender Natur sind seit dem Erscheinen der ersten Auflage dieses Buches nicht eingetreten. Zum vorhanden gewesenen Turbogenerator für 1800 kW Leistung ist ein weiterer durch eine Dampfturbine angetriebener Generator von 3000 kW Leistung gekommen. Der eine der beiden an den Schienen für 1000 Volt liegenden Generatoren ist entfernt. Anstatt der früheren zwei Transformatoren zu je 300 kW Leistung sind jetzt drei Stück zu 300 kW vorhanden.

Tafel 27]

Fig. 1] Bahnkraftwerk Mittelsteine (Allgemeine Elektrizitäts-Gesellschaft und Siemens-Schuckert-Werke)

Einphasenstrom, 80 000 Volt, $16^2/_3 \sim$

Fig. 1 zeigt als Beispiel eines modernen Kraftwerks für Bahnbetrieb das Schaltungsschema des Kraftwerks Mittelsteine.[1]) Das Werk Mittelsteine liefert Energie für die oberschlesischen Gebirgsbahnen in Gestalt von Einphasenstrom von $16^2/_3$ Perioden. Die Energie wird unter einer Spannung von 80000 Volt zu vier Unterwerken geleitet, von wo sie, herabgesetzt auf 16000 Volt, den einzelnen Speisepunkten der Fahr- und Schienenleitung zugeführt wird.

Zur Energieerzeugung im Kraftwerke dienen vier Generatoren von 4000 kW = 5000 kVA Leistung bei 3150 Volt Spannung. Ein weiterer Bahngenerator von 8000 kW ist im Bau. Von den vier in Betrieb befindlichen Generatoren ist einer in der Figur links ausführlich mit den zu seinen Meßinstrumenten und Relais führenden Leitungen aufgezeichnet, ein zweiter rechts davon mit nur angedeuteten Meßinstrumenten und Relais; die beiden anderen sind ganz rechts durch ein Rechteck dargestellt. Die Generatoren werden von Erregermaschinen erregt, die mit ihnen zusammen auf einer Welle sitzen. Die Schaltung der Erregung entspricht derjenigen von Tafel 1, Fig. 2. Schnellregler, die durch kleine Rechtecke rechts unten angedeutet sind, halten die Generatorspannung konstant. Die Zuleitungen zu ihnen sind nicht gezeichnet. Der Widerstand W, der nicht, wie der Einfachheit halber gezeichnet, konstant, sondern regelbar ist, wird von dem Schnellregler kurzgeschlossen und geöffnet (s. S. 53, o).

Zwischen den Generatoren und den Transformatoren liegen keine Schalter. Der untere Spannungswandler dient zum Synchronisieren, der obere sowie die beiden Stromwandler geben Spannung und Strom für die Meßinstrumente und Relais. An Meßinstrumenten sind für jeden Generator vorhanden: Strom-, Spannungs-, Leistungsmesser und Zähler; an Relais: je ein Maximal- M und Rückstromrelais R. Die in verschiedener Strichstärke gezeichneten Zuführungsleitungen ermöglichen es, die einzelnen Stromkreise leicht zu verfolgen.

Die Transformatoren haben eine Leistung von je 5000 kVA und erhöhen die Generatorspannung auf die Übertragungsspannung von 80000 Volt. Hochspannungsseitig sind sie in der Mitte untereinander durch eine Leitung verbunden und gemeinsam über eine Drosselspule geerdet. Zwischen ihnen und den Sammelschienen liegt der erste Ölschalter. Er ist durch die Maximalrelais und Rückstromrelais selbsttätig ausschaltbar.

Hinter dem Ölschalter verzweigt sich die Leitung und erreicht über die üblichen Trennstücke die Sammelschienen. Diese sind als Sammelverteilungsschienen ausgebildet und stellen das in modernen Anlagen übliche Doppelsammelschienensystem dar. Auffallend ist eine zu jedem Schienenpaar gehörige, etwas kürzer gezeichnete dritte Schiene (Hilfsschiene), die die Möglichkeit schafft, den gesamten, vom Kraftwerk gelieferten Strom und die gesamte Leistung an je einem Instrument abzulesen. Um sich darüber klar zu werden, ist es nötig, den ganzen Stromverlauf im Kraftwerk zu verfolgen. Es sei das untere Sammelschienensystem, also die unteren gezeichneten drei Schienen in Betrieb, die oberen abgeschaltet. Der Stromverlauf ist, mit den rechten Generatorklemmen begonnen, folgender: Rechte Generatorleitung, untere Schiene, rechter Zweig der abgehenden Leitung, Unterwerk, linker Zweig derselben Leitung, dritte, also oberste Schiene (Hilfsschiene) des eingeschalteten Schienensystems, Verbindungsleitung mit Stromwandlern zur mittleren Schiene, linke Generatorleitung, Generator. Da die anderen Generatoren und die zweite Fernleitung in der gleichen Weise an die Schienen angeschlossen sind, so muß also der ganze aus dem Kraftwerk kommende Strom den erwähnten Steg und die dort in den Stromkreis gelegten beiden Stromwandler durchfließen. Nehmen wir statt des unteren das obere Schienensystem in Benutzung, so können wir einen ähnlichen Stromweg verfolgen.

---

[1]) In Betrieb genommen 1914.

An Stelle des oberen Steges tritt der genau darüber gezeichnete. Von dem linken Stromwandler führen Leitungen zu den Tirrillreglern, von den rechten zu den Stromspulen je eines aufschreibenden Strom-, Leistungs- und cos φ-Messers. Diese Instrumente sind rechts neben dem zweiten Generator zu erkennen. Doppelpolige Umschalter gestatten, sie auf das obere oder untere Schienensystem zu legen. Ihre Spannungsspulen liegen an den Spannungswandlern der Fernleitungen. Rechts neben diesen drei Instrumenten ist noch ein aufschreibender Spannungsmesser angebracht, so daß immer ein Vergleich zwischen den beim Betriebe den Betriebsleiter am meisten interessierenden elektrischen Größen möglich ist. Die beiden Fernleitungen, von denen nur die linke ausführlich gezeichnet ist, sind so angeschlossen, daß je eine ihrer Abzweige an der untersten, der andere an der obersten, der Hilfsschiene, liegt. Sie sind durch selbsttätige, von Maximal- M und Erdschlußrelais E beeinflußte Schutzölschalter abschaltbar. Strom- und Spannungswandler sind wieder in der bekannten Weise am Strommesser und Zähler sowie an zwei Überstromrelais, ein Nullspannungsrelais N und ein Erdschlußrelais E angeschlossen. Die Leitungen sowie der Hilfsstromkreis mit Auslösespule des Ölschalters sind wieder ausführlich gezeichnet. Das Nullspannungsrelais schaltet die Leitung ab, wenn die Spannung ausbleibt, das Erdschlußrelais im Falle eines eine gewisse Stärke und Zeitdauer überschreitenden Erdschlusses. Das Erdschlußrelais schließt, wie gezeichnet, den Auslösekreis nicht unmittelbar, sondern über ein Hilfsrelais H. Hinter den Stromwandlern führen die Freileitungen über Drosselspule, Trennstücke und Hörnerableiter ins Freie. Der Hörnerschutz ist durch Trennstücke kurzschließbar. Dabei wird gleichzeitig die Leitung geerdet.

Modernen Grundsätzen entsprechend besitzt dieses Einphasenwechselstromwerk keine Pufferung (s. Tafel 8). Die Generatoren sind so gebaut, daß sie die beim Bahnbetrieb auftretenden starken Überlastungen und Kurzschlüsse, die natürlich eine gewisse Zeitdauer nicht überschreiten dürfen, in elektrischer und mechanischer Hinsicht ertragen. Die Kraftmaschinen sowie die Dampfkesselanlage müssen dabei natürlich so beschaffen sein, daß sie die auf sie treffenden Belastungsstöße übernehmen können.[1]) Gegen unzulässig hohe und unzulässig lang dauernde Überlastungen und Kurzschlüsse schützen die eingebauten Überstromrelais, gegen Erdschlüsse das Erdschlußrelais in der Freileitung und gegen Kurzschlüsse zwischen Generator und Generator-Ölschalter die dort eingebauten Richtungsrelais (s. Tafel 13). In den Stromkreis der Erdspannungsdrossel ist ein Strommesser geschaltet, an dem die Größe des Erdschlußstromes dauernd abgelesen werden kann. Überschreitet der Erdschlußstrom eine gewisse Größe, so wird mit Hilfe eines (nicht gezeichneten) Relais eine Hupe zum Ertönen gebracht. Wie immer in neueren Anlagen sind natürlich die Schalter von Hand und durch elektrische Fernsteuerung auslösbar.

Die Synchronisiereinrichtung, die in der Figur etwa in der Höhe der Generatoren zu erkennen ist, entspricht dem Symbole **MaM, D, MTb, Sb, Lb** (s. Tafel 2, Fig. 2), Auswahl nicht gesichert. Zum Synchronisieren sind zwei Schalter einzulegen. Soll z. B. die linke der beiden Maschinen auf die rechtsbenachbarte synchronisiert werden, so muß bei ihr der doppelpolige Schalter 1 und bei der anderen der Schalter 2 eingelegt sein. Dadurch ist der Synchronisierstromkreis richtig über den Synchronisierspannungsmesser und die parallel geschalteten Lampen der linken Maschine geschlossen. Außerdem steht der Frequenzmesser dieser Maschine, der zwei Anzeigevorrichtungen besitzt und mit der einen Spannungsspule dauernd an der Spannung der eigenen Maschine liegt, nun noch unter der Spannung der zweiten schon laufenden Maschine. Ein Geschwindigkeitsvergleich der Maschinen ist also auf die bequemste Weise möglich. Auf Einrichtungen, die die Auswahl des Schienensystems sichern sollen, ist verzichtet, und zwar deshalb, weil fast immer nur ein Schienensystem im Betrieb ist und nur in den seltensten Fällen die Schienensysteme gewechselt werden. In diesen seltenen Fällen sind dann eben die notwendigen Schaltungen mit erhöhter Aufmerksamkeit durchzuführen.

Fig. 2] Elektrizitätswerk (Spitzenwerk) Coschütz (Kummer & Co.) und Elektrizitätswerk Glückaufschacht (Siemens-Schuckert-Werke)

Zweiphasenstrom, 3540 und 5000 Volt, 50 ∿; Drehstrom, 2000 Volt, 50 ∿

Ausbau 1910. Das Elektrizitätswerk Coschütz, das zur Versorgung mehrerer Ortschaften in der Nähe von Dresden im Jahre 1900 erbaut war, stand nach mehrjährigem Betriebe vor der Frage einer Erweiterung der Zentrale, um den steigenden Bedarf liefern zu können. In derselben Zeit ging

---

[1]) Selbstverständlich muß, wenn man weder den Generator noch die Dampfmaschine gepuffert hat, d. h. durch besondere Einrichtungen auf ungefähr konstanter Leistung gehalten hat, zuletzt wenigstens der Dampfkessel gepuffert sein. In modernen Anlagen benutzt man dazu gern sogen. Dampfspeicher.

der 5 km entfernte Glückaufschacht dazu über, seine Betriebe durch Erbauung einer elektrischen Kraft-
anlage zu zentralisieren. Das Beispiel des Rheinisch-Westfälischen Elektrizitätswerkes in Essen hatte
gezeigt, wie sehr elektrische Energie durch Vereinigung von Anlagen deren maximale Belastung zu
verschiedenen Tageszeiten eintritt, verbilligt werden kann. Die beiden Werke beschlossen deshalb,
ihre Anlagen in ähnlicher Weise miteinander zu verbinden. Die Vereinigung wurde allerdings dadurch
erschwert, daß die Coschützer nach dem verketteten Zweiphasen-, die Anlage des Glückaufschachtes
nach dem Dreiphasensystem gebaut war. Sie wurde durchgeführt nach dem schon in Tafel 7, Fig. 38
dargestellten Schema. [1])

Die Figur zeigt links das Schaltungsschema der Zweiphasenanlage in Coschütz, von deren
Sammelschienen die Verbindungsleitung nach dem rechts gezeichneten Schaltungsschema der Drehstromanlage auf dem Glückaufschacht führt; die verbindenden Transformatoren stehen in der letztgenannten Anlage. In der ersteren dagegen bemerken wir einen Zusatztransformator zum Ausgleich
des Spannungsverlustes in der Fernleitung. Dieser Transformator entspricht dem auf Tafel 7, Fig. 11
gezeichneten, mit der in der Beschreibung zu jener Figur (S. 60) erwähnten Abweichung, daß für die
Spannungserhöhung und -erniedrigung dieselben sekundären Spulen benützt werden. Die Spannung
kann in Stufen von 2 Volt geändert werden. Von dem Schema der Drehstromanlage ist nur so viel
gezeichnet, wie zum Verständnis der Zweiphasen-Drehstromverbindung nötig schien. Dieser Teil
des Schaltungsschemas bietet, bis auf die schon früher (S. 47, m) beschriebenen Transformatoren nichts
Besonderes. Der Coschützer Teil dagegen zeigt manche bemerkenswerte Einzelheiten, wie denn auch
die ganze Schaltung als die einer Zweiphasenanlage besonderes Interesse beanspruchen kann.

Die drei Generatoren sind — abgesehen davon, daß der Hauptschalter für den größeren, später
aufgestellten, als Ölschalter ausgebildet ist — in völlig gleicher Weise geschaltet und ausgestattet; sie
werden durch Hauptstrommaschinen erregt. Zur Regelung des Erregerstromes sind zwei Regelwider-
stände vorhanden, von denen der eine für selbsttätige Regelung, der andere für Regelung von Hand
bestimmt ist. Wir betrachten genauer die Einrichtung für die erstere und gehen dabei von der links
neben die Akkumulatorenbatterie gezeichneten Schaltung aus; sie liegt parallel zu den Spannungsmessern für die Netzspannung und besteht in einem Relais mit zwei parallel geschalteten Elektromagneten, in deren Stromkreise einerseits ein induktionsfreier Widerstand (Glühlampen), anderseits eine
Drosselspule geschaltet ist. Bei Schwankungen der Netzspannung wird also der Strom im ersteren
Elektromagneten der Schwankung schnell, im letzteren dagegen nur langsam folgen können. Es ergibt
sich daraus, daß die Zunge des Relais bei einer Spannungssteigerung nach links, bei einer Spannungsverminderung nach rechts angezogen wird. Wie (durch Relais hindurch) die hierdurch bewirkte Schließung zweier Stromkreise zwei an den Generatoren vorbeigeführte (unmittelbar über den Gleichstromschienen gezeichnete) Hilfsleitungen an den positiven Pol der Batterie anschließt, ist aus dem Schema
ohne weiteres ersichtlich. Bei der durch die gestrichelten Linien angedeuteten Hebelstellung der drei
Umschalter *U* wird also eine mit der Generatorwelle umlaufende, mit zwei Kegelrädern fest verbundene
Hülse elektromagnetisch nach der einen oder anderen Seite geschoben, je nachdem die obere oder die
untere Hilfsleitung an die Batterie angeschlossen, d. h. also, je nachdem die Netzspannung zu hoch
oder zu niedrig ist. Ein hierdurch in der einen oder anderen Richtung gedrehtes Kegelrad bewegt
den Hebel des Regelwiderstandes im spannungsvermindernden oder -erhöhenden Sinne. Durch Umlegen
des Hebels von *U* wird die selbsttätige Regelung ausgeschaltet und der Regelhebel kann elektromagnetisch durch die Druckknöpfe bewegt werden.

Bemerkenswert an den Erregerstromkreisen ist, daß sie nicht ausgeschaltet werden können,
sondern daß, um den Erregerstrom zum Verschwinden zu bringen, die Hauptschlußwicklung der Erregermaschinen kurzgeschlossen wird. Das hat folgenden Zweck: Wenn infolge eines Versehens von den
Schienen aus Wechselstrom in den Anker eines stillstehenden Generators gelangt, so wird durch diesen
Strom eine elektromotorische Kraft in dem Erregerstromkreise induziert, die unter Umständen so groß
sein kann, daß bei unterbrochenem Erregerkreise gefährliche Spannungen an der Unterbrechungsstelle entstehen. Diese Gefahr ist durch die getroffene Einrichtung verhütet.

Die kleinen Hauptstrommotoren »*Regul.-Mot.*« dienen zur Verstellung der Dampfmaschinen-
regler. — Zum Gleichstromteil des Schemas gehört schließlich auch die von einem asynchronen
Zweiphasenmotor getriebene Ladedynamo mit Akkumulatorenbatterie. Die Gleichstromanlage dient
außer zu den schon genannten Zwecken auch für die Notleuchtung der Zentrale.

---

[1]) Eine genaue Beschreibung der Anlage gibt Meyer in den Elektr. Kraftbetrieben u. Bahnen 1909, S. 141.

Die ohne weiteres verständliche Synchronisierschaltung, eigentlich nach dem Symbol **MaS, H, STg, MTg, Sb, Lg,** wird dadurch zu einer Schaltung mit **Sg,** daß die Synchronisierschienen durch Stöpselschalter angeschlossen werden, für die nur ein Stecker vorhanden ist. Neben dieser Synchronisiervorrichtung ist noch eine andere vorhanden, die dadurch bemerkenswert ist, daß sie mit Hilfsspulen der Generatoren arbeitet. Diese Synchronisiervorrichtung ist rechts von dem Generator zu 180 kW gezeichnet. Steht der rechte der beiden Umschalter S in der gezeichneten Stellung, so dient der linke dazu, die einzelnen Generatoren zur Spannungs- und Frequenzmessung einzuschalten. Denkt man sich dagegen die inneren, mit der gemeinsamen Leitung verbundenen Kontakte weg, so erkennt man, daß eine Synchronisiervorrichtung nach dem Schema **MaM, Sg, Lg** vorliegt, bei der die Meßspulen der Generatoren gewissermaßen als die Sekundärspulen von Transformatoren erscheinen. Der Drehstromgenerator im Glückaufschacht, d. h. die von dort kommende Zweiphasenleitung, die mit in die Synchronisierschaltung einbezogen ist, muß natürlich durch einen Transformator an die Schaltung angeschlossen sein. Diese zweite Synchronisiervorrichtung muß also benützt werden, wenn die beiden Anlagen miteinander in Verbindung gebracht werden sollen; mit der vorhin erwähnten lassen sich die beiden Anlagen nicht synchronisieren. Die zum Vergleich an die Synchronisierschaltung eingeschriebene Schaltung Tafel 1, Fig. 11 kann kein vollkommenes Vorbild sein; das bessere Vorbild, mit einer gemeinsamen Leitung, das nicht gezeichnet ist, würde seinen Platz auf Tafel 2 zwischen Fig. 2 und 3 haben müssen. Die schon erwähnten beiden inneren Kontakte würden in einer nach Tafel 1, Fig. 11 gezeichneten Darstellung der angewendeten Synchronisierschaltung in je einem vierten Kontakte der oberen Umschalter wiederzugeben sein, die beide mit der gemeinsamen unteren Schiene verbunden sind; es würde dann aus der Figur noch klarer zu erkennen sein, daß diese beiden Kontakte nur zur Spannungs- und Frequenzmesung dienen können.

Beobachtet werden kann der Synchronismus nur in der Coschützer Anlage, wo also auch nur parallel geschaltet werden kann. Beim Synchronisieren der beiden Anlagen ist unter telephonischer Verständigung der Drehstromgenerator in bezug auf Spannung und Geschwindigkeit den Verhältnissen der Coschützer Anlage entsprechend zu regeln. Ein Synchronisieren in der Drehstromanlage, also die Anpassung der Coschützer Anlage an den einen Drehstromgenerator, würde im allgemeinen umständlicher sein.

Von den Verteilungsschienen der Coschützer Anlage zweigen fünf Fernleitungen nach verschiedenen Ortschaften ab. Eine letzte Abzweigung führt in die Zentrale; an dieser wird teilweise Zweiphasenstrom, teilweise Einphasenstrom im Dreileitersystem abgenommen. Ein Anschluß, der zum asynchronen Motor-Generator für die Lademaschine und zum Zählereichraum führt, kann auf das Zweiphasen- und das Einphasen-Dreileitersystem umgeschaltet werden.

Durch die Verbindung können sich die beiden Anlagen mit einer Leistung von 200 kW wechselseitig unterstützen. Der Betrieb hat nicht nur in bezug auf die von Meyer angegebene eigenartige Transformierung, sondern auch wirtschaftlich befriedigt. Das Coschützer Werk arbeitet stets mit vollbelasteten Maschinen und deckt den darüber hinausgehenden Bedarf aus der Fernleitung; während der Nacht und mittags während einer Stunde wird der Betrieb in Coschütz ganz eingestellt und die gesamte Energie vom Bergwerk bezogen. Das Elektrizitätswerk zahlt dafür weniger als die Kohlen kosten würden und hat außerdem nur die Verpflichtung übernommen, bei einer Betriebsstörung im Bergwerk so viel Energie hinzuliefern, als es ohne Benachteiligung seiner Stromabnehmer abzugeben vermag, und während der Hauptlichtperiode 10 kW für Notbeleuchtung abzugeben. An Anlagekapital allein wurden durch die Verbindung etwa 100000 Mk. (für je eine Reservedampfdynamo auf jeder Seite) erspart, denen etwa 17000 Mk. für die Ausführung der Verbindung gegenüberstehen.

Deckblatt zu Tafel 27]

Änderungen seit 1910. Die Schaltanlage in Coschütz hat sich stark verändert. Die beiden Maschinen zu 90 kW wurden durch eine solche von 600 kW ersetzt. Außer der vom Glückaufschacht kommenden Leitung arbeitet jetzt noch eine zweite, von einem Dampf- und Wasserkraftwerk in Deuben kommende auf die Sammelschienen, und die Zahl der abgehenden Leitungen hat sich um eine vermehrt. Die Trennung der Schienen in Sammel- und Verteilungsschienen besteht nicht mehr. Es ist vielmehr wie in allen modernen Anlagen ein Doppelsammelschienensystem vorhanden, von denen jedes Sammelschienensystem den Charakter von Sammelverteilungsschienen hat. Allerdings liegen die Verhältnisse nicht so, daß, wie wir es bei den verschiedenen besprochenen Schaltanlagen gesehen haben, die eine

Schiene immer eine außer Betrieb befindliche Ersatzschiene darstellt, sondern beide Schienen sind dauernd in Betrieb.

Die Schaltanlage ist nämlich in ihrem neuen Ausbau der Typus einer »mehrfachen Anlage« (s. S. 123,u, Schienenanordnungen) und als solche für ausgesprochenen Gruppenbetrieb bestimmt. Die normalen Betriebsverhältnisse sind folgende: Die vom Glückaufschacht kommende Leitung ist auf die oberen Schienen, die »Glückaufschachtschienen« geschaltet und speist die linke Gruppe der von der Schaltanlage ausgehenden Leitungen. Die Anschlußzweige dieser Leitungen an dem linken Teil der unteren Sammelschiene, die »Werkschienen«, sind dabei durch ihre Schalter unterbrochen. Die von einem Zweiphasenstrom erzeugenden Kraftwerk in Deuben kommende Leitung arbeitet nur auf die Werkschienen und speist normalerweise die drei von dem rechten Teil der unteren Sammelschienen, den »Verteilungsschienen« ausgehenden Leitungen, wobei natürlich der Kupplungsschalter K_2 zwischen den Werk- und den Verteilungsschienen eingelegt ist. Wir haben also im Sinne der Systematik der Schienenanordnungen[1]) zwei vollständig getrennte Gruppen, und die Schaltanlage spielt in bezug auf die Gruppen nur die Rolle einer Durchgangsstation.

Das Kraftwerk in Coschütz selbst tritt nur noch als Spitzenwerk in Tätigkeit, d. h. es liefert nur in den Tagesstunden erhöhten Energiebedarfs und dann, wenn etwa eine der Energie zuführenden Leitungen ausfallen sollte, Strom ins Netz.

Die Generatoren sind nur auf die Werkschienen schaltbar und unterstützen von dort aus die von Deuben kommende Leitung. Soll auch die vom Glückaufschacht kommende Leitung unterstützt werden, so müssen eine oder mehrere der von dem Glückaufschachtschienen abgehenden Leitungen an die Werkschienen gelegt werden, da keine Möglichkeit besteht, die Generatoren oder auch die Leitung von Deuben unmittelbar auf die Glückaufschachtschienen zu legen. Das ist mit Schwierigkeiten verbunden, denn die beiden Werke Deuben und Glückaufschacht werden im allgemeinen nicht synchron laufen. Da eine Möglichkeit, die beiden Werke von ihren Zentralen aus oder von Coschütz aus auf synchronen Gang zu beeinflussen, fehlt, so ist folgendermaßen zu verfahren: An einer (nichtgezeichneten) Synchronisiereinrichtung im Kraftwerk Coschütz wird der Zeitpunkt beobachtet, in dem die beiden Gruppen Deuben und Glückaufschacht einmal synchron laufen. In diesem Augenblick wird der selbsttätige Kuppelungsschalter K_1 eingelegt, dann werden die gewünschten Leitungen mit Hilfe der eigens zu diesem Zweck in die Leitungsverzweigung hinter den Schienen eingebauten Ölschalter von den Glückaufschachtschienen ab und auf die Werkschienen geschaltet und endlich der Kuppelungsschalter wieder geöffnet. Zeit zum Vornehmen dieser Schaltungen ist vorhanden, da die beiden Anlagen nach Erfahrung hierfür lange genug synchron laufen. Ein Parallelbetrieb hat sich als unmöglich herausgestellt. Mit Hilfe des zuletzt erwähnten Kuppelungsschalters K_1 und des am rechten Ende der Verteilungsschienen liegenden Kuppelungsschalters K_3 sind noch weitere Schaltungen möglich. Ist der Kuppelungsschalter K_3 geschlossen und sind die beiden anderen Kuppelungsschalter geöffnet, so werden auch die rechten Leitungen von den Glückaufschienen gespeist. Sind K_1 uns K_2 geschlossen, K_3 und außerdem der Hauptschalter der Leitung von Deuben geöffnet, so speist die Glückaufschachtleitung sämtliche abgehenden Leitungen. Ferner wäre es möglich, alle abgehenden Leitungen an Werk- und Verteilungsschienen zu legen und alle von der von Deuben aus kommenden Leitung mit Strom zu versorgen.

Neu hinzugekommen gegen früher sind eine an die Glückaufschacht- und Werkschienen schaltbare Erdungsdrosselspule mit zweiter Wicklung (in der Figur ganz links), mit deren Hilfe die Spannung gegen Erde meßbar ist. Auch an die Verteilungsschienen (beim Kuppelungsschalter K_2) ist eine Erdungsdrossel angeschlossen, die über Hörnerableiter an Erde gelegt ist. Beachtenswert ist, daß die Meßinstrumente nicht mehr wie früher unmittelbar, sondern durch Vermittlung von Strom- und Spannungswandlern angeschlossen sind.

Von der Synchronisiereinrichtung, die selbst auch nicht mehr die alte ist, sind nur die beiden rechts gezeichneten Instrumente, ein Synchronisierspannungsmesser und ein Frequenzmesser angedeutet. Die Batterie ist verschwunden; die Generatoren können nur noch von ihren Erregermaschinen erregt werden. Die Erregermaschine des neuen Generators ist die übliche Nebenschlußmaschine. Ein auf den neuen Generator geschalteter im Deckblatt nur durch ein Rechteck angedeuteter Tirrillregler hält statt der früheren Regeleinrichtung die Spannung konstant.

Sehr wenig verändert hat sich das Schaltungsschema des Drehstromwerkes im Glückaufschacht. Es konnte daher davon abgesehen werden, ein Deckblatt dazu zu zeichnen. Zu dem Generator von

---

[1]) Siehe Elekt. Kraftbetr. u. Bahnen 1910, S. 533 u. 556.

350 kW ist ein neuer von 1000 kW hinzugekommen, der in gleicher Weise geschaltet und mit Meßinstrumenten versehen ist wie der alte. Da von dieser vergrößerten Werkleistung auch ein größerer Betrag als früher über die Fernleitung und die Schaltanlage in Coschütz an die Abnehmer geliefert wird, so war es nötig, einen zweiten Transformator von 300 kW zu dem alten von 200 kW parallel zu schalten. An die Drehstromschienen ist er in gleicher Weise wie der frühere Transformator angeschlossen, auch sind die zu ihm gehörigen Meßinstrumente die gleichen. Auf der Zweiphasenseite sind beide Transformatoren, der alte und der neue, auf ein besonderes Schienensystem geschaltet, von dem in der gleichen Weise wie früher die Fernleitung nach Coschütz abgeht.

Tafel 28]

Gleichrichteranlage des Elektrizitätswerkes Heidelberg (Brown, Boveri & Co., Mannheim) [1])

Drehstrom, 20 000 Volt, 50 ∿; Gleichstrom, 600 Volt und 450/520 Volt

Die Energie wird den Hochspannungsschienen der Anlage unter einer Spannung von 20000 Volt von einem Überlandwerk, dem auf Seite 145,ff besprochenen Badenwerk, durch ein Kabel zugeführt; die Meßeinrichtung mit Strom- und Spannungswandlern bietet nichts Besonderes. Von den Hauptschienen zweigen drei Leitungen ab, die jede zu einer Gruppe von Gleichrichtern führen, und zwar in fast gleicher Weise zunächst durch einen selbsttätigen Ölschalter, dessen Ausschalten durch Leucht- und Schallzeichen (Hupe) selbsttätig angezeigt wird. Beim weiteren Verfolgen des Stromverlaufes gelangt man über einen Zusatztransformator mit Stufenschalter, der der Übersichtlichkeit wegen herausgezeichnet ist, als ob er ein besonderer Apparat wäre, zu den primär in Dreieck und sekundär in Doppelstern geschalteten Transformatoren. Zusatztransformator und Stufenschalter sind durch Kurzschließen abschaltbar. Bei der dritten, nur angedeuteten Gruppe fehlt der Zusatztransformator und der Stufenschalter. In allen Transformatoren wird ohne Zusatztransformator und Stufenschalter die Spannung auf 600 Volt umgesetzt und dient in dieser Höhe zur Versorgung der Bahn. Mit Zusatztransformator und unter Benützung des Stufenschalters dagegen wird die Spannung auf 460 bis 520 Volt herabgesetzt und für den Lichtbetrieb benützt. Alle drei Transformatoren können somit für den Bahnbetrieb, die beiden ersten sowohl für Licht- als für Bahnbetrieb benützt werden. Von der sekundären Wicklung ab ist die Schaltung des Gleichrichters die auf Tafel 10, Fig. 16 dargestellte.

Zum Regeln der Spannung dient außer dem Zusatztransformator mit Stufenschalter auch noch ein in der Mitte gezeichneter, zu den ersten beiden Gleichrichtergruppen gemeinsam gehöriger Induktionsregler (s. Tafel 7, Fig. 18). Die Aufstellung dieser beiden Spannungsregelungseinrichtungen nebeneinander muß auffallen, denn man würde mit einem gewöhnlichen Zusatztransformator, der auf 490 Volt, an den Gleichstromschienen gemessen, transformiert und einem kleinen Induktionsregler, der in den Grenzen ± 30 Volt regelt, auskommen können und dabei mit dieser billigeren Anlage einen viel einfacheren Betrieb haben. Der Grund für die getroffene Anordnung ist ein zufälliger. Die Anlage war ohne Induktionsregler schon im Bau, als von starken Spannungsschwankungen in dem erst kurz vorher in Betrieb genommenen Badenwerk berichtet wurde. Es blieb da der ausführenden Firma, um den vertraglich festgelegten Forderungen der Stadt Heidelberg genügen zu können, nichts weiter übrig, als einen Induktionsregler hinzuzufügen, für den dann ein Regler von normalem, für den vorliegenden Fall aber zu großem Typ gewählt wurde.

An die Hauptschiene sind durch Trennstücke, Höchststromschalter und Drosselspulen (s. S. 93,m) die Quecksilberdampfgleichrichter mit ihren Anoden angeschlossen. Die Trennstücke haben den besonderen Zweck, die Anoden einzeln anschließen zu können, was geschehen muß, damit keine Rückzündung eintritt. Die Anodendrosselspulen sind nach Tafel 10, Fig. 9 geschaltet; die dort in je zwei Teilen gezeichnete Kurzschlußspule ist hier als ein Ganzes dargestellt. Wir verfolgen den Stromweg von der Kathode aus durch Zähler und Strommesser zu zwei Schaltern, von denen der eine einen Belastungswiderstand B_w zum Anlassen des Gleichrichters anschließt, der andere zur positiven Schiene der Anlage führt; ist dieser zweite geschlossen, so wird der erste wieder geöffnet. Die unten gezeichneten Schienen werden durch einen Drehumschalter an das Bahn- oder an das Lichtkabel angeschlossen. Links unten im Schema ist ein Aggregat von zwei Gleichstrommaschinen zu bemerken, bestehend aus Motor und Generator. Der Motor steht unter einer Spannung von 220 Volt, der Generator erzeugt

---

[1]) Eingerichtet im Jahre 1921.

eine solche von 110 Volt. Unter dieser Spannung steht der Stromkreis der Zündanoden. Zum Einschalten dient ein zweipoliger Druckknopfschalter, durch den, wie man beim Verfolgen der Stromkreise erkennt, ein den Zündwiderstand ZW und die Zündmagnetspule und parallel dazu ein die Zündanode, Kathode und Zähler enthaltender Stromkreis eingeschaltet wird. Zur Messung des Gesamtstromes in diesen beiden Kreisen ist ein Strommesser A_E vorhanden. Die Spannung für diese Stromkreise wird durch einen gemeinsamen Vorschaltwiderstand VW (links unten) weiter vermindert. Der Umstand, daß der Generator 110 Volt liefert, während für den Zündstromkreis nur etwa 60 Volt nötig sind, erklärt sich daraus, daß man eine normale Maschine benutzen wollte; es war da natürlich ein Vorschaltwiderstand zum Abdrosseln der Spannung nötig. Wir betrachten nun noch den Erregerstromkreis. Für diesen ist für jeden Gleichrichter ein besonderer Einphasentransformator vorhanden, der an ein besonderes Schienensystem von 450 Volt Spannung angeschlossen ist. Die Schaltung ist, aus dem Gesamtschema herausgelöst, ohne Schwierigkeit als die auf Tafel 10, Fig. 2 dargestellte zu erkennen; nur enthält der Stromkreis — abgesehen davon, daß er von einem besonderen Transformator gespeist wird — noch einen Zähler und einen Strommesser A_E und ist über den Erregerwiderstand EW statt über Glühlampen geschlossen.

———————

TEICHMÜLLER, Schaltungsschemata
Zweiter Band: Wechselstromanlagen
Teil 1: Systematischer Teil
Verlag von R. OLDENBOURG, München und Berlin

TAFEL 1: Fig. 1 bis 5. Die Erregung der Maschinen
Fig. 6 bis 8. Synchronisieren und Parallel-
schalten der Maschinen
Fig. 9 bis 22. Synchronisierschaltungen für
Einphasenstrom, ein Schienensystem

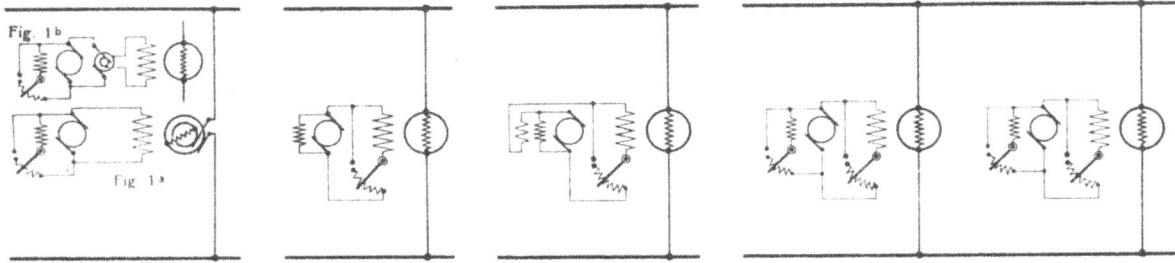

Fig. 1 bis 4. Einzelerregung fremderregter Wechselstrommaschinen, und die verschiedenen Arten der Regulierung
Fig. 1. Mittelbare Regulierung durch Spannungsänderung
Fig. 2. Unmittelbare Regul des Erregerstromes
Fig. 3. Desgl. bei Doppelschlussmaschinen
Fig. 4. Vereinigung der Regulierung nach Fig 1 und 2

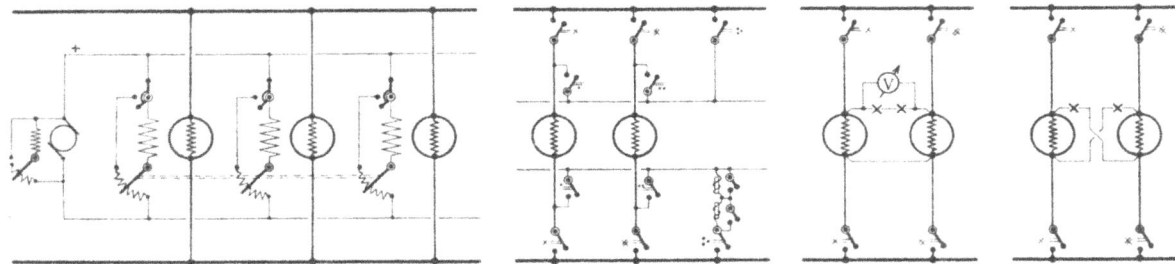

Fig. 5. Erregung von gemeinsamer Stromquelle
Fig. 6. Aelteres Verfahren zum Parallelschalten nach Kapp
Grundschemata der Synchronisierschaltungen
Fig. 7. Dunkelschaltg. Fig. 8. Hellschaltung

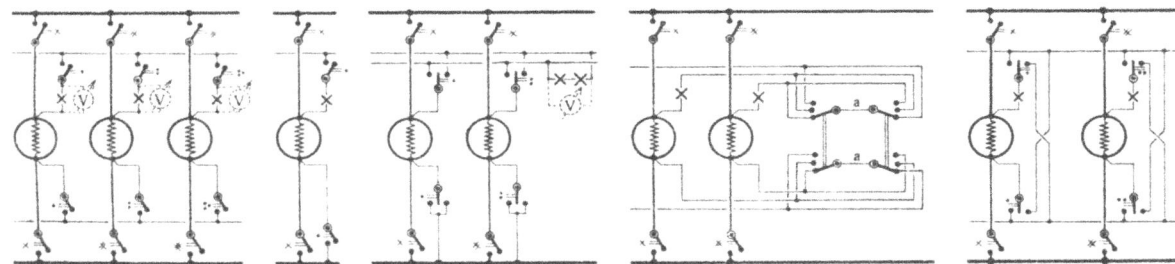

Fig. 9 bis 11. Synchronisieren einer Maschine auf eine andere mit Dunkelschaltung
Fig. 9ᵃ. MaM, D, Sb, Lb Fig. 9ᵇ Fig. 10. MaM, D, Sb, Lg Fig. 11. MaM, D, Sg, Lb und Sg. Lg
Fig. 12 u. 13. Synchronis. Fig. 12. MaM, H, Sb, Lb

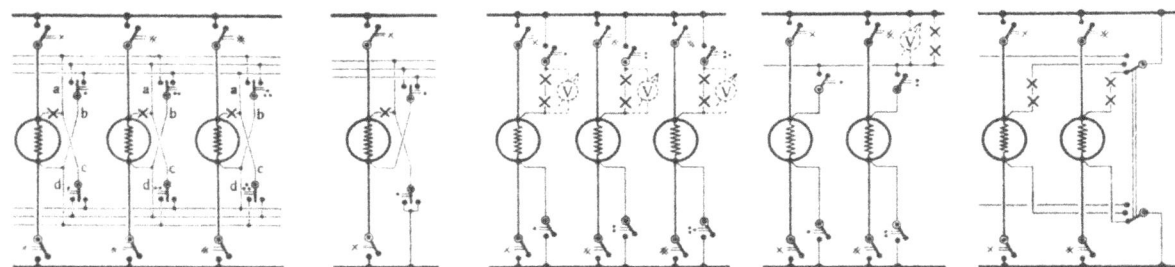

einer Maschine auf eine andere mit Hellschaltung
Fig. 13ᵃ. MaM, H, Sb, Lb Fig. 13ᵇ. Dsgl.
Fig. 14 bis 18. Synchronisieren einer Maschine auf die Sammel-
Fig. 14. MaS, D, Sb, Lb Fig. 15. MaS, D, Sb, Lg Fig. 16. MaS, D, Sg, Lb

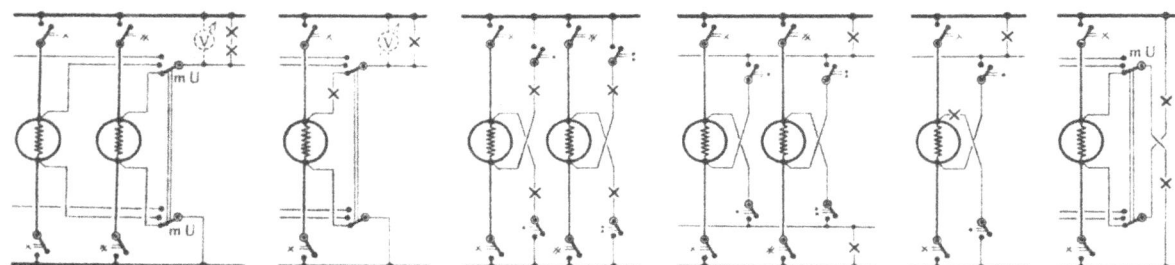

schienen mit Dunkelschaltung
Fig. 17. MaS, D, Sg, Lg Fig. 18. Lbg
Fig. 19 bis 22. Synchronisieren einer Maschine auf die Schienen mit Hellschaltung
Fig. 19. MaS, H, Sb, Lb Fig. 20. MaS, H, Sb, Lg Fig. 21. Lbg Fig. 22. Sg, Lg

TEICHMÜLLER, Schaltungsschemata
Zweiter Band: Wechselstromanlagen
Teil I: Systematischer Teil
Verlag von R. OLDENBOURG, München und Berlin

TAFEL 2: Fig. 1 bis 10. Synchronisierschaltungen für
Einphasenstrom, mit Spannungswandlern,
ein Schienensystem
Fig. 11 bis 18. Anwendung der Synchronisier-
schaltgn. für Einphasenstrom auf Drehstrom

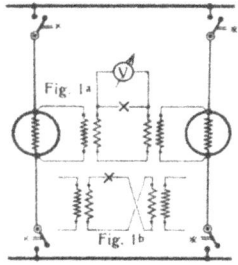

Fig. 1. Dunkel- u. Hellschaltg. mit Spannungswandlern

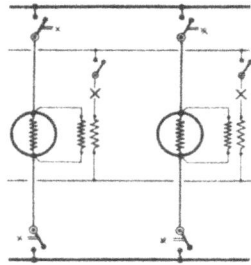

Fig. 2. MaM, D, MTb, Sb, Lb
Vergl. Tfl. 1, Fig. 9

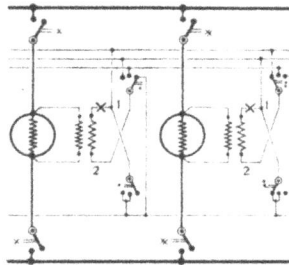

Fig. 3. MaM, H, MTb, Sb, Lb
Vergl. Tfl. 1, Fig. 13

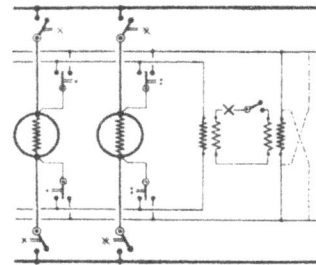

Fig. 4. MaM, MTg, Sb, Lg; für D und H
Vergl. Tfl. 1, Fig. 10

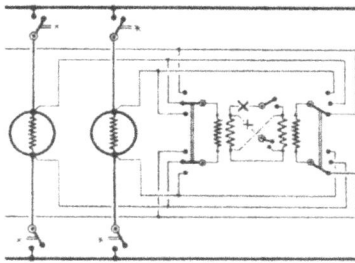

Fig. 5. MaM, MTg, Sg, Lg, für D und H
Vergl. Tfl. 1, Fig. 11

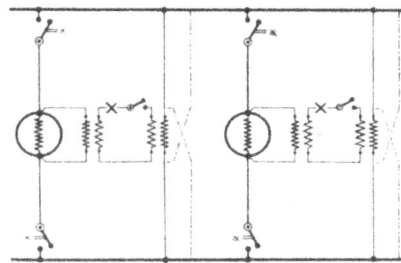

Fig. 6. MaS, STb, MTb, Sb, Lb; für D und H
Vergl. Tfl. 1, Fig. 14

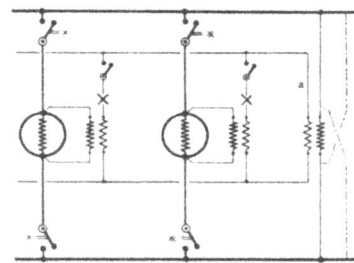

Fig. 7. MaS, STg, MTb, Sb, Lb, (Lg); für D u. H
Vergl. Tfl. 1, Fig. 14 u. 15 u. Fig. 19 u. 20

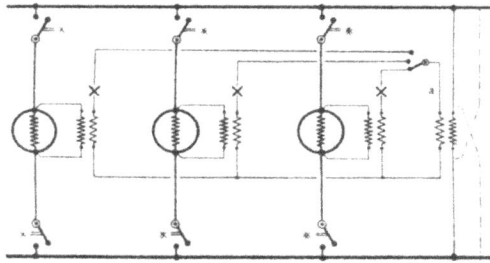

Fig. 8. MaS, STg, MTb, Sg, Lb, (Lg); für D und H
Vergl. Tfl. 1, Fig. 16 u. 17 u. Fig. 22

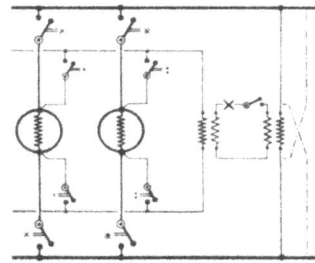

Fig. 9. MaS, STg, MTg, Sb, Lg; für D u. H
Vergl. Tfl. 1, Fig. 15 u. Fig. 20

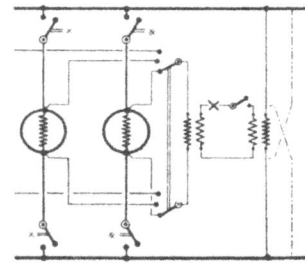

Fig. 10. MaS, STg, Sg, Lg; für D u. H
Vergl. Tfl. 1, Fig. 16 u. Fig. 22

Die in Fig. 11 bis 18 gezeichneten Schemata, die den Grundschemata von Tfl. 1, Fig. 9 und 14 entsprechen, sollen nur zeigen, wie die für Einphasenmaschinen gezeichneten Schaltungen für Drehstrommaschinen anzuwenden sind.

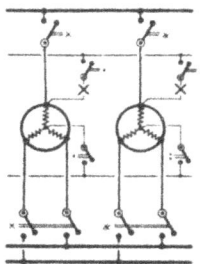

Fig. 11. Synchronisieren mit der Sternspannung
nach Tfl. 1, Fig. 9

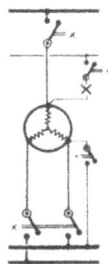

Fig. 12. Desgl. m. d. Linienspg.
n. Tfl. 1, Fig. 9b

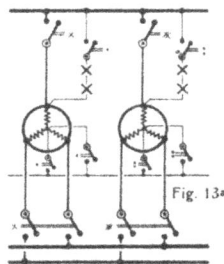

Fig. 13a

Fig. 13b

Fig. 13. Synchronisieren mit der Stern-spannung nach Tfl. 1, Fig. 14

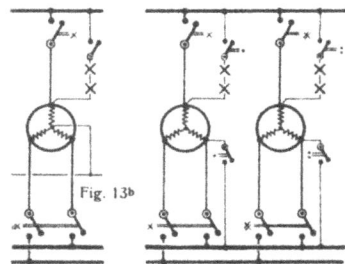

Fig. 14. Synchronisieren mit der Linienspannung
nach Tfl. 1, Fig. 14

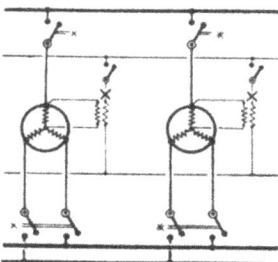

Fig. 15. Synchronisieren mit der Sternspannung nach Tfl. 2, Fig. 2

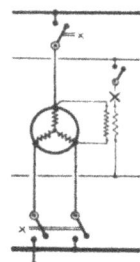

Fig. 16. Desgl. m. d. Linienspanng.

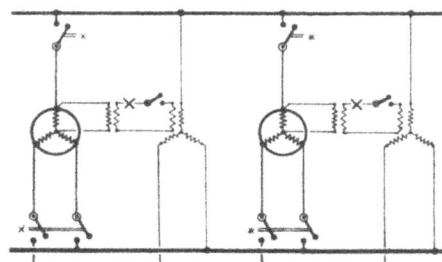

Fig. 17. Synchronisieren mit der Sternspannung
nach Tfl. 2, Fig. 6

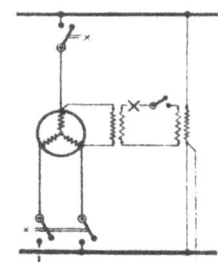

Fig. 18. Synchronisieren mit der Linienspannung
nach Tfl. 2, Fig. 6

TEICHMÜLLER, Schaltungsschemata
Zweiter Band: Wechselstromanlagen
Teil 1: Systematischer Teil
Verlag von R. OLDENBOURG, München und Berlin

TAFEL 3: Synchronisierschaltungen für Drehstrom mit
Anzeige des Geschwindigkeitsunterschiedes
durch drehenden Lichtschein

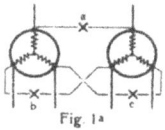 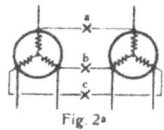 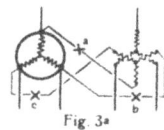 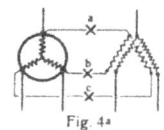 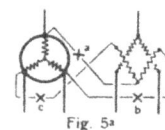 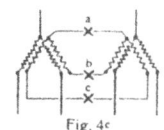

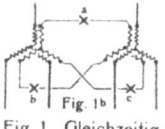 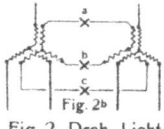 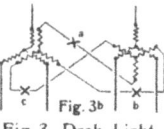 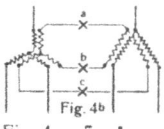 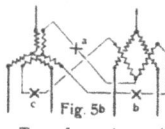 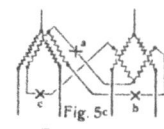

Fig. 1. Gleichzeitig
aufleuchtende u. er-
löschende Lampen

Fig. 2. Dreh. Licht-
schein Dunkelschal-
tung (inbez. auf a)

Fig. 3. Dreh. Licht-
schein Hellschaltg.
(inbez. auf a)

Fig. 4. u 5 Anwendg. v. Transformatoren in offener Dreieckschaltg.
Fig. 4. Dunkelschaltung; Fig. 5. Hellschaltung

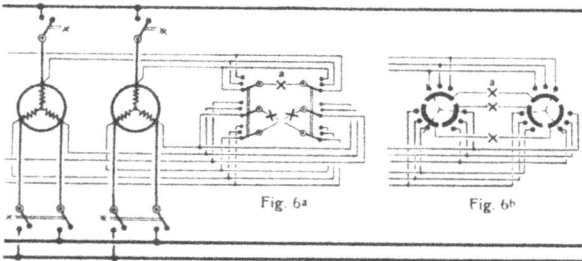

Fig. 6. MaM,D,Sg,Lg bei drehendem Lichtschein

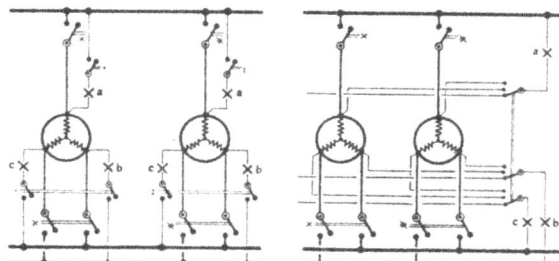

Fig. 7. MaS,D,Sb,Lb bei dr. L.   Fig. 8. MaS,D,Sg,Lg bei dr. L.

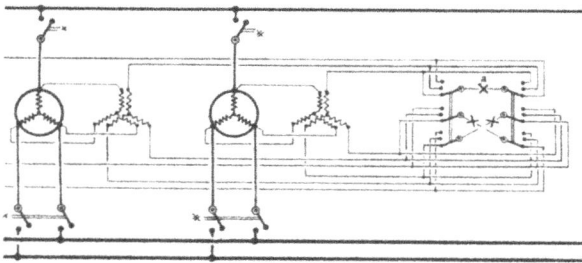

Fig. 9. MaM,D,MTb,Sg,Lg bei drehendem Lichtschein

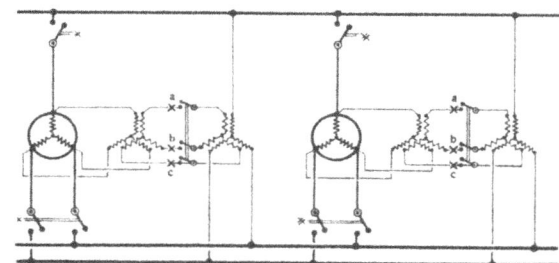

Fig. 10. MaS,D,STb,MTb,Sb,Lb bei drehendem Lichtschein

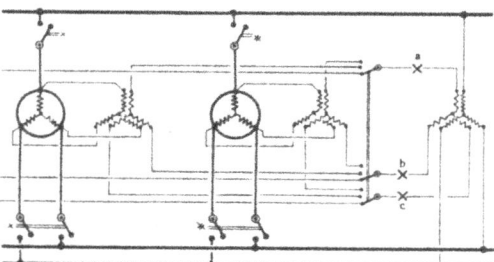

Fig. 11. MaS,D,STg,MTb,Sg,Lg bei dreh. Lichtschein

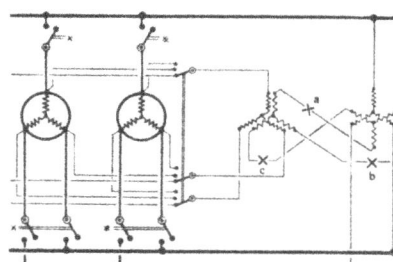

Fig.12. MaS,H,STg,MTg,Sg,Lg bei dr. Licht.

Bemerkung zu Fig. 13

Die Winkel der Lampen-
rosette in Fig. 13c geben
gleichzeitig die Phasenverschiebungen der auf die
Lampen in Fig. 13b wirkenden Spannungen an. — Bei
Phasengleichheit leuchten die
Lampen 4 hell.

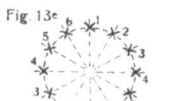
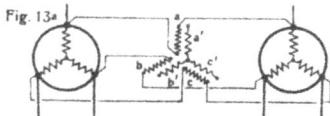
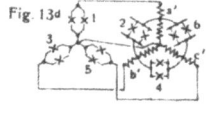

Fig. 13. Drehender Lichtschein durch sechs Lampenpaare

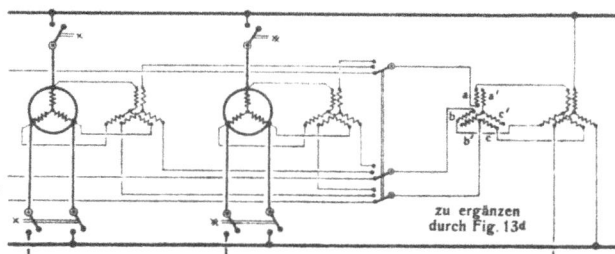

Fig. 14. Einrichtung von Fig. 13 in der Schaltung von Fig. 11

TEICHMÜLLER, Schaltungsschemata

Zweiter Band: Wechselstromanlagen
Teil 1: Systematischer Teil
Verlag von R. OLDENBOURG, München und Berlin

TAFEL 4: Fig. 1 bis 3. Mechanische Geschwindigkeits-
vergleicher
Fig. 4 bis 6. Selbsttätiges Parallelschalten
Fig. 7 „ 10. Hülfssicherungen z. Parallelsch.
Fig. 11 „ 21. Synchronisierschaltungen bei
zwei Schienensystemen

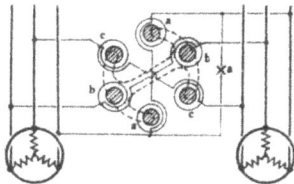

Fig. 1. Geschwindigkeitsvergleicher
d. A. E. G. f. Drehstrom (n. Benischke)

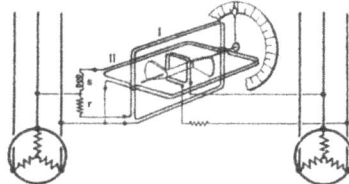

Fig. 2. Geschwindigkeitsvergleicher
für Einphasen- und Drehstrom

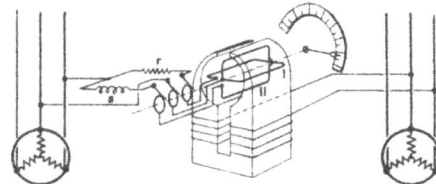

Fig. 3. Desgl., Apparat von Lincoln

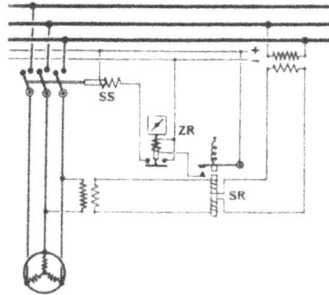

Fig. 4. Einrichtung zum selbsttätigen
Parallelschalten von Benischke

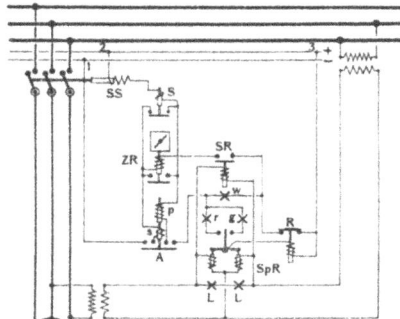

Fig. 5. Desgl. von Vogelsang
(Voigt & Haeffner)

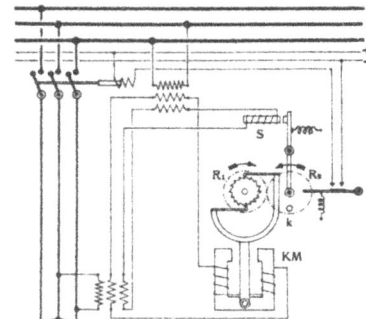

Fig. 6. Desgl. von Lux

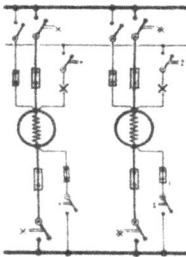

Fig. 7 bis 10. Hülfsstromkreise mit Hülfssicherungen zum Parallelschalten von Wechselstrommaschinen
Fig. 7. Vergl. Tfl. 1, Fig. 9b   Fig. 8. Vergl. Tfl. 1, Fig. 17   Fig. 9. Vergl. Tfl. 2, Fig. 2   Fig. 10. Vergl. Tfl. 2, Fig. 9

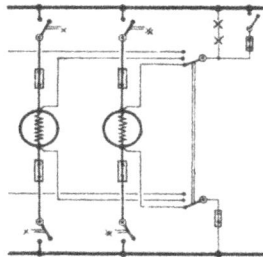

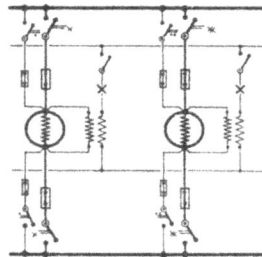

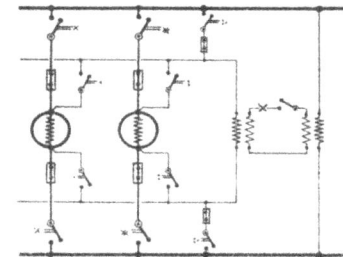

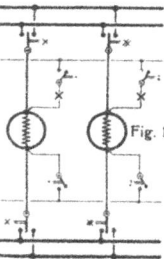

Fig. 11   Fig. 12a   Fig. 12b   Fig. 12c   Fig. 12d   Fig. 13

Fig. 11 u. 12. Synchronisierschaltungen bei zwei Schienensystemen für die Gruppen MaM,D   Fig. 13. Desgl. für MaM,H

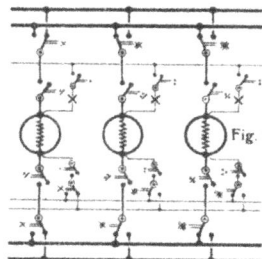

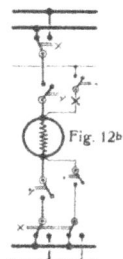

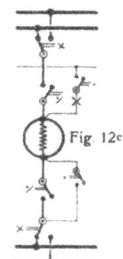

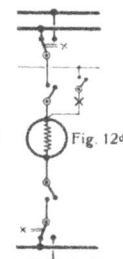

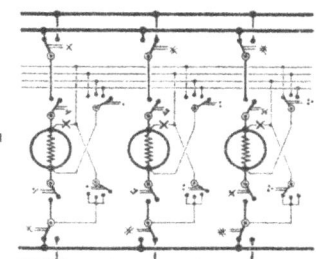

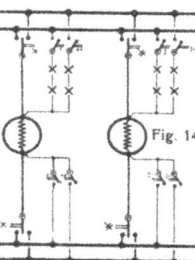

Fig. 14   Fig. 15   Fig. 16   Fig. 17   Fig. 18   Fig. 19   Fig. 20   Fig. 21

Fig. 14 u. 15. MaS,D,Sb,Lb für zwei Schienensysteme (Grundlage)

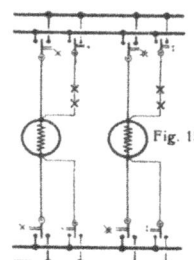

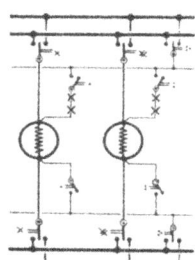

Fig. 16. Var. zu Fig. 15

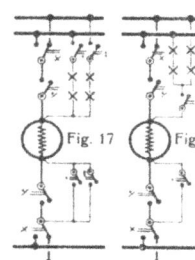

Fig. 17 bis 21. Entwicklung von Fig. 14 bis 16

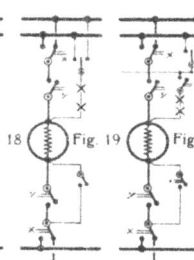

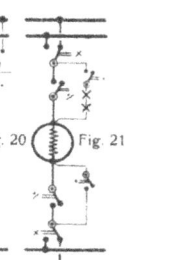

TEICHMÜLLER, Schaltungsschemata
Zweiter Band: Wechselstromanlagen
Teil I: Systematischer Teil
Verlag von R. OLDENBOURG, München und Berlin

TAFEL 5: Synchronisierschaltungen bei zwei Schienensystemen (Fortsetzung)

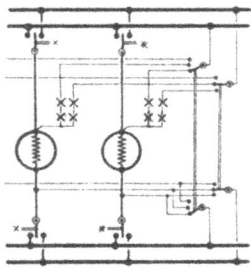

Fig. 1 u. 2. Auswahl d. Schienensyst. nicht gesichert
Fig. 1. Vergl. Tfl. 1, Fig. 16
Auswahl signalisiert
Fig. 2. Auswahl
nicht signalisiert

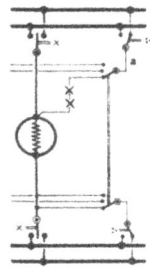

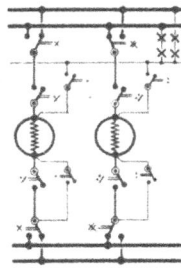

Fig. 3 bis 8. Auswahl des Schienensystems gesichert; vergl. Tfl. 4, Fig. 17 bis 21
Fig. 3. Vergl.
Tfl. 1, Fig. 15
Fig. 4. Vergl.
Tfl. 1, Fig. 16
Fig. 5. Vergl.
Tfl. 1, Fig. 17
Fig. 6. Vergl.
Tfl. 1, Fig. 16

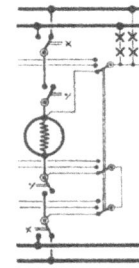

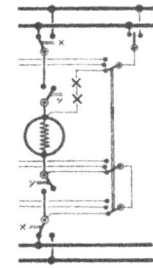

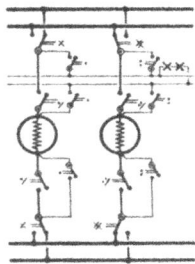

Fig. 7. Variante zu Fig. 3
Fig. 8. Variante zu Fig. 5

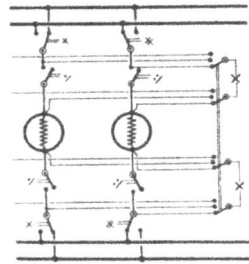

Fig. 9 bis 22. Zwei Schienensysteme, mit Spannungswandlern

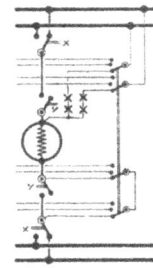

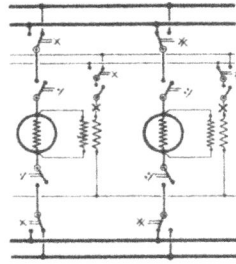

Fig. 9. Vergl. Tfl. 2, Fig. 2 u. Tfl. 4,
Fig. 11 u. 12. Auswahl gesichert
Fig. 10. Vergl. Tfl. 2, Fig. 3 u. Tfl. 4, Fig. 13
Auswahl gesichert

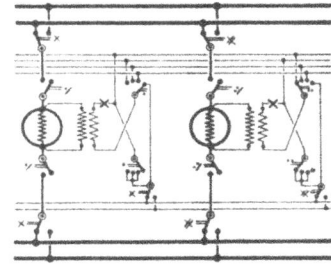

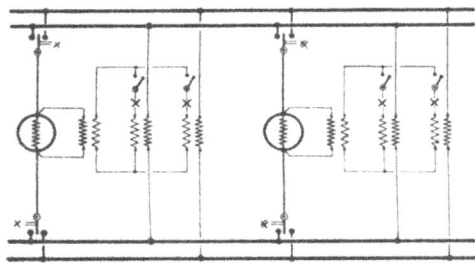

Fig. 11. MaS, STb, MTb. Schienen-Transformator doppelt
Vergl. Tfl. 2, Fig. 6 u. Tfl. 4, Fig. 14 Auswahl nicht gesichert
Fig. 12. Desgl. Auswahl
gesichert.
Fig. 13. Desgl. STb einf.
Auswahl nicht gesichert
Fig. 14. Desgl. STb einf.
Auswahl gesichert

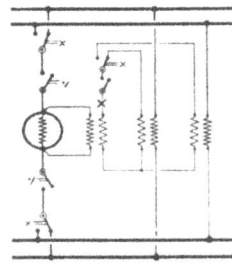

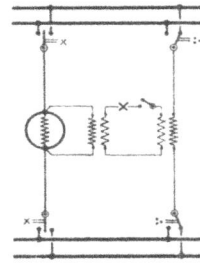

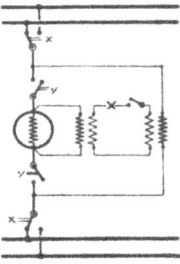

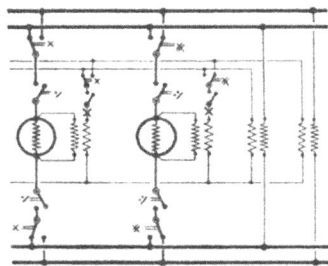

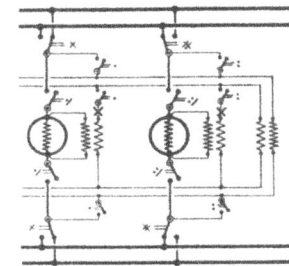

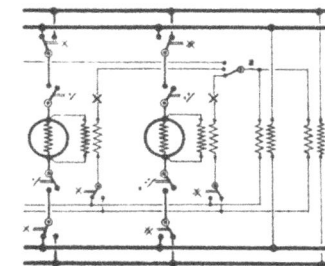

Fig 15. MaS, STg, MTb. STg doppelt
Vergl. Tfl. 2, Fig. 7 Auswahl gesichert
Fig. 16. Dsgl. STg einf.
Ausw. nicht gesichert
Fig. 17. Desgl. STg einfach
Auswahl gesichert.
Fig 18. Desgl. STg einfach
Umschaltung von STg gesichert

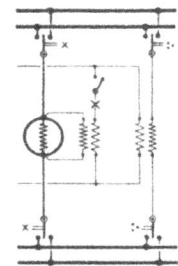

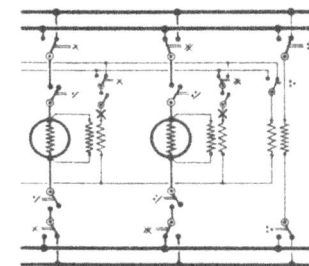

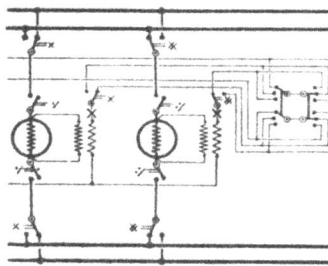

Fig. 19. MaM, D, MTb, Sg, Lb (auch Lg)
Auswahl gesichert
Fig. 20. MaS, STg, MTb, Sg, Lb (Lg)
STg dopp. Auswahl gesichert
Fig. 21. Desgl.
STg einfach
Fig. 22. Desgl. STg einfach
Umschaltung von STg gesichert

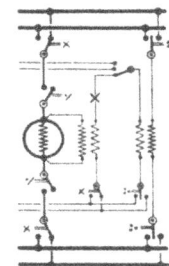

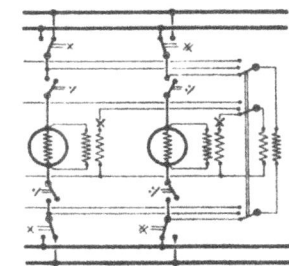

TEICHMÜLLER, Schaltungsschemata
Zweiter Band: Wechselstromanlagen
Teil I: Systematischer Teil
Verlag von R. OLDENBOURG, München und Berlin

TAFEL 6: Fig. 1 bis 21. Drehstromtransformierungen
Fig. 22 „ 31. Drei- und Vierleitersysteme
Fig. 32 „ 35. Spartransformatoren
Fig. 36 „ 39. Zweiphasentransformierungen
Fig. 40 u. 41. Umformung der Frequenz

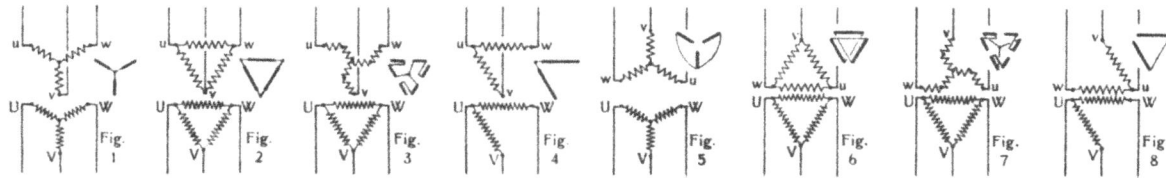

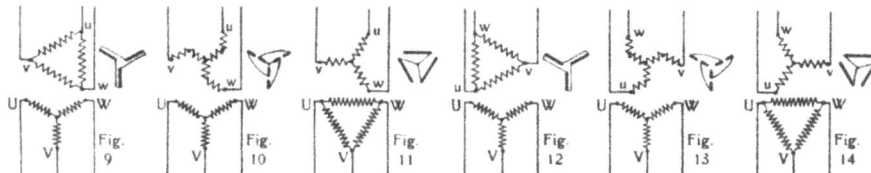

Fig. 1 bis 4. Transformatoren normaler Schaltung, Netzewinkel 0°
Gruppe A der Normalien des V. D. E.

Fig. 5 bis 8. Desgl., Netzewinkel 60°, Gruppe B der Normalien
des V. D. E.

Fig. 9 bis 14. Transformatoren gemischter Schaltung, Gruppe D u. C der Normalien des V. D. E.
Fig. 9 bis 11. Netzewinkel 30° = 120° — 90°   Fig. 12 bis 14. Netzewinkel 90° = 120° — 30°

Fig. 21. Transformierung in
Zwölfphasenstrom

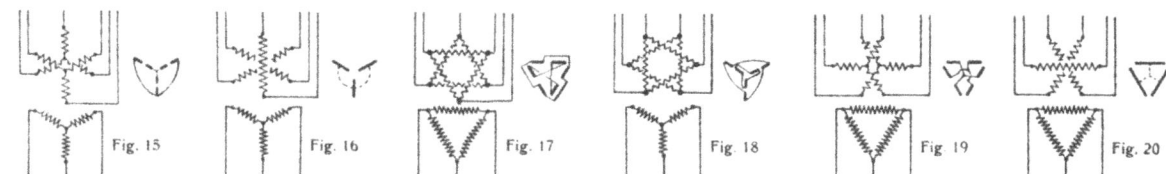

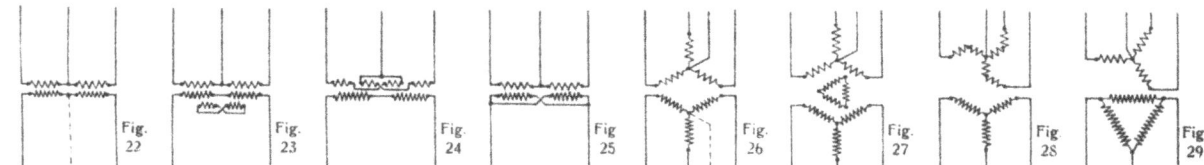

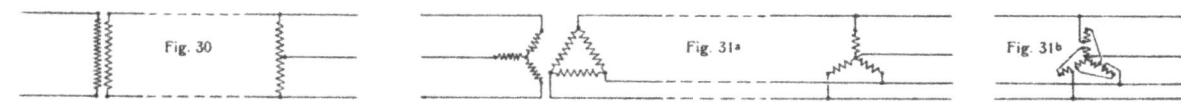

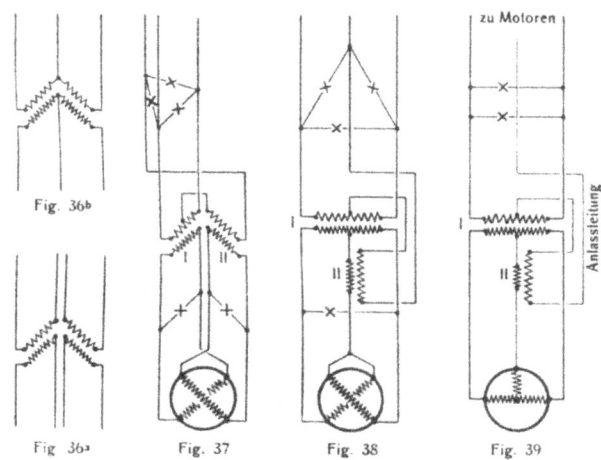

Fig. 15 bis 20. Transformatoren zur Umwandlung von Drehstrom in Sechsphasenstrom
Fig. 15 bis 17. Transformatoren normaler Schaltung   Fig. 18 bis 20. Transformatoren gemischter Schaltung

Fig. 22 bis 25. Transformierung von Einphasen-Zweileiter- in Drei-
leiter-System

Fig. 26 bis 29. Transformierung von Drehstrom-Dreileiter-
in Vierleitersystem

Fig. 30 u. 31. Spannungsteiler im Verbrauchsgebiet zum Übergang in Mehrleitersysteme
Fig. 30. Einphasen-Dreileitersystem   Fig. 31. Drehstr.-Vierleitersystem (Fig. 31ª. Drosselspulen, unvollk.; Fig. 31ᵇ. Spannungsteiler, vgl. Bd I, Tfl. 10, 2ᵇ)

Fig. 32 bis 35. Spartransformatoren für Einph.- und Drehstrom

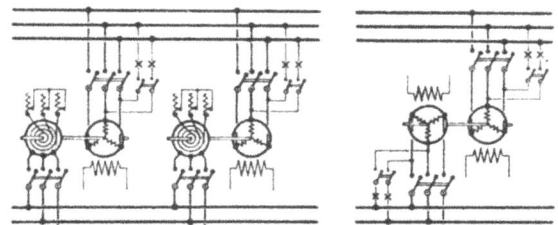

Fig. 36. Transformierung im Zweiphasensyst. (verkettet u. unverk.)
Fig. 37 u. 38. Zweiphasen-Drehstrom-Transformierung
(Fig. 37. nach Scott; Fig. 38. Coschützer-Schaltung)
Fig. 39. Das sog. monozyklische System von Steinmetz

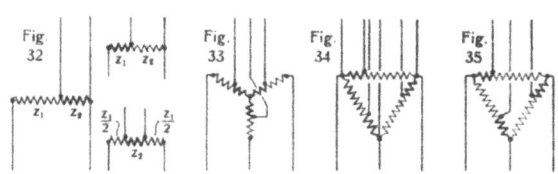

Fig. 40. Frequenzumformer (asynchr. Mot.)   Fig. 41. Desgl. (synchr. Mot.)
Die Figuren gelten auch für verwandte Umformer, mit asynchr. Generatoren,
für Einphasenstrom und für Änderung der Phasenzahl.

TEICHMÜLLER, Schaltungsschemata
Zweiter Band: Wechselstromanlagen
Teil I: Systematischer Teil
Verlag von R. OLDENBOURG, München und Berlin

TAFEL: 7. Fig. 1 bis 8. Regulierung durch Schnellregler,
Fig. 9 „ 20. durch Zusatztransformatoren
Fig. 21 „ 23. durch Zusatzgeneratoren und
Ausgleichmaschinen

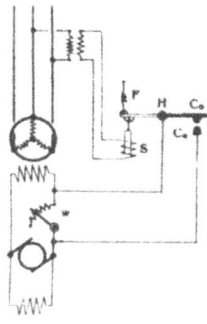

Fig. 1. Regelung der Wellenströme; Grundschema

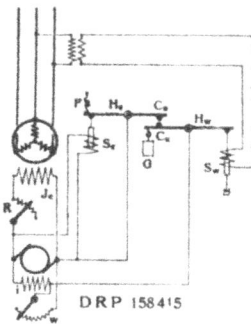

Fig. 2. Tirrillregler; vereinfachtes Schema
DRP 158415

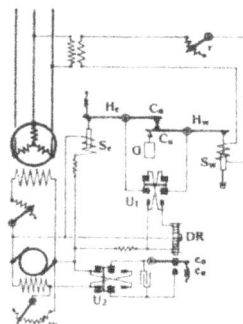

Fig. 3. Desgl. vollständiges Schema

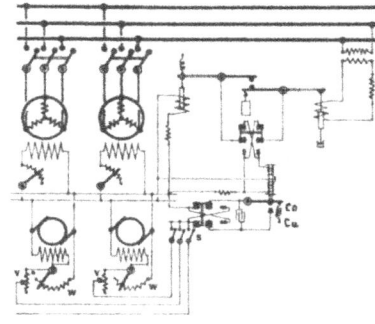

Fig. 4. Tirrillregler bei mehreren Generatoren mit parallel geschalteten Erregermaschinen

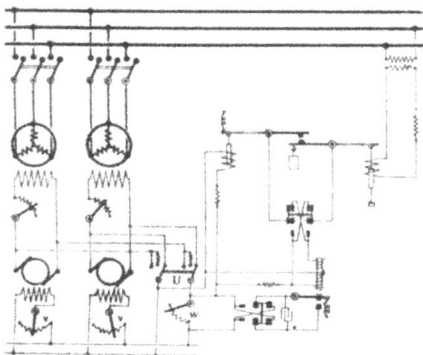

Fig. 5. Desgl. mit nicht parallel geschalteten Erregermaschinen

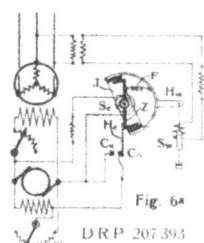

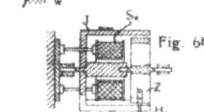

Fig. 6. Schnell-regler d. Siemens-Sch.-Werke
DRP 207393

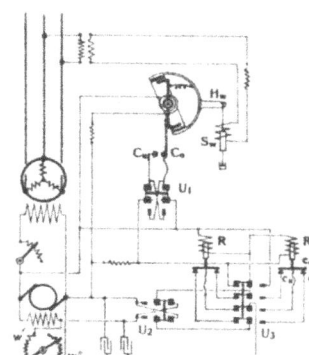

Fig. 7. Desgl., vollständiges Schema

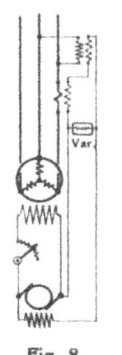

Fig. 8. Regulierung nach Seidner

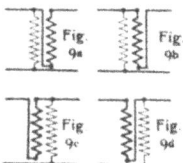

Fig. 9. Grundschema von Zusatztransformatoren

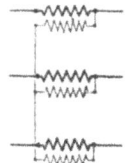

Fig. 10. Desgl. f. Drehstrom

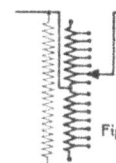

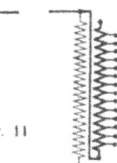

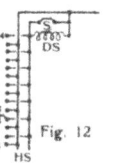

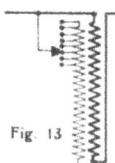

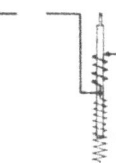

Fig. 11 bis 15. Zusatztransformatoren mit verschiedenartiger Regulieranordnung

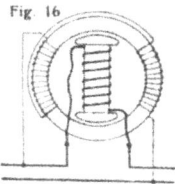

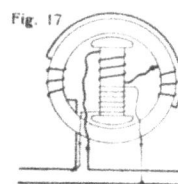

Fig. 16 u. 17. Zusatztransformatoren mit drehbarem Eisenkerne für Einphasenstrom

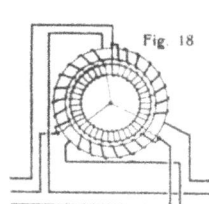

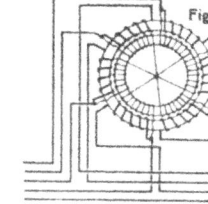

Fig. 18 u. 19 Desgl. für gewöhnlichen und für sechsphasigen Drehstrom

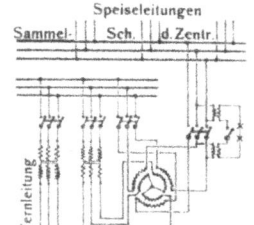

Fig. 20. Zusatztransformator in einem besonderen Falle

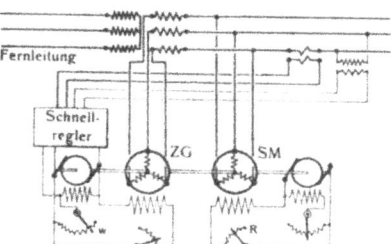

Fig. 21. Zusatzgenerator mit Schnellregler nach Hinden

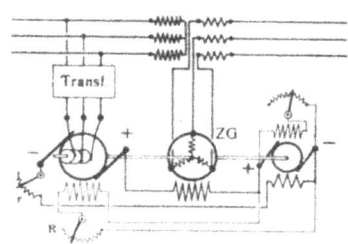

Fig. 22. Zusatzgenerator mit Differential-Erregung nach Hinden

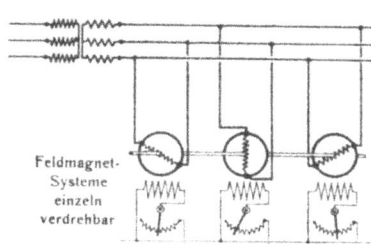

Fig. 23. Ausgleichmaschinen nach Radtke

TEICHMÜLLER, Schaltungsschemata
Zweiter Band: Wechselstromanlagen
Teil I: Systematischer Teil
Verlag von R. OLDENBOURG, München und Berlin

TAFEL 8: Fig. 1 bis 13. Akkumulatorenbatterien in
Wechselstromanlagen (Batteriepufferung)
Fig. 14 bis 16. Schwungradpufferung.

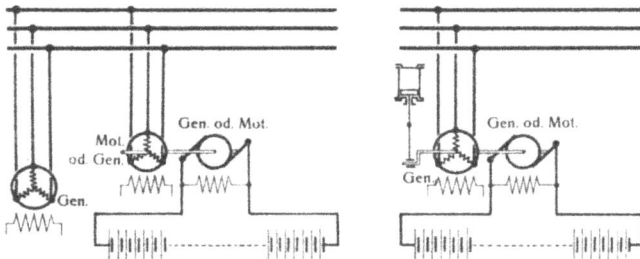

Fig. 1 u. 2. Grundschemata für Pufferung auf konstante Leistung
Fig. 1, des Generators   Fig. 2, der Antriebsmaschine

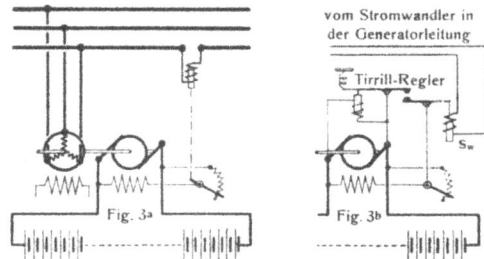

Fig. 3. Herbeiführung der Pufferung durch unmittelbare
Einwirkung auf d. Gleichstromteil des Pufferumformers

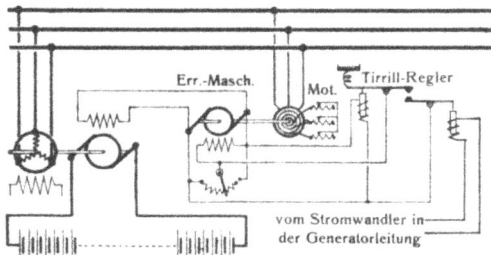

Fig. 4. Desgl. durch mittelbare Einwirkung durch
eine Erregermaschine

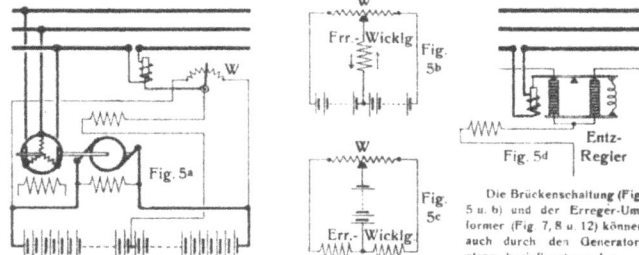

Fig. 5. Einwirkung auf den Gleichstromteil des Pufferumformers durch
eine zweite Erregerwicklung (Brückenschaltung)

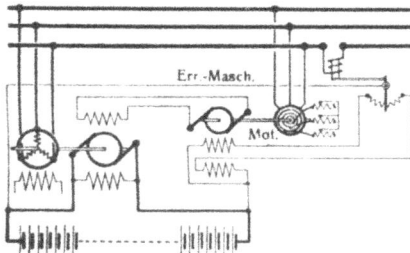

Die Brückenschaltung (Fig. 5 u. b) und der Erreger-Umformer (Fig. 7, 8 u. 12) können auch durch den Generatorstrom beeinflusst werden.

Fig. 6. Desgl. mit Erregermaschine

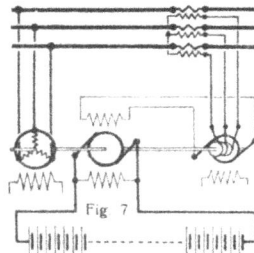

Fig. 7 u. 8. Unmittelbare (Fig 7) und mittelbare (Fig 8) Einwirkung durch einen
gewöhnlichen Erreger-Umformer oder einen Erreger-Umformer mit Differentialfeld

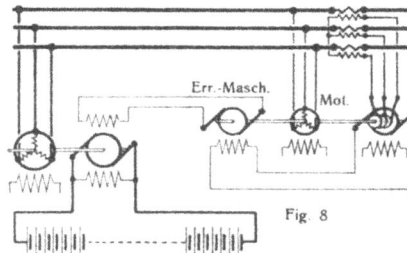

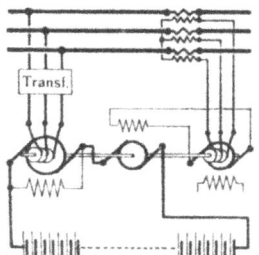

Fig. 9. Einanker-Umformer mit
Gleichstrom-Zusatzmaschine

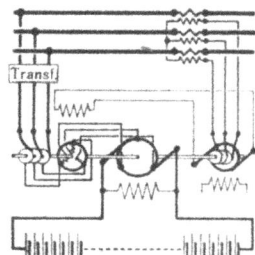

Fig. 10. Desgl. mit Wechselstrom-Zusatzmaschine

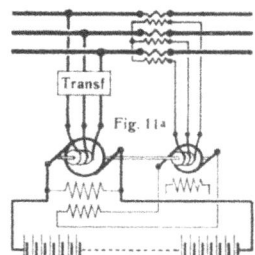

Fig. 11. Desgl., Spaltpol-
Umformer

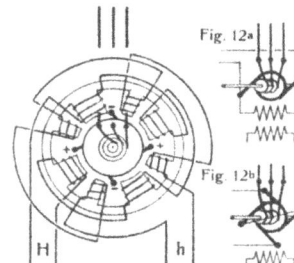

Fig. 11 b. Spaltpol-Umf.
nach Burnham   Fig. 12

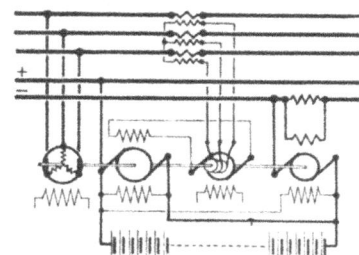

Fig. 13. Anlage nach Fig. 7 mit
Gleichstromanlage

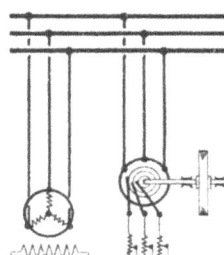

Fig. 14 u. 15. Schwungradpufferung
Fig. 14. des Generators   Fig. 15. der Antriebsmaschine

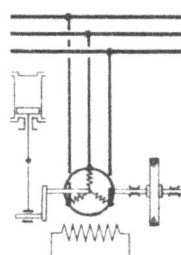

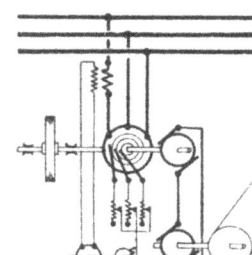

Fig. 16. Desgl.
Ilgner-Umformer

TEICHMÜLLER, Schaltungsschemata
Zweiter Band: Wechselstromanlagen
Teil 1: Systematischer Teil
Verlag von R. OLDENBOURG, München und Berlin

TAFEL 9: Fig. 1 bis 8. Umformung von Wechselstrom
in Gleichstrom
Fig. 9 bis 19. Desgl., Anlassen der Umformer
Fig. 20 u. 21. Umformung von Gleichstrom
in Wechselstrom (Umgekehrter Umformer)

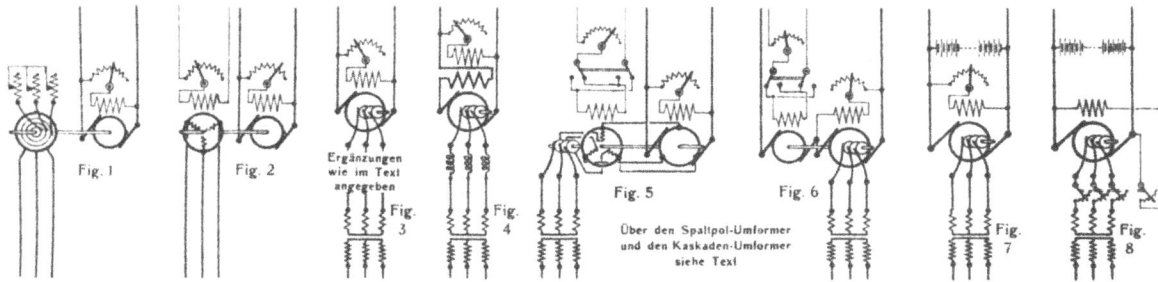

Fig. 1 u. 2. Asynchroner u. synchroner
Motor-Generator

Fig. 3 bis 6. Einanker-Umformer mit Vorrichtungen zur Regulierung der Spannung und des Leistungsfaktors

Fig. 7 u. 8. Einanker-Umf.
mit Pufferbatterien

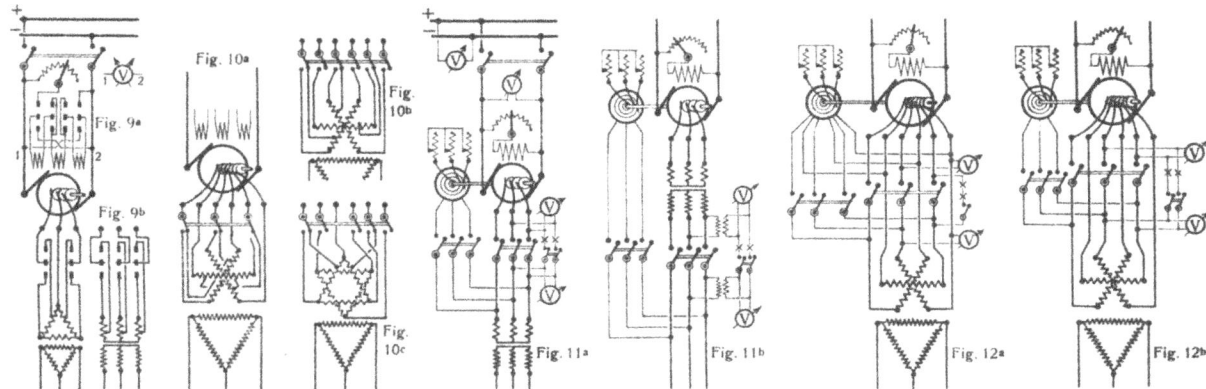

Fig. 9 u. 10. Anlassen des Umformers unmittelbar von der Wechselstromseite aus

Fig. 11 u. 12. Anlassen des Umformers von der Wechselstromseite aus mit Hülfe eines
Anwurfmotors

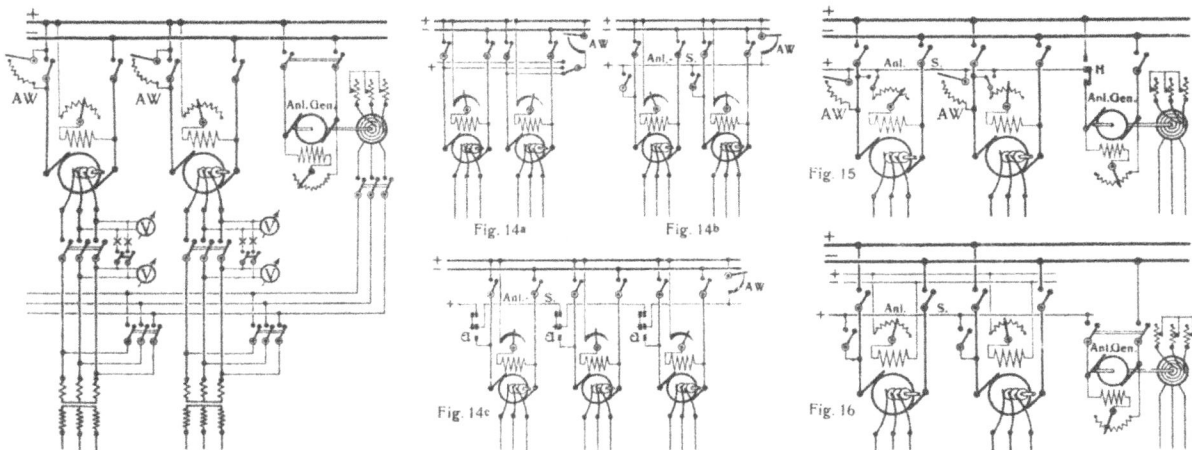

Fig. 13. Anlassen des Umformers von der
Gleichstromseite aus

Fig. 14. Desgl. mit anderen Anordnungen
des Anlasswiderstandes

Fig. 15 u. 16. Desgl. mit anderen Anordnungen
des Anlassgenerators

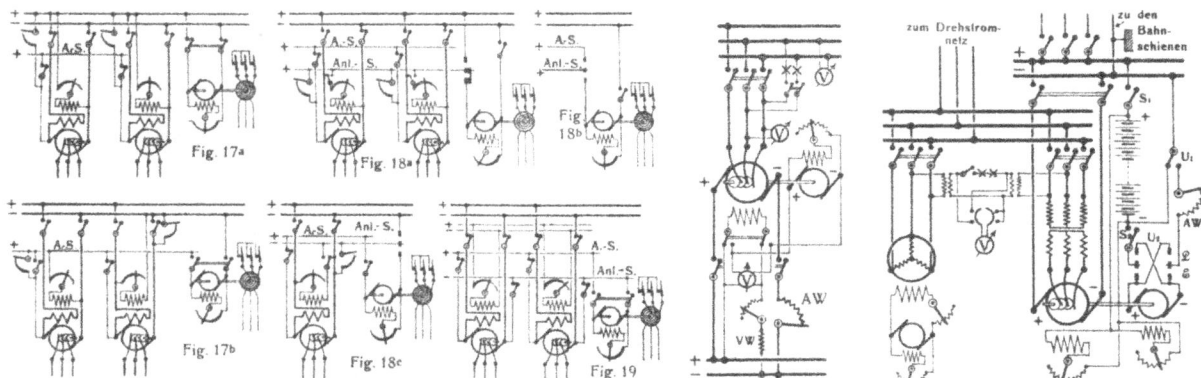

Fig. 17 bis 19. Anlassen des Umformers mit Doppelschlussbewicklung von
der Gleichstromseite aus

Fig. 20. Der umge-
kehrte Umformer

Fig. 21. Umformer zur zeitweisen Verwendung als umgekehrter Umformer

TEICHMÜLLER, Schaltungsschemata

Zweiter Band: Wechselstromanlagen
Teil I: Systematischer Teil
Verlag von R. OLDENBOURG, München und Berlin

TAFEL 10: Fig. 1 bis 17. Quecksilberdampf-Gleichrichter
Fig. 18 u. 19. Kabelschutz. (Ergänzung zu Tfl. 12)
Fig. 20. Synchronoskop nach Weston
(Ergänzung zu Tfl. 4)

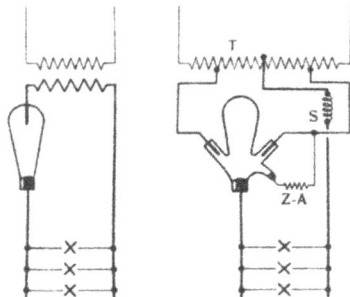

Fig. 1 u. 2. Gleichrichter für Einphasenstrom.

Fig. 1. Grundschema

Fig. 2. Ausführung mit zwei Anoden und Zündanode

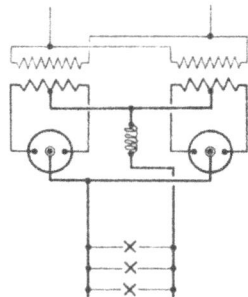

Fig. 3 u. 4. Parallelschalten zweier Gleichrichter mit zwei Transformatoren

Fig. 3. Einphasenstrom

Fig. 4. Drehstrom

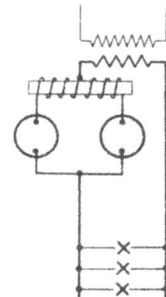

Fig. 5. Desgl. mit einem Transformator n. D. R. P. 238754

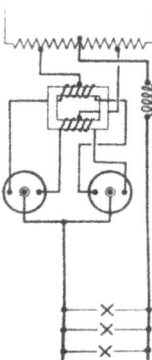

Fig. 6 u. 7. Verwirklichung des in Fig. 5 gezeigten Gedankens

Fig. 6. bei Einphasenstrom   Fig. 7. bei Drehstrom

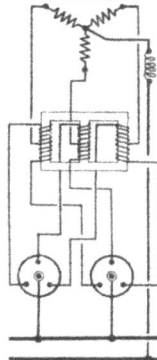

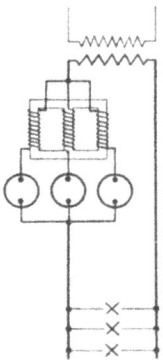

Fig. 8. Desgl. für drei Gleichrichter bei Einphasenstrom

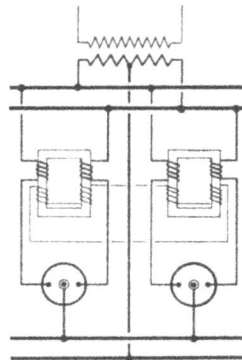

Fig. 9. Parallelschaltung mit Kurzschlußwicklung auf dem Eisen der Drosselspule

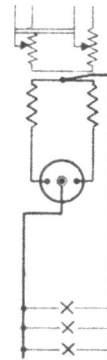

Fig. 10 bis 13. Regelung

Fig. 10. Primär Stufenschalter   Fig 11. Sekundär Drosselspule

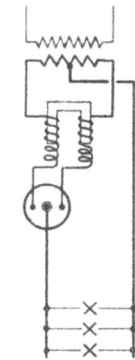

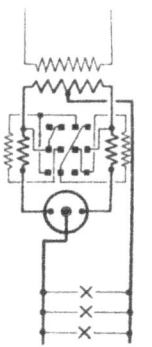

der Spannung.

Fig. 12. Zusatztransf.

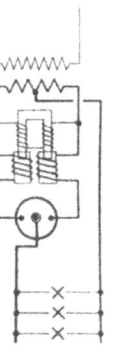

Fig. 13. Desgl. mit Tauchkern

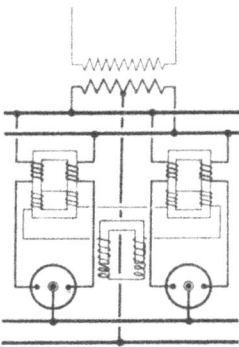

Fig. 14. Desgl. bei zwei nach Fig. 9 parallel geschalt. Gleichrichtern

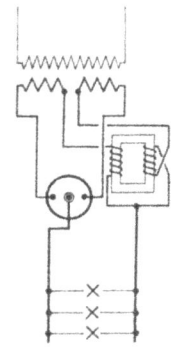

Fig. 15. Saug-Drosselspule Vergl. Fig. 2

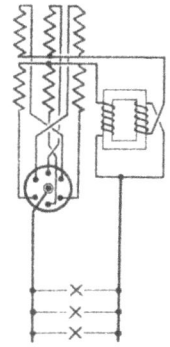

Fig. 16. Desgl. bei Drehstrom

Fig. 17. Gleichrichter beim Dreileitersystem

Fig. 18ᵃ. Gewöhnl. Kabel

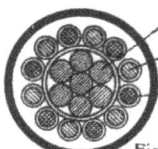

Fig. 18ᵇ. Schutzkabel

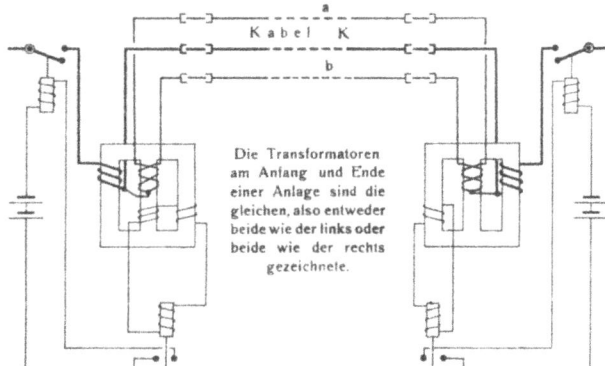

Kabel K

Die Transformatoren am Anfang und Ende einer Anlage sind die gleichen, also entweder beide wie der links oder beide wie der rechts gezeichnete.

Fig. 18 u. 19. Einrichtung zur Isolationsüberwachung bei Kabelanlagen nach Pfannkuch

Fig. 19. Schema für das Kabelschutzsystem

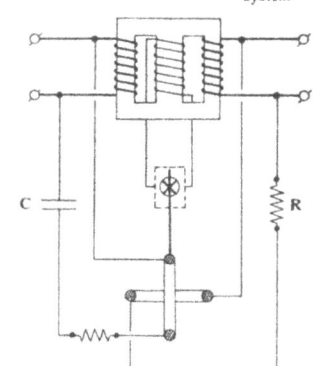

Fig. 20. Synchronoskop nach Weston
(Ergänzung zu Tfl. 4. nach Fig. 3)

TEICHMÜLLER, Schaltungsschemata
Zweiter Band: Wechselstromanlagen
Teil I: Systematischer Teil
Verlag von R. OLDENBOURG, München und Berlin

TAFEL 11: Schaltung der Meßinstrumente in Einphasen-
und Drehstromanlagen

II, 11

Fig. 1 u. 2. Die wichtigsten Meßinstrumente

Fig. 1. einer einfachen
Anlage

Fig. 2. Desgl. mit Strom-
und Spannungswandlern

Fig. 3 bis 5. Desgl. für mehrere Maschinen mit umschaltbaren Spannungsmessern

Fig. 3. Vergl. hierzu
Tfl. 2, Fig. 6

Fig. 4. Vergl. hierzu Tfl. 2, Fig. 7

Fig. 5. Vergl. hierzu
Tfl. 2, Fig. 8

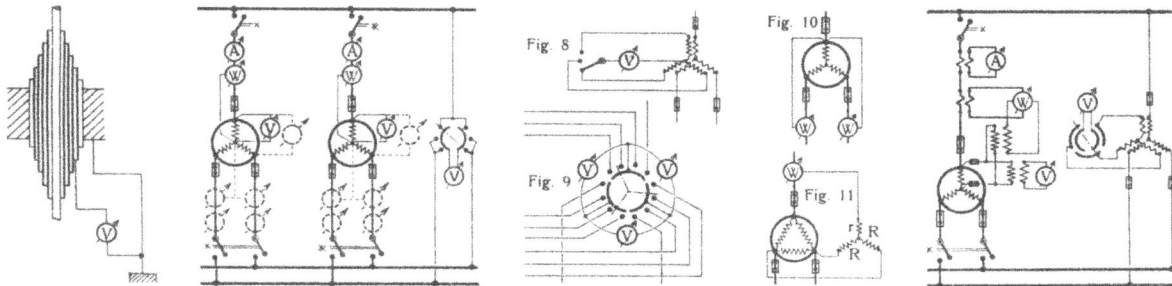

Fig. 6
Kondensator-
klemme m. elek. stat.
Spannungsmessung

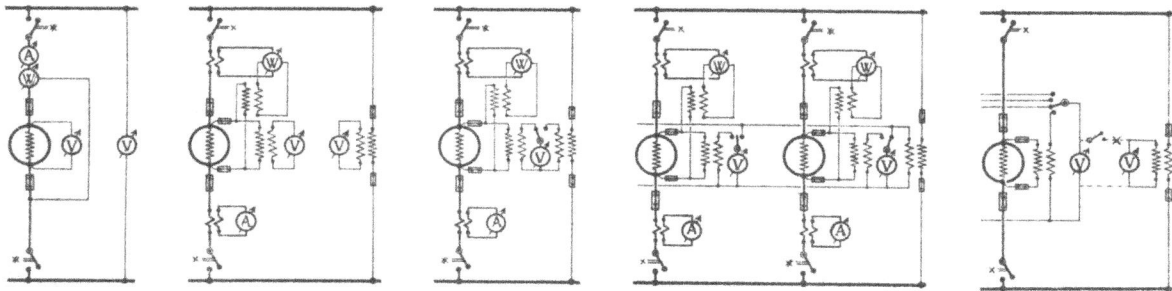

Fig. 7. Die wichtigsten Meßinstrumente einer einfachen
Drehstromanlage

Fig. 8 u. 9. Umschaltgn.
von Spannungsmessern

Fig. 10 u. 11.
Schaltungen
für Leistungs-
messer

Fig. 12. Strom- und
Spannungswandler i. d.
Schema v. Fig. 7

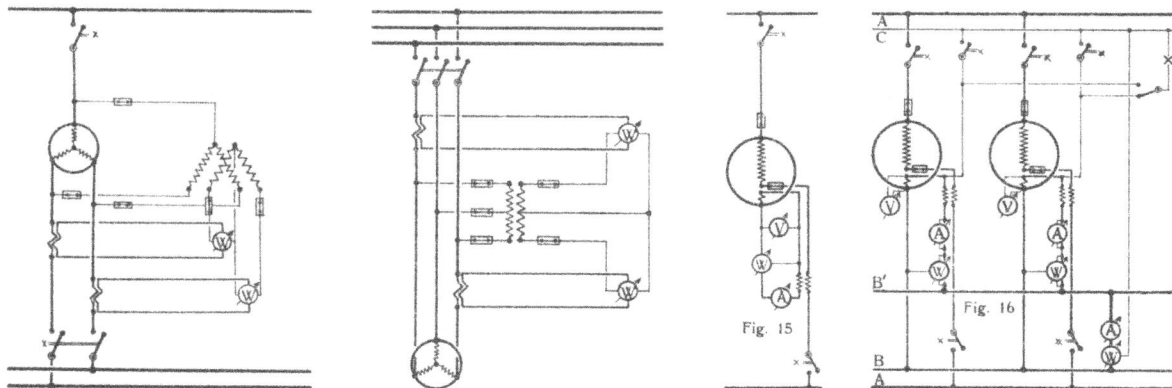

Fig. 13. Leistungsmesser nach Fig. 10
mit Strom- und Spannungswandler

Fig. 14. Schaltung von Fig. 13
in anderer Darstellungsweise

Fig. 15 u. 16. Schülersche Meßschaltung für Einphasenstrom (D. R. P. 106157)

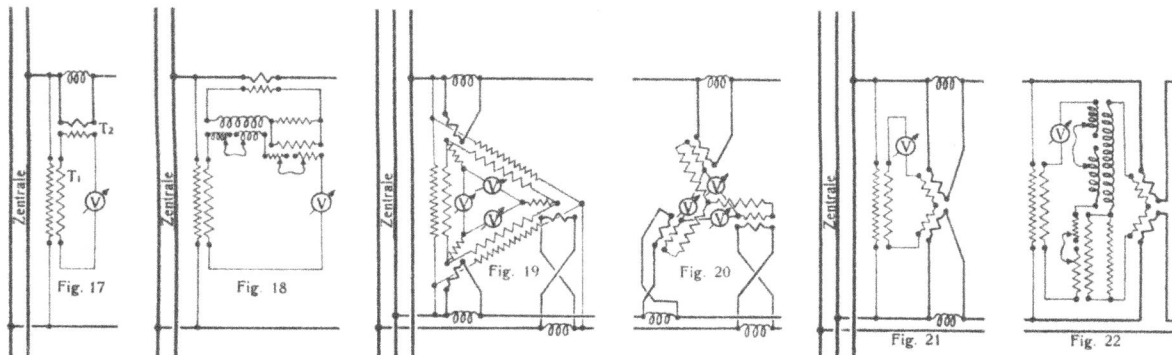

Fig. 17 bis 22. Fernspannungsmessung ohne Prüfdrähte, durch Beeinflussung des Spannungsmessers vom Leitungsstrome

Fig. 17 und 18 bei Einphasenstrom   Fig. 19 und 20 bei Drehstrom (Spannungswandler in △ u. i. ⅄)   Fig. 21 und 22 Desgl. in einer Phase

TEICHMÜLLER, Schaltungsschemata
Zweiter Band: Wechselstromanlagen
Teil I: Systematischer Teil
Verlag von R. OLDENBOURG, München und Berlin

Tafel 12: Fig. 1 bis 20. Isolations-Ueberwachung
Fig. 21 „ 27. Schutz der Niederspannungs-
kreise gegen Hochspannung
Fig. 28 „ 39. Ueberspannungsschutz
Fig. 40 „ 42. Schutz bei Erdschluß

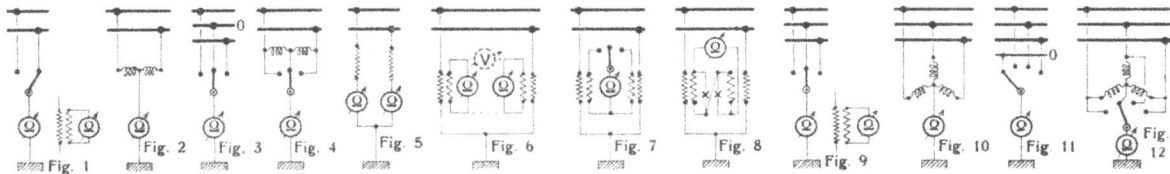

Fig. 1 bis 8. Isolationsüberwachung bei Einphasenstrom   Fig. 9 bis 12. Isolationsüberwachung bei Drehstrom

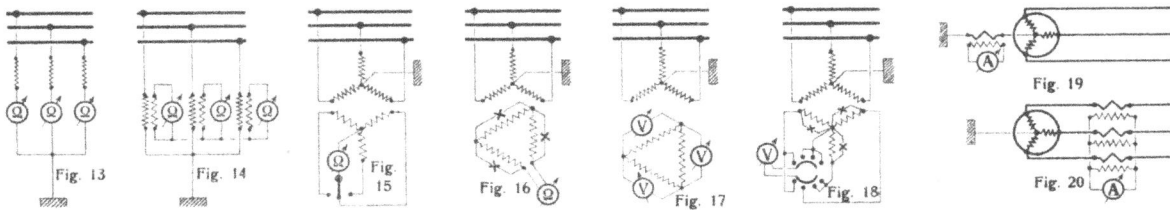

Fig. 13 bis 20. Isolationsüberwachung bei Drehstrom

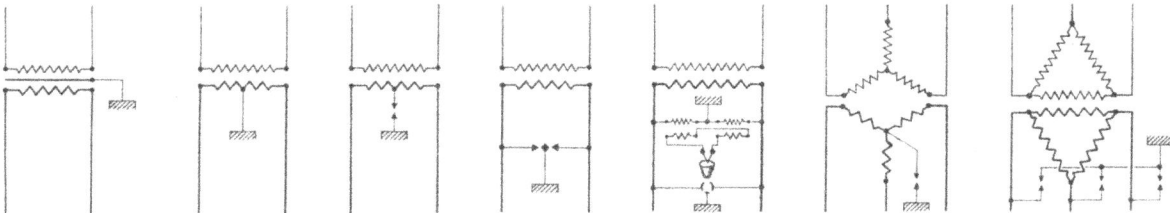

Fig. 21 bis 27. Schutz von Niederspannungskreisen gegen Uebertritt von Hochspannung
Fig. 21   Fig. 22   Fig. 23 und 24 (Görges)   Fig. 25 (Feranti)   Fig. 26   Fig. 27

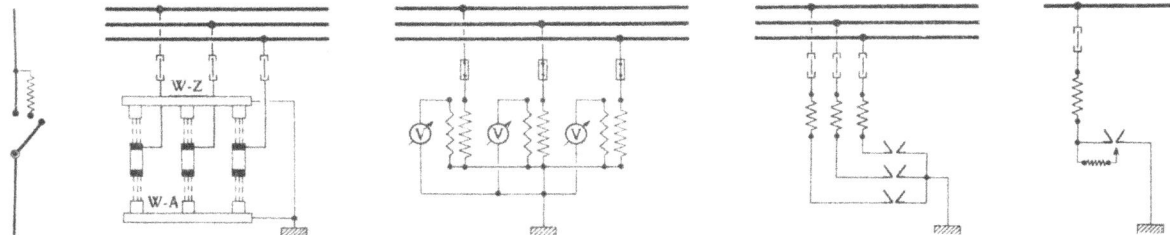

Fig. 28. Schutzschalter

Fig. 29. Wasserstrahl-erder bei Drehstrom

Fig. 30. Erdung über Drosselspulen mit Sekundärwicklungen zur Isolationsüberwachung

Fig. 31. Hörnerableiter der Siemens-Schuckert-Werke

Fig. 32. Desgl. mit Hilfsfunkenstrecke

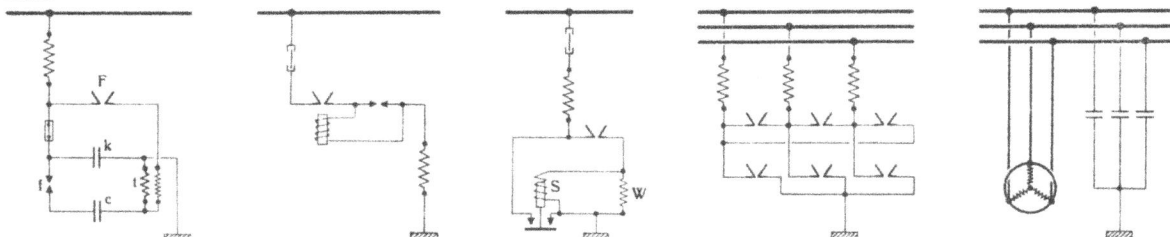

Fig. 33. Relais-Hörner-ableiter

Fig. 34. Hörnerableiter mit Blasmagnet

Fig. 35. Einrichtung nach Bendmann

Fig. 36. Stern-Dreieck-Schutz der S. S. W.

Fig. 37. Schutzkon-densatoren

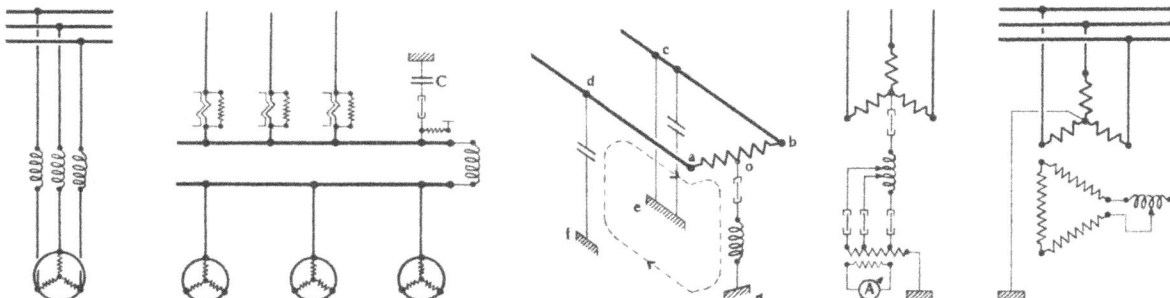

Fig. 38. Schutz-drossel

Fig. 39. Schutzanordnung nach Petersen

Fig. 40. Erdungsdrosselspule nach Petersen

Fig. 41. Ver-änderliche Induktivität

Fig. 42. Löschtransformator von Bauch

TEICHMÜLLER, Schaltungsschemata
Zweiter Band: Wechselstromanlagen
Teil I: Systematischer Teil
Verlag von R. OLDENBOURG, München und Berlin

TAFEL 13: UEBERSTROMSCHUTZ
Fig. 1 u. 4. Grundsätzliche Anordnungen
Fig. 2 „ 3. Kabelschutz
Fig. 5 bis 9. Zeit- und Spannungs-Relais
Fig. 10 „ 12. Schutz paralleler Leitungen

II, 13

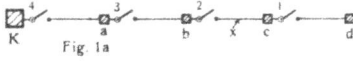

Fig. 1a

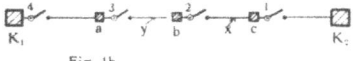

Fig. 1b

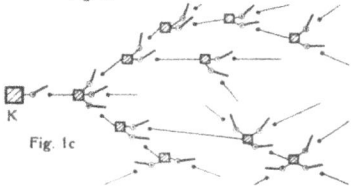

Fig. 1c

Fig. 1. Anordnung der Ueberstrom-
schalter

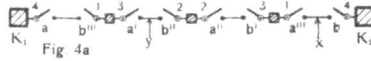

Fig. 4a

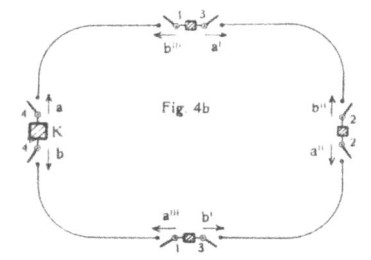

Fig. 4b

Fig. 4. Ueberstromschutz mit
Energierichtungsrelais

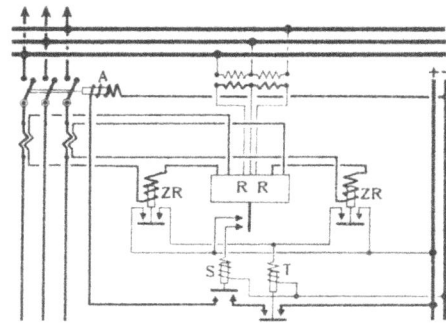

Fig. 5. Ueberstromschutz der Siemens-Schuckert-
Werke

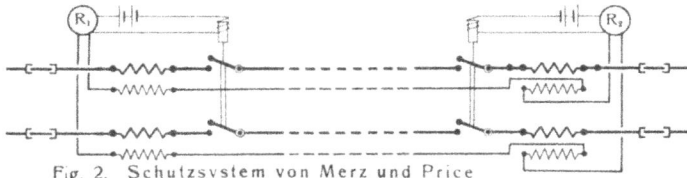

Fig. 2. Schutzsystem von Merz und Price

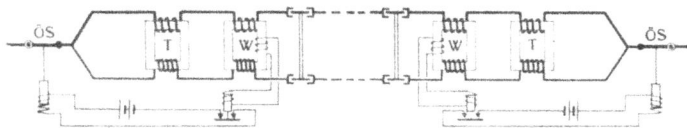

Fig. 3. Schutzsystem von Höchstätter (Lyproschutz)

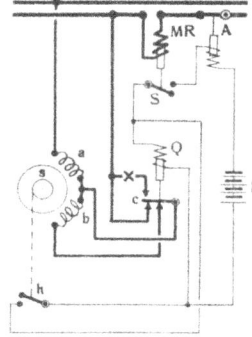

Fig. 6. Ueberstromschutz von
Voigt und Häffner

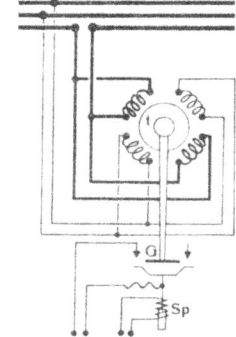

Fig. 7. Energierichtungsrelais
zur Anordnung Fig. 6

Fig. 9. Relais der
Dr. Paul Meyer A.-G.

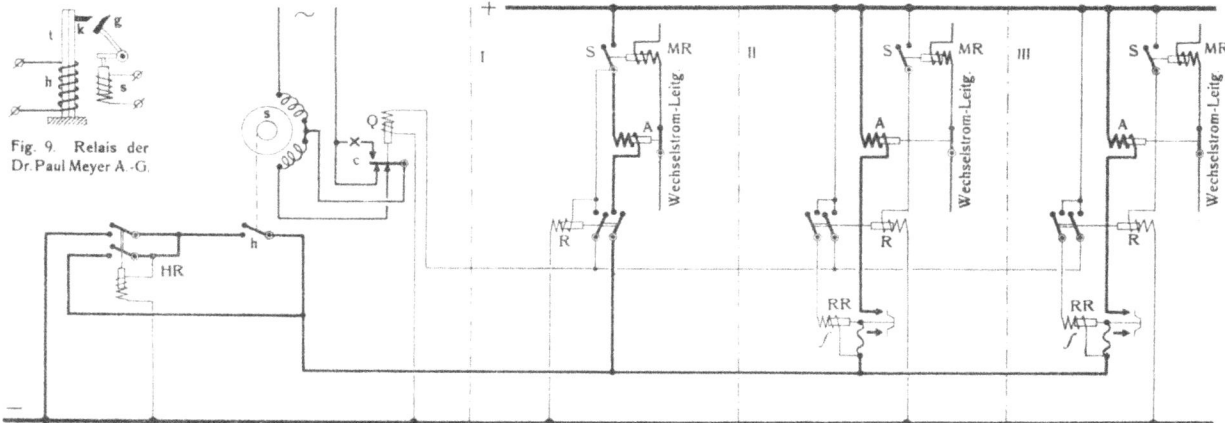

Fig. 8. Vollständiges Schema des Ueberstromschutzes nach Fig. 6 und 7 in einem Unterwerk

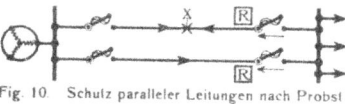

Fig. 10. Schutz paralleler Leitungen nach Probst

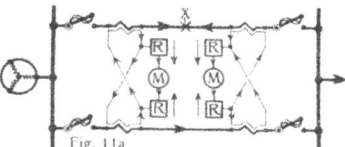

Fig. 11a

Fig. 11. Schutz parall. Leitg. mit Stromwandlern

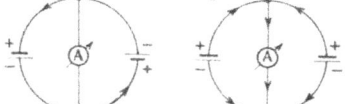

Fig. 11b   Fig. 11c

Fig. 10 u. 11. Schutz paralleler Leitungen

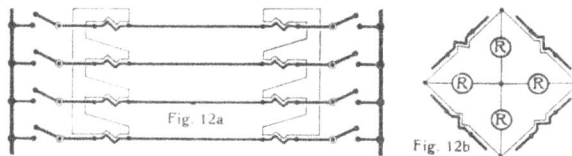

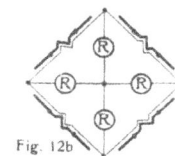

Fig. 12a

Fig. 12b

Fig. 12. Vieleckschutz der Siemens-Schuckert-Werke

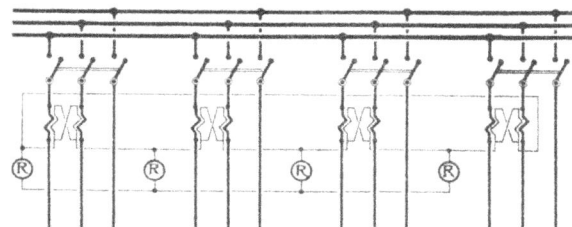

Fig. 13. Vereinfachter Vieleckschutz für Drehstrom

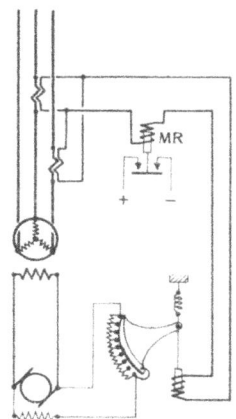

Fig 14. Ueberstromschutz-
Regler von Brown, Boveri & Co.

TEICHMÜLLER, Schaltungsschemata

Zweiter Band: Wechselstromanlagen
Teil 1: Systematischer Teil
Verlag von R. OLDENBOURG, München und Berlin

TAFEL 14: Normalschemata der Siemens-Schuckert-Werke
Fig. 1 bis 3. Erregerschaltungen
Fig. 4 „ 9. Generatoren, Transformatoren,
Schienen
Fig. 10. Unterwerk

II, 14

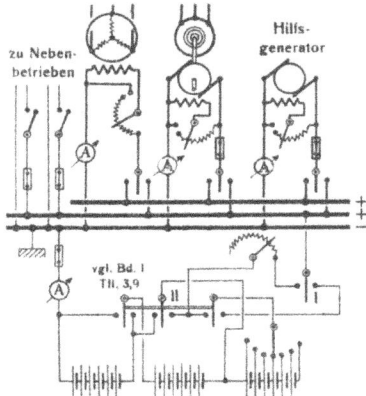

Fig. 1. Erregerschaltung für kleine
Kraftwerke (mit Umformer)

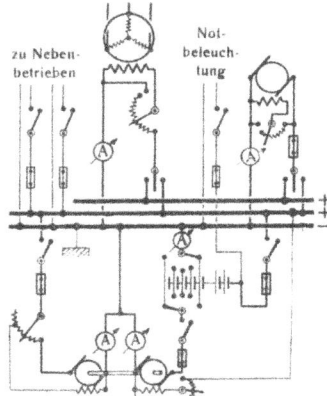

Fig. 2. Erregerschaltung für größere
Kraftwerke (mit besonderem
Gleichstrom-Generator)

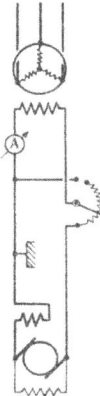

Fig. 3.
s Tfl. 1,3

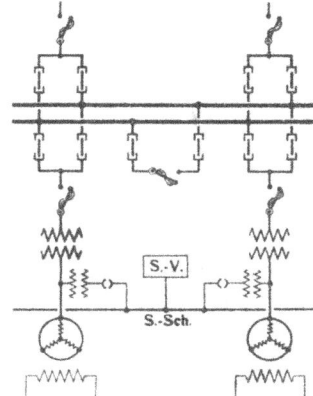

Fig. 4. Einfache Anlage für Verteilung nur mit der Oberspannung

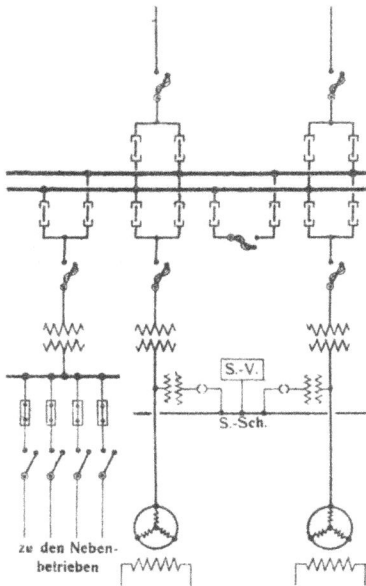

Fig. 5. Anlage bis 35000 Volt. Hauptverteilung mit der Oberspannung;
Nebenverteilung durch Transformierung

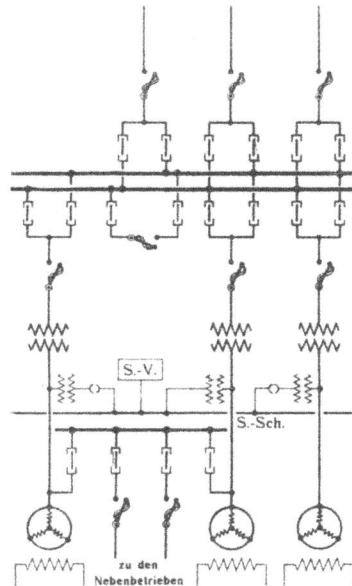

Fig. 6. Hauptverteilung mit der Oberspannung; Nebenverteilung mit der
Unterspannung

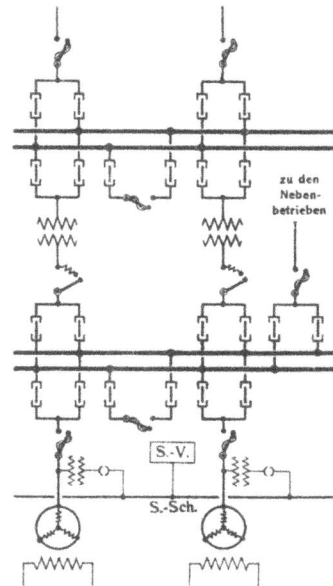

Fig. 7. Verteilung beliebig mit Ober-
und Unterspannung

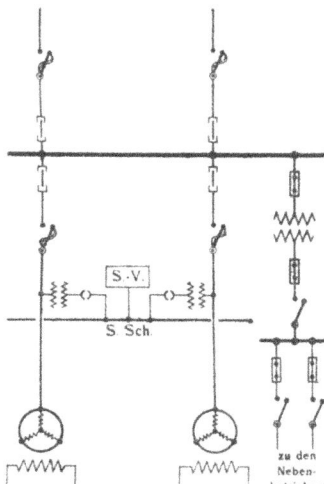

Fig. 8. Einfachste Schaltung für Werke
bis 500 kVA und 6000 Volt

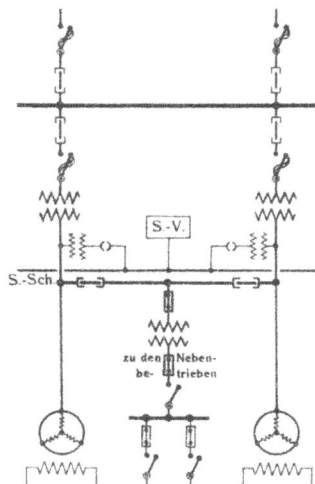

Fig. 9. Schaltung für Werke bis
1000 kVA und etwa 24000 Volt
(Vgl. Fig. 6 und 8)

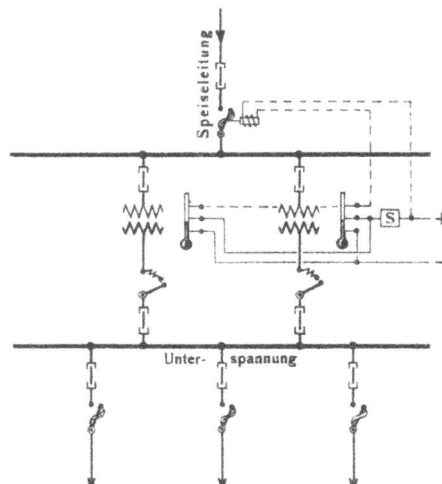

Fig. 10 bis Tfl. 15 Fig. 5. Unterwerke
Fig. 10. Kopfstation am Ende einer Speiseleitung

TEICHMÜLLER, Schaltungsschemata
Zweiter Band: Wechselstromanlagen
Teil 1: Systematischer Teil
Verlag von R. OLDENBOURG, München und Berlin

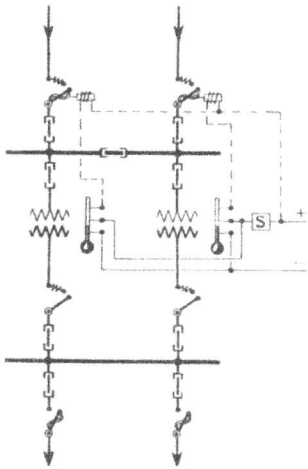
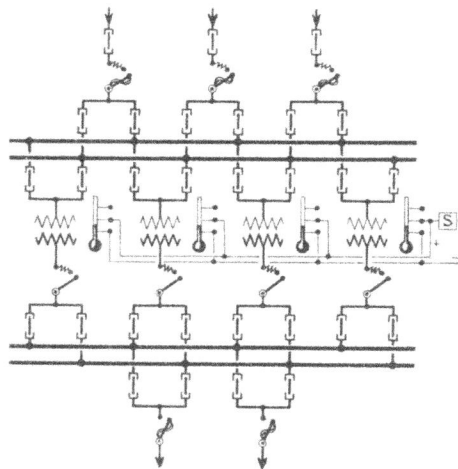
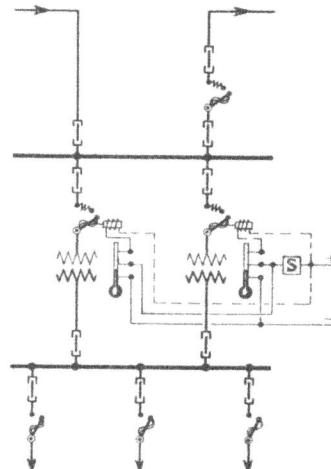

Fig. 1 bis 5. (und Tfl. 14, Fig. 10) S c h a l t u n g e n   v o n   U n t e r w e r k e n

Fig. 1. Kopfstation mit zwei Speiseleitungen

Fig. 2. Grössere Kopfstation mit mehreren Speiseleitungen

Fig. 3. Durchgangsstation mit einer Speiseleitung

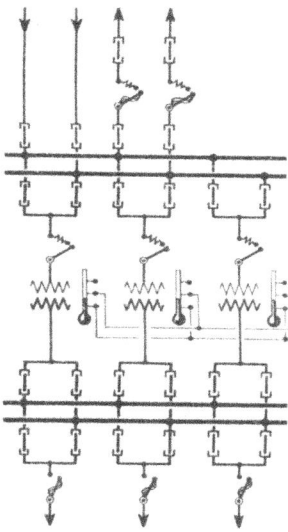
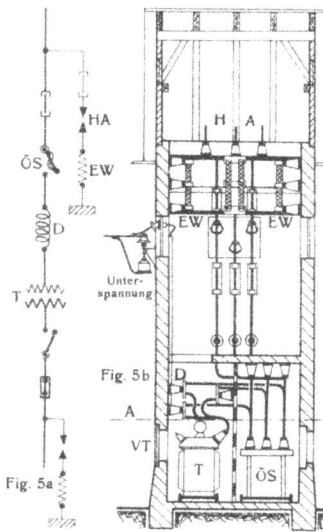
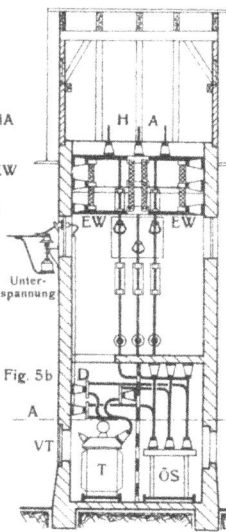
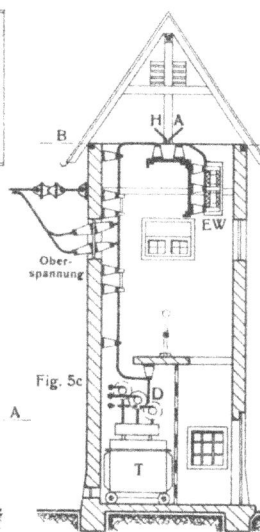
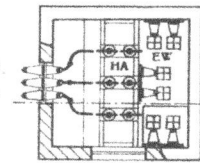
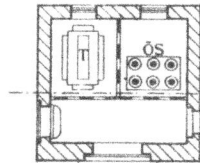

Fig. 4. Grössere Durchgangsstation mit mehreren Speiseleitungen

Fig. 5. Einzellige Transformatorstation mit Ueberspannungsschutz bis 100 kVA, 24000 Volt

Fig. 5a.

Fig. 5b.

Fig. 5c.

Fig. 5d. Schnitt B-B

Fig. 5e. Schnitt A-A

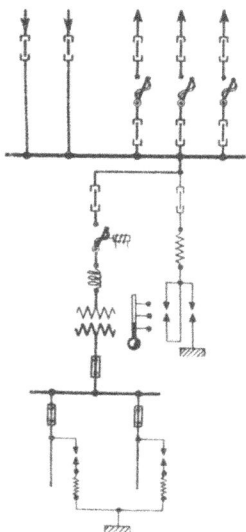
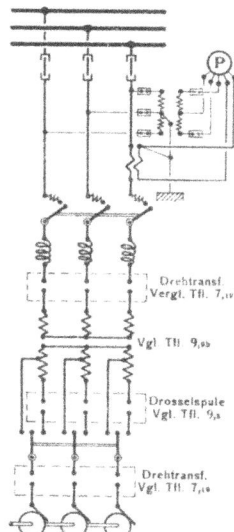
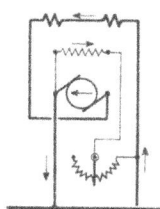
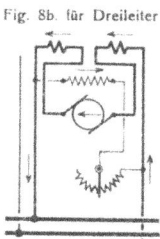
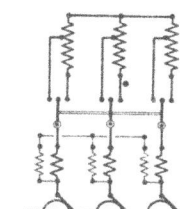
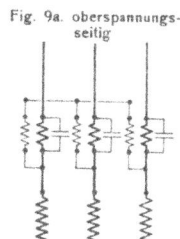
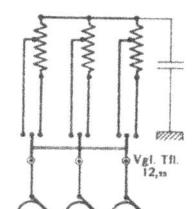
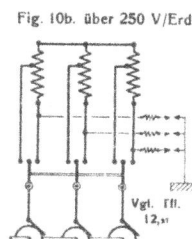

Fig. 6. Erweiterung der Station in Fig. 5, bis 100 kVA, 24000 Volt

Fig. 7. Einankerumformer, drehstromseitig

Fig. 8a. für Zweileiter

Fig. 8b. für Dreileiter

Fig. 8. Einankerumformer, gleichstromseitig

Fig. 9a. unterspannungsseitig

Fig. 9a. oberspannungsseitig

Fig. 9. Drehstransformatoren

Fig. 10a. bis 250 V/Erde

Fig. 10b. über 250 V/Erde

Fig. 10. Schutz gegen Oberspannungen

TEICHMÜLLER, Schaltungsschemata
Zweiter Band: Wechselstromanlagen
Teil II: Ausgeführte Anlagen
Verlag von R. OLDENBOURG, München und Berlin

TAFEL 16: Fig. 1. Schaltstation der Röchlingschen Eisen-
und Stahlwerke in Völklingen
Fig. 2. Wasserkraftwerk Ohrnberg

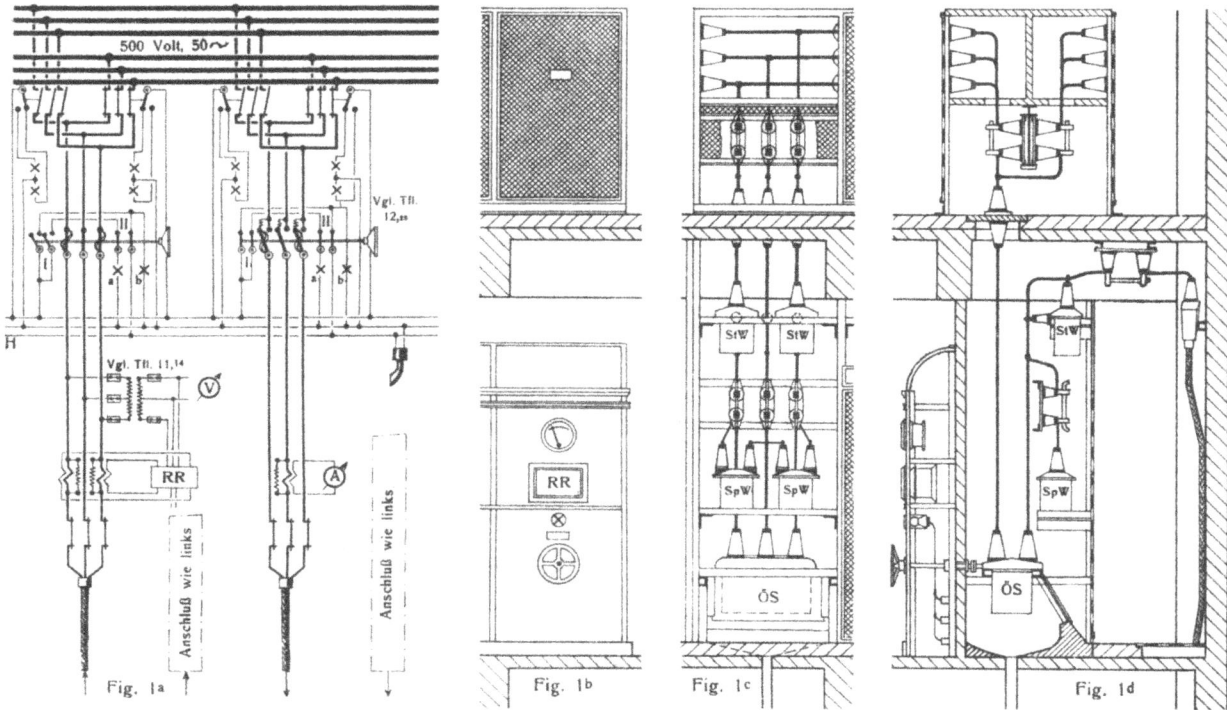

Fig. 1. SCHALTSTATION der RÖCHLINGSCHEN EISEN- und STAHLWERKE in VÖLKLINGEN (Brown, Boveri & Co. A.-G.)

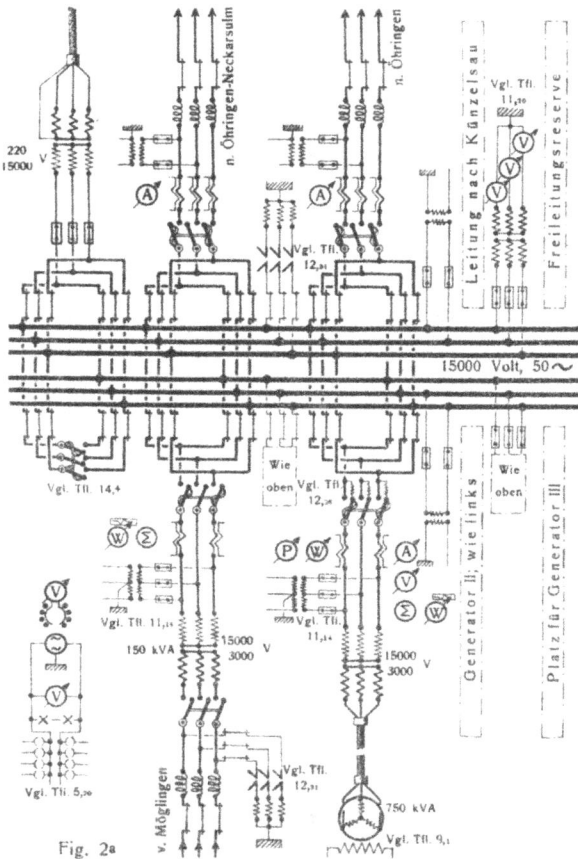

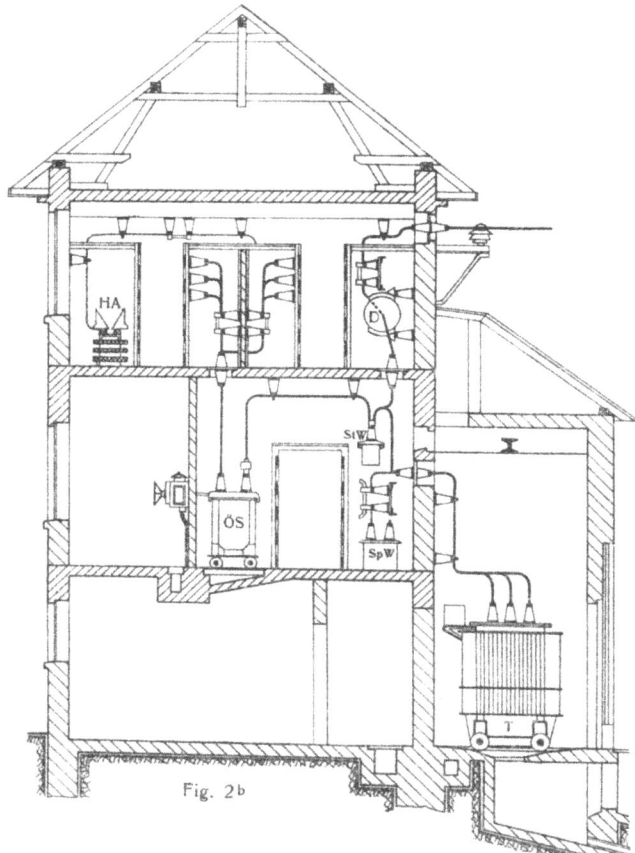

Fig. 2. WASSERKRAFTWERK OHRNBERG in WÜRTTEMBERG (Brown, Boveri & Co. A.-G.)

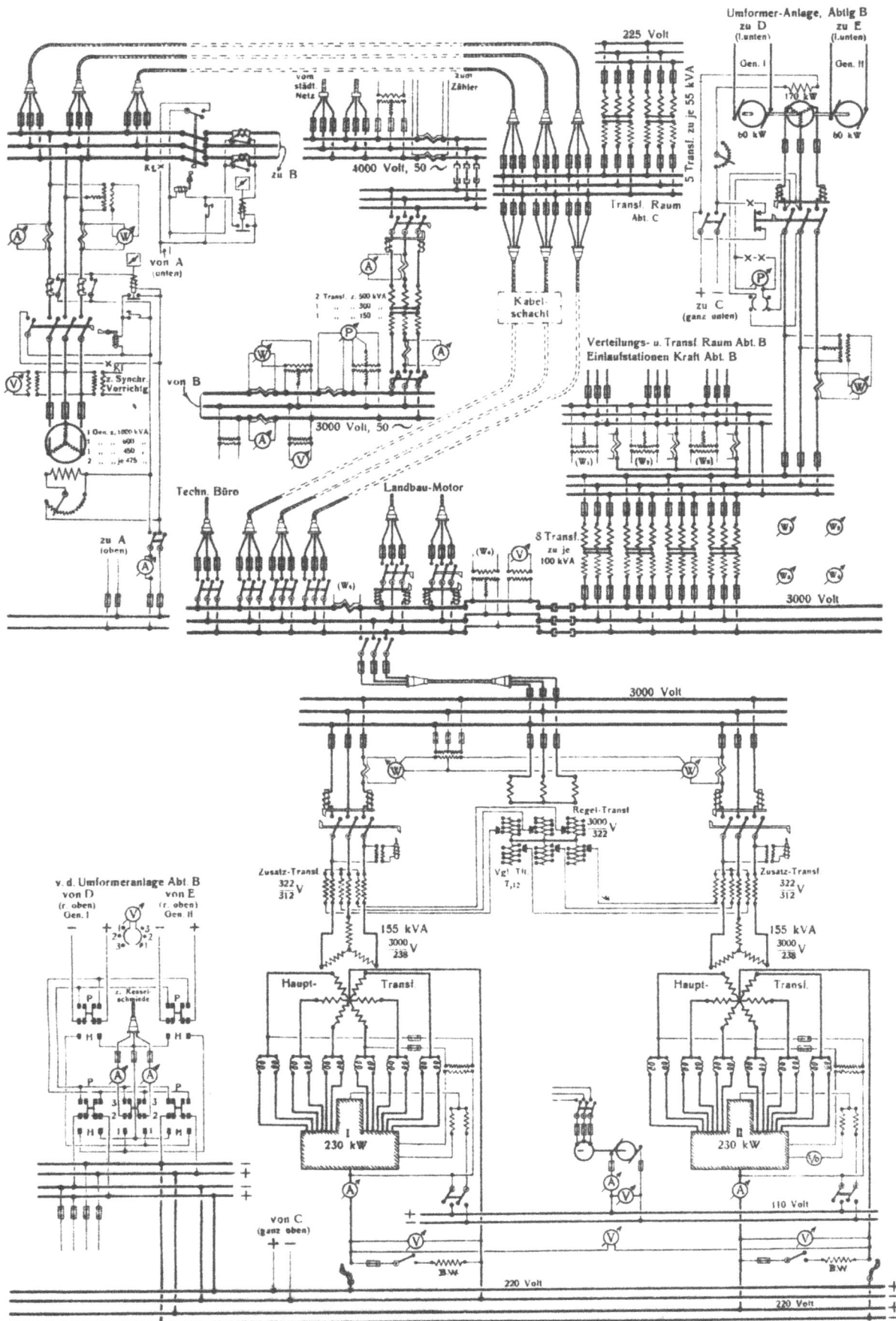

225 Volt

Umformer-Anlage, Abtlg B
zu D (l.unten)   zu E (l.unten)
Gen. I   Gen. II
60 kW   60 kW
170 kW

5 Transf. zu je 55 kVA

Transf. Raum Abt. C

zu C (ganz unten)

Verteilungs- u. Transf. Raum Abt. B
Einlaufstationen Kraft Abt. B

vom städt. Netz
zum Zähler
4000 Volt, 50 ~

Kt.
zu B
von A (unten)

2 Transf. z. 500 kVA
1 300
1 150

von B
3000 Volt, 50 ~

(W_1) (W_2) (W_3)

Kt.
z. Synchr. Vorrichtg

1 Gen. z. 1000 kVA
1 600
1 450
2 .. .. je 475

zu A (oben)

Techn. Büro

Landbau-Motor

8 Transf. zu je 100 kVA

(W_4)

(W_5)

3000 Volt

3000 Volt

3000 Volt

Regel-Transf. 3000/322 V

Vgl. Tr. T,12

Zusatz-Transf. 322/312 V

Zusatz-Transf. 322/312 V

v. d. Umformeranlage Abt. B
von D (r. oben) Gen. I
von E (r. oben) Gen. II

z. Kesselschmiede

155 kVA 3000/238 V

155 kVA 3000/238 V

Haupt-   Transf.

Haupt-   Transf.

I
230 kW

II
230 kW

von C (ganz oben)

110 Volt

220 Volt

220 Volt

TEICHMÜLLER, Schaltungsschemata
Zweiter Band: Wechselstromanlagen
Teil II: Ausgeführte Anlagen
Verlag von R. OLDENBOURG, München und Berlin

TAFEL 17: Drehstromanlage der Firma Heinrich Lanz

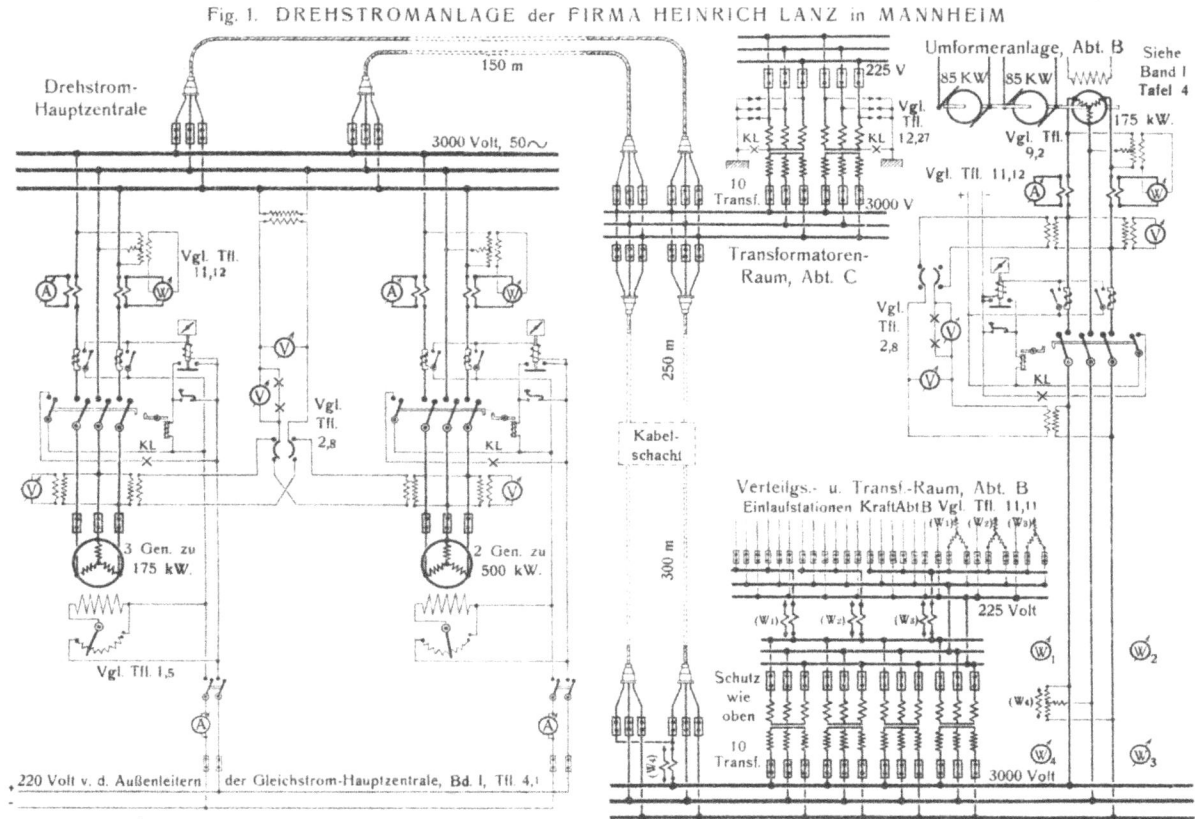

Fig. 1. DREHSTROMANLAGE der FIRMA HEINRICH LANZ in MANNHEIM

Drehstrom-Hauptzentrale

150 m

3000 Volt, 50~

225 V

Umformeranlage, Abt. B

85 KW   85 KW

Siehe Band I Tafel 4

175 kW.

Vgl. Tfl. 12,27

Vgl. Tfl. 9,2

Vgl. Tfl. 11,12

KL

10 Transf.

3000 V

Transformatoren-Raum, Abt. C

Vgl. Tfl. 11,12

Vgl. Tfl. 11,12

Vgl. Tfl. 2,8

Vgl. Tfl. 2,8

KL

KL

KL

250 m

Kabel-schacht

300 m

Verteilgs.- u. Transf.-Raum, Abt. B
Einlaufstationen KraftAbtB Vgl. Tfl. 11,11

(W_1) (W_2) (W_3)

225 Volt

(W_1) (W_2) (W_3)

3 Gen. zu 175 kW.

2 Gen. zu 500 kW.

Vgl. Tfl. 1,5

Schutz wie oben

(W_4)

10 Transf.

W_1

W_2

(W_4)

W_4

W_3

3000 Volt

220 Volt v. d. Außenleitern der Gleichstrom-Hauptzentrale, Bd. I, Tfl. 4,1

Fig. 2. AUSBAU der ANLAGE in Fig. 1, seit 1910; Ueberblick in Einstrichart

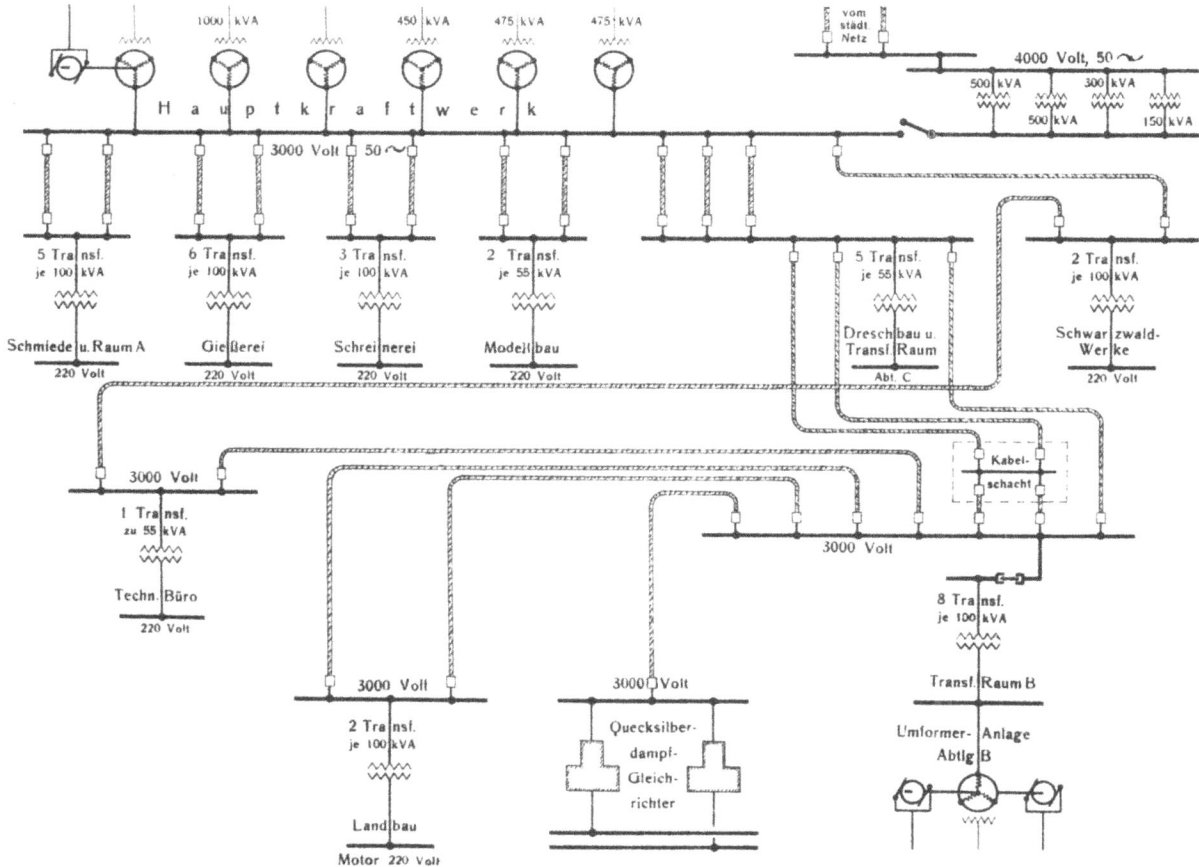

1000 kVA   450 kVA   475 kVA   475 kVA

vom städt. Netz

4000 Volt, 50~

500 kVA   300 kVA

Hauptkraftwerk

500 kVA   150 kVA

3000 Volt   50~

5 Transf. je 100 kVA

6 Transf. je 100 kVA

3 Transf. je 100 kVA

2 Transf. je 55 kVA

5 Transf. je 55 kVA

2 Transf. je 100 kVA

Schmiede u. Raum A

Gießerei

Schreinerei

Modellbau

Dreschbau u. Transf. Raum Abt. C

Schwarzwald-Werke

220 Volt   220 Volt   220 Volt   220 Volt   220 Volt

Kabel-schacht

3000 Volt

3000 Volt

1 Transf. zu 55 kVA

8 Transf. je 100 kVA

Techn. Büro

Transf. Raum B

220 Volt

3000 Volt

3000 Volt

2 Transf. je 100 kVA

Quecksilber-dampf-Gleich-richter

Umformer-Anlage Abtlg B

Landbau

Motor 220 Volt

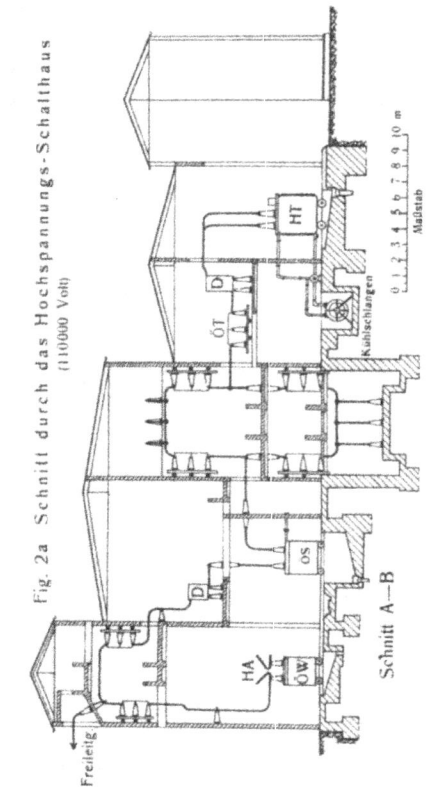

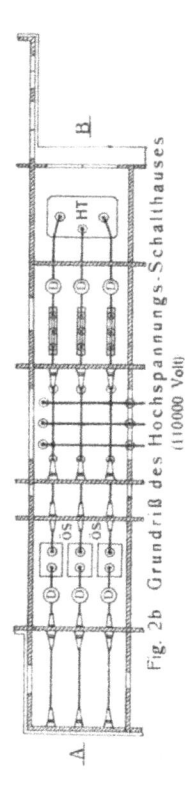

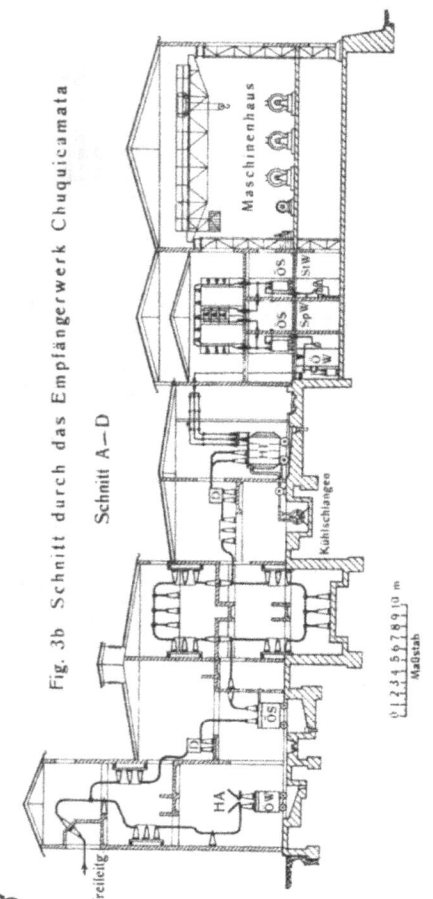

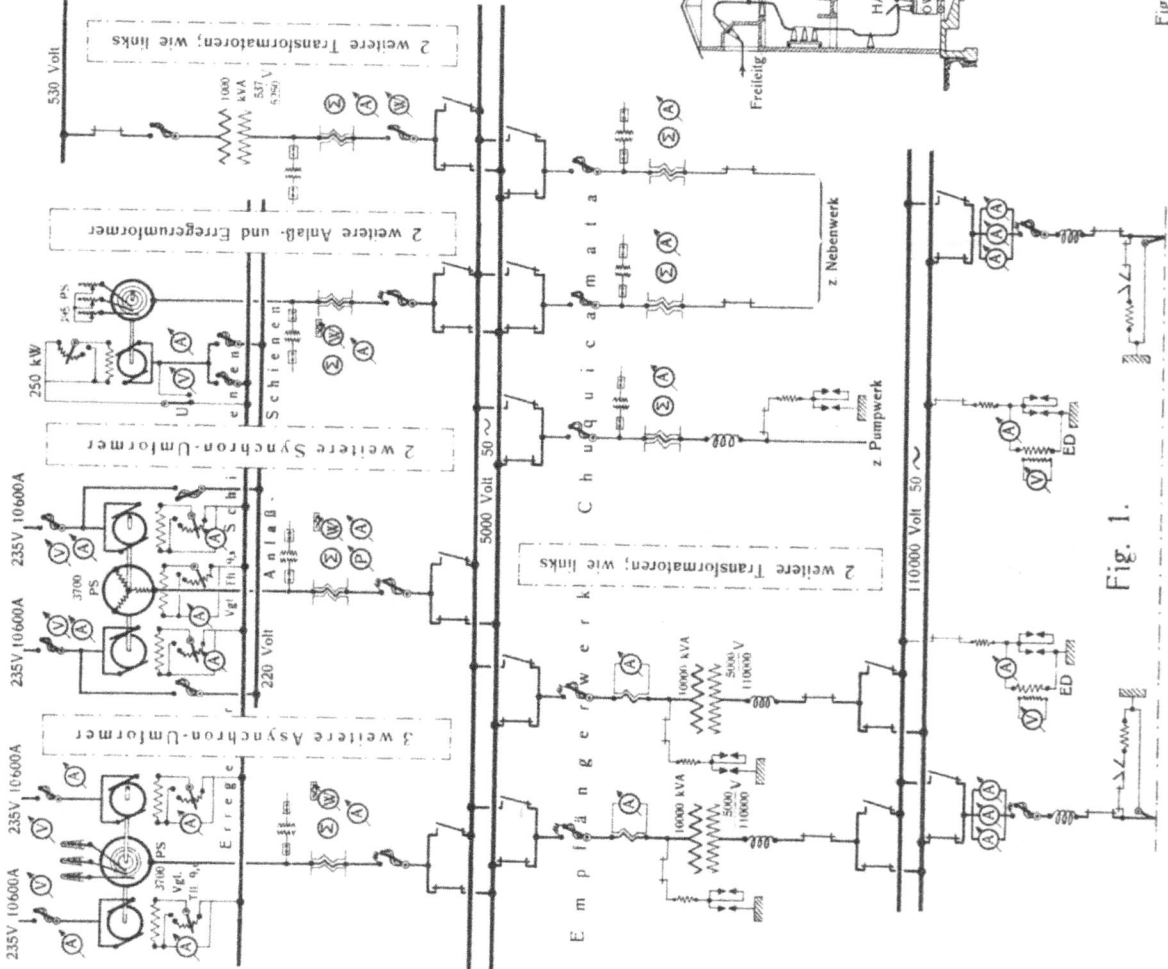

Fig. 2a Schnitt durch das Hochspannungs-Schalthaus
(110000 Volt)

Schnitt A—B

Fig. 2b Grundriß des Hochspannungs-Schalthauses
(110000 Volt)

Fig. 3b Schnitt durch das Empfängerwerk Chuquicamata
Schnitt A—D

Fig. 3b Grundriß des Empfängerwerks
Chuquicamata

Fig. 1.

Freileitung nach Chuquicamata

TAFEL 18: Anlage der Chile Exploration Co. in Tocopilla
und Chuquicamata
(Siemens-Schuckert-Werke 1916)

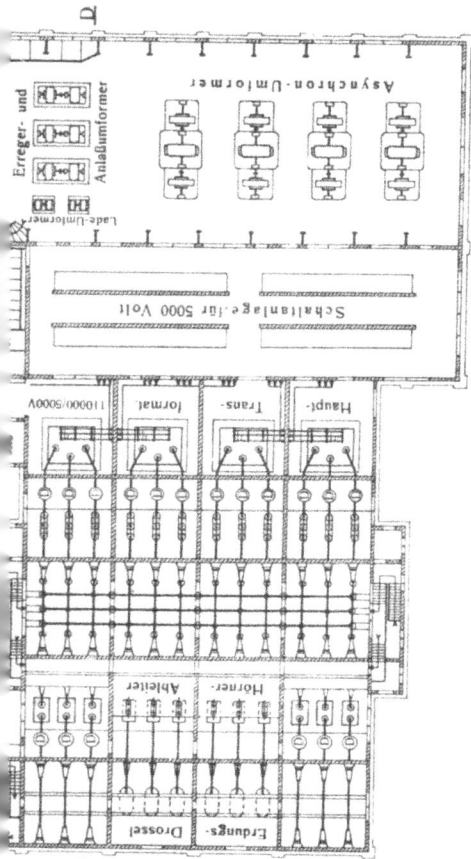

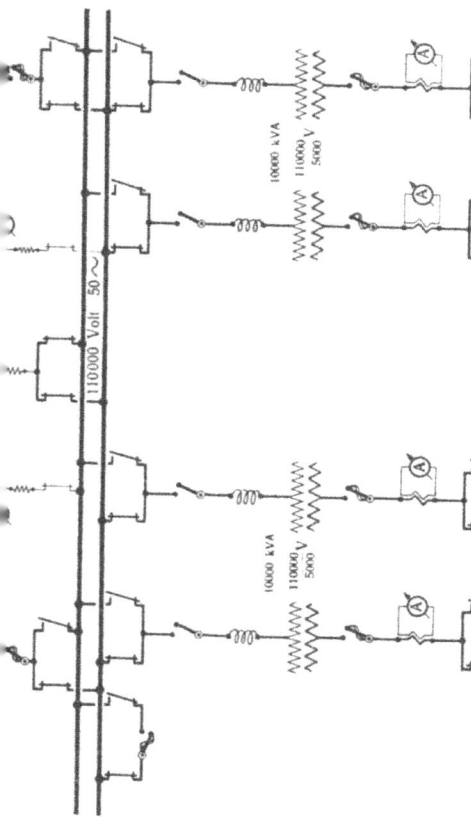

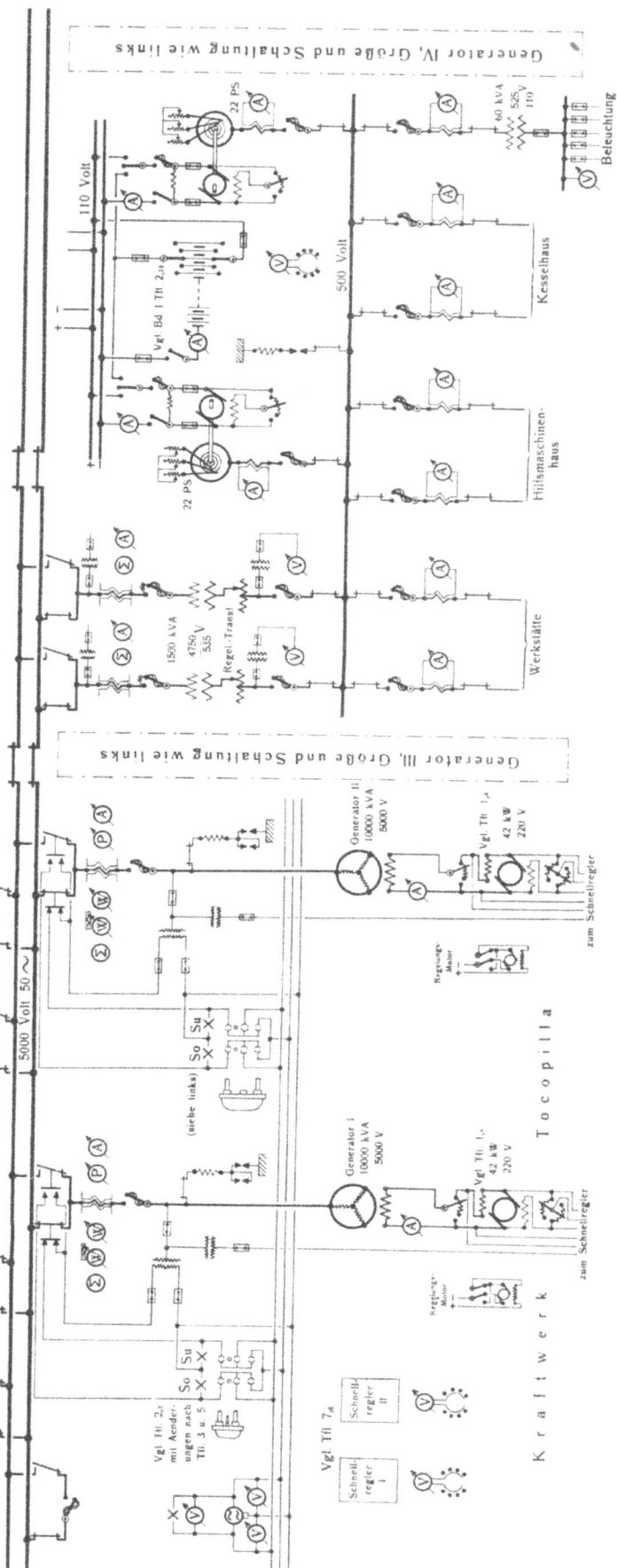

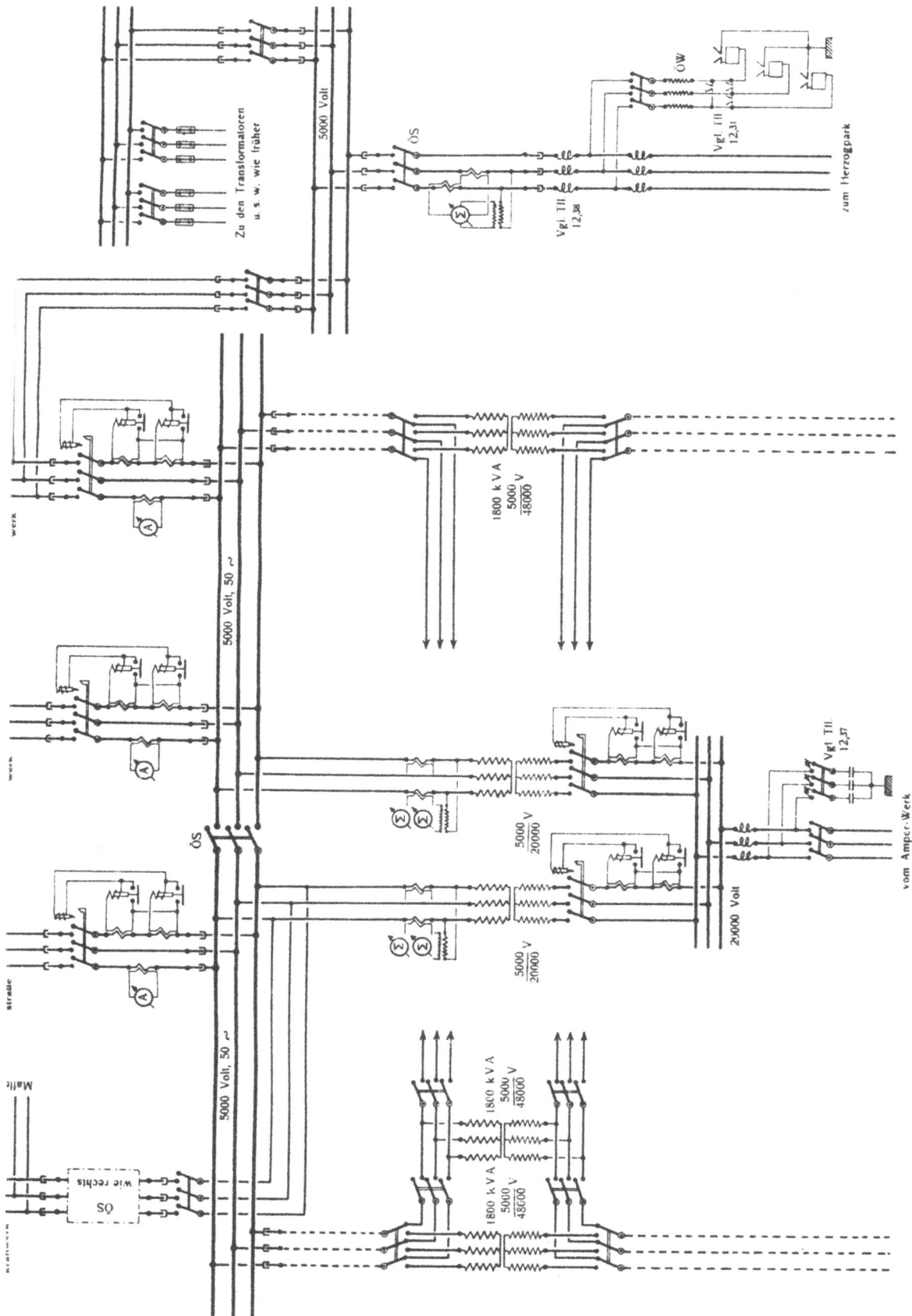

TEICHMÜLLER, Schaltungsschemata
Zweiter Band: Wechselstromanlagen
Teil II: Ausgeführte Anlagen
Verlag von R. OLDENBOURG, München und Berlin

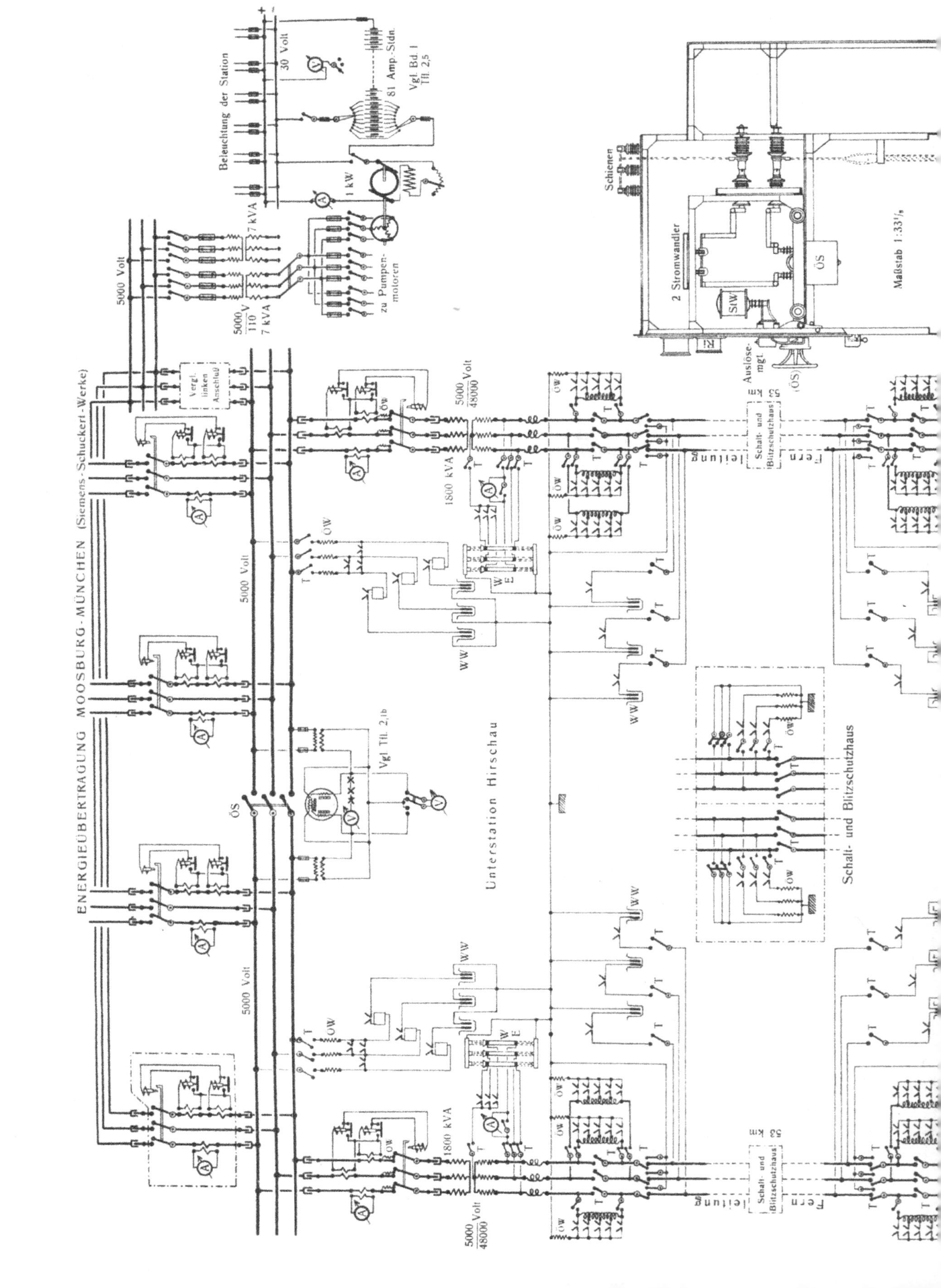

TAFEL 19: Energieübertragung Moosburg-München

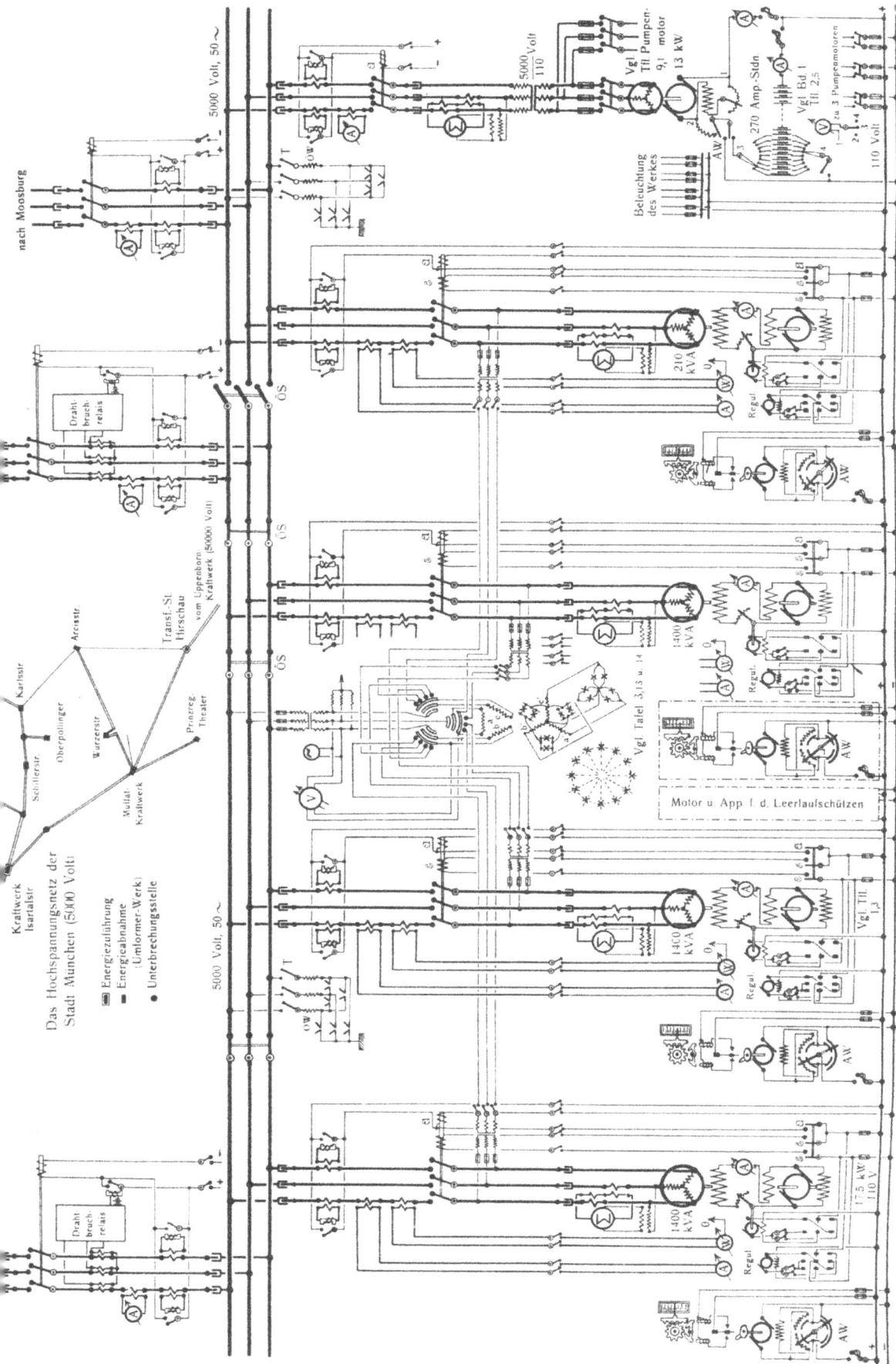

Das Hochspannungsnetz der Stadt München (5000 Volt)

Das Uppenborn-Kraftwerk bei Moosburg

Das MURG- und SCHWARZENBACHWERK der BADI

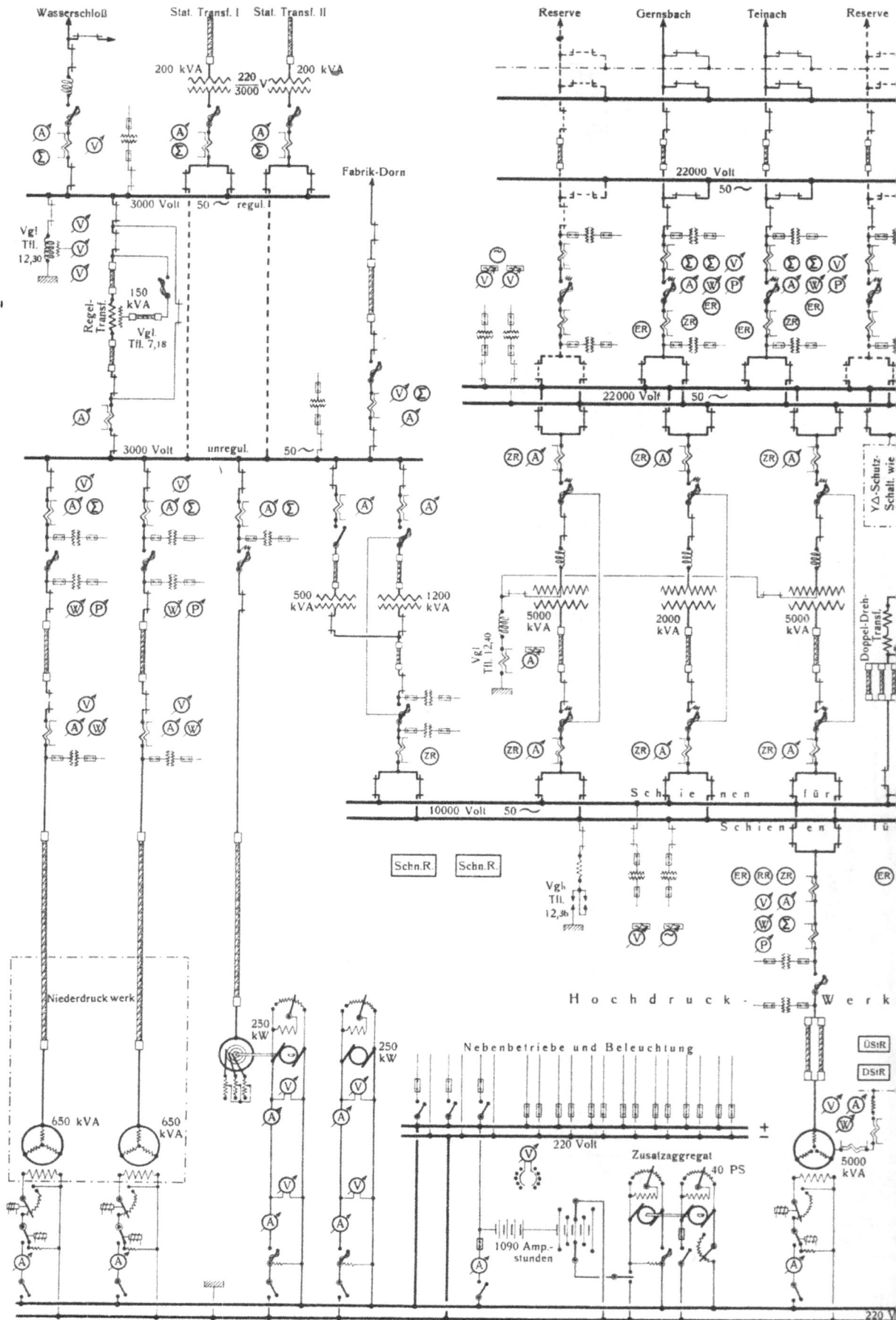

DES-ELEKTRIZITÄTSVERSORGUNG A.-G. (Badenwerk)

TEICHMÜLLER, Schaltungsschemata
Zweiter Band: Wechselstromanlagen
Teil II: Ausgeführte Anlagen
Verlag von R. OLDENBOURG, München und Berlin

TAFEL 21: Unterwerk Scheibenhardt

Das UNTERWERK SCHEIBENHARDT bei Karlsruhe

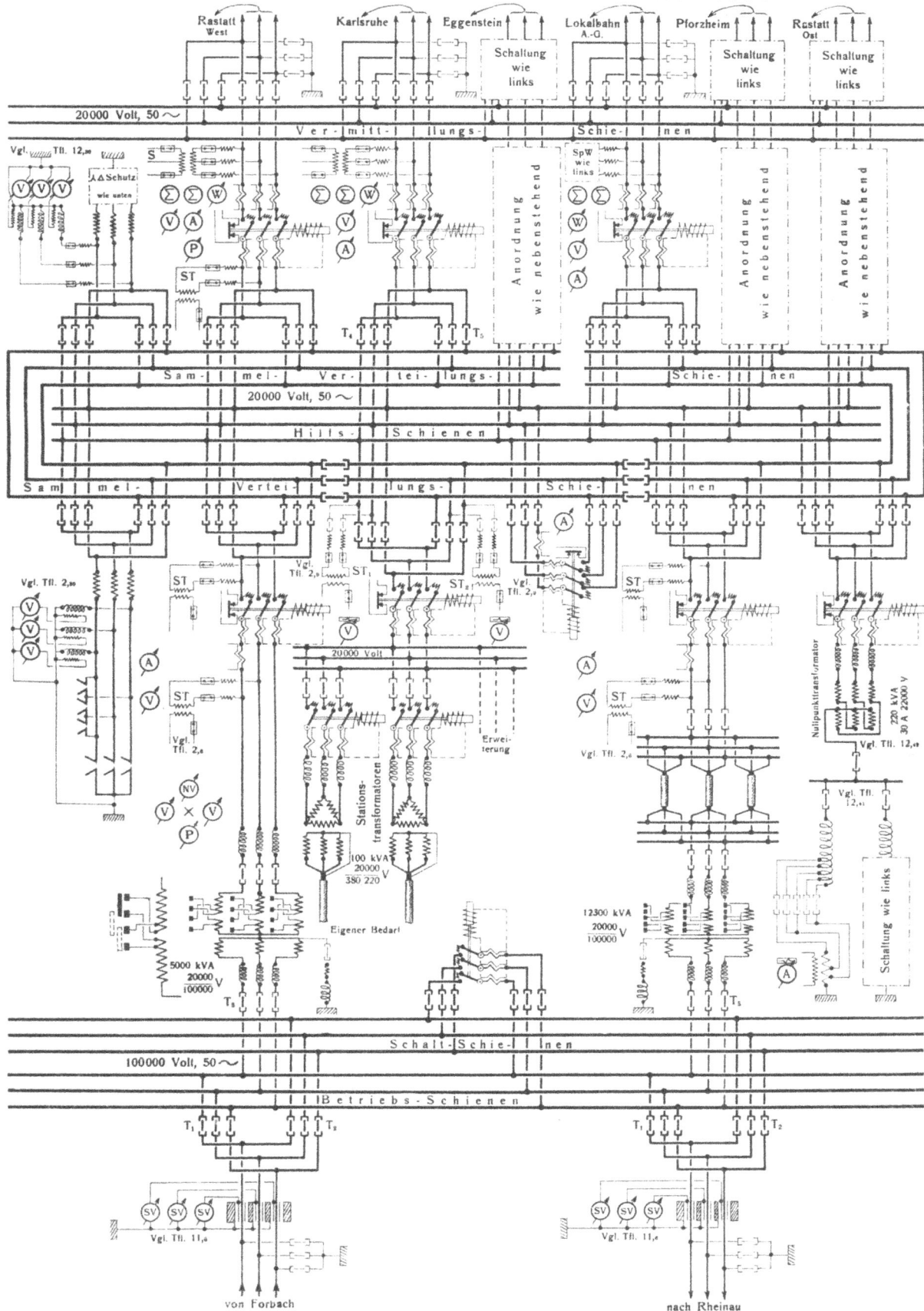

Rastatt West · Karlsruhe · Eggenstein · Lokalbahn A.-G. · Pforzheim · Rastatt Ost

Schaltung wie links · Schaltung wie links · Schaltung wie links

20000 Volt, 50 ∼

Ver- mitt- lungs- Schie- nen

Vgl. Tfl. 12,₃₀ · Y Δ Schutz wie unten · S

Anordnung wie nebenstehend · SpW wie links · Anordnung wie nebenstehend · Anordnung wie nebenstehend

T₄ · T₅

Sam- mel- Ver- tei- lungs- Schie- nen
20000 Volt, 50 ∼
Hilfs- Schienen
Sam- mel- Vertei- lungs- Schie- nen

Vgl. Tfl. 2,₃₀ · ST · Vgl. Tfl. 2,₉ · ST₁ · ST₈₁ · Vgl. Tfl. 2,₉ · ST

20000 Volt · Erweiterung · Stations- transformatoren

100 kVA 20000/380 220 V

Eigener Bedarf

Vgl. Tfl. 2,₆

Nullpunkttransformator · 220 kVA 30 A 2×2000 V · Vgl. Tfl. 12,₄₃

Vgl. Tfl. 12,₄₁

Schaltung wie links

5000 kVA 20000/100000 V · T₃

12300 kVA 20000/100000 V · T₅

Schalt-Schie-nen
100000 Volt, 50 ∼
Betriebs-Schienen

T₁ · T₂ · T₁ · T₂

SV SV SV · Vgl. Tfl. 11,₆ · SV SV SV · Vgl. Tfl. 11,₆

von Forbach · nach Rheinau

von Otterhällen

TEICHMÜLLER, Schaltungsschemata
Zweiter Band: Wechselstromanlagen
Teil II: Ausgeführte Anlagen
Verlag von R. OLDENBOURG, München und Berlin

TAFEL 22: Elektrizitätswerk Gothenburg

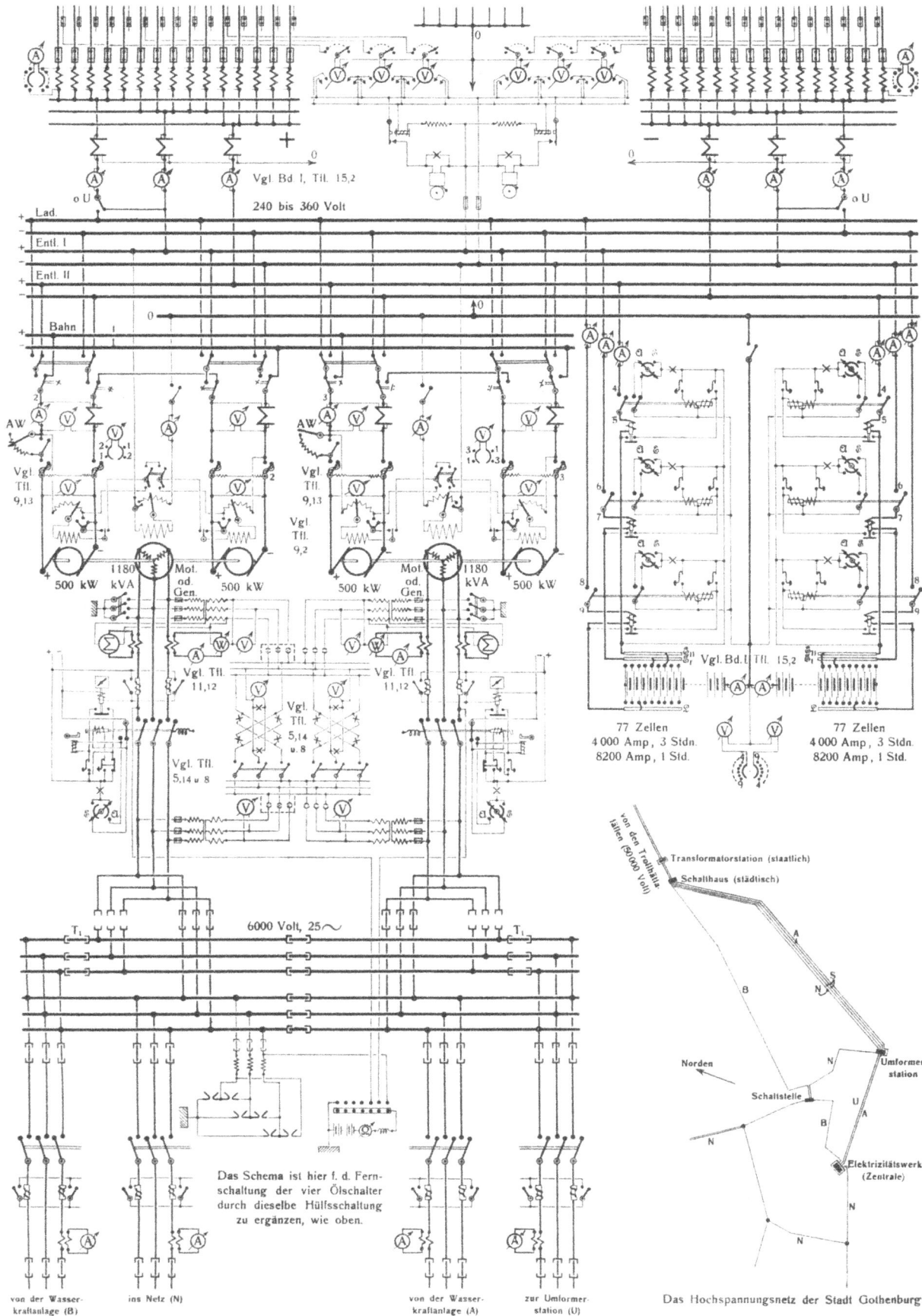

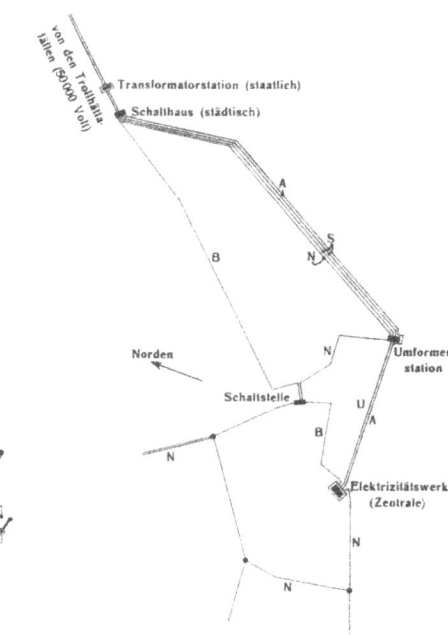

ELEKTRIZITÄTSWERK GOTHENBURG

Das Schema ist hier f. d. Fernschaltung der vier Ölschalter
durch dieselbe Hülfsschaltung
zu ergänzen, wie oben.

Das Hochspannungsnetz der Stadt Gothenburg

TEICHMÜLLER, Schaltungsschemata

Zweiter Band: Wechselstromanlagen
Teil II: Ausgeführte Anlagen
Verlag von R. OLDENBOURG, München und Berlin

TAFEL 23: Fig. 1. Umformerstation der Stadt Frankfurt
am Main
Fig. 2. Elektrizitätswerk Frankfurt am Main

Fig. 1. UMFORMERSTATION der STADT FRANKFURT am Main (Brown, Boveri & Co.)

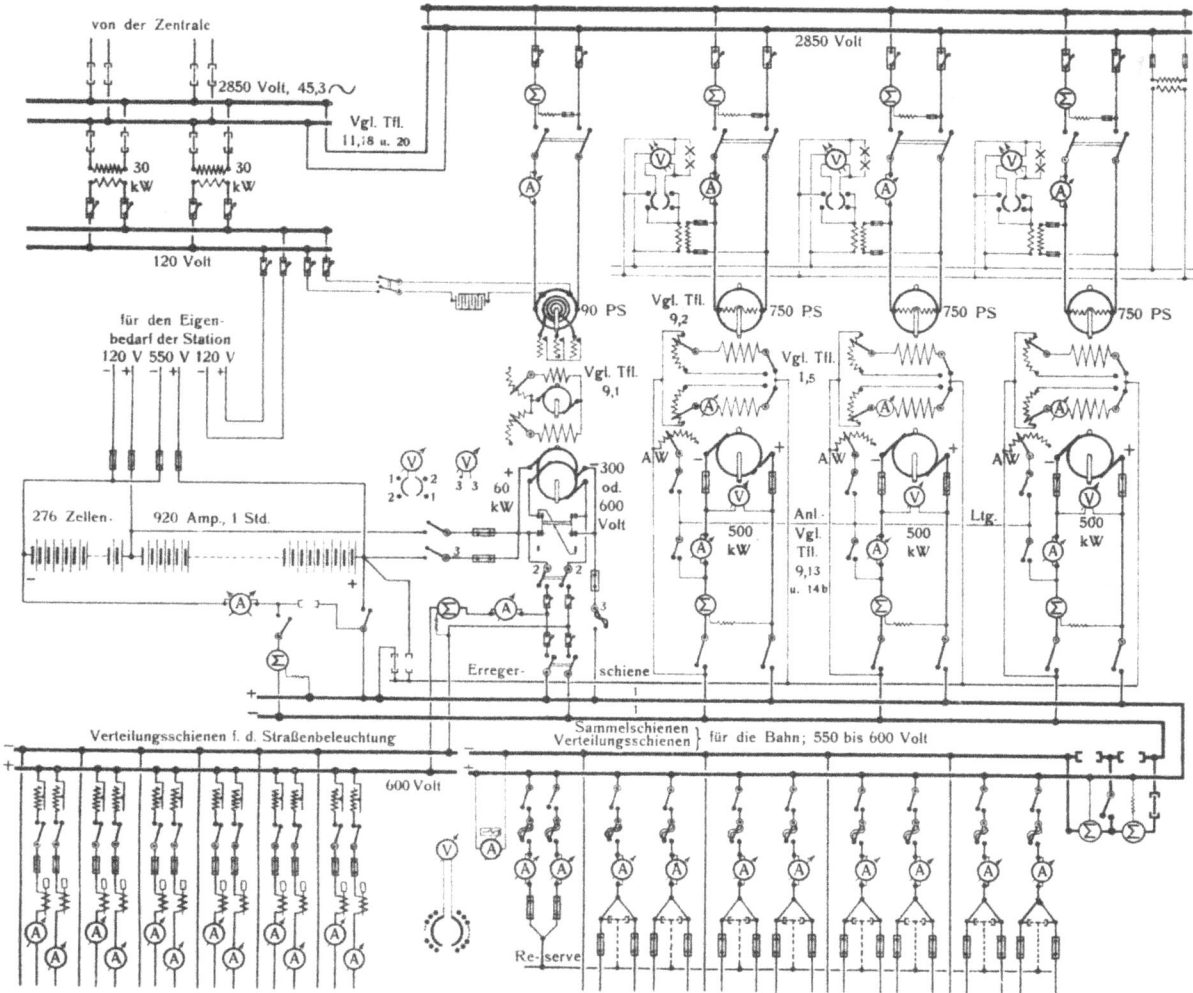

von der Zentrale

2850 Volt, 45,3~

Vgl. Tfl.
11,18 u. 20

2850 Volt

30 kW   30 kW

120 Volt

für den Eigen-
bedarf der Station
120 V 550 V 120 V

276 Zellen.   920 Amp, 1 Std.

Vgl. Tfl. 9,2   750 PS   750 PS   750 PS

90 PS

Vgl. Tfl. 9,1

Vgl. Tfl. 1,5

300 od. 600 Volt

60 kW

A·W   A·W   A·W

500 kW   Anl. Vgl. Tfl. 9,13 u. 14b   500 kW   Ltg.   500 kW

Erreger-   schiene

Verteilungsschienen f. d. Straßenbeleuchtung   Sammelschienen   für die Bahn; 550 bis 600 Volt
Verteilungsschienen

600 Volt

Re-serve

Fig. 2. ELEKTRIZITÄTSWERK FRANKFURT am Main; ältestes Schema, 1894, (Brown, Boveri & Co.)

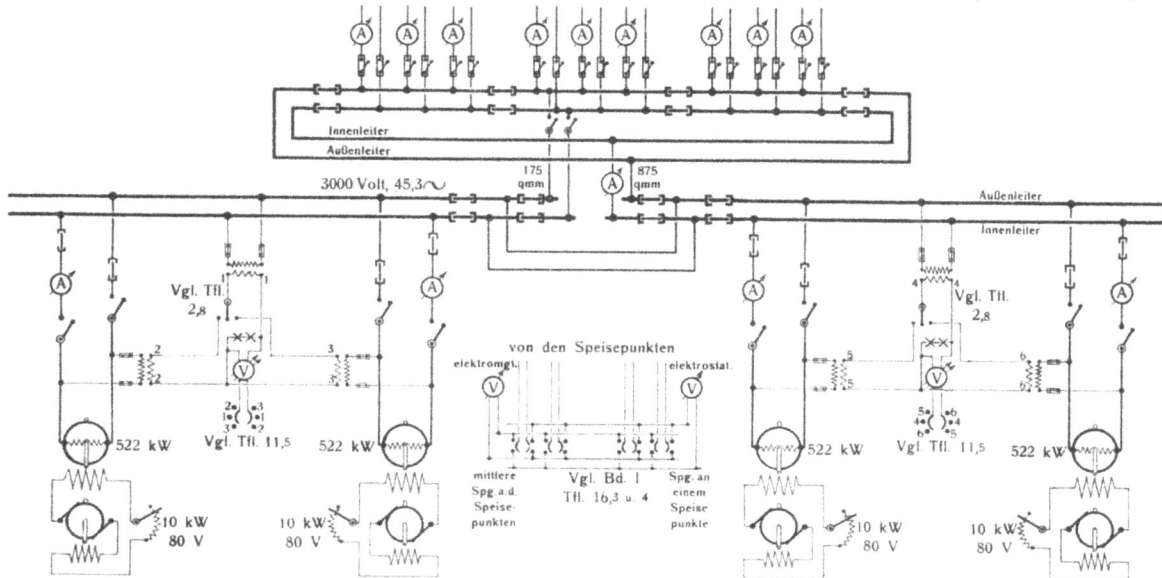

Innenleiter
Außenleiter

3000 Volt, 45,3~   175 qmm   875 qmm   Außenleiter
Innenleiter

Vgl. Tfl. 2,8   Vgl. Tfl. 2,8

von den Speisepunkten
elektromgt.   elektrostat.

522 kW   Vgl. Tfl. 11,5   522 kW   mittlere Spg. a. d. Speisepunkten   Vgl. Bd. I Tfl. 16,3 u. 4   Spg. an einem Speisepunkte   522 kW   Vgl. Tfl. 11,5   522 kW

10 kW 80 V   10 kW 80 V   10 kW 80 V   10 kW 80 V

TEICHMÜLLER, Schaltungsschemata
Zweiter Band: Wechselstromanlagen
Teil II: Ausgeführte Anlagen
Verlag von R. OLDENBOURG, München und Berlin

TAFEL 24: Elektrizitätswerk Frankfurt am Main

ELEKTRIZITÄTSWERK FRANKFURT am Main; Schema vom Jahre 1902 (Brown, Boveri & Co.)

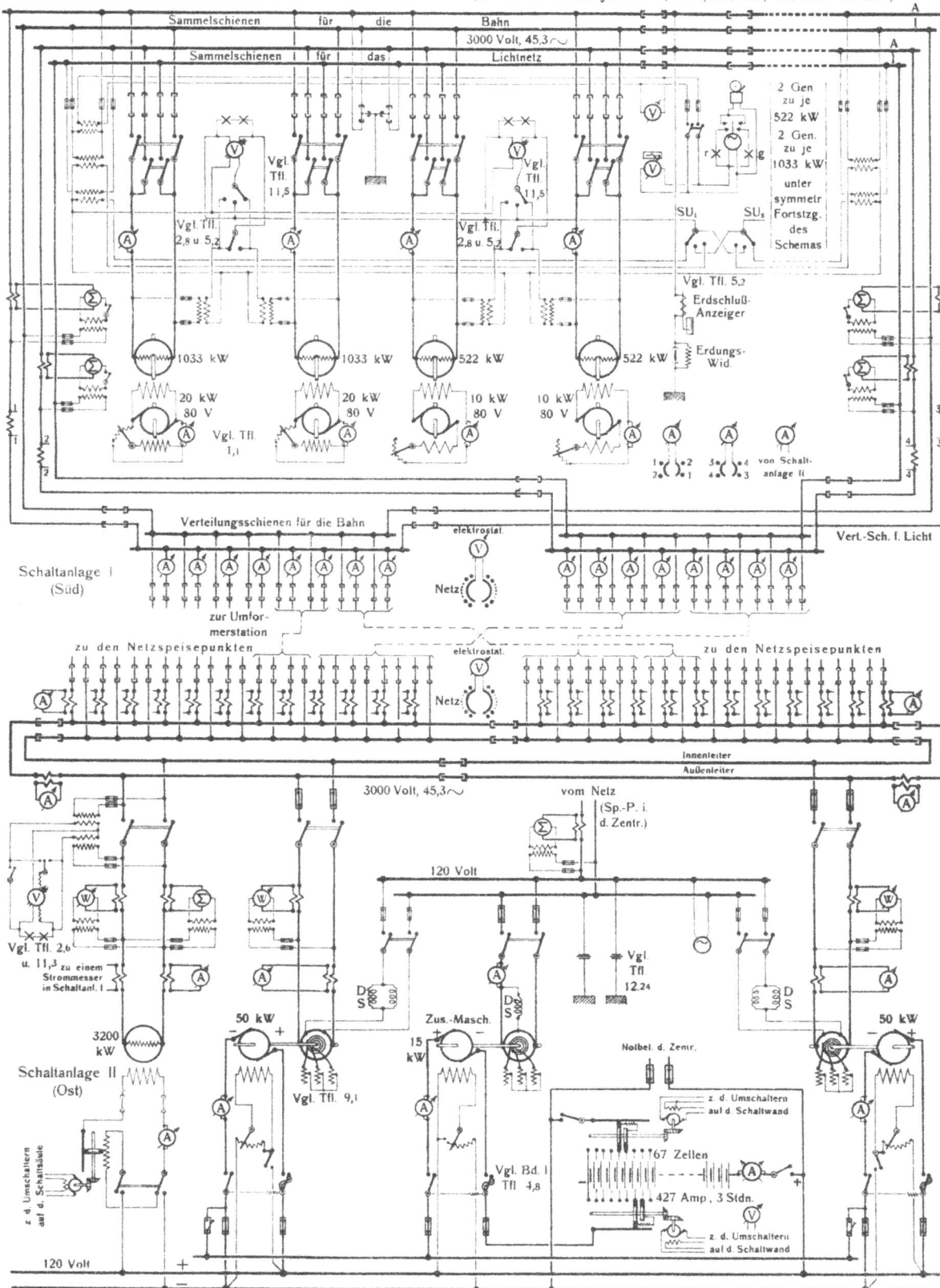

TEICHMÜLLER, Schaltungsschemata
Zweiter Band: Wechselstromanlagen
Teil II: Ausgeführte Anlagen
Verlag von R. OLDENBOURG, München und Berlin

TAFEL 25: Elektrizitätswerk Frankfurt am Main

ELEKTRIZITÄTSWERK FRANKFURT am Main; Schema der Schaltanlage II vom Jahre 1908 (Brown, Boveri & Co.)

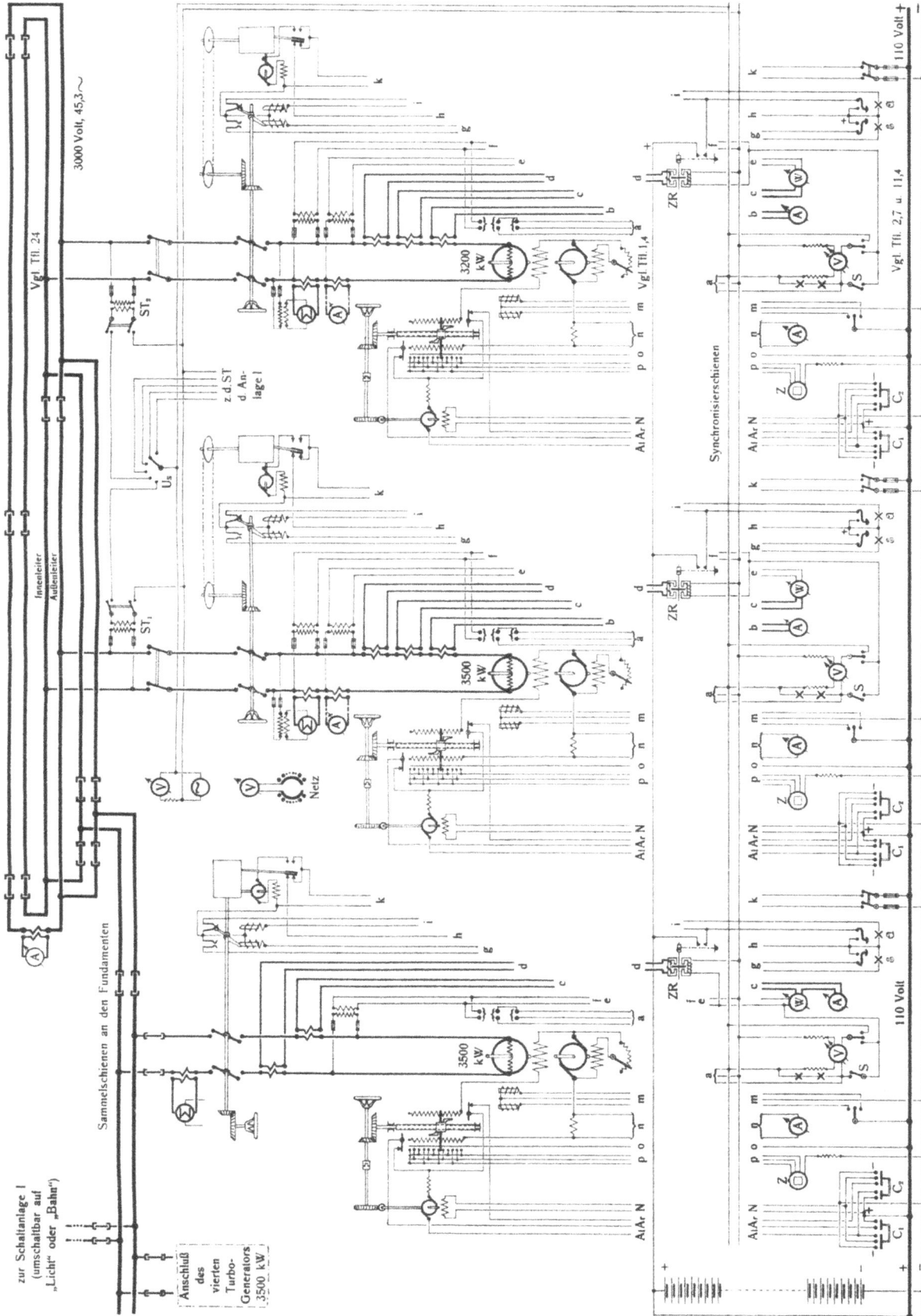

TEICHMÜLLER, Schaltungsschemata

Zweiter Band: Wechselstromanlagen
Teil II: Ausgeführte Anlagen
Verlag von R. OLDENBOURG, München und Berlin

TAFEL 26: Fig. 1. Elektrizitätswerk Frankfurt am Main
Fig. 2. Umformerstation des Schauspielhauses Frankfurt am Main
Fig. 3. Elektrizitätswerk Hibernia

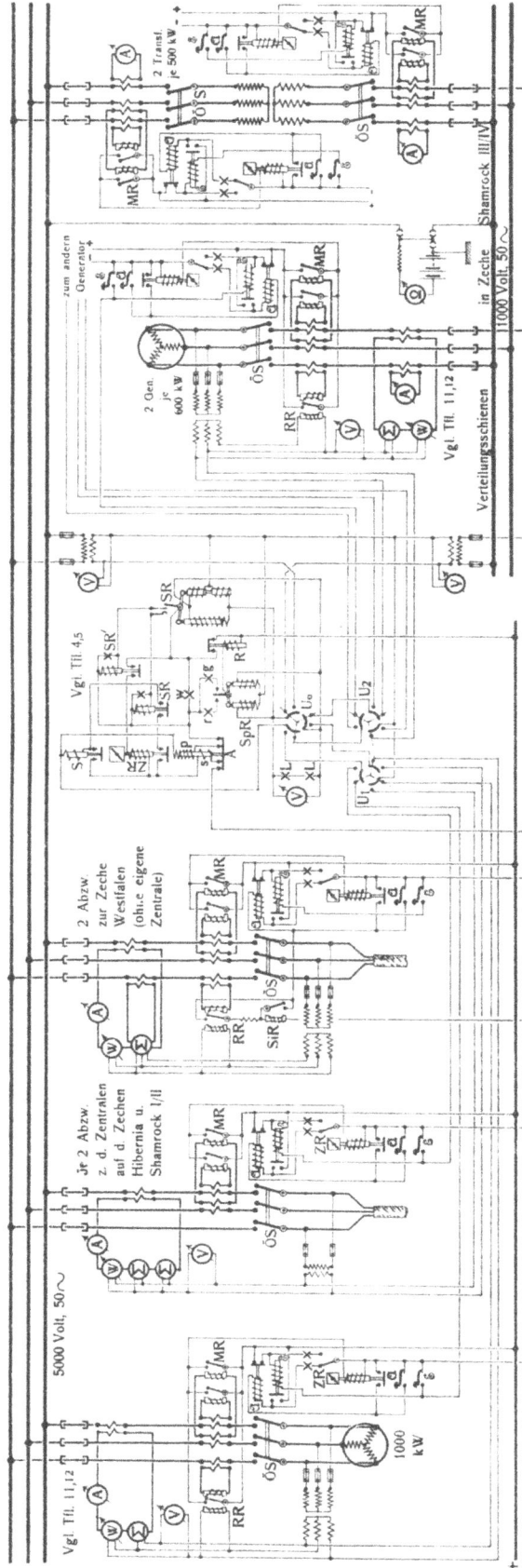

Fig. 2. UMFORMERSTATION des SCHAUSPIELHAUSES FRANKFURT a. M.

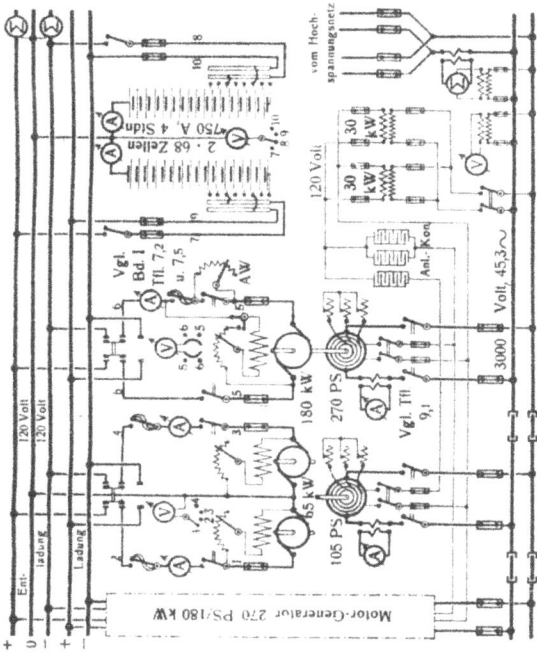

Fig. 1. ELEKTRIZITÄTSWERK FRANKFURT am Main; Uebersicht über die Schaltanlagen

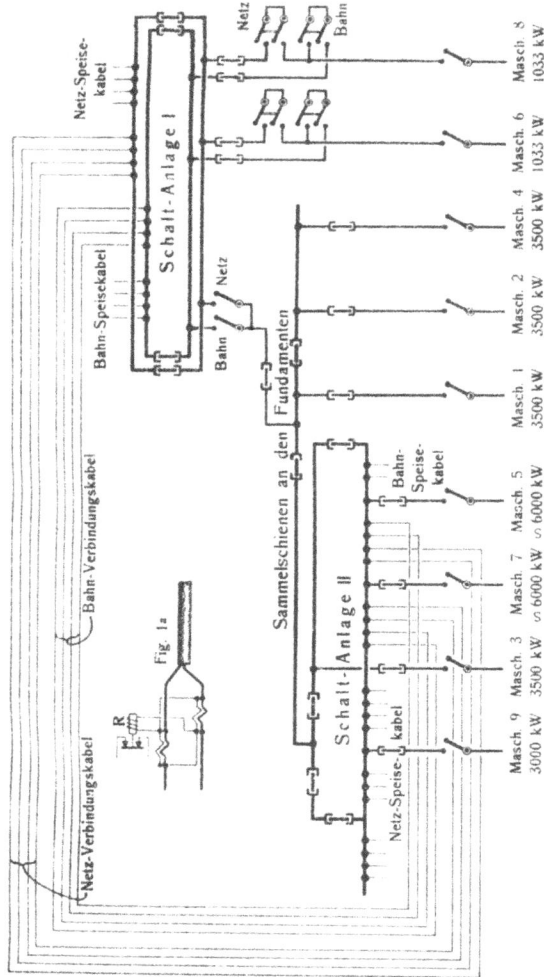

Fig. 3. ELEKTRIZITÄTSWERK für ZECHE SHAMROCK III/IV der BERGWERKS-GESELLSCHAFT HIBERNIA in HERNE i. W. (Voigt & Haeffner)

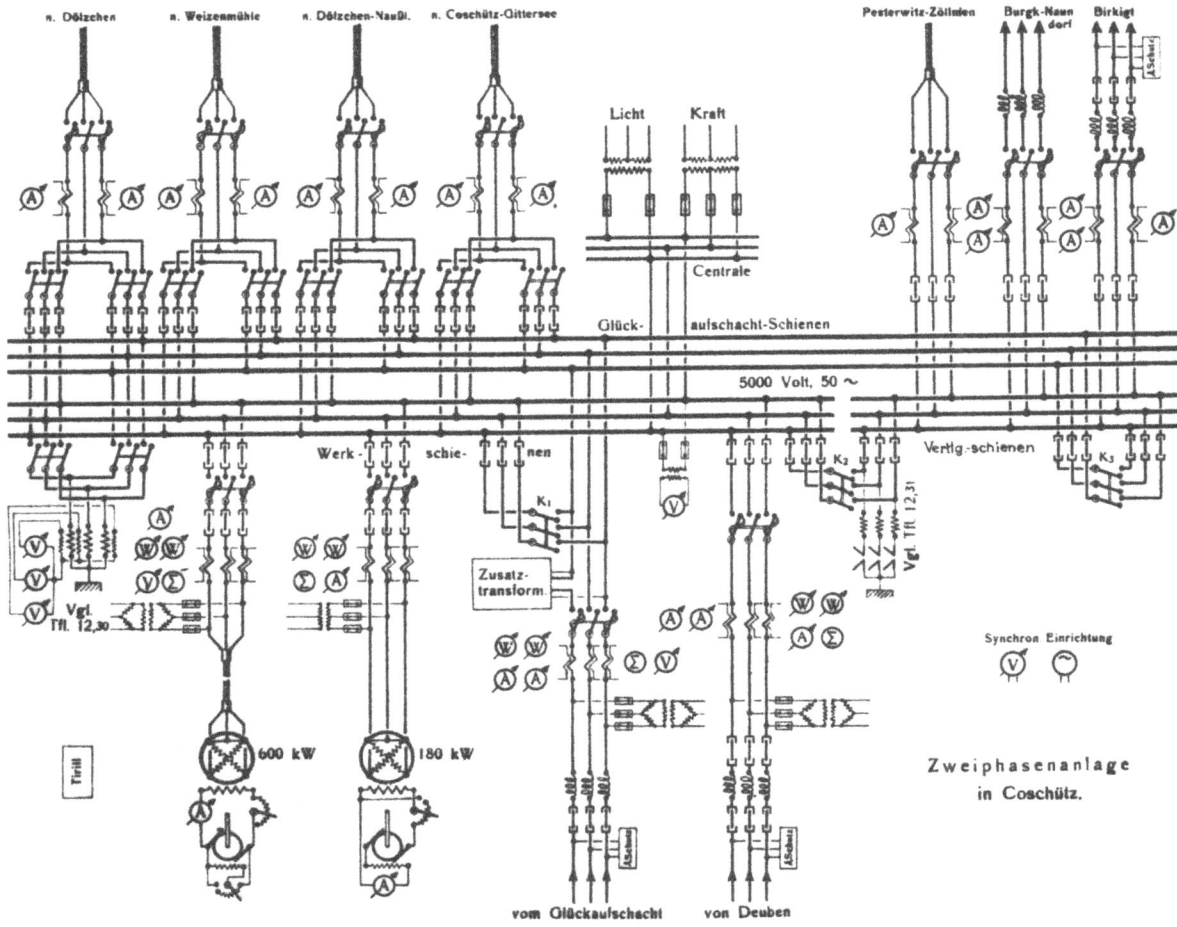

n. Dölzchen   n. Weizenmühle   n. Dölzchen-Naußl.   n. Coschütz-Gittersee

Licht   Kraft

Pesterwitz-Zöllmien   Burgk-Naun dorf   Birkigt

Centrale

Glück-   aufschacht-Schienen

5000 Volt, 50 ~

Werk-   schie-   nen

Vertlg-schienen

Zusatz-transform.

Vgl. Tfl. 12,30

Vgl. Tfl. 12,31

Tirill

600 kW   180 kW

Synchron Einrichtung

Zweiphasenanlage in Coschütz.

vom Glückaufschacht   von Deuben

TEICHMÜLLER, Schaltungsschemata
Zweiter Band: Wechselstromanlagen
Teil II: Ausgeführte Anlagen
Verlag von R. OLDENBOURG, München und Berlin

Fig. 1. BAHNKRAFTWERK MITTELSTEINE (Allgemeine Elektrizitäts-Gesellschaft und Siemens-Schuckert-Werke)

Fig. 2. ELEKTRIZITÄTSWERK COSCHÜTZ (Kummer & Co.) und GRUBE GLÜCKAUFSCHACHT (Siemens-Schuckert-Werke)

TEICHMÜLLER, Schaltungsschemata
Zweiter Band: Wechselstromanlagen
Teil II: Ausgeführte Anlagen
Verlag von R. OLDENBOURG, München und Berlin

ELEKTRIZITÄTSWERK HEIDELBERG (Brown, Boveri & Co. A-G.)

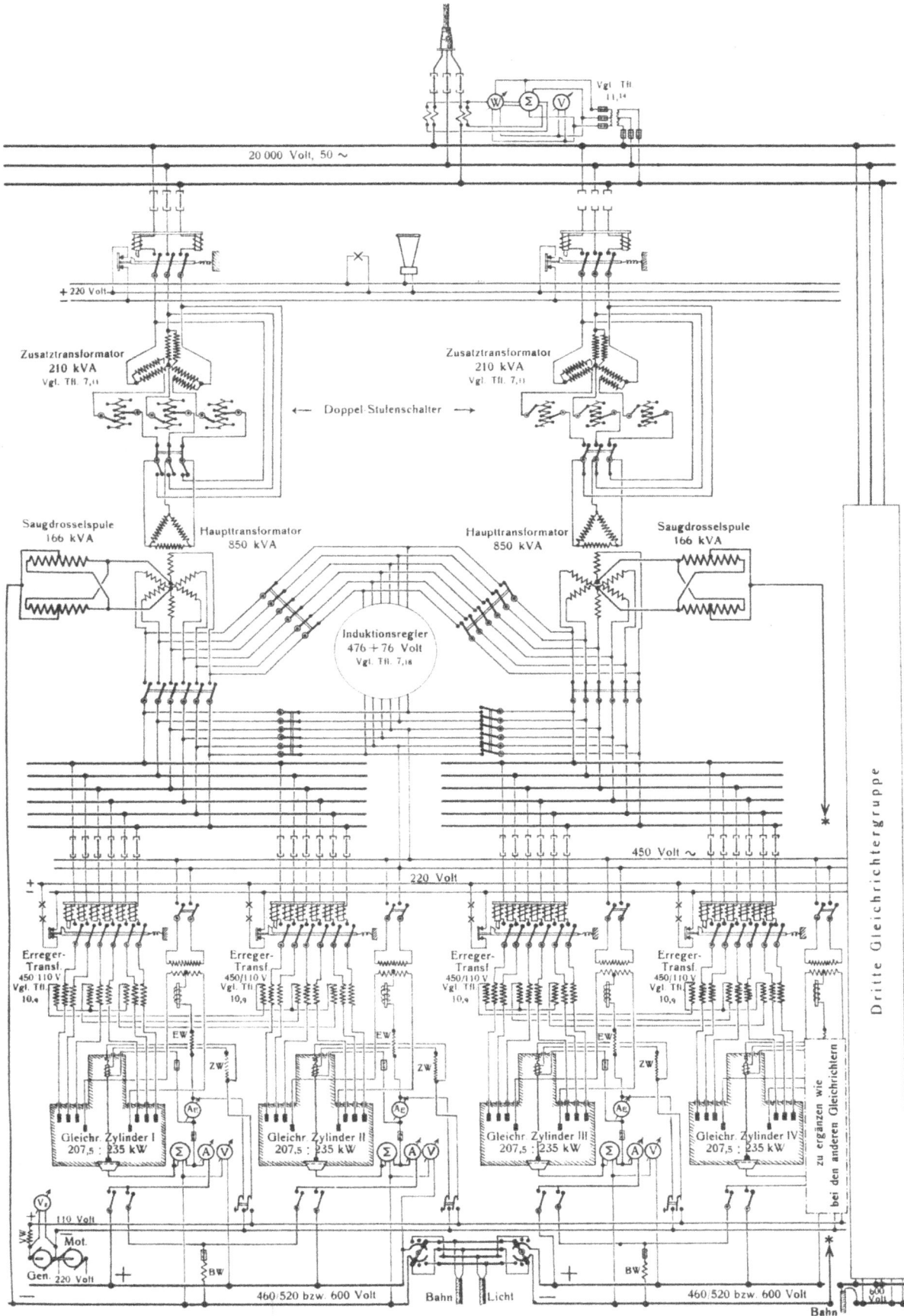

TEICHMÜLLER, Schaltungsschemata

Zweiter Band: Wechselstromanlagen.

Verlag von R. OLDENBOURG, München und Berlin

TAFEL 29: Symbole

Einphasengenerator oder synchroner Einphasenmotor

Drehstromgenerator oder synchroner Drehstrommotor

Desgl, wenn Dreieckschaltung des Ankers ausdrücklich gekennzeichnet werden soll.

Zweiphasengenerator

Zweiphasengenerator für das monozyklische System

Einphasenanker für die Schülersche Meßschaltung

Asynchroner Drehstrommotor mit Anlasser

Asynchroner Einphasenmotor mit Hilfswicklung zum Anlassen und Anlasser

Einankerumformer

Einphasentransformator

Drehstromtransformator

Desgl., wenn Dreieckschaltung ausdrücklich gekennzeichnet werden soll

Desgl. mit offener Dreieckschaltung

Stromwandler (mit Strommesser)

Allgemeines Zeichen für Schalter, Trennstücke und lösbare Sicherungen

Druckknopfschalter

Trennstücke; einpolige und mehrpolige, geschlossene und offene

Stöpselschalter und andere Schalter

Stöpselschalter bei Schaltwagen

Desgl. bei übereinanderliegenden Schienen und Leitungen

Relaisschalter

Zeitrelais mit Schalter

Maximal- und Rückstromrelais mit Zeiteinstellung

Polarisierter Spannungsmesser

Doppelspannungsmesser

Leistungsmesser

Phasometer

Frequenzmesser

Zählwerk

Drosselspule mit regulierbarer Induktivität

Regel - und Anlaßwiderstände

Flüssigkeitsanlasser

Wasserstrahlerder

Hörnerblitzableiter mit Hilfsfunkenstrecke, Relais-Hörnerblitzableiter

Rollenblitzableiter, Überspannungssicherung

Funkenstrecken (Spannungssicherungen)

Spannungssicherung

Kondensatoren

Eisen-Aluminiumzelle

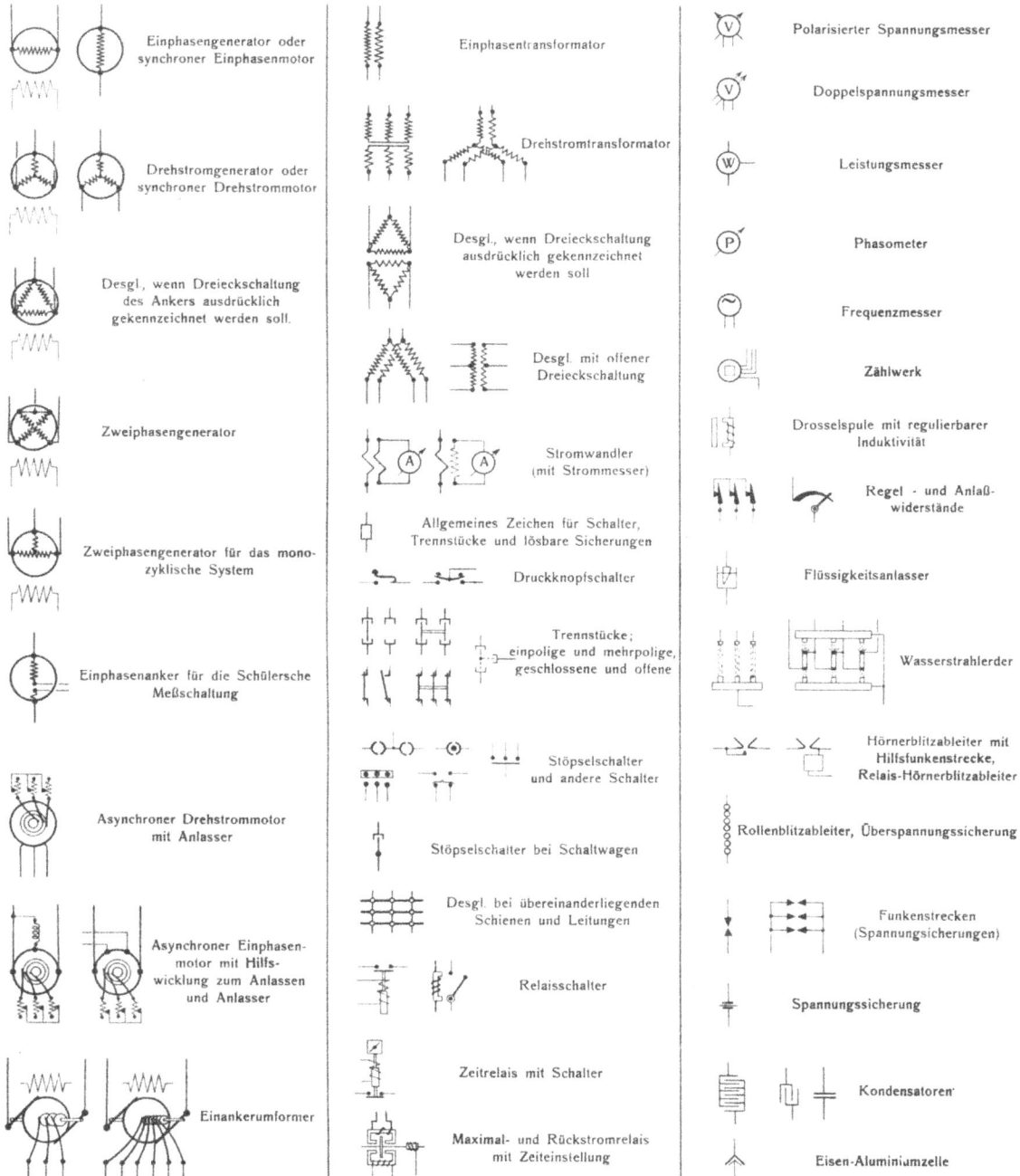

Die aus Band I bekannten Symbole sind hier nicht wiederholt. — Einige Symbole, die hier nicht aufgeführt sind, sind in den Zeichnungen selbst oder in dem zugehörigen Texte unmittelbar erklärt.

Die Kupplungsstangen der doppelseitigen Umschalter mußten, da die Schienen getrennt gezeichnet sind, unterbrochen werden; die sie darstellenden Strichelchen sind jedesmal so eingezeichnet, daß beim Schließen oder Oeffnen des Schalters mit dem einen Hebel (an einem Pole) der durch die Kupplungsstange auf den anderen ausgeübte Zug oder Druck diesen anderen Hebel ebenfalls schließt oder öffnet. Zusammengehörige Kupplungsstangen sind an ihrer Bruchstelle mit gleichen Sternen oder Punkten versehen.

Die Erdung der Erregerstromkreise und die Erdung der sekundären Wicklungen von Spannungswandlern, sowohl bei den Meßschaltungen als den Synchronisierschaltungen, ist in den Zeichnungen weggelassen.